令和 6 年版

# 情 報 通 信 白 書

総 務 省 編

# 令和6年版 情報通信白書の公表にあたって

総務大臣　松本 剛明

　今回の情報通信白書では、情報通信・デジタルの状況をお伝えいたします。

　第Ⅰ部の〈特集1〉は、「**令和6年能登半島地震における情報通信の状況**」です。

　地震発生直後から通信・放送インフラに被害が及び、官民が連携して速やかにサービス復旧が行われる中、**放送などメディアは大きな役割を担って**迅速・的確に情報を発信して被災地へ届けるとともに、偽・誤情報対応への貢献もありました。**SNSを通じた情報共有**も展開されました。また、**救助・復旧活動においても通信基盤・デジタルを活用**した取組が進みました。情報通信・デジタルの重要性を再認識し、課題・教訓を踏まえた**通信・放送インフラの強靱化に向けた取組**等について整理しています。

　次に、〈特集2〉として「**進化するデジタルテクノロジーとの共生**」を取り上げました。

　AIをはじめとするテクノロジーの進化は著しく、社会・経済に大きな影響があります。特に**生成AIは、産業から人々の生活まであらゆる分野に及ぶもの**となっており、私たちは新たな可能性を手に入れる一方で、リスクにも直面しています。**AIの安心・安全な利用**をめざし、ボーダレスなデジタル空間におけるAIガバナンスや相互運用性の確保、生成AIの責任ある活用等に関し、チャンスの拡大とリスクの抑制の両面から、**国際的な議論を我が国がリード**していこうと思います。

　加えて、**メタバース・ロボティクス**等の技術の進展の経緯と、偽・誤情報の流通・深刻化やビックテックの影響力の増大といった課題と対策等についても記述しました。

　未来に向けて、日本の**国際競争力強化**、表現の自由の観点に配慮した**情報空間の健全性の確保**、Beyond 5Gの実現、国際協調・ルール整備等、必要な取組について展望しました。

　そして、第Ⅱ部では、**最新の情報通信分野の市場の動向をデータに基づき分析**するとともに、情報通信政策の現状や今後の方向性等を整理しています。

　総務省は、本白書における分析結果も踏まえ、「**デジタル田園都市国家インフラ整備計画**」に基づく光ファイバや携帯基地局などの整備を進めるとともに、光電融合技術など最先端技術を用いた大容量・低遅延・低消費電力の**通信インフラの推進**や、「**広島AIプロセス**」の普及・拡大をはじめとする国際的なルール形成の主導、**人々のための偽・誤情報への対策**などに、さらに総力を挙げて取り組んでまいります。

　世界市場が拡大する情報通信・デジタル分野で、**我が国の関連産業の活躍を後押し**するとともに、**ユニバーサルサービスにより、適切なコスト負担で、質の高いアクセスを確保**し、国民の皆様が多様・的確な情報を滞ることなく得られるよう、努めてまいります。

　国民の皆様の情報通信行政へのご協力に心から感謝申し上げるとともに、本白書が皆様に広く活用され、情報通信・デジタルに関するご理解を一層深めていただく上での一助となることを願っております。

令和6年7月

# 令和6年版 情報通信白書の概要

## 第Ⅰ部：特集① 令和6年能登半島地震における情報通信の状況

### 第1章 令和6年能登半島地震における情報通信の状況
- 通信インフラ/テレビ・ラジオ/郵便局の被害状況、サービス復旧の取組、復興に向けた支援等を整理

### 第2章 情報通信が果たした役割と課題
- 震災発生時の国民・政府のメディア利用状況（SNS含む）を過去の震災と比較して分析
- 顕在化した課題と今後求められる対応（災害に強い通信・放送インフラ、偽・誤情報対策等）を概観

## 第Ⅰ部：特集② 進化するデジタルテクノロジーとの共生

### 第3章 デジタルテクノロジーの変遷
- 進化を続けるデジタルテクノロジー（AI、メタバース、ロボット、モビリティ（自動運転）等のICTを利用したテクノロジー）の発展の経緯を概観

### 第4章 デジタルテクノロジーの課題と現状の対応策
- AI等のデジタルテクノロジーが社会・経済に及ぼす影響と、課題に対する諸外国の対応（AIの安全・安心の確保、偽・誤情報への対応、国際競争力強化）等を概観

### 第5章 デジタルテクノロジーの浸透
- デジタルテクノロジーの国民・企業の現在の利活用状況と、各企業における利活用事例等を取り上げて紹介

### 第6章 デジタルテクノロジーとのさらなる共生に向けて
- 今後の健全な活用・共生に向けた取組（産業競争力の強化/社会課題解決のためのデジタルテクノロジーの活用推進、デジタル空間における情報流通の健全性確保、デジタルテクノロジーを支える通信ネットワークの実現、安心安全で信頼できる利用に向けたルール整備・適用と国際協調等）を概観

## 第Ⅱ部：情報通信分野の現状と課題

### 第1章 ICT市場の動向
- 国内外のICT産業の概況（例：情報通信産業のGDP、ICT財・サービスの輸出入額）や各市場（例：電気通信、放送コンテンツ・アプリケーション）の現状を整理・分析
- 国民生活・企業活動・公的分野における国内外のデジタル活用の現状を整理・分析

### 第2章 総務省におけるICT政策の取組状況
- ICT分野における省内横断的な取組（例：デジタル田園都市国家構想の推進）、各政策領域（電気通信、電波政策、放送政策等）において総務省が実施する政策・今後の方向性等を整理

# 令和6年版　情報通信白書

## 総目次

凡 例

# 本　編

# 凡　例

◆　年（年度）の表記は、原則として西暦を使用し、公的文書の引用等の場合は和暦を使用しています。必要に応じて、西暦と和暦を併記しています。

◆　和暦における元号は明記する必要のない場合や一部図表において省略しています。

◆　「年」とあるものは暦年（1月から12月）を、「年度」とあるものは会計年度（4月から翌年3月）を指しています。

◆　企業名については、原則として「株式会社」の記述を省略しています。

◆　補助単位については、以下の記号で記述しています。

$$10 垓（10^{21}）倍 \cdots Z（ゼタ）$$
$$100 京（10^{18}）倍 \cdots E（エクサ）$$
$$1,000 兆（10^{15}）倍 \cdots P（ペタ）$$
$$1 兆（10^{12}）倍 \cdots T（テラ）$$
$$10 億（10^{9}）倍 \cdots G（ギガ）$$
$$100 万（10^{6}）倍 \cdots M（メガ）$$
$$1,000（10^{3}）倍 \cdots k（キロ）$$
$$10 分の 1（10^{-1}）倍 \cdots d（デシ）$$
$$100 分の 1（10^{-2}）倍 \cdots c（センチ）$$
$$1,000 分の 1（10^{-3}）倍 \cdots m（ミリ）$$
$$100 万分の 1（10^{-6}）倍 \cdots \mu（マイクロ）$$

◆　単位の繰上げは、原則として、四捨五入によっています。単位の繰上げにより、内訳の数値の合計と、合計欄の数値が一致しないことがあります。

◆　構成比（％）についても、単位の繰上げのため合計が100とならない場合があります。

◆　本資料に記載した地図は、我が国の領土を網羅的に記したものではありません。

◆　出典が明記されていない図表等は、総務省資料によるものです。

◆　原典が外国語で記されている資料の一部については、総務省仮訳が含まれます。

# 本編

# 本編目次

# 特集② 進化するデジタルテクノロジーとの共生

## 第3章　デジタルテクノロジーの変遷

## 第4章　デジタルテクノロジーの課題と現状の対応策

## 第5章　デジタルテクノロジーの浸透

## 第6章 デジタルテクノロジーとのさらなる共生に向けて

# 第Ⅱ部

# 情報通信分野の現状と課題

## 第1章 ICT市場の動向

## 第2章　総務省におけるICT政策の取組状況

# 第 I 部

# 令和6年能登半島地震における情報通信の状況

## 第1節 令和6年能登半島地震の概要

2024年（令和6年）1月1日16時10分、石川県能登地方を震源とするマグニチュード7.6、震源の深さ16kmの地震が発生した。この地震により、石川県輪島市、志賀町では震度7、七尾市、珠洲市、穴水町、能登町で震度6強など広い範囲で強い揺れが観測されたほか、この地震により石川県の金沢で80cmの津波が観測されるなど、北海道から九州にかけて日本海沿岸を中心に広い範囲で津波が観測された。この地震の活動域では、1月1日16時以降、1月31日までに震度1以上を観測した地震が1,558回発生した[*1]。

この地震により、死者260名、行方不明者3名、重軽傷者1,314名、住家被害123,808棟（分類未確定等を除く）という甚大な被害が発生した。さらに地震発生直後から、最大で約44,160戸の停電、約136,440戸の断水など、広範なライフラインの被害が報告されている（5月28日時点）[*2]。

特に大きな被害を受けた石川県能登地方は低山地と丘陵地が大部分を占める半島であり、その地形的な特徴により、交通網の寸断が救援・復旧活動の大きな妨げとなった。土砂災害が440件発生し、能登半島北部に向かう多くの幹線道路が通行困難になったことで、1月5日時点で33か所（最大3,345人）の孤立地区が発生した（2月13日に全て解消）[*3]。

### 図表 I-1-1-1 被害状況の概要

○人的被害

|  | 死者 | 行方不明者 | 重軽傷者 |
|---|---|---|---|
| 人数 | 260名 | 3名 | 1,314名 |

○避難所の状況

| 都道府県 | 避難所数 | 避難者数 |
|---|---|---|
| 石川県 | 252 | 3,319 |

○住家被害

| 都道府県 | 住家被害 | | | | | 合計 |
|---|---|---|---|---|---|---|
|  | 全壊 | 半壊 | 床上浸水 | 床下浸水 | 一部破損 | |
| 石川県 | 8,108 | 16,504 | 6 | 5 | 56,295 | 80,918 |
| 新潟県 | 106 | 3,089 |  | 14 | 20,272 | 23,481 |
| 富山県 | 245 | 756 |  |  | 17,799 | 18,800 |
| その他 |  | 12 |  |  | 597 | 609 |
| 合計 | 8,459 | 20,361 | 6 | 19 | 94,963 | 123,808 |

○ライフライン被害

|  | 最大戸数 | 復旧状況 |
|---|---|---|
| 電力 | 約44,160戸 | 北陸電力送配電が保安上の措置を実施：約270戸 |
| 水道 | 約136,440戸 | 約2,030戸が断水 |

※新潟県の公表資料において新潟市の住宅被害（罹災証明申請数）は本表に反映していない
※富山県の公表情報において住宅被害の「未分類」と表記されている情報は本表に反映していない
※石川県の死者数は石川県の公表資料に基づく

（出典）内閣府等資料を基に作成[*3]

---

[*1] 令和6年1月地震・火山月報（防災編）（気象庁）によると、震度7：1回、震度6弱：2回、震度5強：8回、震度5弱：7回、震度4：45回、震度3：159回、震度2：395回、震度1：941回発生している。震度1以上を観測した地震の回数は、後日の調査で変更する場合がある。
[*2] 内閣府等資料
[*3] 内閣府, 復旧・復興支援本部（第3回）（2024年3月1日）配布資料
　　　<https://www.bousai.go.jp/updates/r60101notojishin/pdf/r60101notojishin_hukkyuhonbu03.pdf>

政府においては、地震発生直後の1月1日17時30分に「特定災害対策本部」を立ち上げ[4]、災害応急対策等に関する実施方針に基づき、関係省庁が連携し、迅速な情報収集と被害状況の把握、人命の救助、行方不明者等の救命・救助、被害の拡大防止、避難所の衛生環境等の整備や避難者の生活必需品の確保、ライフラインや交通機関の復旧、被災地の住民等に対する的確な情報の提供、インフラの応急復旧等を行った[5]。

また、総務省では、同日16時10分に総務省災害対策本部（長：総務省大臣官房長）を設置、同日22時40分に総務省非常災害対策本部（長：総務大臣）に格上げし、被害状況の把握、災害応急対策、復旧対策等の措置を講じた。

この震災では、国民生活上の重要なライフラインである情報通信インフラにも影響が大きく及び、北陸地方を中心に、通信回線の途絶や停電等によりスマートフォン等の情報通信機器が使用できなくなる、テレビ放送が停波する等の被害が発生した。

このような中、通信事業者や自治体、政府機関が連携し、移動型電源の活用等により情報通信インフラの早期復旧に向けた取組が行われるとともに、テレビ・ラジオのほか、SNSが安否確認や被災者支援のために活用された。一方で、SNSを中心に、いわゆる偽・誤情報が流通・拡散するなど、課題点も浮き彫りになってきたところである。

依然として、対応を要する課題は刻々と変化しているところであるが、本白書においては、2024年5月までの状況を基に、情報通信がどのような役割を果たしたかを記すこととする。

第1章

令和6年能登半島地震における情報通信の状況

---

[4]　1月1日22時40分に非常災害対策本部に格上げ
[5]　https://www.bousai.go.jp/updates/r60101notojishin/pdf/r60101notojishin_kaigi01.pdf

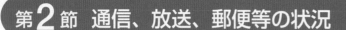

# 第2節　通信、放送、郵便等の状況

## ① 通信インフラへの被害

### ❶ 固定通信

　固定通信については、石川県輪島市、珠洲市、志賀町等を中心に、サービスが利用できない状況が発生した。NTT西日本によると、今般の震災により通信ビルが停電したほか、土砂崩れなどの影響で中継伝送路やケーブルが損傷し、大規模なサービス障害が発生、最大で固定電話7,860回線、固定インターネット約1,500回線に影響した[*1]。

　サービス再開に向け、移動電源車や発電機を活用した通信ビルへの電力の供給、ケーブルの損傷修理、断線区間へのケーブル新設、被害を受けていない中継伝送路への迂回等による基幹設備の復旧が進められた。また、被災者の通信確保のため、衛星携帯電話やポータブル衛星電話が配備された[*2]。5月末時点で、石川県輪島市の一部（アナログ電話：約180回線、ひかり電話：約40回線）を残し、復旧が進んでいる[*3]。

**図表 I-1-2-1　固定電話及び固定インターネットの支障回線数の推移（被害報ベース）**

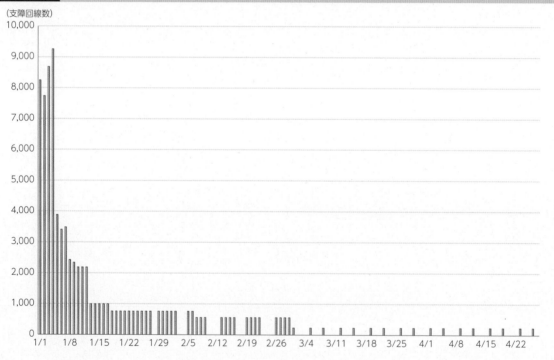

---

[*1]　通信ビルの被害状況。そのほか、ソフトバンクの固定電話についても、149回線に支障が生じた。
[*2]　NTT西日本「令和6年能登半島地震の影響により被災・避難されたお客さまへの支援とご案内について」<https://www.ntt-west.co.jp/share/shien.html>（2024年4月30日閲覧）
　　　衛星携帯電話を最大8台、ポータブル衛星電話を延べ25か所にて配備・運用していたが、設置場所の通信サービスの復旧に伴い、配備を終了（2024年3月22日20時00分 時点）
[*3]　総務省, 令和6年能登半島地震に係る被害状況等について（第104報）（2024年5月28日）

**図表Ⅰ-1-2-2** NTT西日本の通信設備の応急復旧状況（1月17日時点）

（出典）西日本電信電話

　また、石川県の固定系超高速ブロードバンド市場において約17%のシェアを占めるCATVアクセスサービスにおいては[4]、センター施設や伝送路に甚大な被害が発生した[5]。4月12日時点で、石川県珠洲市の一部（能越ケーブルネット）、輪島市の一部（輪島市ケーブルテレビ）において、幹線は一部復旧済みであるものの、伝送路断が続いている状況である。

## ❷ 移動通信（携帯電話等）

　携帯電話等についても、発災直後から発生した停電の長期化や土砂崩れなどによる伝送路等の断絶等の影響により、NTTドコモ、KDDI、ソフトバンク、楽天モバイル各社を合計して最大839の携帯電話基地局（うち石川県799）において停波が報告された（1月3日時点）[6]（**図表Ⅰ-1-2-3、図表Ⅰ-1-2-4**）。

　土砂災害や液状化による道路の寸断、被災地に向かう幹線道路の渋滞等の課題がある中（**図表Ⅰ-1-2-5**）、携帯電話事業者各社は、移動基地局車や可搬型衛星アンテナ、可搬型発電機の搬入を進め、KDDI、ソフトバンク、楽天モバイルは1月15日、NTTドコモは1月17日に、土砂崩れなどによる立入困難地点を除き、応急復旧を概ね終了した（その後、立入困難地点については、道路啓開等により立入が可能となった後原則2、3日以内に応急復旧を実施し、3月末時点において、NTTドコモ及びKDDIは石川県輪島市の一部（舳倉島）を除いて完了している。）。

---

[4] 総務省（2023年8月）,「令和4年度（2022年度）電気通信事業分野における市場検証に関する年次レポート」, <https://www.soumu.go.jp/main_content/000900509.pdf>
[5] ケーブルテレビの被害状況については、第1章第2節2.「放送網への被害」も参照
[6] 総務省, 令和6年能登半島地震に係る被害状況等について（第13報）(2024年1月3日)

第1章

令和6年能登半島地震における情報通信の状況

**図表 I -1-2-3**　携帯電話基地局の停波局数の推移（被害報ベース）

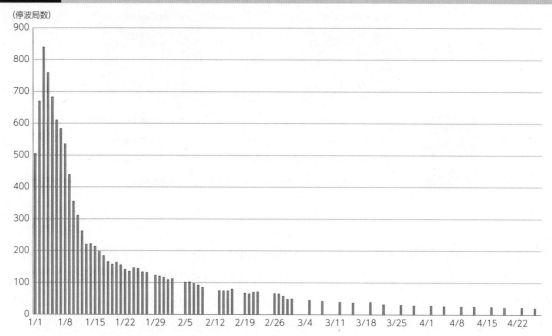

**図表 I -1-2-4**　携帯電話のエリア支障の状況（エリア支障最大時）

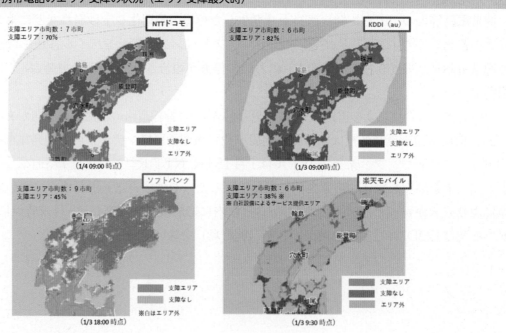

（出典）各社報道資料を基に作成

**図表Ⅰ-1-2-5　通信インフラ（携帯電話）の被害（光ファイバの被害・張替）**

(出典) 西日本電信電話[*7]

　応急復旧と並行し、基地局が本来の機能を回復する本格復旧を着実に進め、5月末時点では能登半島北部6市町の基地局のうち97%が本来のかたちに戻っている。被災地全般にわたる本格復旧に向けて取組が継続されている（**図表Ⅰ-1-2-6**）。

**図表Ⅰ-1-2-6　通信インフラ（携帯電話）の復旧状況（5月末時点）**

(出典) 各社報道資料を基に作成

**関連データ**　携帯電話基地局の停波局数・復旧率の推移（熊本地震・能登半島地震）
URL：https://www.soumu.go.jp/johotsusintokei/whitepaper/ja/r06/html/datashu.html#f00008
（データ集）

## ❸　その他

### ア　防災行政無線

　地方公共団体が無線局を開設し、整備した防災行政無線については、石川県珠洲市、穴水町、志

---

[*7]　内閣府, 復旧・復興支援本部（第2回）（2024年2月16日）西日本電信電話配布資料<https://www.bousai.go.jp/updates/r60101notojishin/pdf/r60101notojishin_hukkyuhonbu02.pdf>

賀町等から被害が報告された。被害が大きかった珠洲市では、津波により一部の音声拡声子局が損失したほか、山上中継局の停波により配下の子局が停止する事象が複数発生した。なお、5月8日時点においても、猫ヶ岳の山上中継局が停波中となっている[8]。

### イ　自営通信システム（MCA無線）

　災害に強い通信手段として行政機関等で使用されているMCA無線システムについては、国内サービスエリアに異常は見られなかった。石川県中能登町設置の同報用子局のうち、2局が停止したものの、その後復旧が報告されている。

## ② 放送網への被害

### ❶ 地上テレビ放送

　地上テレビ放送については、広範囲かつ長期間続いた停電により継続的な停波が発生した。発災直後から各局は非常用電源による運用を行っていたが、自衛隊ヘリによる燃料搬入を実施した中継局を除いては燃料の枯渇により、石川県輪島市の一部地域において、NHK及び民放4局（北陸放送、石川テレビ、テレビ金沢、北陸朝日放送）の停波が発生、一時は約2,130世帯に影響があった。

　その後、到達経路が確保できた一部の中継局は復旧したものの、道路の損傷や土砂崩れ等によって中継局への到達が難しい地域については継続的補給が困難であったため、一部の地域で長期間の停波が続くこととなった。

　NHKは、一部地域で地上テレビ放送が視聴できない状況を踏まえ、1月9日から大規模災害時の臨時対応として、衛星放送（BS）の3チャンネル（BS103）を使って、総合テレビの金沢放送局の地域向けニュースや全国ニュースなどを放送した[9][10]。

　NHK及び民放4局の停波が解消したのは、商用電源が回復した1月24日である（その後も一部の局では非常用電源にてサービスを継続）[11]。その後、3月22日時点で、全ての地域において復旧が完了している。

### ❷ ラジオ放送

　ラジオ放送についても、放送設備の破損及び停電の影響により、テレビと同様に長期間の停波が発生した。発災当日には、石川県羽咋市において送信アンテナ柱破損によりNHK及びエフエム石川の羽咋FM局が停波し、約2万世帯に影響があったものの、仮設空中線設置により1月2日には復旧が報告されている。また石川県輪島市の一部の放送設備においては、非常用電源のバッテリー枯渇により停波が発生、北陸放送の輪島AM局（対象約1万4,000世帯）及び輪島FM補完局（対象約6,000世帯）、NHKの輪島町野FM局（対象約700世帯）に影響があった[12][13]。

　全ての局において停波が解消したことが報告されたのは、商用電源が回復した1月24日である

---

＊8　総務省，令和6年能登半島地震に係る被害状況等について（第101報）（2024年5月8日）
＊9　能登半島地震に伴う衛星放送活用の臨時対応について（2024年1月9日）
　　　<https://www.nhk.or.jp/info/otherpress/pdf/2023/20240109.pdf>
＊10　能登半島地震に伴う衛星放送活用の臨時対応の拡充について（2024年1月11日）
　　　<https://www.nhk.or.jp/info/otherpress/pdf/2023/20240111.pdf>
＊11　総務省，令和6年能登半島地震に係る被害状況等について（第55報）（2024年1月24日）
＊12　総務省，令和6年能登半島地震に係る被害状況等について（第1報～第90報）（2024年1月1日～3月22日）
＊13　「石川県の民放、NHK　能登半島地震で中継局が被災」，『映像新聞』2024年1月22日

（一部の局は非常用電源にてサービスを継続）。

その後、3月22日時点で、全ての局において復旧が完了している。

市区町村の全部又は一部の地域においてサービスを提供するコミュニティ放送については、石川県七尾市に拠点をおく「ラジオななお」において、地震直後の停電、また、同局の非常用電源の枯渇により停波を生じた（影響対象約2万3,000世帯）ものの、翌1月2日には放送を再開している。なお、「ラジオななお」は七尾市との間で防災協定を締結しており、同市は、緊急割込放送システムを用いて、ラジオ放送を通じた被災者向け生活支援情報の発信を行っている[*14][*15]。

### ❸ ケーブルテレビ

ケーブルテレビについては、地方公共団体の直営となる輪島市、七尾市及び能登町、能越ケーブルネットのサービスエリアとなる珠洲市及び穴水町、金沢ケーブルのサービスエリアとなる志賀町において、停電や予備電源の枯渇、土砂崩れに伴う電柱の倒壊による伝送路の断線等が発生し停波が生じた。

特に道路に大きな被害が生じるなどした、輪島市及び珠洲市の一部地域については、4月以降の道路啓開等を踏まえて対応することとなったものの、全体として、3月末までに概ね応急復旧が完了している。

能登半島北部は、地形的な特殊性により地上テレビ放送の放送波が届きにくく、ケーブルテレビへの依存度が高いことから、その早期復旧が課題となった。このような状況を踏まえて、総務省においては、復旧事業の補助率をかさ上げするとともに、地方財政措置を拡充し、地方公共団体・事業者の大幅な負担軽減を図ったほか、仮設住宅への伝送路敷設についても補助の対象にするなど、被害状況等を踏まえた支援を実施している。

---

**図表 I-1-2-7　ケーブルテレビの復旧・取組状況（4月23日時点）**

---

*14 総務省, 令和6年能登半島地震に係る被害状況等について（第17報）（2024年1月4日）
*15 「能登半島地震　地域メディアの状況は？〜石川県・七尾市「ラジオななお」〜【研究員の視点】#527」,『NHK文研ブログ』2024年2月22日, NHK放送文化研究所. <https://www.nhk.or.jp/bunken-blog/100/491948.html>

### ③ 郵便局等の被害状況

　震災による局舎倒壊や断水、設備故障等の影響で、石川県や新潟県において最大117局（簡易郵便局を含む。）の郵便局で窓口業務が休止したほか、石川県や新潟県などの地域において郵便・物流事業の遅延・業務停止が発生した。その後、他社施設の共同利用、車両型郵便局の活用等により、順次一部局での郵便物等の窓口での受取り、金融窓口サービスの利用、郵便物等の戸別配達等のサービスを再開していき、5月28日時点で85局で窓口業務を再開したほか、奥能登地域の25局においてATMサービスを再開、さらにうち20局においては貯金・保険窓口が再開、1局において貯金窓口のみが再開している。

### ④ 通信手段の確保に向けた取組

　2011年の東日本大震災以来、通信事業者各社は、災害時の通信確保のために停電対策や伝送路断線対策等を強化するなど、様々な取組を進めてきた。今般の能登半島地震に際して、通信手段の確保に向けて講じられた取組について取り上げる。

#### ❶ 車載・可搬型基地局、移動電源車、発電機等の稼働

　土砂崩れなどによる伝送路等の断絶、発災直後から発生した停電の長期化に対応するため、携帯電話事業者各社は最大約100台の車載・可搬型基地局を運用するとともに、官民合わせて最大約200台の移動電源車・発電機を運用した。

**図表Ⅰ-1-2-8　車載・可搬型基地局、移動電源車、発電機等の稼働台数（最大時）**

| 事業者 | 移動電源車 | 可搬型発電機 | 車載型基地局 | 可搬型基地局 | 可搬型衛星アンテナ |
|---|---|---|---|---|---|
| NTT西日本<br>NTTドコモ<br>KDDI（au）<br>ソフトバンク<br>楽天モバイル | 25台 | 177台 | 70台 | 34台 | 112台 |

#### ❷ 移動型基地局の活用

　NTTドコモとKDDIは、陸路からの復旧が困難な輪島市の一部沿岸エリアに向けて、共同で船上基地局の運用を実施した。船舶上に携帯電話基地局の設備を設置するものであり、NTTドコモグループが所有する海底ケーブル敷設船「きずな」を使用した[16]。

　また、ソフトバンクは、地上給電装置から有線給電することで長時間の飛行が可能になるドローン無線基地局を投入した。ドローンに無線中継装置を搭載し、上空から端末に電波を届けるもので、通信エリアの補完を実現する仕組みである[17]（図表Ⅰ-1-2-9）。

---

*16 NTTドコモ、KDDI, 令和6年能登半島地震に伴う「船上基地局」運用の実施について（2024年1月6日）<https://www.docomo.ne.jp/info/news_release/detail/20240106_00_m.html?icid=CRP_INFO_news_release_2024_01_17_00_to_CRP_INFO_news_release_detail_20240106_00_m>
*17 ソフトバンク、「被災地に早く"安心"を届けたい」。担当者が見た能登の現状と通信ネットワーク早期復旧への道（2024年1月12日）<https://www.softbank.jp/sbnews/entry/20240112_02?page=02#page-02>

図表Ⅰ-1-2-9　船上基地局・ドローン基地局

（出典）NTTドコモ、ソフトバンク[18]

### ③ 衛星通信サービスの活用

　能登半島地震においては、伝送路の断絶や携帯電話基地局の停電などで通信サービスが利用できなくなった地域が多く発生したことから、応急復旧に向け、米SpaceX社の低軌道衛星通信サービスStarlinkが広く活用された。KDDIは、応急復旧にあたり、土砂災害などで切断された光ファイバ等の通信ケーブル（携帯電話基地局のバックホール回線）の代替として、Starlinkアンテナを携帯電話基地局に接続し、バックホール回線を衛星回線とすることで通信を復旧させる取組を行った（**図表Ⅰ-1-2-10**）。また、同社の他、NTTドコモ、ソフトバンクがStarlink機器を、避難所や災害派遣医療チーム（DMAT）等に提供し、Wi-Fiを通じたインターネット通信に活用された[19]。Starlinkは、避難所等へ660台（KDDI、ソフトバンク、NTTドコモ）提供された。

図表Ⅰ-1-2-10　Starlinkのバックホール回線活用による応急復旧のイメージ（KDDI）

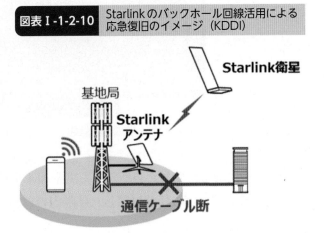

（出典）KDDI[20]

### ④ 通信機器の貸与

　能登半島地震においては、電話、インターネット等の通信サービスに大きな影響が発生したことから、特に被害が大きかった地域を中心に、衛星携帯電話が活用された。総務省では、被災した地方公共団体等に対して、災害対策用移動通信機器として備蓄していた衛星携帯電話を最大102台無償貸与した。また、携帯電話事業者においても、携帯端末や衛星機器の無償貸与が行われており、NTTドコモが携帯端末計1,520台を、KDDI・ソフトバンク等が衛星機器約660台を貸し出している。

---

*18 内閣府, 復旧・復興支援本部（第3回）（2024年3月1日）NTTドコモ、ソフトバンク配布資料 <https://www.bousai.go.jp/updates/r60101notojishin/pdf/r60101notojishin_hukkyuhonbu03.pdf>
*19 「4キャリアが能登半島地震のエリア復旧状況を説明 "本格復旧"を困難にしている要因とは」, 『ITmedia Mobile』2024年1月19日. <https://www.itmedia.co.jp/mobile/articles/2401/19/news120.html>
*20 総務省, 活力ある地域社会の実現に向けた情報通信基盤と利活用の在り方に関する懇談会 地域におけるデジタル技術の利活用を支えるデジタル基盤の利用環境の在り方WG（第2回）（2024年3月11日）,「衛星ブロードバンド「Starlink」による地域・産業・防災への活用事例（KDDI）」, <https://www.soumu.go.jp/main_content/000934326.pdf>

### ❺　公共安全モバイルシステム（旧：公共安全LTE）

　総務省では、2019年度（令和元年度）以降、災害現場等において公共安全機関が共同で利用する携帯電話技術を活用した無線システムとして、公共安全モバイルシステムの実現に向けた取組を実施してきた。2023年度（令和5年度）の実証期間中に発生した、今般の震災に際しては、公共安全モバイルシステムの実証端末が被災地において活用された。

　具体的には、石川県内の全11消防本部に実証端末を貸与し、救急活動等において使用した（**図表Ⅰ-1-2-11**）。

**図表Ⅰ-1-2-11** 救急活動での使用

現場の救急隊　　　　　　　　　　　　　　本部

　また、被災地で活動した自衛隊にも実証端末を貸与し、現地派遣部隊が、輸送／給水／入浴支援、宿泊支援（船舶）等の任務に際し、部隊内の連絡・情報共有などで使用した（**図表Ⅰ-1-2-12**）。

**図表Ⅰ-1-2-12** 部隊間の指揮・連絡、情報共有での使用

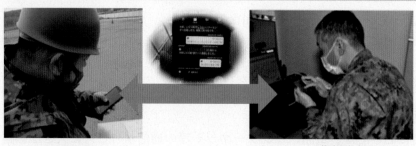

現場部隊　　　　　　　　　　　　　　　　指揮本部

### ❻　その他通信事業者等の取組

#### ア　災害用伝言サービス

　災害時には、NTT東日本、NTT西日本、NTTドコモ、KDDI、ソフトバンク、楽天モバイル各社が災害用伝言サービスを展開している。

#### イ　無料インターネット接続サービスの提供

　NTTドコモ、KDDI、ソフトバンク、ワイヤ・アンド・ワイヤレス、楽天モバイル各社は、1月1日から[21]、石川県、新潟県、富山県、福井県において、災害用統一SSID「00000JAPAN」

---

*21 NTTドコモは1月1日20時から順次、KDDI/ワイヤ・アンド・ワイヤレス、ソフトバンクは同日21時から順次、楽天モバイルは1月2日10時から順次開放。

（ファイブゼロ・ジャパン）*22を用いて公衆無線LANを無料開放した*23。

### ❼ 現地へのリエゾン等の派遣

　今般の震災に際しては、各省庁、地方公共団体等が被災自治体等に職員の派遣を実施した。

　総務省では、大規模自然災害が発生し、又は発生するおそれがある場合において、情報通信分野における被災状況の詳細な把握、早期復旧その他災害応急対応に関する技術的な支援や関係行政機関・事業者等との連絡調整等を円滑かつ迅速に実施することを通じて、情報通信手段の確保に向けた災害対応支援を行うことを目的に「総務省・災害時テレコム支援チーム（MIC-TEAM*24）」を2020年から立ち上げている。能登半島地震においても、通信サービスの確保・早期復旧に向け、1月1日から総務本省及び総合通信局等の職員を石川県災害対策本部に派遣し、きめ細かな支援活動を実施している（5月末までに延べ約133名派遣）。

## ⑤ 復旧活動に必要な施策に向けた補助等

　政府は、1月25日に「生活の再建」「生業の再建」「災害復旧等」の分野毎に政府として緊急に対応すべき施策を「被災者の生活と生業（なりわい）支援のためのパッケージ」（令和6年能登半島地震非常災害対策本部決定。以下「支援パッケージ」という。）として取りまとめた。このうち、情報通信関係については、「インターネット上の偽情報・誤情報対策」、「放送・通信設備等の災害復旧」が盛り込まれている。また、この支援パッケージに基づき、令和5年度予算の予備費の使用が閣議決定*25された。これを基に、総務本省・総合通信局等から被害が深刻な6市町等の地方公共団体への衛星携帯電話や、避難所等への衛星インターネット機器の貸与等を拡充する災害対策用移動通信機器等整備・貸与事業が行われた。「インターネット上の偽情報・誤情報対策」としては、①被災者が偽・誤情報にだまされないための普及啓発活動の強化、②プラットフォーム事業者等関係者による偽・誤情報への対応を容易化するための施策の推進、③プラットフォーム事業者に対する利用規約等に基づく適正な対応要請に関するフォローアップが実施されている。また、「放送・通信設備等の災害復旧」としては、ケーブルテレビネットワーク光化等による耐災害性強化事業、高度無線環境整備推進事業、送信所の移転等に関する支援、地上基幹放送に関する耐災害強化支援事業における災害復旧事業、臨時災害放送局用設備の貸出しといった事業が実施されている。

---

*22 電気通信事業者が平時は有料で提供している公衆無線LANサービスを、災害時に無料開放する取組。（一社）無線LANビジネス推進連絡会（Wi-Biz）が認定する事業者が提供者となっている。
*23 「令和6年能登半島地震に伴う00000JAPANの無料開放」（（一社）無線LANビジネス推進連絡会）
　　<https://www.wlan-business.org/archives/43065>　サービスは4月23日に終了。
*24 MIC-Telecom Emergency Assistance Members
*25 令和6年能登半島地震に係る被災者の生活と生業支援のためのパッケージに基づく予備費使用について（財務省）
　　<https://www.mof.go.jp/policy/budget/budger_workflow/budget/fy2023/nt240126.pdf>

# 第2章 情報通信が果たした役割と課題

## 第1節 震災関連情報の収集と発信

### ① 震災関連情報はどのように収集・集約されたか

#### 1 避難所情報の集約

　今般の能登半島地震では、道路の寸断により奥能登へのアクセスルートが一部遮断する事態となり、指定避難所以外の自主避難や孤立集落が多数発生していたうえ、市町職員らも被災したため、避難所状況を正確に把握することが困難であった。そこで、石川県は、市町のほか自衛隊や災害派遣医療チーム（DMAT）などが収集した避難所情報を一元集約するためのプラットフォームを構築し、1月14日から稼働、同17日から各避難所情報にIDを割り振り、他システムと連携する本格運用を開始した（**図表 I -2-1-1**）。これにより、避難所情報の正確な把握が可能となり、避難所の物資調達を要望に応じて送るプル型支援への移行が可能となった。

**図表 I -2-1-1** 避難所データ集約・可視化アプリケーションのイメージ

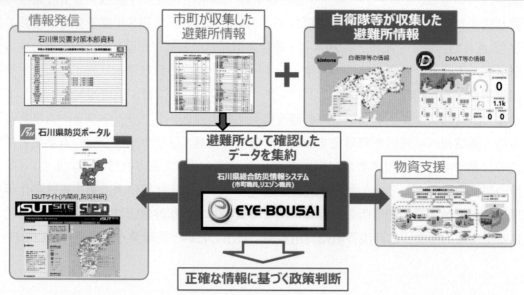

（出典）石川県 知事記者会見資料（2024年1月13日）

#### 2 Suicaを活用した避難者情報の把握

　石川県は1次避難所に来る避難者らにそれぞれIDが付与されたSuicaを配布し、氏名・住所、生年月日、連絡先などの個人情報をひも付けてシステムに登録した。避難者が避難所を訪れたり、物資を受け取ったりする際に、避難所に設置のカードリーダーに配布したSuicaを読み込ませることで、避難者情報とニーズの正確な把握が可能となり、要請に基づいて物資を避難所に届けるプル型の物資支援を促進した（**図表 I -2-1-2**）。なお、これまでデジタル庁では、避難所の避難者情報把握のためにマイナンバーカードを活用する実証を推進していたものの、今般の震災ではカード

リーダーの準備が間に合わなかったために活用が行われなかった[*1]。

**図表 I-2-1-2　Suicaを使った避難者情報把握**

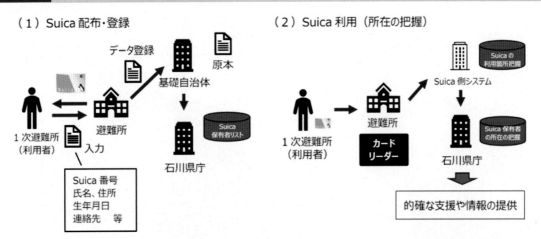

（出典）デジタル庁「令和6年能登半島地震の対応におけるデジタル技術を活用した被災者情報の把握の取組」

## ③ 被災者データベースの構築

2月19日、石川県の馳浩知事は、能登地域6市町の全住民約12万人の被災者データベースを構築したと発表した。甚大な被害のため被災者が市町を超えて移動するなどで、市町の行政サービスが届かなくなる懸念に対して、被災者の所在地や要介護などの要配慮事項を記載したデータベースを活用することで、市町をまたいだ被災者の見守りや支援につなげている。

## ④ 各種データを活用した被害状況可視化

### ア　リモートセンシング

人工衛星で観測されるデータは、被災地の状況を早期に確認・分析するための重要な情報の1つであり、宇宙ベンチャー企業を含むさまざまな民間企業等が衛星情報の公開や提供、分析を進めている。例えば、アクセルスペースは、自社が開発・運用する小型光学衛星コンステレーションによる地球観測プラットフォーム「AxelGlobe」で観測したデータを特設ページで公開したほか、政府機関や自治体、報道機関に無償提供することを発表した[*2]。また、QPS研究所は、小型SAR衛星「QPS-SAR」による観測データを政府機関や報道機関に提供し、災害対応等のために画像使用を希望する場合は問合せに応じて順次提供する旨を発表した[*3]。両社のデータは、国立研究開発法人防災科学技術研究所（防災科研）による「令和6年能登半島地震に関する防災クロスビュー」にも掲載されている[*4]。

---

[*1]　河野デジタル大臣記者会見要旨（令和6年1月26日）デジタル庁　<https://www.digital.go.jp/speech/minister-240126-01>
[*2]　アクセルグローブ「令和6年能登半島地震特設ページ」<https://www.axelglobe.com/ja/the-noto-hanto-earthquake-in-2024>
[*3]　QPS研究所「令和6年能登半島地震エリアに関する衛星画像提供について」<https://i-qps.net/news/1614/>
[*4]　国立研究開発法人防災科学技術研究所「令和6年能登半島地震に関する防災クロスビュー」<https://xview.bosai.go.jp/view/index.html?appid=41a77b3dcf3846029206b86107877780>

**図表Ⅰ-2-1-3**　人工衛星の観測データを用いた地殻変動の解析イメージ

| 解析結果【速報】

**2.5次元解析結果** NEW

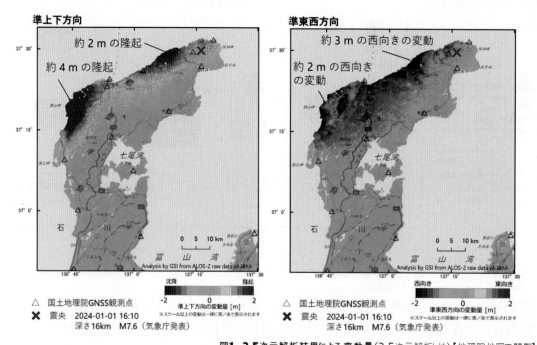

**図1　2.5次元解析結果による変動量**（2.5次元解析とは）【地理院地図で閲覧】
観測毎の2.5次元解析結果：1月1日及び2日観測、1月9日及び12日観測、1月3日及び15日観測

（出典）国土地理院[5]

### イ　地理空間データを利用した被害状況可視化

　点群データ、斜面崩壊・堆積分布データ等の地理空間データを用いて震災の被害状況を可視化する取組も行われた。東京都は、2月、能登半島地震の被害状況に関する地理空間データを東京都デジタルツイン3Dビューアに掲載した（**図表Ⅰ-2-1-4**）。この東京都デジタルツイン3Dビューアは、専用ソフトウェアなしにウェブブラウザ上で閲覧でき、発災前後の地形データや被害状況に係るデータ等を3次元で表現し、重ね合わせてみることが可能となっている。

---

＊5　国土地理院「「だいち2号」観測データの解析による令和6年能登半島地震に伴う地殻変動（2024年1月19日更新）」
　　　<https://www.gsi.go.jp/uchusokuchi/20240101noto.html>

**図表Ⅰ-2-1-4　東京都デジタルツイン3Dビューアに掲載されたデータ**

掲載データ

●3Dデータ
・点群データ（RGB）
　…発災前
・微地形表現図
　…発災前

等

●2Dデータ
・斜面崩壊・堆積分布データ
　…発災後
・写真地図画像
　…発災前

等

発災後の斜面崩落・堆積分布を表示

発災前の高精細な地形を点群データで表示

（出典）東京都[*6]

## ウ　郵便局データ

郵便局が保有するデータを活用した取組も行われた。

日本郵便では、石川県の協力要請に基づき、公表された安否不明者リストをもとに郵便局で保有する居住者データとマッチングを行い、安否不明者リストの精緻化に寄与した。また、石川県からの要請を受け、避難者の被災自治体への情報登録を勧奨するため、郵便局に提出された転居届に係る情報をもとに、発災後に被災地域から転出した者宛てにダイレクトメールの送付等を行った（**図表Ⅰ-2-1-5**）。

＊6　東京都 報道発表資料「東京都デジタルツイン3Dビューアによる能登半島地震の被害状況の可視化について」（2024年2月2日）

第2章

情報通信が果たした役割と課題

**図表 I-2-1-5** 郵便局が保有するデータ等を活用した取組

### 【参考】郵便局が保有するデータ等を活用した被災自治体への協力

政府・関係機関とも連携しつつ、被災自治体からの要請に基づき、被災自治体へ協力する取組みを展開

**【安否不明者情報の確認（1月初旬）】**

・被災自治体からの協力要請に基づき、公表された安否不明者リストをもとに、郵便局で保有する居住者データとマッチング。自治体において情報を集約することで、安否不明者リストを精緻化。

**【情報登録促進への協力（2月期）】**

・被災自治体では、り災証明の発行等、各種支援情報をご案内することを目的に、避難されている方に対して、自治体への情報登録を勧奨する施策を展開。情報登録を促進するため、石川県から日本郵便あて協力要請。
・日本郵便では、郵便局窓口において、情報登録に関するチラシの掲出等を行うほか、郵便局に転居届を提出された方のうち、発災後に被災地域より転出された方あてにダイレクトメールを作成・送付

（出典）日本郵便プレスリリース（2024年3月4日）

## ② 震災関連情報はどのように発信されたか

### ① 発災時の情報発信

#### ア 緊急地震速報

1月1日16時10分に発生した地震では、気象庁が東北地方から近畿地方にかけて21県を対象に緊急地震速報（警報）を発表した。これを含め、1月に緊急地震速報（警報）を発表した回数は20回であった。気象庁のアンケートによると、緊急地震速報を受け取った人の78%が携帯電話・スマートフォンのエリアメール、緊急速報メールで受信したと回答している[7]（**図表 I-2-1-6**）。

---

[7] 2024年1月1日16時10分頃の最大震度7を観測した石川県能登地方の地震での緊急地震速報に関するアンケート予備調査 - 速報版 - 2024.3.28公表（気象庁）<https://www.data.jma.go.jp/eew/data/nc/shiryo/pre-survey/2024/20240101-ishikawa-brief.pdf>

**図表 Ⅰ-2-1-6**　緊急地震速報の入手方法

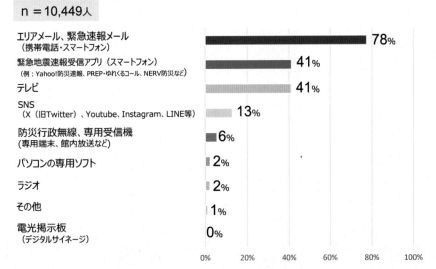

Q5.あなたは、緊急地震速報を何で入手しましたか。（複数回答可）

n = 10,449人

| 項目 | 割合 |
|---|---|
| エリアメール、緊急速報メール（携帯電話・スマートフォン） | 78% |
| 緊急地震速報受信アプリ（スマートフォン）（例：Yahoo!防災速報、PREP・ゆれくるコール、NERV防災など） | 41% |
| テレビ | 41% |
| SNS（X（旧Twitter）、Youtube、Instagram、LINE等） | 13% |
| 防災行政無線、専用受信機（専用端末、館内放送など） | 6% |
| パソコンの専用ソフト | 2% |
| ラジオ | 2% |
| その他 | 1% |
| 電光掲示板（デジタルサイネージ） | 0% |

（出典）気象庁「2024年1月1日16時10分頃の最大震度7を観測した石川県能登地方の地震での緊急地震速報に関するアンケート予備調査−速報版−」
（2024年3月28日）

また、緊急地震速報を見聞きした際、「何らかの行動をとった」とした割合が61%、行動の内訳は「その場で身構えた」、「テレビやラジオ、携帯電話などで地震情報を知ろうとした」、「周囲からたおれてくる物がないか注意した」が多かった。

### イ　発災時の避難呼びかけ（テレビ）

発災時の避難呼びかけ、特に大津波警報発令時には、NHKが東日本大震災以降に検討と訓練を重ねてきた「命を守る呼びかけ」が初めて本格運用され、大津波警報発表直後から、「命を守るため」や「東日本大震災を思い出してください」「周りの人にも「津波が来るぞ、高台へ逃げろ」と呼びかけながら逃げること」等、見ている人たちの感情に訴えるさまざまな表現やフレーズを使い、強い口調で呼びかけ続けた。

またサンテレビでは、兵庫県北部に津波警報が発令されたことを受け、事前に収録されていた多言語で避難を呼びかけるVTRが放送された。その内容は、日本語と手話のほか、英語、韓国語、中国語、ベトナム語、ネパール語、タガログ語、ポルトガル語で、各言語の話者らが順に出演し、「津波が来ます。命を守るために今すぐ逃げて」という内容を、声と手書きのフリップで繰り返し訴えるものであった。

## ❷　発災後の情報集約・発信

### ア　防災クロスビュー

国立研究開発法人防災科学技術研究所（防災科研）は「令和6年能登半島地震に関する防災クロスビュー」を1月1日から公開した。SIP4D（基盤的防災情報流通ネットワーク）などで共有された災害対応に必要な情報を集約し、統合的に発信している。クロスビュー上では、道路状況、生活支援箇所、NPO等の活動状況のほか、携帯電話事業者各社の通信の状況も一元的に提供されている。

**図表 I-2-1-7** SIP4Dを介した災害時の情報共有

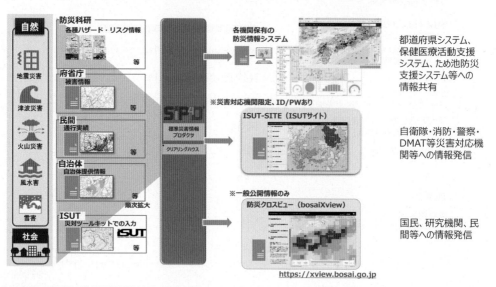

（出典）国立研究開発法人防災科学技術研究所「令和5年度 第4回 災害レジリエンス共創研究会「令和6年能登半島地震」報告会（2024年3月5日）」*8

### イ　報道機関による情報収集・発信（被災状況マップ）

　今般の地震では、新聞各社が収集した写真・情報をマップと連動させて公開する取組が見られた。

　1月1日、読売新聞社がウェブサイト「令和6年能登半島地震被災状況マップ」（初版）を公開。「記者が撮った被害」では、記者が撮影した被災地の写真と説明が3Dマップと連動し、撮影場所とともに確認できるうえ、「航空写真で分類した被害」では、1月2日に石川県の輪島市や珠洲市の沿岸部を中心に航空機から撮影された写真を基に、300か所以上の建物の損壊や土砂崩れ、火災などの被害が可視化されている。マップは1月8日まで随時更新され、地震発生後の最初の1週間の記録としてまとめられている。

### ウ　民間企業等による情報収集・発信（能登半島地震コネクトマップ）

　民間企業やシビックテック等において情報収集・発信をする取組は新型コロナウイルス感染症の感染拡大以降に広がりを見せており、今般の震災においても被災者のための情報の集約・発信の取組が見られた。一般社団法人コード・フォー・カナザワ（Code for Kanazawa）は、1月7日に市民による"ネットがつながる場所"の情報を地図にまとめた能登半島地震コネクトマップをオープンデータとして公開した。ネット接続環境改善に合わせて2月2日にデータの新規登録を停止した。

---

＊8　臼田裕一郎氏（防災科学技術研究所 総合防災情報センター／防災情報研究部門）資料「ISUTの取組について〜SIP4D、bosaiXview、ISUT-SITEを介した情報共有〜」

**図表Ⅰ-2-1-8** 能登半島地震コネクトマップ

(出典) コード・フォー・カナザワ（Code for Kanazawa）

## ③ 国民は震災関連情報をどのように収集したか

　震災関連の情報を入手するにあたり、人々がどのように情報通信を活用したかを調査するため、全国の国民向けアンケートを実施した。

### ❶ 安否確認行動

　はじめに、能登半島地震が発生した際、どのような手段で家族や友人・知人等の安否確認を実施したかを尋ねたところ、LINEと回答した者が最も多く（67.1%）、次いで携帯電話（40.1%）、X（旧Twitter）（19.0%）との回答が続いた。総務省が熊本地震に際して実施した「安否確認をする際に用いた手段」の調査結果では、LINEと回答した割合は37.9%であり、LINEが連絡ツールとして定着していることがうかがえる。

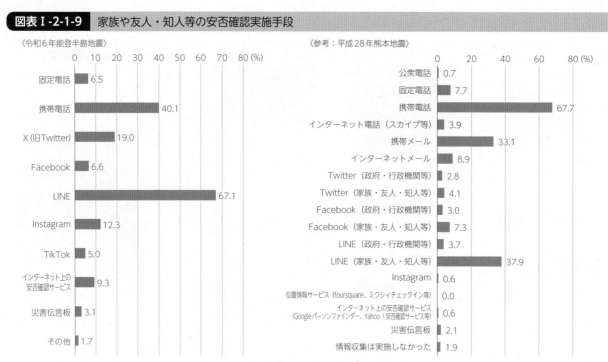

**図表 I-2-1-9　家族や友人・知人等の安否確認実施手段**

〈令和6年能登半島地震〉

| 手段 | % |
|---|---|
| 固定電話 | 6.5 |
| 携帯電話 | 40.1 |
| X（旧Twitter） | 19.0 |
| Facebook | 6.6 |
| LINE | 67.1 |
| Instagram | 12.3 |
| TikTok | 5.0 |
| インターネット上の安否確認サービス | 9.3 |
| 災害伝言板 | 3.1 |
| その他 | 1.7 |

〈参考：平成28年熊本地震〉

| 手段 | % |
|---|---|
| 公衆電話 | 0.7 |
| 固定電話 | 7.7 |
| 携帯電話 | 67.7 |
| インターネット電話（スカイプ等） | 3.9 |
| 携帯メール | 33.1 |
| インターネットメール | 8.9 |
| Twitter（政府・行政機関等） | 2.8 |
| Twitter（家族・友人・知人等） | 4.1 |
| Facebook（政府・行政機関等） | 3.0 |
| Facebook（家族・友人・知人等） | 7.3 |
| LINE（政府・行政機関等） | 3.7 |
| LINE（家族・友人・知人等） | 37.9 |
| Instagram | 0.6 |
| 位置情報サービス（foursquare、ミクシィチェックイン等） | 0.0 |
| インターネット上の安否確認サービス（Googleパーソンファインダー、Yahoo！安否確認サービス等） | 0.6 |
| 災害伝言板 | 2.1 |
| 情報収集は実施しなかった | 1.9 |

※全回答者のうち、"安否確認を実施した"と回答した者（n=604）が使用した手段を集計
（出典）総務省（2024）国内外における最新の情報通信技術の研究開発及びデジタル活用の動向に関する調査研究
総務省（2017）熊本地震におけるICT利活用状況に関する調査

## ❷ 発災直後の情報収集行動

　次に、地震に気付いた後に最初にアクセスしたメディアはどれかを尋ねたところ、テレビ放送（NHK、民放の合計）と回答した者の割合は64.2%と他の選択肢に比べて多くなっていた。

**図表 I-2-1-10　地震に気づいた後に最初にアクセスしたメディア**

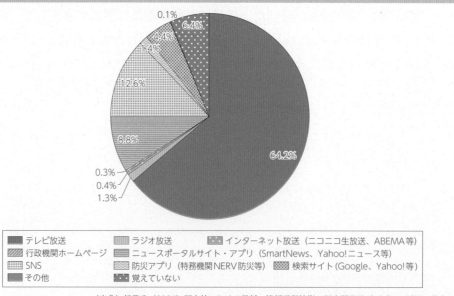

0.1%　6.4%　4.4%　1.4%　12.6%　8.8%　0.3%　0.4%　1.3%　64.2%

凡例：
- テレビ放送
- ラジオ放送
- インターネット放送（ニコニコ生放送、ABEMA等）
- 行政機関ホームページ
- ニュースポータルサイト・アプリ（SmartNews、Yahoo!ニュース等）
- SNS
- 防災アプリ（特務機関NERV防災等）
- 検索サイト（Google、Yahoo!等）
- その他
- 覚えていない

（出典）総務省（2024）国内外における最新の情報通信技術の研究開発及びデジタル活用の動向に関する調査研究

関連データ　地震に気づいた後に最初にアクセスしたメディア（詳細メディア別）
URL：https://www.soumu.go.jp/johotsusintokei/whitepaper/ja/r06/html/datashu.html#f00025
（データ集）

　年代別に見ても、各年齢層でテレビ放送の割合が最も多く、年代が上がるごとに割合も高くなっている。20代ではSNSと回答した割合も高く（30.5%）、内訳はX（旧Twitter）が最も多くなっていた。

**図表 I-2-1-11　年代別・地震に気づいた後に最初にアクセスしたメディア**

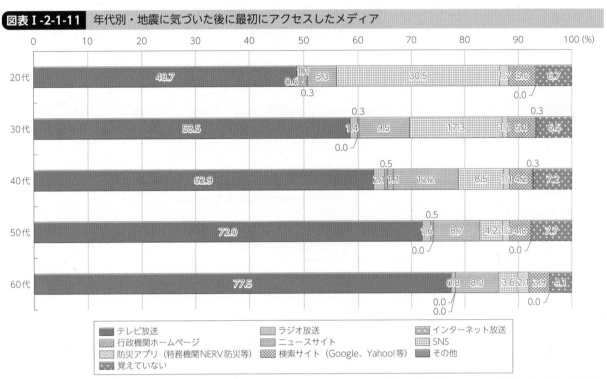

| | 20代 | 30代 | 40代 | 50代 | 60代 |
|---|---|---|---|---|---|
| テレビ放送 | 48.7 | 58.5 | 62.9 | 72.0 | 77.5 |

（出典）総務省（2024）国内外における最新の情報通信技術の研究開発及びデジタル活用の動向に関する調査研究

凡例：
テレビ放送　ラジオ放送　インターネット放送　行政機関ホームページ　ニュースサイト　SNS　防災アプリ（特務機関NERV防災等）　検索サイト（Google、Yahoo!等）　その他　覚えていない

関連データ　活用した情報源（目的別、有用だった順に3つ選択）
URL：https://www.soumu.go.jp/johotsusintokei/whitepaper/ja/r06/html/datashu.html#f00027
（データ集）

関連データ　活用した情報源（目的別、揺れを感じたか否か）
URL：https://www.soumu.go.jp/johotsusintokei/whitepaper/ja/r06/html/datashu.html#f00028
（データ集）

### ❸ 真偽不確かな情報との接触

　X（旧Twitter）等のSNSは、若年層を中心に震災時の安否確認や情報収集に一定程度寄与した一方、こうしたSNS上では、真偽不確かな情報が拡散し、混乱をもたらした。

　こうした真偽不確かな情報について、SNS上で1つ以上「見かけた」と回答した者の割合は42.7%であり、SNSの種類別にみると、X（旧Twitter）の割合が高くなっている。

**図表 I -2-1-12** SNS 上で真偽不確かな情報を見かけた割合

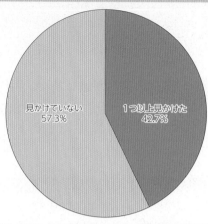

（出典）総務省（2024）国内外における最新の情報通信技術の研究開発及びデジタル活用の動向に関する調査研究

**図表 I -2-1-13** SNS別・見かけたことのある真偽不確かな情報

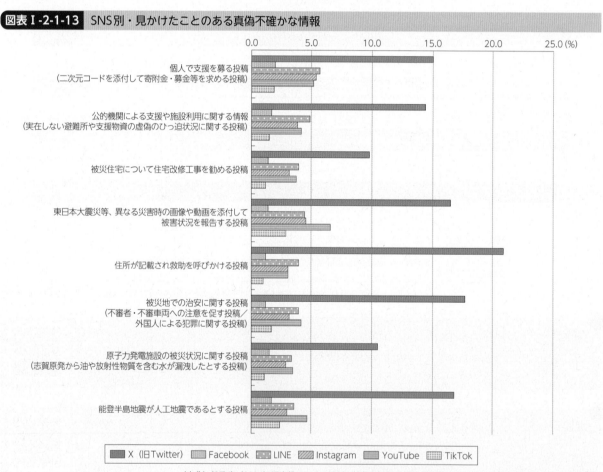

（出典）総務省（2024）国内外における最新の情報通信技術の研究開発及びデジタル活用の動向に関する調査研究

　次に、見かけた情報の確からしさについてどう感じたかを尋ねてみると、「真偽がわからないと感じた」と回答した割合は各項目で概ね6.5割程度であり、さらにそのうち、「確認しようとした」割合は約3〜4割となっていた。

　また、実際に真偽の確認を行った者に確認方法を尋ねたところ、「情報の発信源（組織や人物）を確認した」割合が最も高く（37.6%）、公的な情報、報道機関等による情報を確認した割合はそれぞれ約3割となっていた。

**図表Ⅰ-2-1-14**　真偽不確かな情報をどのように確認したか

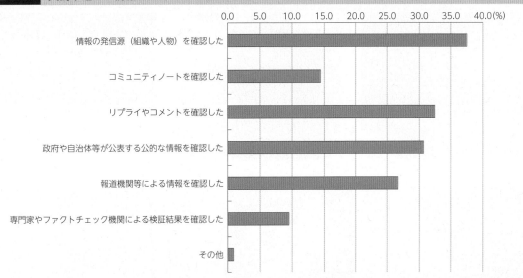

（出典）総務省（2024）国内外における最新の情報通信技術の研究開発及びデジタル活用の動向に関する調査研究

　こうした情報について1つ以上見かけたと回答した者のうち、1つ以上を「知人へ共有、または不特定多数の人へ拡散したことがある」と回答した者は25.5%であり、その理由としては、「他の人にとって役に立つ情報だと思った」、「その情報が興味深かった」、「その情報が間違っている可能性があると注意喚起をしようと思った」といった回答が一定の割合挙げられた。

**●関連データ**　真偽不確かな情報を拡散した理由（項目別）
URL：https://www.soumu.go.jp/johotsusintokei/whitepaper/ja/r06/html/datashu.html#f00032
（データ集）

## ④　その他情報通信の活用事例

### ❶ ドローン・ロボットの活用

　今般の震災では、被災状況の把握、救助活動、物資輸送等にドローンやロボットが活用された。
　NiX JAPAN とKDDIスマートドローンは、石川県羽咋市より要請を受け、1月17日にドローンを活用した橋梁の損傷状況等の緊急点検を実施した。ドローンを活用することで、狭小空間でも死角のない撮影ができ、支承、橋脚、橋台の部材の損傷状況を即時に確認することが可能となった。

第2章
情報通信が果たした役割と課題

第2章　情報通信が果たした役割と課題

**図表 I -2-1-15　ドローンを活用した橋梁の緊急点検**

ドローン操作を行う
KDDIスマートドローンの社員

リアルタイムでドローンからの映像を
確認するNiX JAPANの社員

ドローンで撮影した橋脚と支承の様子

点検のため飛行するSkydio 2+

ドローン操作機（点検箇所の画面）

ドローンで撮影した橋台の様子

（出典）NiX JAPAN

　また、ドローン業界団体である日本UAS産業振興協議会（JUIDA）は、1月4日に輪島市から要請を受け、ブルーイノベーションなど5社が協力して同市内でドローンによる捜索や被災状況確認、物資輸送等の初期災害時支援活動を実施した[9]。例えば、1月8日から、エアロネクスト、ACSL等の協力により、孤立地域内の避難所へドローンによる医薬品の配送を実施した。これらの取組を通じて、実際の災害現場における迅速な初動対応等に関し、ドローンの有用性が確認された。一方で、今後の迅速稼働に向けた課題として、緊急用務空域が指定された中でのドローン飛行許可の課題、天候・長時間飛行が困難等の機能の課題、操縦者不足等の人材の課題が挙げられた。

　さらに、被災地では陸上自衛隊によりロボット犬が導入され、避難経路の偵察、被災者の二次避難所まで移送する際の誘導支援に活用された。

**図表 I -2-1-16　ロボット犬による被災者の誘導支援**

（出典）陸上自衛隊　公式X（2024年1月17日）

---

[9]　ブルーイノベーション他によるニュースリリース「令和6年能登半島地震におけるドローン関連5社の初期災害時支援活動について」
<https://www.blue-i.co.jp/news/release/pdf/20240208release_bi.pdf>

## ② 公的サービスのオンライン提供

### ア　被災者向け遠隔サービス

　被災者に向けたオンラインサービスとして、各自治体で罹災証明書のオンライン申請対応が行われ、1月21日までに5,575件が申請された。

　また、避難所にいる避難者とかかりつけ医をつなぐオンライン診療が提供された。NTTドコモは、石川県、石川県医師会、石川県薬剤師会、厚生労働省、総務省の要請と協力に基づき、被災地域における地域医療再生支援として、避難者の方と能登の地元のかかりつけ医とのコミュニティを維持し、地元を離れた環境でも能登半島の地域医療を継続させることを目的として、避難所にいる避難者とかかりつけ医の橋渡しをおこなうオンライン診療及び、処方に関する仕組みの整備を実施した。

### イ　被災自治体への遠隔支援

　被災自治体に対し、他自治体が遠隔地から支援する取組も行われた。被害判定の支援の一環として、石川県珠洲市において、熊本市・浜松市とNTT東日本グループ、ESRIジャパン、NTT西日本グループが連携し、ドローンや360度カメラを用いた住宅被害認定調査を実施した。得られた画像を基に、遠隔地から被害判定を支援した。

　また、ふるさと納税の仲介サイト等を通じ、被災自治体に代わって別の自治体が寄付を受け付ける「代理寄付」と呼ばれる仕組みも広く活用された。

第2章
情報通信が果たした役割と課題

# 第2節　浮かび上がった課題と今後の対応

## ① 通信

### ❶ 携帯電話基地局、光ファイバの強靱化

　今般の能登半島地震においては、停電や伝送路の切断等により、携帯電話基地局が長時間機能しない状態が発生した。今後の災害に備えた携帯電話基地局の強靱化に当たっては、携帯電話基地局に搭載している蓄電池の長寿命化や、ソーラーパネルの設置、衛星回線の活用の検討等が必要である。

　また、光ファイバについても、伝送路の切断によって固定インターネットサービスが利用できない状態が発生したことから、今後電柱倒壊による光ファイバの切断等を回避するための地中化等を推進することが必要である。

### ❷ 非常時における事業者間ローミングの実現

　携帯電話利用者が臨時に他の事業者のネットワークを利用する「事業者間ローミング」も、自然災害や通信障害等の非常時において継続的に通信サービスを利用するための方策の一つである。

　総務省が2022年（令和4年）9月から開催している「非常時における事業者間ローミング等に関する検討会」において、作業班での検証の結果、今般の震災で発生した携帯電話サービスの支障について「一部の事業者のみサービス支障が発生している地域では、事業者間ローミングによる補完が可能」との報告がされている（**図表Ⅰ-2-2-1**）。同検討会においては、一般の通話やデータ通信、緊急通報受理機関からの呼び返しが可能なフルローミング方式や、コアネットワークに障害が発生した場合を想定し、「緊急通報の発信のみ」を臨時に可能とするローミング方式について、2025年度（令和7年度）末頃までの導入を目指して技術的な検討・検証を行っている。

**図表Ⅰ-2-2-1**　非常時における事業者間ローミングの実現イメージ

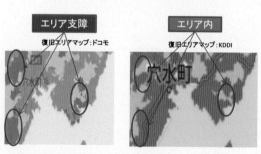

出典：非常時における事業者間ローミング等に関する検討会（第11回）
資料11-3より一部抜粋

### ❸ 衛星通信の利用の拡大

離島、海上、山間部等を効率的にカバーできる衛星通信は、自然災害をはじめとする非常時の通信手段として有用とされており、実際、今般の能登半島地震においても、応急復旧に向けて米SpaceX社の低軌道衛星通信サービス「Starlink」が広く活用された。また、携帯電話（スマートフォン）から衛星通信の利用を可能とする衛星ダイレクト通信サービスの提供も計画されており、今後の更なる利用拡大に向けて、使用周波数等の技術的条件に関する検討や周波数の確保等の取組が進められているところである。

## ② 放送

能登半島地震において、放送事業者は、発災直後から被災者に正確な情報を届けるという役割を果たした一方、停電や伝送路の断線等による停波の課題も顕在化した。今後は、センター施設の停電対策や伝送路の監視機能強化、中継局の共同利用・設備の共通化のほか、ケーブル網の光化・複線化等を実施することにより、放送ネットワークの強靱化等に取り組む必要がある。総務省においては、地上放送事業者が参加する中継局共同利用の協議の場で課題を検証したほか、放送の意義・役割について議論を深めるなど、デジタル時代における放送制度について更なる検討を進めているところである。

## ③ 郵政

郵便局が保有するデータ等を活用した取組として、集配車両にドライブレコーダーを取り付け、奥能登地域の街路状況に関する情報を選択的に収集・分析することで、郵便局の集配計画策定に活用するための取組が検討されている。この取組において取得した街路状況に関する情報は、自治体等からの依頼があった場合は、地域の復興に貢献すべく、匿名化等の必要な措置を講じたうえで、自治体等へ提供することも視野に検討されている。

## ④ 偽・誤情報への対応

国民のSNS利用の拡大も相まって、今般の能登半島地震においてはインターネット上における偽・誤情報の流通・拡散も課題として顕在化した。総務省では、発災翌日の1月2日に、SNSを通じてネット上の偽・誤情報に対する注意喚起を行ったほか、主要なSNS等のプラットフォーム事業者に対し、利用規約等を踏まえた適正な対応を取るよう要請した[1]。

また、デジタル空間における情報流通の健全性確保については、2023年11月から「デジタル空間における情報流通の健全性確保の在り方に関する検討会」を開催している。偽・誤情報の流通・拡散への対応について、制度面も含めた総合的な対策の検討を進めており、2024年夏頃までに一定のとりまとめの公表を予定している[2]。

---

[1] コラム「災害時における偽・誤情報への対応」を参照
[2] デジタル空間における情報流通の健全性確保の在り方に関する検討会については、第II部第2章第6節「ICT利活用の推進」も参照

## COLUMN コラム 1

# 災害時における偽・誤情報への対応

## 1 令和6年能登半島地震におけるインターネット上の偽・誤情報の流通・拡散の状況

### （1）能登半島地震における偽・誤情報について

　能登半島地震において、SNSは情報収集手段や安否確認手段として寄与していた一方で、SNS上では、迅速な救命・救助活動や円滑な復旧・復興活動を妨げる[1]ような偽・誤情報が流通したと指摘されている。

　X（Twitter Japan社）によれば、X（旧Twitter）における能登半島地震に関する偽・誤情報を含む投稿の主なものとして、今回の地震が「人工地震」であるとの言葉を含む投稿が約10万件、「窃盗団」（が現地に出没）に関する投稿が約200件、「支援要請」（偽の寄付を募るもの）に関する投稿が約350件、「救助要請」に関する投稿が約21,000件あったとされる[2]。

　また、日本ファクトチェックセンター（JFC）では、能登半島地震をめぐる大量の偽・誤情報の拡散を踏まえ、継続的に情報を検証し、事実確認を実施している。2024年1月27日には、災害発生時から復旧・復興など、それぞれの段階で何が話題になるかの傾向について、整理・公表した[3]。災害時に広がる偽情報5つの類型を分類するとともに、「『志賀原発から海上に油19800リットルが漏れ始めた』は誤り」「『仮想通貨で寄付を呼びかけるサイト』は誤り」といったファクトチェック記事を公開している。

　情報通信研究機構（NICT）が開発・試験公開した災害状況要約システムD-SUMM（ディーサム）[4]でのX（旧Twitter）における投稿分析[5]によれば、今回の能登半島地震では、発災後24時間の間に投稿された救助を求める報告の数（総報告数16,739のうち1,091）が、2016年の熊本地震の際の報告数（総報告数19,095のうち573）と比較して倍増した。この1,091件のうち254件の投稿で矛盾報告が検出され、デマと推定できた[6]のは104件あった。システムが分析するのはXの日本語投稿の10%であるが、熊本地震の救助を求める報告数（573）の中で、偽情報とみられたものは1件であり、今回の能登半島地震において、SNS上で偽情報がより多く投稿されていたことが分かった[7]。

　災害発生時には、災害情報や避難情報を確実に取得することが重要となる。正確な情報を入手する上では、政府・自治体のホームページ、取材と編集に裏打ちされた情報発信を行う放送などのほか、ファクトチェック団体による情報も情報源として有用である。

### （2）能登半島地震時の偽・誤情報の特徴

　東京大学大学院情報学環の澁谷准教授は、能登半島地震時の偽・誤情報には次のような特徴があったことを指摘している。

　（ア）X（旧Twitter）

　善意による投稿もあるが、閲覧数稼ぎを目的としたと考えられる救助要請に関する複製投稿や金銭搾取を目的としたと考えられる虚偽の救助要請や振込依頼に関する投稿等が見られた。

　また、複製投稿については、そのユーザーのうち9割が日本語使用者以外と推定されるユーザーによる

---

＊1　NHK「「不謹慎で迷惑」能登半島地震で相次いだ偽救助要請 実態は？」，2024年3月12日，<https://www3.nhk.or.jp/news/html/20240312/k10014383261000.html>

＊2　X，「偽・誤情報に対するXの取り組みについて」（デジタル空間における情報流通の健全性確保の在り方に関する検討会（第15回）資料15-2-3），2024年3月28日，<https://www.soumu.go.jp/main_content/000938666.pdf>

＊3　日本ファクトチェックセンター「能登半島地震、発生直後から変化する偽情報【ファクトチェックまとめ】」，2024年1月27日，<https://www.factcheckcenter.jp/fact-check/disasters/earthquake-factcheck-list/>

＊4　AIを使ってX（旧Twitter）の投稿から自治体ごとの災害に関係する報告（「火災が起きている」など）を自動抽出し、整理・提示する要約システム。2016年より2023年度末まで試験公開していた。報告と矛盾する投稿がある場合、デマの可能性があるとして自動的に注意喚起を行う。分析するX（旧Twitter）の投稿は日本語投稿の10%。

＊5　情報通信研究機構（NICT）鳥澤健太郎フェロー「NICTにおける取り組み、検討のご紹介」デジタル空間における情報流通の健全性確保の在り方に関する検討会（2024年4月15日）発表資料，<https://www.soumu.go.jp/main_content/000942562.pdf>

＊6　NICTによれば、実在しない住所を載せる、デマ等に関する報道等で言及されている内容とつきあわせるなどのチェックを行い、デマか否かを推定しており、現場でデマか否かを判断しているわけではないため、推定が誤っている可能性もあることに注意が必要としている。

＊7　「デマ急増1件→104件…能登半島地震のSNSに「フェイクの波」、研究者の嘆き」，2024年02月27日，<https://newswitch.jp/p/40645>

ものという点も特徴的であった。

**図表1　類型別の偽誤情報流通状況**

| 偽誤情報類型 | | 金銭的（閲覧数） | 金銭的（振込/送金依頼・不明・その他） | イデオロギー的 | 心理的 | 善意 | 不明 |
|---|---|---|---|---|---|---|---|
| | 虚偽・捏造 | 救助　犯罪・治安　被害　地震メカニズム　寄付金・義援金　原発 | 救助　被害　寄付金・義援金 | 寄付金・義援金　犯罪・治安　原発　地震メカニズム | 救助　寄付金・義援金 | 救助　被害 | 救助　原発 |
| | 誤解を生む情報の接続 | 救助　被害　羽田空港事故 | 寄付金・義援金 | 地震メカニズム　羽田空港事故 | 被害 | 救助 | 地震メカニズム　羽田空港事故 |
| | 詐称 | 救助　被害　羽田空港事故 | | 原発 | | | 救助　原発 |
| | 陰謀論 | 被害　羽田空港事故 | | 地震メカニズム　原発　羽田空港事故 | | | 地震メカニズム　羽田空港事故 |
| | うわさ | 被害　犯罪・治安　地震メカニズム　原発　羽田空港事故 | | 寄付金・義援金　原発　犯罪・治安　羽田空港事故　地震メカニズム | | | 原発　羽田空港事故 |
| | 擬似科学 | 犯罪・治安　原発　地震メカニズム | | 犯罪・治安　原発　地震メカニズム | | | 地震メカニズム |

（出典）澁谷遊野・中里朋楓「令和6年能登半島地震におけるデジタル空間の偽誤情報流通状況の報告」

**図表2　Xにおける災害関連投稿の特徴：複製投稿**

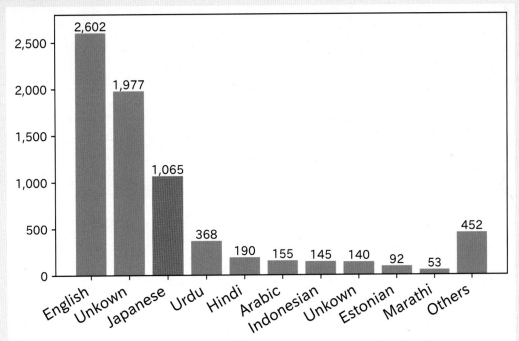

| | |
|---|---|
| English | 2,602 |
| Unkown | 1,977 |
| Japanese | 1,065 |
| Urdu | 368 |
| Hindi | 190 |
| Arabic | 155 |
| Indonesian | 145 |
| Unkown | 140 |
| Estonian | 92 |
| Marathi | 53 |
| Others | 452 |

（出典）澁谷遊野・中里朋楓「令和6年能登半島地震におけるデジタル空間の偽誤情報流通状況の報告」

（イ）X：コミュニティノート

　コミュニティノート機能は、令和3年以降Xでより正確な情報を入手できるようにすることを目的に作られた機能であり、誤解を招く可能性のあるツイートに対し、ユーザーが協力して背景情報を提供することができることから、不確かな情報に対するファクトチェックの役割を担うことが期待されるものである。能登半島地震に関連して、多くのコミュニティノートが作成され、コミュニティノートの作成に初めて参加した人の数が能登半島地震のときに最大の数を記録した。

**2　総務省における対応**

　SNSにおける偽・誤情報の流通・拡散を踏まえ、岸田文雄首相は、震災翌日1月2日の記者会見で、「被害状況などについての悪質な虚偽情報の流布は決して許されない。厳に慎んでほしい。」と呼びかけた。総

務省では、同日、総務省のSNSアカウントにおいてネット上での偽・誤情報に対する注意喚起を行うとともに、主要なSNS等プラットフォーム事業者[*8]に対し、総務省SNSアカウントによる注意喚起を情報共有し、各社において、利用規約等を踏まえた適正な対応を引き続き行うよう要請した。

　総務省による注意喚起の発信は、X（旧Twitter）では180万件の表示等があり、他の投稿と比較しても大きな反応があった[*9]。また、FacebookやInstagramでも多くのリアクションを得た（図表3）。

　1月4日には、総理大臣会見で、主要なSNS等プラットフォーム事業者に対し、各社において、利用規約等を踏まえた適正な対応を引き続き行うよう要請した。1月5日、総務省から事業者への上記対応要請への対応状況を適時確認するため、①震災後の投稿削除・アカウント停止件数、②①の対象となった主な投稿内容、③ファクトチェックで偽情報とされた情報への対応有無・件数、④偽情報に関する外部からの削除要請への対応状況、⑤偽情報への対応体制の強化の有無・内容、⑥事業者間の連携状況（情報共有等）、⑦各省庁との連携状況について、プラットフォーム事業者に対して毎日の報告を求める連絡を実施している。

　また、発災直後から、総務省から放送事業者に対して偽・誤情報に関する視聴者への注意喚起の実施を依頼するとともに、SNS等プラットフォーム事業者やメディアによる情報の受け手への注意喚起を呼びかけた。

　さらに、震災から2週間後の1月15日にも、偽・誤情報に関する注意喚起に加えて、ネット上の真偽の不確かな投稿の例を紹介しながら、総務省のSNSアカウントにおいて、再び注意喚起を行った。

　1月25日に取りまとめられた「被災者の生活と生業（なりわい）支援のためのパッケージ」（令和6年能登半島地震非常災害対策本部決定）を踏まえ、1月31日には政府広報室と連携し、被災4県[*10]向けのウェブ広告を掲載して注意喚起を実施するとともに、2月9日には政府広報室と連携し、新聞広告を掲載して注意喚起を実施した。

**図表3　総務省からの注意喚起**

## 3　事業者による対応

### （1）プラットフォーム事業者

　1月5日、利用規約に基づく対応について毎日の報告を求める連絡を踏まえ、LINEヤフーにおいては、モ

---

*8　LINEヤフー、X（旧Twitter）、Meta、Googleの4社
*9　2024年1月19日時点。（デジタル空間における情報流通の健全性確保の在り方に関する検討会（第6回）資料6-4），2024年1月19日，<https://www.soumu.go.jp/main_content/000923727.pdf>
*10　新潟県、富山県、石川県、福井県

ニタリングを強化し、明らかな偽情報などの違反投稿については削除等を実施するとともに、災害時におけるSNSのデマ・誤情報について注意喚起を実施していること、X（旧Twitter）においては、無関係なコンテンツをスパムとしてラベル付けするとともに、QRコードを活用した疑わしい支援要求についてはアカウント凍結していること、Metaにおいては、通報に対する投稿の削除対応等を実施するとともに、Facebook上の「災害支援ハブ[*11]」による情報共有をしていること、Googleにおいては、YouTubeにて一定期間集中的にモニタリングする体制整備とともに、信頼できる情報を見つけやすくする施策を実施していることが報告された。

　その上で、総務省では、「デジタル空間における情報流通の健全性確保の在り方に関する検討会」において、各事業者の取組状況を確認・分析し、デジタル空間における情報流通の健全性の確保に向けた今後の対応方針と具体的な方策の検討に活用するため、2024年2月から3月にかけて、プラットフォーム事業者へのヒアリングを実施した。ヒアリング結果のうち、令和6年能登半島地震関連の偽・誤情報の流通・拡散への対応状況に関して以下の点が挙げられた[*12]。

・投稿の削除・非表示やアカウント停止等を実施した日本国内における全体の件数について、一部の事業者から回答あるものの、ほぼ全ての事業者において、投稿の削除等モデレーション等を行った日本国内における全体の件数が不透明。

・ファクトチェック機関により明確に誤りとされていることを根拠として削除を実施した件数について、一部の事業者から回答はあるものの、ほぼ全ての事業者は、投稿の削除等のモデレーション等におけるファクトチェック機関との連携や削除等を実施した件数が不透明。

・日本国内の災害時における情報流通の健全性、ひいては権利侵害・社会的混乱その他の実空間や個人の意思決定の自律性に与える影響・リスクの適切な把握と対応等について、投稿の削除等のモデレーション等の対応件数やステークホルダーとの連携・協力等という全体的な傾向に関する観点、そして、ファクトチェック機関や伝統メディアとの連携等という個別具体的な場面に関する観点の両面において、日本国内における事業者の取組状況及びその透明性・アカウンタビリティの確保が不十分。

　今回の能登半島地震では、偽・誤情報の流通・拡散が迅速な救命・救助活動や円滑な復旧・復興活動を妨げる等深刻な問題となった。生成AIの技術発展が進む中で、今後もさらに精巧な偽動画像が簡単に生成され、偽・誤情報の流通・拡散が飛躍的に増加することが懸念される。SNS等のプラットフォーム事業者には、偽・誤情報等の流通・拡散の低減に向けた社会的責任が求められ、問題となる投稿の削除等のコンテンツモデレーションを実施するなど、情報流通の適正化などについて一定の責任を果たすことが期待される。

## （2）放送事業者

　今回の能登半島地震においては、前述のとおり偽・誤情報がSNS上で流通・拡散したことが課題となった。

　このような偽・誤情報に対して、放送事業者においては、地震の原因が「人工地震」という主張について科学的根拠が全くない偽情報であることを伝える報道、うその救助要請について注意喚起をする報道、冷静な対応を呼びかける報道などを行った。放送事業者は、放送法に規定する「報道は事実をまげないですること」などの番組準則に則って、災害情報などをあまねく伝える責務を有しており、今回の能登半島地震においても被災者が正確な情報を入手する手段として重要な役割を果たした。

---

*11 安否報告、支援要請、災害に関する情報の入手・共有等を可能とするFacebookの機能
*12 総務省デジタル空間における情報流通の健全性確保の在り方に関する検討会第22回資料22-1-1「プラットフォーム事業者ヒアリングの総括（案）」2024年6月10日、<https://www.soumu.go.jp/main_content/000951295.pdf>

**図表4**　能登半島地震における偽・誤情報に関する報道事例[*13]

## 令和6年能登半島地震のインターネット上の偽・誤情報とこれを打ち消す報道事例

**ネット上の真偽の不確かな投稿の例**

- 二次元コードを添付して寄附金・募金等を求める投稿
- 公的機関による支援や施設利用に関する不確かな情報
- 被災住宅について、不要なはずの住宅改修工事を勧める投稿
- 不審者・不審車両への注意を促す不確実な投稿
- 過去の別場面に酷似した画像を添付して被害状況を報告する投稿
- 存在しない住所が記載されるなど、不確かな救助を呼びかける投稿

（出典）総務省ウェブサイト：　https://www.soumu.go.jp/use_the_internet_wisely/special/fakenews/

**報道事例**

- 地震の原因が「人工地震」という主張について
  科学的根拠が全くない**偽情報であることを伝える**報道
- **嘘の救助要請について注意喚起**をする報道
- 感情を揺さぶられるような情報や動画を安易に拡散せず、
  情報源を確認したり、行政や報道機関の情報を調べたり
  するなど**冷静な対応を呼びかける**報道

（参考）「デジタル時代における放送制度の在り方に関する検討会」第24回会合（令和6年3月5日）資料24-2（事務局資料）p.3

（出典）総務省「デジタル時代における放送制度の在り方に関する検討会」

### 4　今後の災害時における偽・誤情報への対応に向けて

　今後の災害時において期待される対応・対策として、「①事前からの注意喚起や啓発に加え、拡散や影響の最小化への対応・対策が必要」「②拡散されやすい情報の特徴・傾向を踏まえた対応」「③各ステークホルダーの役割に応じた対応・対策の推進と強化」が示唆されている[*14]。

　また、プラットフォーマーのような情報を伝送する側の対応だけでなく、情報を受け取る側の対応も重要であり、山口真一国際大学准教授らの調査結果によると、デマに接触した人々のうち77.5%が自分がだまされていることに気がつかず、特に50代から60代の層は若年層に比べ、その傾向が強いことが判明している[*15]。情報の真偽を検証する活動であるファクトチェックの推進やデジタルリテラシーの向上などの取組も重要であり、「デジタル空間における情報流通の健全性確保の在り方に関する検討会」では、情報発信・情報受信・情報伝送という情報流通の過程に分けた基本理念の整理や、ステークホルダー（主体）ごとの役割のほか、デジタル空間における情報流通の健全性確保に向けた具体的な方策などについて、議論が進められている。

---

*13　デジタル時代における放送制度の在り方に関する検討会第24回会合資料24-2「令和6年能登半島地震における放送分野の状況」
（令和6年3月5日），<https://www.soumu.go.jp/main_content/000931153.pdf>
*14　デジタル空間における情報流通の健全性確保の在り方に関する検討会第17回資料17-1-2「災害時における真偽判別の難しい情報の伝搬傾向と期待される各ステークホルダーの対応・対策」2024年4月17日，<https://www.soumu.go.jp/main_content/000946374.pdf>
*15　山口　真一「災害時のデマ情報拡散どう防ぐ　一呼吸おいて慎重に確認を　能登半島地震の事例から」2024年3月14日，<https://www.nippon.com/ja/in-depth/d00987/>

# 第3章 デジタルテクノロジーの変遷

技術の発展は、人間の能力を拡張し、できることを強化してきた。人間等の知的活動をコンピュータにより再現する人工知能（Artificial Intelligence：AI）は、70年以上の開発の歴史のなかで進化を続け、企業活動、国民生活に浸透しつつある。特に2022年頃から急速に普及した生成AIは、その進化の飛躍的な例と言える。生成AIは、人間のように文章や画像を生成し、多岐にわたるタスクを自律的にこなすことができる革新的な技術である。これにより、広告やマーケティング、コンテンツ制作をはじめ様々なビジネスにおいて大きな変革がもたらされている。我々の生活においても、自然言語による対話インターフェースがますます普及し、スマートスピーカーやチャットボットが私たちの日常に溶け込み、生活を大きく変えている。また、AIはXR（拡張現実）、ロボティクス等の他の技術・サービスと組み合わされることで、より一層の発展が期待されている。例えば、生成AIを用いたXR技術により、臨場感のある仮想空間を提供することで、教育やエンターテイメントの分野で新たな価値体験を生み出している。また、AIを搭載したロボットが、製造業から介護など様々な分野で活躍し、作業の自動化や人々の生活の支援に貢献している。

こうしたAI、XR等情報通信技術（ICT）・デジタルを利用したテクノロジー（以下「デジタルテクノロジー」という。）は、この先さらに私たちの社会・経済活動を変革していくと期待されている。一方で、こうした技術の進化には課題やリスクも伴う。生成AIの急速な進化は、同時にプライバシー侵害やデータの流出、偽・誤情報の流通・拡散といったリスクを生じさせ、世界的に規制・ルールの議論が進められている。生成AIはじめデジタルテクノロジーの可能性・リスクがこれまでになく注目されている今、課題・リスクに対処しながら、デジタルテクノロジーの開発・活用を進め、企業活動・国民生活といった社会全体の利益に資する取組が必要とされている。こうした認識のもと、令和6年版情報通信白書では、特集テーマとしてデジタルテクノロジーの変遷、現状と課題、今後の展望を概観した上で、デジタルテクノロジーと"共に生きていく"ために必要な取組を取り上げている。

## 第1節 AI進展の経緯と生成AIのインパクト

### ① AI進展の経緯

AI（人工知能）の歴史は1950年代から始まり、何度かブームと冬の時代を繰り返してきた。探索・推論から始まった第1次AIブームは、音声認識等が組み込まれた第2次AIブームを経て、第3次AIブームとしてディープラーニング（深層学習）をはじめとした革新的な技術が登場し、社会で実用され得るAIが開発されて社会に浸透していった。2022年頃からの生成AIの急速な普及により、現在は第4次AIブームに入ったとも言われている（**図表Ⅰ-3-1-1**）。

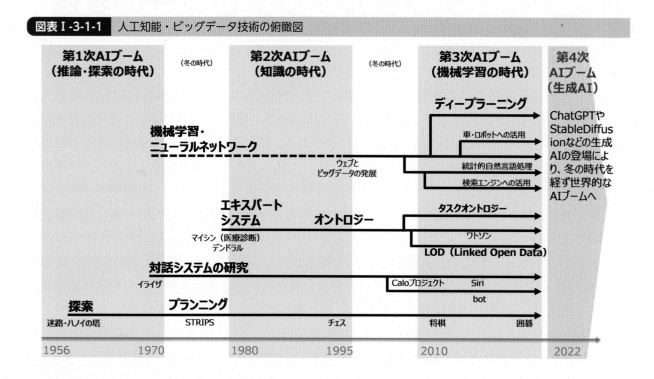

**図表 I -3-1-1**　人工知能・ビッグデータ技術の俯瞰図

## ① 第1〜3次AIブームと冬の時代

### ア　第1次AIブーム（1950年代後半〜1960年代）：推論・探索の時代

　AIという言葉は、1956年に開催されたダートマス会議にて、アメリカの大学教授であったJ. McCarthyにより提唱された。人工知能の概念が確立し、科学者たちにAIという言葉が認知されるようになり、「推論」と「探索」の研究を中心に1960年代からAIの研究開発が活発化した。「推論」は、人間の思考過程を記号で表現し実行するもの、「探索」は、目的達成のために手順や選択肢を調べ、最適な解決策を見つけ出すもので、解くべき問題をコンピュータに適した形で記述し、探索木などの手法によって解を提示するものである。しかしながら、コンピュータの性能面で計算能力やデータ処理には限界があり、人間の知能のモデル化が困難であったため、当時のAIは「トイ・プロブレム」と呼ばれる簡単なパズルや迷路のような問題しか解くことができず、その実用化には課題があり、次第に冬の時代を迎えた。

### イ　第2次AIブーム（1980年代から1990年代）：知識の時代

　1980年代には、コンピュータの高性能化が進み、エキスパートシステム[*1]の登場により、各国でAIの研究開発が再び活発化した。ただし、コンピュータに学習させるデータ量が膨大であったため、当時のコンピュータの性能では処理ができず、専門家の知識の一部を模倣するに留まり、複雑な問題への対処ができないなどの課題があった。さらに、学習データを人間の手でコンピュータが理解できるように記述する必要があり、大変な労力を必要とした。そのため、AIの研究は再び冬の時代を迎えた。

### ウ　第3次AIブーム（2000年代〜）：機械学習の時代

　1990年代にウェブサイトが公開され、2000年代に入ると家庭向けにもネットワークが普及し

---

*1　エキスパートシステム：特定の問題に対して専門知識を持ち専門家のように事象の推論や判断ができるようになったコンピューターシステム。

はじめ、データ流通量が飛躍的に増加し、研究に使用できるデータを大量に入手することができるようになった。さらに、コンピュータの演算処理能力が向上したことにより、膨大な情報（ビッグデータ）の処理が可能となったことが大きな要因となり、機械学習が進化し、今日に至る第3次AIブームを迎えた[*2]。機械学習の手法の1つであるディープラーニング（深層学習）は、AIのプログラムに人間の脳の仕組みをシミュレートさせるニューラルネットワークという考え方を発展させた技術である。ディープラーニングにより、画像認識や自然言語処理、シミュレーションなどができるようになり、カメラの画像から人間の顔を識別することや、ロボットの自律運転の最適化などへの活用が広がった[*3][*4]。

## ② 生成AIのインパクト

### ❶ 生成AIの急速な進化と普及

ディープラーニングの基盤技術により、AIの性能が飛躍的に向上したことで、様々なコンテンツを生成できるAIが誕生した。「生成AI」は、テキスト、画像、音声などを自律的に生成できるAI技術の総称であり、2022年のOpenAIによる対話型AI"ChatGPT"の発表を契機に、特に注目された分野である。ChatGPTは、わずか5日で100万ユーザーを獲得し、さらに公開から2か月後にはユーザー数が1億人を突破するという、これまでのオンラインサービスなどと比較しても驚異的なスピードでユーザー数が拡大している（**図表Ⅰ-3-1-2**）。OpenAI以外にも、大手企業からスタートアップ企業まで多くの企業が生成AIの開発を発表し、世界的な開発競争が起こっている。

**図表Ⅰ-3-1-2** 各種サービスにおける1億ユーザー達成までにかかった期間

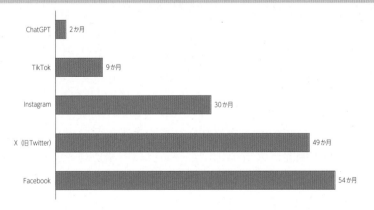

（出典）Reuters等を基に作成

生成AIは、ユーザー側の調整やスキルなしに自然な言語で指示を出すだけで容易に活用できるものであり、テキスト、画像、映像等の多様な形式（マルチモーダル）のアウトプットが取得できるものである（**図表Ⅰ-3-1-3**）（**図表Ⅰ-3-1-4**）。

---

*2　亀田健司,「第三次人工知能ブームはなぜ起きたのか（第1回）第三次人工知能ブームを起こした3つの波」,『BIZ DRIVE』2018年2月28日, NTT東日本, <https://business.ntt-east.co.jp/bizdrive/column/dr00074-001.html>（2024/3/22参照）
*3　亀田健司,「第三次人工知能ブームはなぜ起きたのか（第3回）人工知能の常識を変えたディープラーニングとは何か」,『BIZ DRIVE』2018年4月16日, NTT東日本, <https://business.ntt-east.co.jp/bizdrive/column/dr00074-003.html>（2024/3/22参照）
*4　NTT東日本,「ディープラーニング入門｜仕組みやできることから導入の流れまで解説」2022年8月3日, <https://business.ntt-east.co.jp/content/cloudsolution/column-306.html>（2024/3/22参照）

**図表 I-3-1-3　生成AIの概要**

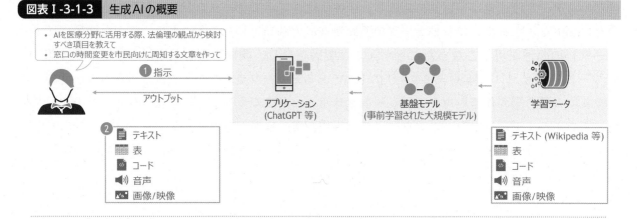

❶ 自然な言語で簡単に指示が出せる（ユーザー側での調整や学習なしに汎用的な活用が可能）

❷ 様々な形式のアウトプットを取得できる（テキスト/表/コード/音声/画像/映像）

（出典）ボストン コンサルティング グループ Bommasani et al. "On the Opportunities and Risks of Foundation Models," Center for Research on Foundation Models, 2021 を基に分析

**図表 I-3-1-4　主な生成AIサービスの種類と機能**

| 主なサービス | できること |
|---|---|
| **言語生成AI** | |
| ChatGPT/GPT-4（OpenAI）<br>Bard（Google）<br>Bing Chat（Microsoft）<br>Copilot（Microsoft） | ・質問、要約、計算、言い換え、翻訳、知識発見等<br>・検索と組み合わせた対話的な文章生成<br>・プログラミングの補助　等 |
| **動画生成AI** | |
| StableDiffusion<br>Midjourney<br>Adobe Firefly<br>Gen-2 | ・画像生成、画像の一部編集、画像の自動彩色、線画抽出<br>・動画生成 |
| **音生成AI** | |
| MusicGen<br>Synthesizer V<br>So-Vits-SVC | ・音楽、効果音の生成<br>・歌声生成<br>・声の変換、声の言語変換 |
| **その他** | |
| — | ・3Dオブジェクトの生成<br>・分子構造の生成　等 |

（出典）各種公開資料を基に作成

　このブームの背景として、複数の要因が挙げられる。まず、ディープラーニング（深層学習）やトランスフォーマーモデルの開発・大規模化により、自然言語処理や画像生成などのタスクにおけるモデルの精度が飛躍的に向上した。そして、膨大な量のデータを用いてトレーニングされ、様々なタスクに適用可能な知識を獲得した基盤モデル（Foundation Model）や大規模言語モデル（LLM）の登場により、新たなタスクに対応するためにモデルを再トレーニングする必要がなくなり、開発や利用が大幅に容易化されるとともに、AIがより複雑なタスクをこなせるようになり、その有用性が広く認知された。さらに、クラウドコンピューティングの発展やGPU[*5]の進化により計算資源が拡充されるとともにソースコードの公開（オープンソース化）によりAIの開発や利用が一般の開発者や企業にも開かれ、より広範な分野での活用が可能になったことも一因と言える。また、使いやすいユーザーインターフェース（UI）、API（Application Programming Interface）による提供が行われたことで、AIとの対話がより身近なものとなり、AIを利用して情

---

＊5　Graphics Processing Unit。元々グラフィックス処理用に開発されたプロセッサだが、高い並列処理能力によりAIの深層学習のような大規模な計算処理を行うのに適している。

報を取得したり、タスクを実行したりする際に、より直感的で使いやすい方法を享受できるようになった。高い汎用性・マルチモーダル機能を通じてAIが単一のタスクに限定されず、様々なデータ形式や入力に対応し、多様なタスクを同時に処理できるようになったことで、その有用性が一層高まった。また、人間の意図・価値観に合わせてAIを振る舞わせる仕組み（いわゆるAIアライメント）の取組が進んだことも挙げられる。AIが人間と協調して働く環境が整い、多くの業界でAIの導入が促進された[6][7]（**図表I-3-1-5**）。

---

**図表I-3-1-5**　生成AIブームにある技術的要因

| 要因 | 解説 |
|---|---|
| 大規模言語モデル・基盤モデルの登場 | 人間の言語を理解し生成する能力を持つモデル。大量のテキストデータから学習し、自然なテキスト生成が可能。 |
| オープンソース化 | ソースコードが公開されており、誰でも無料でアクセス、使用、改良が可能。技術の普及とイノベーションを促進。 |
| ユーザーインターフェース（UI） | 直感的で使いやすいインターフェースを提供し、非技術者でもAIツールを容易に操作できるように設計されている。 |
| APIによる提供 | プログラミングインターフェースを通じてAI機能を他のアプリケーションに組み込みやすくする。多様な開発が可能。 |
| 高い汎用性・マルチモーダル機能 | テキストだけでなく、画像や音声など複数のモードを扱う能力。様々なタイプのデータを処理・生成できる。 |

（出典）各種公開資料を基に作成

---

## ❷　生成AIによる経済効果

　生成AIの登場により、我々の知的活動は大きく影響を受け、従来AIが適用しづらかった業務領域も含めて、コンテンツ制作、カスタマーサポート、建設分野等様々な業務領域での業務の変革が可能となる。「生成AIの出現は、恐らく人類史上有数の革命といっても過言ではない。企業がセキュリティ上のリスクを恐れて活用しないことこそが最大のリスクであり、むしろ自社が次の時代の生成AIファースト企業になるつもりでAI活用を進めていくべき」とも言われている[8]。

　2023年3月17日、OpenAIとペンシルバニア大学が発表した論文によれば、80％の労働者が、彼らの持つタスクのうち少なくとも10％が大規模言語モデルの影響を受け、そのうち19％の労働者は、50％のタスクで影響を受ける。なかでも高賃金の職業、参入障壁の高い業界（データ処理系、保険、出版、ファンドなど）ではLLMの影響が大きいと予測されている。一方で、生成AIによって大きなビジネス機会を引き出す可能性もある。ボストンコンサルティンググループの分析によると、生成AIの市場規模について、2027年に1,200億ドル規模になると予想されている。最も大きな市場は「金融・銀行・保険」で、次に「ヘルスケア」、「コンシューマー」と続く（**図表I-3-1-6**）。

---

＊6　国立研究開発法人科学振興機構 研究開発戦略センター，「人工知能研究の新潮流2」2023年7月，<https://www.jst.go.jp/crds/pdf/2023/RR/CRDS-FY2023-RR-02.pdf>（2024/3/22参照）
＊7　塩崎潤一，「生成AIで変わる未来の風景」，『野村総合研究所』2023年12月，<https://www.nri.com/jp/knowledge/report/lst/2023/souhatsu/1201>（2024/3/22参照）
＊8　東京大学大学院工学系研究科技術経営戦略学専攻の今井翔太氏によると、「生成AIが役に立つかどうかといった議論をしている段階ではなく、使わなければ競合企業にあっという間に何倍もの差がつけられるようなことが起こりうる転換点であり、既にソフトウェア産業においては、生成AIにより圧倒的な生産性の向上が実現されている」という。（2024年3月11日インタビュー実施）

**図表 I -3-1-6**　生成 AI の市場規模（試算）

## 想定される生成AIの市場規模[1]は2027年には1,200億ドル

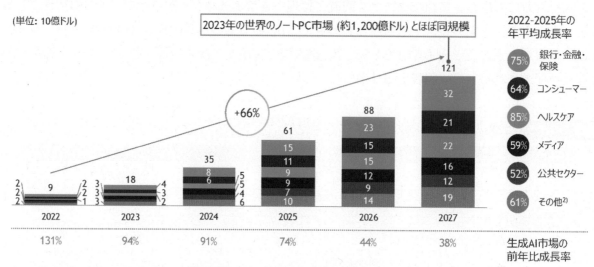

(単位: 10億ドル)

2023年の世界のノートPC市場（約1,200億ドル）とほぼ同規模

2022-2025年の
年平均成長率

| 75% | 銀行・金融・保険 |
| 64% | コンシューマー |
| 85% | ヘルスケア |
| 59% | メディア |
| 52% | 公共セクター |
| 61% | その他[2] |

生成AI市場の
前年比成長率

| 2022 | 2023 | 2024 | 2025 | 2026 | 2027 |
| 131% | 94% | 91% | 74% | 44% | 38% |

1:　TAM＝Total Addressable Market、獲得可能な最大の市場規模、現段階の生成AIがサービスを提供できる全市場の規模
2:　その他には、産業財、エネルギー、電気通信の各市場を含む

（出典）ボストン コンサルティング グループ「The CEO's Roadmap on Generative AI」（2023年3月）

第3章

デジタルテクノロジーの変遷

## 第2節 AIの進化に伴い発展するテクノロジー

　前節で振り返ったAIの進化は、他のテクノロジーにも影響を及ぼしている。特に第3次AIブームにおけるディープラーニング（深層学習）の発展はXRを用いた仮想空間サービス、サービスロボット、自動運転等の開発に寄与し、また、生成AIの登場によってよりそれらの高度化を支えている（**図表Ⅰ-3-2-1**）。

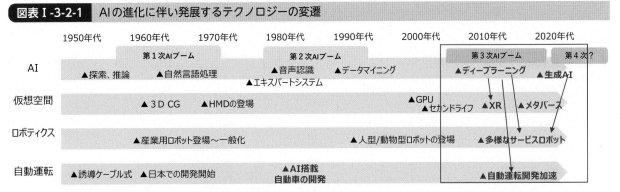

**図表Ⅰ-3-2-1　AIの進化に伴い発展するテクノロジーの変遷**

（出典）各種資料を基に作成

　AIが実際のサービスにおいて果たす機能には、「識別」「予測」「実行」という大きく3種類があるとされる。それぞれの機能を利活用する場面は、製造や運送といったあらゆる産業分野に及びうる。例えば、車両の自動運転であれば、これは画像認識・音声認識・状況判断・経路分析など様々な機能を、運輸分野に適した形で組み合わせて実用化したものである[*1]。ロボティクスにおいても、同様に複数の機能を組み合わせて実用化がなされている（**図表Ⅰ-3-2-2**）。

　ここでは、生成AIを組み込むことでさらなる実用化が進んでいる仮想空間（メタバース・デジタルツイン）、ロボティクス、自動運転の動向について取り上げる。

**図表Ⅰ-3-2-2　AIの実用化における機能領域**

| 識別 | 予測精度 | 実行 |
|---|---|---|
| ● 音声認識 | ● 数値予測 | ● 表現生成 |
| ● 画像認識 | ● マッチング | ● デザイン |
| ● 動画認識 | ● 意図予測 | ● 行動最適化 |
| ● 言語解析 | ● ニーズ予測 | ● 作業の自動化 |

（出典）総務省（2016）「ICTの進化が雇用と働き方に及ぼす影響に関する調査研究」[*1]

### ❶ 仮想空間（メタバース・デジタルツイン）

　メタバースとは、インターネット上に仮想的につくられた、いわばもう1つの世界であり、利用者は自分の代わりとなるアバターを操作し、他者と交流するものである。仮想空間でありながら、メタバース上で購入した商品が後日自宅に届くなど、現実世界と連動したサービスも試験的に始まっているほか、仮想的なワークスペースとしてBtoBでの活用への広がりも期待されている[*2]。

　また、現実空間を仮想空間に再現する概念として「デジタルツイン（Digital Twin）」がある。デジタルツインとは、現実世界から集めたデータを基に仮想空間上に現実世界の要素を双子（ツイ

---

[*1] 総務省「ICTの進化が雇用と働き方に及ぼす影響に関する調査研究　報告書」2016年3月，<https://www.soumu.go.jp/johotsusintokei/linkdata/h28_03_houkoku.pdf>
[*2] 日経Xトレンド，「メタバースとは？本当に普及する？基礎がわかる8つのポイント」2022年4月14日，<https://xtrend.nikkei.com/atcl/contents/skillup/00008/00020/>（2024/3/22参照）

ン）のように再現・構築し、様々なシミュレーションを行う技術である。メタバースとデジタルツインは、それらが存在する空間が仮想空間である点は共通であるが、その空間に存在するものが実在しているものを再現しているかどうかを問わないメタバースに対して、デジタルツインは、シミュレーションを行うためのソリューションという位置づけであるため、現実世界を再現している点が異なる。また、メタバースは、現実にはない空間でアバターを介して交流したり、ゲームをしたりというコミュニケーションが用途とされることが多いのに対して、デジタルツインは、現実世界では難しいようなシミュレーションを実施するために使われることが多い[*3]。

　メタバースの市場規模は、2022年の461億ドルから2030年には5,078億ドルまで拡大すると予測されている（**図表Ⅰ-3-2-3**）。

**図表Ⅰ-3-2-3**　メタバースの市場規模

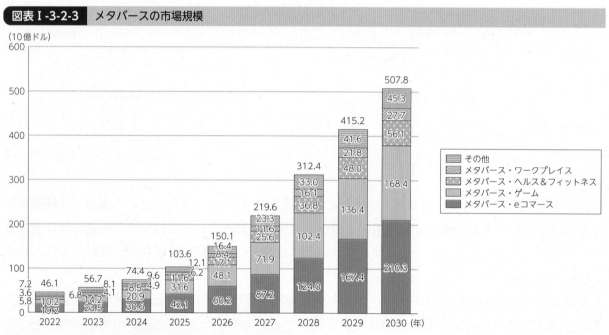

（出典）Statista[*4]

　生成AIにより、2D画像・3Dモデルの自動生成やプログラム作成支援など、メタバース上の創作活動における一部の過程を簡略化することができる。これにより、技術・知識的なハードルが下がり、利用者の拡大につながることが期待されている。また、敵対的生成ネットワーク（GAN：Generative Adversarial Networks）などの機械学習を用いることで、デザイン経験のない人でも自分のアバター等を作ることができ、仮想空間の中に巨大な経済圏が誕生する可能性を秘めている。

### ❷ ロボティクス

　ロボットの開発は、1960年代に産業用として始まり、人間の手助けや危険な作業の代替として工業用途や軍事目的に利用された。1990年代からは、工場等における産業用途だけでなく、介護や清掃、配達など一般社会におけるサービス用途での開発・活用や、家庭や個人の生活においても、掃除ロボットやコンパニオンロボットなど、さまざまな用途のロボット普及が進んできた（**図表Ⅰ-3-2-4**）。

---

＊3　総務省，「令和5年版 情報通信白書」，<https://www.soumu.go.jp/johotsusintokei/whitepaper/r05.html>
＊4　https://www.statista.com/outlook/amo/metaverse/worldwide

図表 I -3-2-4　ロボティクスの研究開発のトレンド

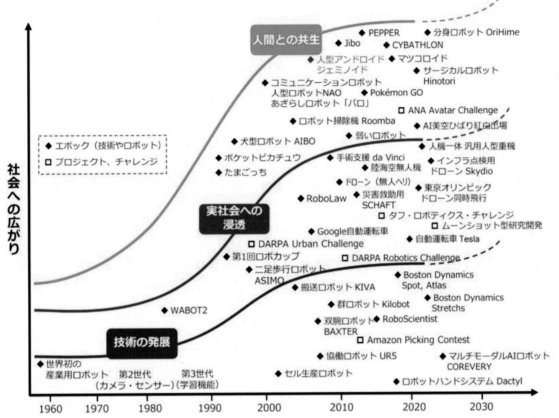

（出典）CRDS国立研究開発法人科学技術振興機構 研究開発戦略センター　研究開発の俯瞰報告書　システム・情報科学技術分野（2023年）

　世界のロボットの市場は大幅な収益増が見込まれ、2024年には428億2,000万ドルに達すると予測されている。市場内の様々なセグメントの中でも、サービス・ロボティクスは同年の市場規模が335億ドルと予測され、優位を占めると予想される。この分野は、2024年から2028年までの年平均成長率（CAGR）が11.25%と、安定した成長が見込まれ、市場規模は2028年までに655.9億ドルに達すると推定される（**図表 I -3-2-5**）。

**図表Ⅰ-3-2-5**　ロボティクスの市場規模

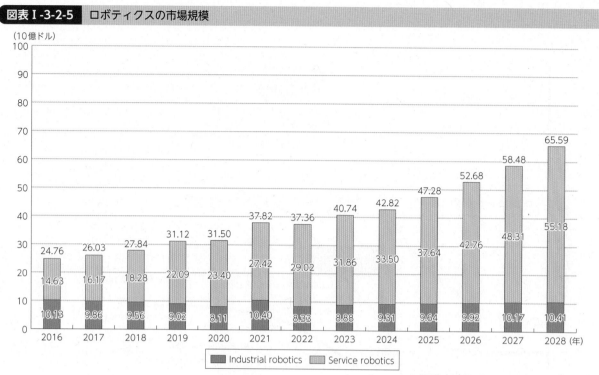

（出典）Statista「Statista Market Insights」[5]

　ロボットの開発・利用の拡大と人工知能（AI）の発展は相互に関わり合いながら進展してきた。ロボットは、センサ（感知／識別）、知能・制御系（判断）、駆動系（行動）の3つの要素技術を有する知能化した機械システムと捉えられており、AIのディープラーニングをベースに強化学習を組み合わせることで、識別の能力が飛躍的に上がり、ロボットに備わっているカメラやセンサから大量のデータを収集し、分析することが可能になった。生産工場などの現場では、品質検査や設備の予知保全などにすでにAIが活用されている。また、介護ロボットや接客ロボットの実用化も進んできている。音声認識技術と自然言語生成技術により、家庭用ロボットなどで人間がロボットと自然に対話を行えるようにもなってきた。

　さらに、生成AIを行動生成AIとして、判断や駆動系にも使う試みがなされている。言語や画像などマルチモーダルな情報を解釈できる生成AIが、ロボットのカメラ映像などから周囲の状況を判断し、ユーザーからの指示を達成できるよう、ロボットの物理的な動作を繰り出すというものである。ただし、ロボットのフィジカルな動きにはまだ課題があり、触覚フィードバック、柔らかいハードウェアの開発や安全な力制御などの研究が重要になると考えられ、社会での実用化にはまだ時間がかかる[6][7]。

　通常、ロボットを動かすにはプログラミングが必要であるが、今後、生成AIが人との対話を通じて自らプログラミングができるようになれば、人の言葉を理解して即座にプログラミングし、ロボットを制御する未来も期待される。

---

＊5　https://www.statista.com/outlook/tmo/robotics/worldwide
＊6　NIKKEI Tech Foresight,「基盤モデルはマルチモーダルに、ロボと融合 24年展望」2024年1月24日, <https://www.nikkei.com/prime/tech-foresight/article/DGXZQOUC239XV0T20C24A1000000>（2024/3/22参照）
＊7　進藤 智則,「編集長が展望する2024年（第11回）ロボットは大規模言語モデルで変わるのか–2024年の「ロボットとAI」–」,『日経クロステック』2024年1月19日, <https://xtech.nikkei.com/atcl/nxt/column/18/02668/112800011/>（2024/3/22参照）

### ❸ 自動運転技術

　自律的な自動運転技術においては、システムが行う認知、判断、操作の3つのプロセスにおいてAIの技術が活用されている。AIは、車両に搭載されたカメラやセンサから得られた周辺の情報を認識処理し、通行人や障害物を避けて車両を安全に走行させる。カメラやセンサからとらえた情報をもとに、前方を走行する車両や歩行者などがどのような挙動を見せるかなどの予測や、それらを踏まえて車両をどのように制御するべきかの判断や意思決定においても生成AIが活用されている。自動車の安全運転をサポートするのも、AIの活躍が期待されている重要な役割である。

　さらに、生成AIによる学習機能により、高度なルート最適化が行えるようになったほか、生成AIの音声認識技術も活用されており、運転者の声で自動車に指示を出すことができる[8][9]。今後の完全自動運転の実現には、画像認識だけでなく、音声などを認識し搭乗者とのコミュニケーションを行うなど、様々な部分でマルチモーダルな生成AIが必要となっており、実際、自動車に生成AIを導入する動きが増えている。

　世界の自動運転車の市場規模は、2021年に240億ドルを超えた。市場は今後も成長し、2026年には約620億ドルの規模に達すると予想されている（**図表Ⅰ-3-2-6**）。

**図表Ⅰ-3-2-6　自動運転車の市場規模**

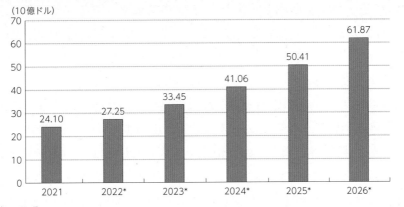

（10億ドル）

| 年 | 値 |
|---|---|
| 2021 | 24.10 |
| 2022* | 27.25 |
| 2023* | 33.45 |
| 2024* | 41.06 |
| 2025* | 50.41 |
| 2026* | 61.87 |

＊の付された年は予測値となっている。

（出典）Statista[10]

---

＊8　NEC，「自動運転など自動車で活用されるAI技術の事例と今後の課題」，<https://www.nec-solutioninnovators.co.jp/ss/mobility/column/07/index.html>（2024/3/26参照）
＊9　自動運転LAB，「自動運転とAI（2023年最新版）」2023年7月7日，<https://jidounten-lab.com/u_35766>（2024/3/26参照）
＊10　https://www.statista.com/statistics/428692/projected-size-of-global-autonomous-vehicle-market-by-vehicle-type/

# 第4章 デジタルテクノロジーの課題と現状の対応策

## 第1節 AIの進化に伴う課題と現状の取組

　進化してきたAIは我々の生活に便利さをもたらす一方で、活用に当たっては留意すべきリスクや課題も存在している。これまで、AI全般についても、不適切なデータや偏ったデータを学習に使用することでモデルのバイアスや誤差が増加し、予測の信頼性が低下する点や、多くの従来の機械学習モデルについてブラックボックス（透明性の欠如）となっていてその内部動作が理解しにくく、重要な意思決定の場面で問題を引き起こす可能性が指摘されていた。これに加え、生成AIが爆発的に発展・普及する中で、特有の課題・リスクも明らかになってきた。以下に生成AIが抱えるリスク・課題を技術的/社会・経済的な観点から概観する。

### ① 生成AIが抱える課題

　2024年4月に総務省・経済産業省が策定した「AI事業者ガイドライン（第1.0版）」では、（従来から存在する）AIによるリスクに加えて、生成AIによって顕在化したリスクについて例示している（図表Ⅰ-4-1-1）。例えば、従来から存在するAIによるリスクとして、バイアスのある結果及び差別的な結果が出力されてしまう、フィルターバブル及びエコーチェンバー現象[*1]が生じてしまう、データ汚染攻撃のリスク（AIの学習実施時の性能劣化及び誤分類につながるような学習データの混入等）、AIの利用拡大に伴う計算リソースの拡大によるエネルギー使用量及び環境負荷[*2]等が挙げられている。また、生成AIによって顕在化したリスクとしては、ハルシネーション等が挙げられる。生成AIは事実に基づかない誤った情報をもっともらしく生成することがあり、これをハルシネーション（幻覚）と呼ぶ。技術的な対策が検討されているものの完全に抑制できるものではないため、生成AIを活用する際には、ハルシネーションが起こる可能性を念頭に置き、検索を併用するなど、ユーザーは生成AIの出力した答えが正しいかどうかを確認することが望ましい。また、生成AIの利用において、個人情報や機密情報がプロンプトとして入力され、そのAIからの出力等を通じて流出してしまうリスクや、ディープフェイクによる偽画像及び偽動画といった偽・誤情報を鵜呑みにしてしまい、情報操作や世論工作に使われるといったリスク、既存の情報に基づいてAIにより生成された回答を鵜呑みにする状況が続くと、既存の情報に含まれる偏見を増幅し、不公平あるいは差別的な出力が継続/拡大する（バイアスを再生成する）リスクがあること等も指摘されている。

　同ガイドラインでは、このような「リスクの存在を理由として直ちにAIの開発・提供・利用を妨げるものではない」としたうえで、「リスクを認識し、リスクの許容性及び便益とのバランスを検討したうえで、積極的にAIの開発・提供・利用を行うことを通じて、競争力の強化、価値の創出、ひいてはイノベーションに繋げることが期待される」としている。

---

*1 「フィルターバブル」とは、アルゴリズムがネット利用者個人の検索履歴やクリック履歴を分析し学習することで、個々のユーザーにとっては望むと望まざるとにかかわらず見たい情報が優先的に表示され、利用者の観点に合わない情報からは隔離され、自身の考え方や価値観の「バブル（泡）」の中に孤立するという情報環境を指す。「エコーチェンバー」とは、同じ意見を持つ人々が集まり、自分たちの意見を強化し合うことで、自分の意見を間違いないものと信じ込み、多様な視点に触れることができなくなってしまう現象を指す。これらへの対応については、第6章第1節2. 参照
*2 同ガイドラインにおいては、エネルギー管理にAIを導入することで、効率的な電力利用も可能となる等、AIによる環境への貢献可能性もある点も指摘されている。

**図表 I -4-1-1　生成AIの課題**

| | リスク | 事例 |
|---|---|---|
| 従来型AIから存在するリスク | バイアスのある結果及び差別的な結果の出力 | ●IT企業が自社で開発したAI人材採用システムが女性を差別するという機械学習面の欠陥を持ち合わせていた |
| | フィルターバブル及びエコーチェンバー現象 | ●SNS等によるレコメンドを通じた社会の分断が生じている |
| | 多様性の喪失 | ●社会全体が同じモデルを、同じ温度感で使った場合、導かれる意見及び回答がLLMによって収束してしまい、多様性が失われる可能性がある |
| | 不適切な個人情報の取扱い | ●透明性を欠く個人情報の利用及び個人情報の政治利用も問題視されている |
| | 生命、身体、財産の侵害 | ●AIが不適切な判断を下すことで、自動運転車が事故を引き起こし、生命や財産に深刻な損害を与える可能性がある<br>●トリアージにおいては、AIが順位を決定する際に倫理的なバイアスを持つことで、公平性の喪失等が生じる可能性がある |
| | データ汚染攻撃 | ●AIの学習実施時及びサービス運用時には学習データへの不正データ混入、サービス運用時ではアプリケーション自体を狙ったサイバー攻撃等のリスクが存在する |
| | ブラックボックス化、判断に関する説明の要求 | ●AIの判断のブラックボックス化に起因する問題も生じている<br>●AIの判断に関する透明性を求める動きも上がっている |
| | エネルギー使用量及び環境の負荷 | ●AIの利用拡大により、計算リソースの需要も拡大しており、結果として、データセンターが増大しエネルギー使用量の増加が懸念されている |
| 生成AIで特に顕在化したリスク | 悪用 | ●AIの詐欺目的での利用も問題視されている |
| | 機密情報の流出 | ●AIの利用においては、個人情報や機密情報がプロンプトとして入力され、そのAIからの出力等を通じて流出してしまうリスクがある |
| | ハルシネーション | ●生成AIが事実と異なることをもっともらしく回答する「ハルシネーション」に関してはAI開発者・提供者への訴訟も起きている |
| | 偽情報、誤情報を鵜呑みにすること | ●生成AIが生み出す誤情報を鵜呑みにすることがリスクとなりうる<br>●ディープフェイクは、各国で悪用例が相次いでいる |
| | 著作権との関係 | ●知的財産権の取扱いへの議論が提起されている |
| | 資格等との関係 | ●生成AIの活用を通じた業法免許や資格等の侵害リスクも考えうる |
| | バイアスの再生成 | ●生成AIは既存の情報に基づいて回答を作るため既存の情報に含まれる偏見を増幅し、不公平や差別的な出力が継続／拡大する可能性がある |

(出典)「AI事業者ガイドライン（第1.0版）」別添（概要）

## ❶ 主要なLLMの概要

　生成AIの基盤となる大規模言語モデル（LLM）の開発では、マイクロソフトやグーグルなど米国ビックテック企業などが先行している状況にある。

　しかし、日本以外の企業・研究機関がクローズに研究開発を進めたLLMを活用するだけでは、LLM構築の過程がブラックボックス化してしまい、LLMを活用する際の権利侵害や情報漏えいなどの懸念を払拭できない。日本語に強いLLMの利活用のためには、構築の過程や用いるデータが明らかな、透明性の高い安心して利活用できる国産のLLM構築が必要となる[*3]。すでに日本の企業においても、独自にLLM開発に取り組んでおり、ここではその動向を紹介する。

　ビッグテック企業が開発したLLMと比べると、日本では、中規模モデルのLLMが開発されている傾向が見られる（**図表 I -4-1-2**）。

---

[*3]　産業技術総合研究所プレスリリース「産総研の計算資源ABCIを用いて世界トップレベルの生成AIの開発を開始－産総研・東京工業大学・LLM-jp（国立情報学研究所主宰）が協力－」（2023年10月17日），<https://www.aist.go.jp/aist_j/news/pr20231017.html>（2024/3/22参照）

**図表I-4-1-2**　各モデルのパラメータ数

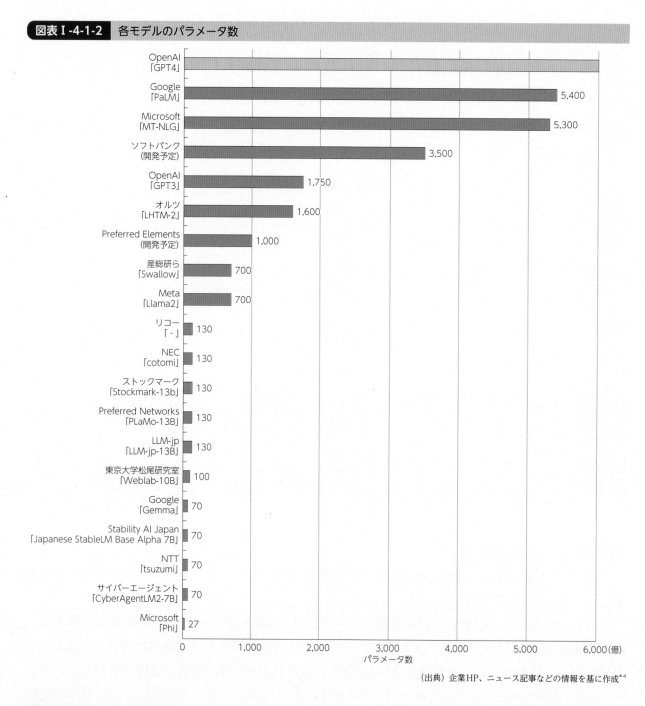

（出典）企業HP、ニュース記事などの情報を基に作成[*4]

## 2 国産LLMの開発

### ア　NICTによる国産LLMの開発[*5]

　2023年7月に、国立研究開発法人情報通信研究機構（NICT）は、ノイズに相当するテキストが少ない350GBの高品質な独自の日本語Webテキストを用いて、400億パラメータの生成系の大規模言語モデルを開発した旨を発表した。発表によれば、NICTの開発したLLMについてはファインチューニングや強化学習は未実施であり、性能面ではChatGPT等と比較できるレベルではないものの、日本語でのやり取りが可能な水準に到達しているとしており、今後は、学習テキストについて、日本語を中心として更に大規模化していくこととしている。また、GPT-3と同規模の

---

[*4]　OpenAI「GPT4」のパラメータ数は非公表。
[*5]　国立研究開発法人情報通信研究機構，「日本語に特化した大規模言語モデル（生成AI）を試作～日本語のWebデータのみで学習した400億パラメータの生成系大規模言語モデルを開発～」2023年7月4日 <https://www.nict.go.jp/press/2023/07/04-1.html>（2024/3/22参照）

1,790億パラメータのモデルの事前学習に取り組み、適切な学習の設定等を探索していく予定である。さらに、より大規模な事前学習用データ、大規模な言語モデルの構築に際し、ポジティブ・ネガティブ両方の要素に関して改善を図るとともに、WISDOM X、MICSUS等既存のアプリケーションやシステムの高度化等にも取り組む予定としている（2024年5月現在、NICTではさらに開発を進め、最大3,110億パラメータのLLMを開発するなど、複数種類のLLMを開発しパラメータや学習データの違いによる性能への影響等を研究している）。

### イ　サイバーエージェントが開発した日本語LLM「CyberAgentLM」 [*6][*7]

2023年5月、サイバーエージェントが最大68億パラメータの日本語LLMを開発したことを発表した。2023年11月には、より高性能な70億パラメータ、32,000トークン対応の日本語LLM「CyberAgentLM2-7B」と、チャット形式でチューニングを行った「CyberAgentLM2-7B-Chat」の種類を公開した。日本語の文章として約50,000文字相当の大容量テキストを処理可能である。商用利用が可能なApacheLicense2.0で提供されている。

### ウ　日本電信電話（NTT）が開発した日本語LLM「tsuzumi」

2023年11月にNTTが開発した、軽量かつ世界トップレベルの日本語処理能力を持つLLMモデル「tsuzumi」が発表された。「tsuzumi」のパラメータサイズは6～70億と軽量であり、クラウド提供型LLMの課題である学習やチューニングに必要なコストを低減できる。「tsuzumi」は英語と日本語に対応しているほか、視覚や聴覚などのモーダルに対応し、特定の業界や企業組織に特化したチューニングが可能である。2024年3月から商用サービスが開始されており、今後はチューニング機能の充実やマルチモーダルの実装も順次展開される見込みである[*8]。

## ② 生成AIが及ぼす課題

前述のような生成AI自身が抱える制約事項のほか、生成AIの進展・普及には、それに伴う社会的・経済的な課題も多く、国内外のテック事業者、プラットフォーム事業者、業界団体や政府等による対策検討が進められている。

### ❶ 偽・誤情報の流通・拡散等の課題及び対策

「ディープフェイク」とは、「ディープラーニング（深層学習）」と「フェイク（偽物）」を組み合わせた造語で、本物又は真実であるかのように誤って表示し、人々が発言又は行動していない言動を行っているかのような描写をすることを特徴とする、AI技術を用いて合成された音声、画像あるいは動画コンテンツのことをいう。近年、世界各国でこれらディープフェイクによる情報操作や犯罪利用が増加しており、その対策には各方面からの取組が行われているものの、いたちごっこの様相を呈している。

---

*6　サイバーエージェント，「サイバーエージェント、最大68億パラメータの日本語LLM（大規模言語モデル）を一般公開―オープンなデータで学習した商用利用可能なモデルを提供―」2023年5月17日，<https://www.cyberagent.co.jp/news/detail/id=28817>（2024/3/22参照）

*7　サイバーエージェント，「独自の日本語LLM（大規模言語モデル）のバージョン2を一般公開―32,000トークン対応の商用利用可能なチャットモデルを提供―」2023年11月2日，<https://www.cyberagent.co.jp/news/detail/id=29479>（2024/3/22参照）

*8　NTT，「NTT独自の大規模言語モデル「tsuzumi」を用いた商用サービスを2024年3月提供開始」2023年11月1日，<https://group.ntt/jp/newsrelease/2023/11/01/231101a.html>（2024/3/22参照）

### ア　ディープフェイクによる課題

### （ア）AIにより生成された偽・誤情報の流通・拡散

　生成AIの進歩により、非常に高品質なテキスト、画像、音声、動画を生成することが可能になり、リアルで信憑性の高い偽・誤情報を作成することが可能になった。ディープフェイク技術を用いれば、実在する人物が実際には言っていないことを本当に話しているかのような動画を簡単に作成することができる。我が国でも、生成AIを利用して作られた岸田総理大臣の偽動画がSNS上で拡散した事例が発生した[*9]。2024年1月1日に発生した能登半島地震の際にも、東日本大震災の時の津波映像や静岡県熱海市で2021年に起きた大規模土石流の映像などをあたかも能登半島地震と結びつけた投稿がSNS上で多数投稿され、大量に閲覧・拡散された[*10]。2020年には、新型コロナウイルス感染症と5G電波との関係を謳う偽情報が携帯電話基地局の破壊活動を招く[*11]など社会的影響も生じさせている。

　SNSなど様々なデジタルサービスが普及し、あらゆる主体が情報の発信者となり、インターネット上では膨大な情報やデータが流通するようになったが、このような情報過多の社会においては、供給される情報量に比して、我々が支払えるアテンションないし消費時間が希少となるため、それらが経済的価値を持って市場で流通するようになる。このことはアテンション・エコノミーと呼ばれ、プラットフォーム事業者が、受信者のアテンションを得やすい刺激的な情報を優先表示するようになるなど、経済的インセンティブ（広告収入）により偽・誤情報が発信・拡散されたり、インターネット上での炎上を助長させたりする構造となっている。

　偽・誤情報の拡散は世界的に問題となっており、2024年1月、世界経済フォーラムは、社会や政治の分断を拡大させるおそれがあるとして、今後2年間で予想される最も深刻なリスクとして「偽情報」を挙げた[*12]。特に2024年は、米国をはじめ、バングラデシュ、インドネシア、パキスタン、インド等、50か国余りで国政選挙が予定されている。既にインドネシア大統領選の際のディープフェイク動画の流布や、米大統領選の予備選の前に偽の音声でバイデン米大統領になりすます悪質な電話等、生成AIを利用したディープフェイクによる情報操作の事例が確認されている（**図表Ⅰ-4-1-3**）。

---

*9　首相にそっくりの声で卑わいな発言をさせた動画で、民放のニュース専門チャンネルのロゴが表示され、岸田首相の話が緊急速報として生中継されているかのような印象を与えるものだった。読売新聞オンライン「生成AIで岸田首相の偽動画、SNSで拡散…ロゴを悪用された日テレ「到底許すことはできない」」2023年11月4日，<https://www.yomiuri.co.jp/national/20231103-OYT1T50260/>

*10　日本経済新聞オンライン版「能登半島地震の偽映像、SNSで拡散　送金募集も」2024年1月2日，<https://www.nikkei.com/article/DGXZQOCA020JZ0S4A100C2000000/>（2024/3/22参照）

*11　日本経済新聞オンライン版「欧州5G基地局破壊、影の犯人は「コロナ拡散」のデマ」2020年4月25日，<https://www.nikkei.com/article/DGXMZO58443970U0A420C2XR1000/>

*12　世界経済フォーラム「混乱、偽情報、分裂の時代を乗り切るために」2024年1月15日，<https://jp.weforum.org/agenda/2024/01/no-wo-ri-rutameni-fo-ramu-sa-dhia-zahidhi/>
　　　NHK NEWS WEB「"偽情報"が最も深刻なリスクに」「ダボス会議」前に報告書」2024年1月11日，<https://www3.nhk.or.jp/news/html/20240111/k10014317071000.html>（2024/3/22参照）

**図表Ⅰ-4-1-3** 生成AIを利用したディープフェイクによる情報操作の事例

| 年月 | 国 | 内容 |
|---|---|---|
| 2021年2月 | 日本 | ●宮城県と福島県で震度6強の地震が発生した際に、記者会見を行った当時の加藤勝信官房長官の顔画像が、笑みを浮かべているように改竄された偽画像が出回った。 |
| 2022年3月 | ウクライナ | ●ロシアのウクライナ侵攻後、ゼレンスキー大統領がウクライナ軍に降伏を呼びかける偽動画がソーシャルメディア（SNS）上で拡散した。 |
| 2022年9月 | 日本 | ●大型の台風15号が上陸した際に、静岡県で多くの住宅が水没したとする偽画像がTwitter（現X）で拡散した。 |
| 2023年3月 | 米国 | ●画像生成AIを利用して、トランプ前大統領が逮捕されたという偽画像が生成され、Twitter（現X）で拡散された。 |
| 2023年5月 | 米国 | ●国防総省の近くで爆発が起きたとする偽画像がソーシャルメディア（SNS）上で拡散し、ダウ平均株価が一時100ドル以上も下落した。 |
| 2023年11月 | 日本 | ●岸田文雄首相が性的な発言をしたように見せかける偽動画がソーシャルメディア（SNS）上で拡散した。 |
| 2023年11月 | アルゼンチン | ●アルゼンチン大統領選で、AIを使ったとされる偽動画がソーシャルメディア（SNS）上で出回った。 |
| 2024年1月 | 台湾 | ●台湾総統選の際に、蔡英文総統の私生活について虚偽の主張をしている偽動画が作成・投稿された。 |
| 2024年1月 | 米国 | ●ニューハンプシャー州で、大統領選挙の予備選が控えている週末に、バイデン大統領の声を模したなりすまし電話が、予備選への投票を控えるように呼びかけた。 |

（出典）BBC News Japan（2024）[13]等を基に作成

## （イ）その他犯罪利用

　生成AIが、情報操作のみならず、犯罪に利用されるケースも増えている。米国OpenAIのチャットボット（自動会話プログラム）であるChatGPTに用いられているものと同じAIが悪用され、「悪いGPT（BadGPT）」や「詐欺GPT（FraudGPT）」と呼ばれる不正チャットボットによってフィッシング詐欺メールが量産されている。このようなハッキングツールは、OpenAIがChatGPTを公開した2022年11月の数か月後には闇サイト上で確認されるようになり、ChatGPT公開後の12か月間で、フィッシング詐欺メールは1,265％増加し、一日平均約3万1,000件のフィッシング攻撃が発生しているという試算もある[14]。

　ディープフェイクを利用した犯罪には、AIの画像生成能力を悪用した恐喝行為もある。SNS等で共有された一般的な写真画像をAIで不適切な内容に変換し、被害者を脅迫するというもので、米国連邦捜査局（FBI）は、被害者には未成年の子供も含まれると警告している[15]。

## イ　ディープフェイクによる情報操作や犯罪利用への対策

### （ア）欧州連合（EU）

　偽・誤情報に関する法規制で先行するのは欧州連合（以下「EU」という。）である。2022年11月に発効[16]した「デジタルサービス法（The Digital Services Act)」[17]（以下「DSA」という。）は、超大規模オンラインプラットフォーム（VLOP[18]）などに対して、自身の提供するサービスのリスク評価（偽情報に関するものを含む）やリスク軽減措置の実施を義務付けており、違反企業には最大で世界年間売上高の6％の制裁金が科されることとなっている。実際に、EUの執行機関である欧州委員会（以下「EC」という。）は、イスラエルに対するハマス等によるテロ攻撃に関わる違法コンテンツの拡散等を踏まえ、X（旧Twitter）がDSAを遵守していない可能性があるとして、違法コンテンツの拡散への対応のほか、プラットフォーム上の情報操作への対抗措置の有効性

＊13 BBC NEWS Japan, 「【米大統領選2024】バイデン氏に似せた自動音声通話が予備選を妨害、米ニューハンプシャー州」, 2024年1月23日 <https://www.bbc.com/japanese/68065455>（2024/2/28参照）
＊14 「【焦点】生成AI「悪いGPT」の時代へようこそ」, 『ダウ・ジョーンズ米国企業ニュース』2024年3月1日号
＊15 Federal Bureau of Investigation, "Malicious Actors Manipulating Photos and Videos to Create Explicit Content and Sextortion Schemes", <https://www.ic3.gov/Media/Y2023/PSA230605>（2024/2/28参照）
＊16 同法は2023年8月からVLOP等に対して適用が開始され、2024年2月から全ての規制対象事業者に対して適用が開始されている。
＊17 European Commission, "The Digital Services Act package", <https://digital-strategy.ec.europa.eu/en/policies/digital-services-act-package>（2024/2/28参照）
＊18 Very large online platformの略。オンラインプラットフォームサービスのうち、EU域内での利用者が4,500万人（EU域内人口の10％）以上のサービスを指す。

等の領域について、2023年12月に正式な調査を開始した[19]。プラットフォーム上の情報操作への対抗措置に関し、ECは、特に、投稿に第三者が匿名で注釈を加える「コミュニティ・ノート」という機能等の有効性に焦点を当てる方針であるとしている。2024年3月、欧州議会は、AIに関する世界初の包括的な法的枠組みと位置づける「AI法（AI Act）」[20]の最終案を可決し、同年5月にEU理事会にて正式承認され、同法が成立した。同法は一部ディープフェイクに関する規制も含み、2026年頃には本格的に適用される見込みである。

## （イ）英国

英国では、2023年10月に発効された「オンライン安全法（Online Safety Act 2023）」[21]に、虚偽であると知っている情報を受信者に心理的または身体的危害を与えることを意図してインターネット上で送信した者に、6か月の禁錮刑を科す内容が含まれている。特に、相手に苦痛、不安や屈辱等を与える加害意図や、自分が性的満足を得ようとする意図があったと立証されれば、最高刑が懲役2年となる。

## （ウ）米国

米国においては、2023年7月、バイデン政権が、AI開発を主導するGoogle、Meta PlatformsやOpenAI等の7社[22]から、AIの安全性や透明性向上に取り組む自主的なコミットメントを得たと発表した[23]。同年9月には、新たにIBM、Adobe、NVIDIA等8社[24]が合意し[25]、同15社はディープフェイク対策として、真贋を示す目印をデータに忍ばせて識別を可能にする「電子透かし」等、AIによる生成を識別するための技術開発を推進している[26]。また、米国の一部の州において、ポルノや選挙活動等の特定の目的下でのディープフェイクに関する規制が見られる。例えば、カリフォルニア、テキサス、イリノイ、ニューヨーク等9州では、相手の同意の無いディープフェイクを用いたポルノ画像や動画の配布を刑事犯罪として規定しているほか、テキサス州やカリフォルニア州では、公職の候補者に対するディープフェイク等の発信に係る規制法を設けている。なお、米国連邦法においては、国防総省や全米科学財団等の連邦機関に対し、ディープフェイクを含む偽情報に関する調査研究の強化等を求める法律が制定されている[27]。他方、民間事業者に対しては、1996年成立の「通信品位法（Communications Decency Act）」第230条（通称Section 230）において、プロバイダは第三者が発信する情報に原則として責任を負わず、有害な内容の削除に責任を問われないと規定されているが、バイデン政権では、偽・誤情報に関してプラットフォーム事業者に一定の責任を求めるよう、法改正しようとする方向で議論が行われている。

---

*19 European Commission, "PRESS RELEASE18 December, Commission opens formal proceedings against X under the Digital Services Act", <https://ec.europa.eu/commission/presscorner/detail/en/ip_23_6709>（2024/2/28参照）
*20 European Commission, "AI Act", <https://digital-strategy.ec.europa.eu/en/policies/regulatory-framework-ai>（2024/3/2参照）
*21 Legislation.gov.uk, "Online Safety Act 2023", <https://www.legislation.gov.uk/ukpga/2023/50/enacted>（2024/3/2参照）
*22 Amazon、Anthropic、Google、Inflection、Meta Platforms、Microsoft、OpenAI
*23 The White House, "FACT SHEET: Biden-Harris Administration Secures Voluntary Commitments from Leading Artificial Intelligence Companies to Manage the Risks Posed by AI", <https://www.whitehouse.gov/briefing-room/statements-releases/2023/07/21/fact-sheet-biden-harris-administration-secures-voluntary-commitments-from-leading-artificial-intelligence-companies-to-manage-the-risks-posed-by-ai/>（2024/3/8参照）
*24 Adobe、Cohere、IBM、NVIDIA、Palantir、Salesforce、Scale AI、Stability
*25 The White House, "FACT SHEET: Biden-Harris Administration Secures Voluntary Commitments from Eight Additional Artificial Intelligence Companies to Manage the Risks Posed by AI", <https://www.whitehouse.gov/briefing-room/statements-releases/2023/09/12/fact-sheet-biden-harris-administration-secures-voluntary-commitments-from-eight-additional-artificial-intelligence-companies-to-manage-the-risks-posed-by-ai/>（2024/3/8参照）
*26 「米・AI動画識別の仕組み開発で各社合意　バイデン大統領が発表　「対策を進める」」、『NHKニュース』2023年7月22日号
*27 2020年12月成立、2021年度の国防予算に関する「2021会計年度国防授権法」、「敵対的生成ネットワークの出力の識別に関する法律（IOGAN法：Identifying Outputs of Generative Adversarial Networks Act）」。

## （エ）日本

　我が国におけるデジタル空間の情報流通の健全性確保に向けては、総務省が2023年11月から「デジタル空間における情報流通の健全性確保の在り方に関する検討会」を開催しており、2024年（令和6年）夏頃までに一定のとりまとめを公表予定である[28]。

　技術的な対策としては、インターネット上のニュース記事や広告などの情報コンテンツに、発信者情報を紐付けるオリジネータープロファイル（OP、Originator Profile）技術の研究開発が進んでいる。この技術により、なりすましや改変が見える化されることで、Web利用者が透明性の高いコンテンツを閲覧できるようになる、フェイクニュースや安易な関心獲得による広告収益が得られにくくなり、適正なWebメディアやコンテンツの配信者の権利利益侵害を低減できるようになる、広告枠が設置されるWebコンテンツの発信者が明確になることで、広告主が安心して広告出稿ができるようになるといった効果が期待される[29]。

　また、国立情報学研究所（以下「NII」という。）がフェイク技術対策に関する研究に早期から取り組んでおり、2021年9月には、AIにより生成されたフェイク顔画像を自動判定するツール「SYNTHETIQ VISION：Synthetic video detector」を開発した（図表Ⅰ-4-1-4）。これは真贋判定をしたい画像をサーバーにアップロードすると、同ツールがフェイクかどうかを判定するものである。現在NIIでは、更に進んだディープフェイク対策技術「Cyber Vaccine（サイバーワクチン）」を開発中であり、これが実現すると、真贋判定だけでなく、どこが改竄されたのか等の情報も得ることができるようになると期待されている[30][31]。

---

[28] 総務省，「デジタル空間における情報流通の健全性確保の在り方に関する検討会」，<https://www.soumu.go.jp/main_sosiki/kenkyu/digital_space/index.html>
[29] https://originator-profile.org/ja-JP/
[30] 「Breakthrough　特集1－無人防衛2－〔第4部：ディープフェイク対策〕－ディープフェイクを見抜くツール　改ざんを自動修復するワクチンも」，『日経エレクトロニクス』2024年1月20日号
[31] ただし、これらの対策には、真贋判定ツールの精度という課題もある。OpenAIによると、同社が自主開発した判定ツールが生成AI（主にChatGPT）製の文書を正しくAIによるものと判定する確率は26％で、逆に人間が書いた文書を誤って生成AIによると判定してしまう「偽陽性」の確率も9％あったという。そのため、この程度の精度では実際には有効な判定ツールとはならず、同社は当該ツールの提供を中止している。今後テキストや画像、音声等の生成AIと、それらの判定ツールが互いに競い合う形で双方の技術改良が進んでいく可能性が高いため、そのような技術を使っても、フェイク情報を正確に判別するのは難しいと見られている。

**図表 I -4-1-4** SYNTHETIQ VISION

# SYNTHETIQ VISION

SYNTHETIQ VISION API can be used to detect forgery of human face.

Example of detection result:

- Left: Real

- Right: Fake

（出典）国立情報学研究所 シンセティックメディア国際研究センター[*32]

## ❷ 著作権を含む知的財産権等に関する議論

　生成AIの生成物は、主に、文章、画像、音楽・音声の3種類である。これらは、大量のデータからその特徴を学習し、プロンプト（入力）に応じて適切な結果を出力する「機械学習」の手法を用いて開発されている。この際、データを収集・複製し、学習用データセットを作成したり、データセットを学習に利用して、AI（学習済みモデル）を開発することがオリジナルデータの制作者等の権利を侵害しないかという開発・学習段階の論点がある。また、生成AIを利用して画像等を生成したり、生成した画像等をアップロードして公表、生成した画像等の複製物（イラスト集など）を販売する際に、既存の画像等の作品と類似したものを使ってしまう等の場合に、既存作品の制作者の権利の侵害等になることがある（生成・利用段階の論点）。

### ア　生成AIの進展・普及に伴う著作権を含む知的財産権等に関わる問題提起

　生成AIに関連する著作権や肖像権の侵害問題は国際的に注目されており、多くの訴訟が発生している。米国では、2022年11月、GitHub Copilotの開発に関連して、学習に使用しているオープンソースコードがプログラマーの著作権を侵害している可能性があるとして、Microsoft、GitHub、OpenAIに対する集団訴訟が提訴された[*33]ほか、2023年7月には、米国の作家3名がOpenAIとMeta Platformsの2社を提訴した訴訟も発生した。同集団訴訟は、ChatGPTの機械学習に作家の著作物が無断で使用されたことによる損害賠償を請求するもので、同訴訟の結果、

---

[*32] https://www.synthetiq.org/
[*33] 3社はGitHub Copilotがオープンソースのコードから得られた知識を使用しており、著作権侵害は行っていないと主張し、裁判所に対して訴訟の棄却を求めている。Reuters, "OpenAI, Microsoft want court to toss lawsuit accusing them of abusing open-source code", <https://www.reuters.com/legal/litigation/openai-microsoft-want-court-toss-lawsuit-accusing-them-abusing-open-source-code-2023-01-27/> （2024/2/27参照）

OpenAIは学習データから著作物を削除するのではなく、著作権侵害で訴えられた場合の訴訟費用を負担することを表明することとなった[34]。

　新聞社、通信社等のメディアでのAIの活用は慎重なものとなっている。米国のAssociated Press（AP通信）は2023年7月にOpenAIとの提携を発表し、生成AIをニュース報道に生かす方法等について共同で研究する契約を結んだが、8月にはAIを配信可能なコンテンツ作成のために使用しないとした。一方、New York TimesはAIによる記事の無断使用でOpenAIとMicrosoftを訴え、これが報道機関による初の訴訟提起となった[35]。日本国内においても、新聞・通信各社は、生成AIによる報道記事の無断使用について、生成AIによる記事の無断使用は許容できず、根本的な法改正に向けた検討を求める意見を表明している。

　日本では、生成AI技術の発展と急速な普及に伴って権利者やAI開発者から著作権などの知的財産権の侵害に関する懸念の声が上がったことを踏まえ、2024年3月、文化審議会著作権分科会法制度小委員会において、「AIと著作権に関する考え方について」がとりまとめられるとともに[36]、（著作権を含む）知的財産権との関係について、2024年5月、AI時代の知的財産権検討会より、「AI時代の知的財産権検討会　中間とりまとめ」が公表された[37]。

### イ　著作権を含む知的財産権等の侵害リスクに対する取組

　生成AIの利用に際しての著作権等の権利侵害対策に向けては、データ・コンテンツの権利保持者とAI事業者双方が、互いの契約の中で対応を行うこと等が考えられる。技術的には、生成AI生成物であることの表示を可能とする電子透かしの実用化や、OpenAIによる知的財産権を侵害する恐れのあるデータ・コンテンツのAI入出力を抑制する仕様の提供等がある一方で、New York Times、CNN、Bloomberg、Reuters、日本経済新聞等の国内外のメディア側も、OpenAI等AI事業者のGPTボットのブロックを行う等の対策で自衛している[38]。

　技術を活用しながら著作権侵害の法的リスクに対してコミットする取組もある。Microsoftは、大規模言語モデル（Large Language Model：LLM）を組み込んだ自社の生産性向上ツール「Microsoft Copilot」に対する法的リスクに対して責任を負う、「Copilot Copyright Commitment」を2023年9月に発表している。Microsoft Copilotで生成した出力結果を使用して、著作権上の異議を申し立てられた場合、Microsoftが責任をとる仕組みとなっている[39]。著作物を使用しない、あるいは許諾済みの著作物を活用する方法で著作権等侵害のリスクを回避する方法もある。例えば、Adobeが提供する「Adobe Firefly」は、オープンライセンス等、著作権の問題の無い画像を学習段階で利用しており、著作権侵害の心配なく生成した画像の商用利用が可能としている。

第4章<br>デジタルテクノロジーの課題と現状の対応策

*34　生成AI活用普及協会、「AIの著作権はどうなる？生成AIで生成した画像やイラストの著作権や適法性、注意したいポイントを徹底解説」2023年12月28日、<https://guga.or.jp/columns/ai-copyright/>（2024/3/2参照）

*35　Reuters, "OpenAI, Microsoft want court to toss lawsuit accusing them of abusing open-source code", <https://www.reuters.com/legal/litigation/openai-microsoft-want-court-toss-lawsuit-accusing-them-abusing-open-source-code-2023-01-27/>（2024/2/27参照）

*36　文化審議会著作権分科会法制度小委員会「AIと著作権に関する考え方について」（令和6年3月15日）、<https://www.bunka.go.jp/seisaku/bunkashingikai/chosakuken/pdf/94037901_01.pdf>

*37　AI時代の知的財産権検討会「AI時代の知的財産権検討会 中間とりまとめ」（2024年5月）、<https://www.kantei.go.jp/jp/singi/titeki2/chitekizaisan2024/0528_ai.pdf>

*38　AI時代の知的財産権検討会「AI時代の知的財産権検討会 中間とりまとめ」（2024年5月）、<https://www.kantei.go.jp/jp/singi/titeki2/chitekizaisan2024/0528_ai.pdf>

*39　AIキャラクターに著作権はある？ 違反したらどうなる？ 弁護士に聞いた, <https://webtan.impress.co.jp/e/2023/12/19/46093>（2024/3/2参照）

# 第2節　AIに関する各国の対応

こうした生成AIをはじめとするAIの急速な普及のなかで生じた倫理的・社会的な課題に対処するためには、国内のみならず、諸外国と協調した取組が必要である。

## ① 国際的な議論の動向

### ❶ 広島AIプロセス

AIについての倫理的・社会的課題に対する議論は2015年頃から活発化しており、我が国は、早期からG7/G20や経済協力開発機構（以下「OECD」という。）等における議論を先導し、AI原則の策定に重要な役割を果たしてきた。2016年4月に高松で開催されたG7情報通信大臣会合において、日本からAIの開発原則に関する議論が提案され、その後OECDで合意されたAI原則が2019年5月に公開されたことを受けて、同年6月のG20首脳会合にて、「G20 AI原則」が合意された[*1]。2019～2020年には、AI原則については国際的なコンセンサスが形成されつつあり、同原則を社会に実装するための具体的な制度や規律の策定に関する議論に移行している。更には、2022年の生成AIの急速な普及により、G7等の国際協調の場においても、また各国においても、AIガバナンスの議論が活発化している。

2023年4月、群馬県高崎市でG7群馬高崎デジタル・技術大臣会合が開催され、生成AIの急速な普及と進展を背景に、「責任あるAIとAIガバナンスの推進」などについて議論が交わされた。同会合では、G7のメンバー間で異なる、AIガバナンスの枠組み間の相互運用性の重要性が確認され、「責任あるAIとAIガバナンスの推進」、「安全で強靱性のあるデジタルインフラ」、「自由でオープンなインターネットの維持・推進」等の6つのテーマからなる閣僚宣言が取りまとめられた。同宣言はその後、5月に広島で開催された主要7か国首脳会議（G7広島サミット）における議論に反映され、当該サミットの首脳コミュニケ（宣言）において、生成AIに関する議論のための広島AIプロセスの創設が指示された。具体的には、OECDやGPAI（後述）等の関係機関と協力し、G7の作業部会にて調査・検討を進めることとなった。

2023年9月には、7月～8月にOECDが起草したレポートや、生成AI等を含む高度なAIシステムの開発に関して議論すべく閣僚級会合が開催され、透明性、偽情報、知的財産権、プライバシーと個人情報保護等が優先課題であることが確認された。その後10月30日に「広島AIプロセスに関するG7首脳声明」[*2]が発出され、まずは高度なAIシステムの開発者を対象とした国際指針と行動規範が公表された。更に同年12月には、AIに関するプロジェクトベースの協力を含む広島AIプロセス包括的政策枠組みや、広島AIプロセスを前進させるための作業計画が発表されている。

### ❷ OECD／GPAI／UNESCOの動き

#### ア　OECD

OECD、GPAI、UNESCO等、多くの国際機関もグローバルな観点からAIガバナンス制度の

---

*1　経済産業省 AI原則の実践の在り方に関する検討会，「我が国のAIガバナンスの在り方ver. 1.1」，<https://www.meti.go.jp/shingikai/mono_info_service/ai_shakai_jisso/pdf/20210709_1.pdf>（2024/3/4参照）
*2　外務省，「広島AIプロセスに関するG7首脳声明」，<https://www.mofa.go.jp/mofaj/ecm/ec/page5_000483.html>（2024/3/4参照）

検討を進めている。2019年5月にOECDのAI原則が公開されて以降、各種OECDレポートの発表やプロジェクトの推進等、G7との連携の下、積極的な活動が行われている。また、OECD、GPAI、UNESCOの3機関は、2023年9月に「生成AI時代の信頼に関するグローバルチャレンジ（Global Challenge to Build Trust in the Age of Generative AI）」[3]を発表し、G7の包括枠組みを踏まえ、偽情報やディープフェイク等による社会的リスクに対し、イノベーティブな解決策を進めるグローバルな連携プロジェクトを推進している。

2024年5月に開催されたOECD閣僚理事会では、生成AIに関するサイドイベント「安全、安心で信頼できるAIに向けて：包摂的なグローバルAIガバナンスの促進」において、岸田総理大臣から49か国・地域の参加を得て広島AIプロセスの精神に賛同する国々の自発的な枠組みである「広島AIプロセス　フレンズグループ」[4]を立ち上げることを発表した。

### イ　GPAI

「AIに関するグローバルパートナーシップ（Global Partnership on AI）」（以下「GPAI」という。）は、2020年、人間中心の考え方に立ち、「責任あるAI」の開発・利用を実現するために、OECDとG7の共同声明により創設された。同組織は、OECDが事務局を務め、価値観を共有する政府、国際機関、産業界、有識者等からなる官民国際連携組織で、現在29か国が参加している。GPAIには、「責任あるAI」、「データ・ガバナンス」、「仕事の未来」、「イノベーションと商業化」という4つの研究部会が設置されており、専門家による議論と実践的な調査が実施されている。

GPAIの年次サミットである「GPAIサミット2023」においては、新たなGPAI専門家支援センターである、GPAI東京専門家支援センターの立ち上げが承認された。同センターでは、生成AIに関する調査・分析等のプロジェクトを先行的に実施する予定となっている。

### ウ　UNESCO

国連教育科学文化機関（UNESCO）も、2021年にAIの倫理に関する勧告「UNESCO Recommendation on the Ethics of Artificial Intelligence」[5]を採択し、各国における取組を支援している。2023年9月には、教育・研究に関する初の生成AIのグローバルガイダンスである「教育・研究分野における生成AIのガイダンス（Guidance for generative AI in education and research）」[6]を公表し、生成AIの定義や説明、倫理的及び政策的な論点と教育分野への示唆、規制の検討に必要なステップ、カリキュラムデザインや学習等について紹介している。ほとんどの生成AIが主として大人向けに設計されていることから、教育現場での使用は13歳以上に制限すべきと提案し、各国政府には、データのプライバシー保護を含む適切な規制や教員研修等を求めている。

### ❸ AI安全性サミット

2023年5月、OpenAIは、今後10年以内に人間の専門家のスキルレベルを超えるAIシステムが実現する可能性があると発表した。同社はこれを「フロンティアAI（Frontier AI）」と命名し、

---

*3　Global Challenge partners, "Global Challenge to Build Trust in the Age of Generative AI", <https://globalchallenge.ai/>（2024/3/21参照）
*4　https://www.kantei.go.jp/jp/101_kishida/statement/2024/0502speech2.html
*5　UNESCO, "Recommendation on the Ethics of Artificial Intelligence", <https://unesdoc.unesco.org/ark:/48223/pf0000381137>（2024/3/13参照）
*6　UNESCO, "Guidance for generative AI in education and research", <https://www.unesco.org/en/articles/guidance-generative-ai-education-and-research>（2024/3/13参照）

第4章　デジタルテクノロジーの課題と現状の対応策

核エネルギーや合成生物学等の人類の存在上のリスクに鑑みて、事後的対応ではなく国際的な規制を検討すべきとした。これを受けてスナク英国首相は、2023年11月1日〜2日に英国ブレッチリーにて、「AI安全性サミット」[7]を開催した。従来の人権や公平性といった「AI倫理」を超えて、AIによる「深刻且つ破滅的な危害」の防止を視野に入れた「AIの安全性」について議論されたことが特徴的である。

本サミットの成果文書として「ブレッチリー宣言」[8]が採択された。また、英国はAIセーフティ・インスティテュートを設置することについても決定した。

2024年5月21日〜22日には、韓国・英国共催により「AIソウル・サミット」が開催された（21日の首脳セッションはオンライン開催、22日の閣僚セッションはソウルで対面開催）。AI安全性の議論を深めるとともに、AI開発におけるイノベーション促進及びAIの恩恵の公平な享受について議論が行われ、首脳級の成果文書として「安全、革新的で包摂的なAIのためのソウル宣言」及び付録「AI安全性の科学に関する国際協力に向けたソウル意図表明」、閣僚級の成果文書として「安全、革新的で包摂的なAIの発展のためのソウル閣僚声明」が採択された。今後、2025年2月にフランスにて次回会合が開催される予定となっている。

### ❹ 国際連合の動向

前項のとおり、フロンティアAIに対する国際的なガバナンス体制への関心の高まりを受けて、2023年7月の国連安全保障理事会においては、英国主導でAIに関する議論が行われた。グテーレス国連事務総長は同年10月に、事務総長の諮問機関として、AIハイレベル諮問機関を立ち上げ、日本人の構成員も参加している。また、2024年3月21日、国連総会において、日本も共同提案国である、「持続可能な開発のための安全、安心で信頼できるAIシステムに係る機会確保に関する決議」[9]をコンセンサスで採択し、同決議案は、安全、安心で信頼できるAIに関する初めての国連総会決議となった。同決議案は「持続可能な開発のための2030アジェンダ」の達成に向けた進捗を加速し、デジタルディバイドを解消するため、安全、安心で信頼できるAIを促進しており、加盟国に対し、安全、安心で信頼できるAIに関連する規制・ガバナンスアプローチの策定・支持を推奨している。さらに、加盟国及びステークホルダーに対し、AI設計・開発中のリスク特定・評価・軽減のためのイノベーション促進や、データ保全のためのリスク管理メカニズムの策定・実施・公表等の手段を通じて、AIシステムが世界の課題に対応できるための環境を整備するよう推奨している。また、AIシステムのライフサイクルを通じて、人権及び基本的自由が尊重され、保護され、促進されるべきことを強調している。

同決議案は、AIの国際ルールづくりに向け、広島AIプロセスをはじめ、G7やG20、OECD等で進めてきた議論を反映したものであり、国連総会決議には国際法上の拘束力はないものの、コンセンサスで加盟国が採択したということから、国際社会の総意としての政治的な重みを持つものである。

---

[7]　GOV.UK, "About the AI Safety Summit 2023", <https://www.gov.uk/government/topical-events/ai-safety-summit-2023/about>（2024/3/12参照）

[8]　GOV.UK, "The Bletchley Declaration by Countries Attending the AI Safety Summit, 1-2 November 2023", <https://www.gov.uk/government/publications/ai-safety-summit-2023-the-bletchley-declaration/the-bletchley-declaration-by-countries-attending-the-ai-safety-summit-1-2-november-2023>（2024/3/12参照）

[9]　United Nations General Assembly, A/78/L.4 <https://documents.un.org/doc/undoc/ltd/n24/065/92/pdf/n2406592.pdf?token=0e5FKl9eh5r1MmYPD3&fe=true>（2024/3/22参照）

## ② 各国における法規制・ガイドライン等の整備動向

　現在、AIに関する法制度や国際標準に関する議論が世界各国で活発に行われており、2023年はEUのAI法の欧州議会での採択、米国のAIの安全性に係る大統領令、日本のAI関連事業者向けのガイドライン案の公表など、AI政策にとっては大きな節目となる年となった。それぞれの国、地域におけるAIに関する規制の動きを見ると、生成AIに対する急速な関心の高まりを受けて、各国・地域ではそれまで検討してきたガバナンス制度の見直しが求められている。進化が速い技術に関する規制の整備においては、各国政府が主導しつつも、AI事業者側の自主的な取組も必要であり、官民両輪で進められているところである。

### ❶ 欧州連合（EU）

　域内発のビッグテック企業が無い欧州は、他の地域に先駆けて最も厳しい規制を志向し、2020年からAIの規制に関する議論を続けてきた。2024年5月21日には、欧州市場でAIシステムを開発・提供・利用する事業者を対象とする、法的拘束力を持つ世界初の包括的なAI規制法と位置付けられるAI法（AI Act）[10]（以下「AI法」という。）が成立した。AIの規制に関する包括的な法律の成立は主要国・地域で初めてとされており、今後段階的に適用が開始され、2026年頃には本格的に適用される見込みである。

　AI法は、リスクに応じて規制内容を変える「リスクベースアプローチ」という方針に基づいている。規制対象を、①許容できないリスク、②高いリスク、③限定的なリスク、④最小限のリスク、という4段階のリスクレベルのAIアプリケーション及びシステムに分類し、それぞれに対して異なる規制を課すこととしており[11]、上記の規制に違反した事業者には、最も重い違反の場合、最高で3,500万ユーロ（約56億円）の罰金、あるいは年間売上高の7%の制裁金が科される可能性がある[12]（**図表Ⅰ-4-2-1**）。

**図表Ⅰ-4-2-1　AI法におけるリスクベースアプローチ**

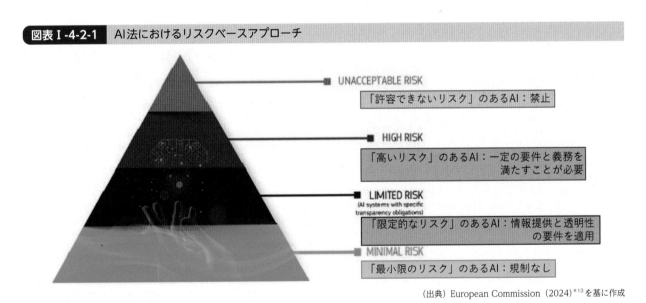

（出典）European Commission（2024）[13]を基に作成

---

＊10　European Commission, "AI Act", <https://digital-strategy.ec.europa.eu/en/policies/regulatory-framework-ai>（2024/3/2参照）
＊11　European Parliament, "Artificial intelligence act", <https://www.europarl.europa.eu/RegData/etudes/BRIE/2021/698792/EPRS_BRI%282021%29698792_EN.pdf>（2024/3/12参照）
＊12　「EUがAI開発・運用を法で規制…学習データの著作権保護、違反事業者に制裁金56億円」、『読売速報ニュース』2024年3月13日号
＊13　European Commission, "AI Act", <https://digital-strategy.ec.europa.eu/en/policies/regulatory-framework-ai>（2024/3/15参照）

**米国**

　ビッグテック企業を多く保有する米国は、自国の企業保護に力を入れ、政府による規制よりも民間での自主的な対応を優先し、企業の取組に任せつつ必要の場合に政府が規制をかけるという立場をとってきた[14]。

　民間側の取組として2023年7月、AI開発で先行する7社（Google、Meta PlatformsやOpenAI等）[15]がAIの安全な開発のための自主的な取組を約束したこと、更に9月には新たな8社（IBM、Adobe、NVIDIA等）[16]がそれに合意したことを米国政府が発表した[17]。各社は、自主的なコミットメント（Voluntary Commitments）として、安全性、セキュリティ、信頼性の3つの観点から原則を掲げている[18]。

　ホワイトハウスは、強制力のある規制が導入されるまで、各社が上記の取組を続けるとしていたが、その3か月後となる2023年10月30日、バイデン大統領は、「安全・安心・信頼できるAIの開発と利用に関する大統領令（Executive Order on the Safe, Secure, and Trustworthy Development and Use of Artificial Intelligence）」[19]を発表した。対象とするAIの問題については、従来の倫理的観点から、安全保障問題に範囲を拡充しており、対象となる事業者はビッグテック企業に限らず、バイオテクノロジー企業等、国家の安全保障や経済に影響を及ぼす可能性のあるサービスや製品を取り扱う企業も含まれる。その内容については、AIに関する新たな安全性評価、公平性と公民権に関するガイダンス、またAIが労働市場に与える影響に関する調査等を義務付けるものであり[20]、AIの安全性とセキュリティのための新しい基準、米国民のプライバシー保護、公平性と公民権の推進等をその主要な構成要素としている[21]。

　大統領令の発表に引き続き、同年11月には、ハリス副大統領が、先述の英国AI安全性サミットにて「安全で責任あるAI利用の新イニシアチブ（New U.S. Initiatives to Advance the Safe and Responsible Use of Artificial Intelligence）」[22]を発表し、その中で、大統領令の内容を具体化するべく、「米国AI安全研究所（AI Safety Institute）」（以下「US AISI」という。）を設置するとした。US AISIは、国立標準技術研究所（National Institute of Standards and Technology：NIST）内に設置され、危険な機能を評価及び軽減するためのガイドライン、ツール、ベンチマーク、ベスト プラクティスを作成し、AIリスクを特定して軽減するためのレッド

---

＊14 「「AI法制、産官学で世界と議論を」　専門家に聞く」、『日本経済新聞電子版』2024年1月1日号

＊15 Amazon、Anthropic、Google、Inflection、Meta Platforms、Microsoft、OpenAI

＊16 Adobe、Cohere、IBM、NVIDIA、Palantir、Salesforce、Scale AI、Stability

＊17 The White House, "FACT SHEET: Biden-Harris Administration Secures Voluntary Commitments from Eight Additional Artificial Intelligence Companies to Manage the Risks Posed by AI", <https://www.whitehouse.gov/briefing-room/statements-releases/2023/09/12/fact-sheet-biden-harris-administration-secures-voluntary-commitments-from-eight-additional-artificial-intelligence-companies-to-manage-the-risks-posed-by-ai/>（2024/3/8参照）

＊18 ①システム公開前の安全性確保：各社は、AIシステムをリリースする前に安全性のテストを行う。またAIのリスク管理に関する情報を、産業界、政府、市民社会、学術界と広く共有する。②セキュリティを確保したシステムの構築：各社は、独自のモデルや公開前のモデルの重要性を保護するために、セキュリティの確保では、サイバーセキュリティ対策やAI開発に係る知的財産の保護等を行う。また、第三者によるAIシステムの脆弱性の発見と報告を促進する。③国民の信頼の獲得：各社は、AIが生成したコンテンツであることを利用者が知ることができるよう、電子透かしの技術等、堅牢な技術を開発する。また、AIシステムの能力、限界、適切／不適切な使用領域を公表する。
The White House, "FACT SHEET: Biden-Harris Administration Secures Voluntary Commitments from Leading Artificial Intelligence Companies to Manage the Risks Posed by AI", <https://www.whitehouse.gov/briefing-room/statements-releases/2023/07/21/fact-sheet-biden-harris-administration-secures-voluntary-commitments-from-leading-artificial-intelligence-companies-to-manage-the-risks-posed-by-ai/>（2024/3/8参照）

＊19 The White House, "Executive Order on the Safe, Secure, and Trustworthy Development and Use of Artificial Intelligence", <https://www.whitehouse.gov/briefing-room/presidential-actions/2023/10/30/executive-order-on-the-safe-secure-and-trustworthy-development-and-use-of-artificial-intelligence/>（2024/3/4参照）

＊20 「AIガバナンスを考える（5）　社会・文化的背景で異なる対応」、『日本経済新聞』2024年2月8日付朝刊

＊21 The White House, "FACT SHEET: President Biden Issues Executive Order on Safe, Secure, and Trustworthy Artificial Intelligence", <https://www.whitehouse.gov/briefing-room/statements-releases/2023/10/30/fact-sheet-president-biden-issues-executive-order-on-safe-secure-and-trustworthy-artificial-intelligence/>（2024/3/10参照）

＊22 The White House, "FACT SHEET: Vice President Harris Announces New U.S. Initiatives to Advance the Safe and Responsible Use of Artificial Intelligence", <https://www.whitehouse.gov/briefing-room/statements-releases/2023/11/01/fact-sheet-vice-president-harris-announces-new-u-s-initiatives-to-advance-the-safe-and-responsible-use-of-artificial-intelligence/>（2024/3/10参照）

チームを含む評価を実施する。また、人間が作成したコンテンツの認証、AIが生成したコンテンツの電子透かし、有害なアルゴリズムによる差別の特定と軽減や透明性の確保、プライバシー保護の導入等に係る技術的なガイダンスを開発する予定である。英国のAI安全研究所を含む国際的な同業機関との情報共有や研究協力、更には市民社会、学界、産業界の外部専門家との提携も可能となる。

　一方、連邦議会でも連邦レベルでのAI規制に関する法案が議論されている。2023年6月には、上院が、AIの急速な進歩に連邦議会が対応するための包括的な枠組みである「安全なイノベーション枠組み（SAFE Innovation Framework）」を提唱し、同年12月までに産業界の代表や有識者を招いたテーマ別のフォーラムを9回にわたって開催した[23]。他方の下院は、2024年2月、AIに関する超党派のタスクフォースを設立すると発表し、AI政策の指針となる原則や政策提言を含む包括的な報告書を作成する予定となっている[24]。上下両院では、選挙等の個別分野でのAI利用を規制する法案が複数提出されているものの、未だ議会を通過したものは無い。2024年秋に大統領選挙を控える米国では、生成AIの普及に伴うディープフェイクによる情報操作等の課題に直面し、AIの規制に関する議論が益々活発化するものと予想される。

### ❸ 英国

　英国は米国と中国に次いでAI研究が盛んな国とされており、AI分野への民間投資額においても、シンガポールの躍進により2023年に初めて4位に転落したものの、2019年以来、米国・中国に次いで世界3位を保ってきた[25]。現スナク政権は、法的拘束力のあるAI規制には消極的で、安全に配慮しながらAIシステムの開発を促し、経済成長に繋げたいとする考えから、当面はEUのAI法のような厳格な規制を新たに整備せず、既存の枠組みで柔軟に対処する方針を表明してきた。同方針を踏まえ、英国政府が2023年3月に公表した政策文書「プロイノベーティブな規制手法（A pro-innovation approach to AI regulation）」[26]が、同国のAI規制の基本的な枠組みに位置付けられている。同文書では、セキュリティ、透明性、公平性、説明責任、争議可能性の観点から5つの原則が掲げられており[27]、AIガバナンスに取り組むに当たっては、「イノベーション促進型の、柔軟で法規制に縛られない、比例的で信頼できる、順応性があり、明確で且つ協力的な（pro-innovation, flexible, non-statutory, proportionate, trustworthy, adaptable, clear and collaborative）」アプローチをとるとしている。当面は既存の法規制の下、各政府機関の連携により、産業界に対して上記原則の実装を促しつつ、将来的には、原則について何らかの義務化を図る可能性があるとしている。

　また、2023年11月27日、英国国家サイバーセキュリティセンター（National Cyber Security Centre：NCSC）と米国サイバーセキュリティ・インフラストラクチャー安全保障庁

---

[23] 「米上院トップのシューマー議員、AI法案策定に向けた行動枠組み発表」、『ジェトロ・ビジネス短信』2023年6月22日号
[24] 「米下院、AIに関する超党派タスクフォース設立」、『ジェトロ・ビジネス短信』2024年2月28日号
[25] Tortoise media, "The Global AI Index", <https://www.tortoisemedia.com/intelligence/global-ai/#rankings>（2024/3/21参照）
[26] GOV.UK, "AI regulation: a pro-innovation approach", <https://www.gov.uk/government/publications/ai-regulation-a-pro-innovation-approach>（2024/3/19参照）
[27] ①安全性、セキュリティと堅牢性：AIシステムは、そのライフサイクルを通じて、堅牢、セキュア且つ安全でなければならず、リスクは常に特定、評価、管理されなければならない。②適切な透明性・説明可能性：AIシステムの開発者・実装者は、関係者に対してAIシステムがいつ、どのように、どのような目的で使用されているかの情報を十分に提供し、関係者に対して、AIシステムの意思決定プロセスの十分な説明を提供しなければならない。③公平性：AIシステムは、そのライフサイクルを通じて、個人あるいは法人の法的権利を侵害してはならず、個人を不公平に差別したり、不公平な商業的成果を生み出したりするために使われてはならない。④説明責任とガバナンス：AIシステムの供給と使用について効果的な監視を確保するガバナンス体制が構築されなければならず、AIシステムのライフサイクルを通じて明確な説明責任が伴わなければならない。⑤争議可能性と是正：AIによる判断や結果が有害であり、又は重大なリスクを伴う場合、それによって影響を受ける者に対して不服を申し立て、是正する機会を提供しなければならない。

（Cybersecurity and Infrastructure Security Agency：CISA）が中心となり、日本を含む18か国が共同で、AIシステムのセキュリティガイドラインである「セキュアAIシステム開発ガイドライン（Guidelines for secure AI system development）」*28を公表した。同ガイドラインでは、AIの設計、開発、導入、運用とメンテナンスの各段階において、取り組むべき事項を取りまとめている。

### ❹ 日本

　日本は、民主主義や基本的人権等の観点からは欧米と同様の立場である一方、文化や社会規範の差異により、AIに対する社会認識という点では、欧米とは異なる文化圏にある。これにより、AIガバナンスの方向性として、欧州が法的拘束力の強いハードローを志向しているのに対し、日本は現時点では、AIガバナンスに関する横断的な法規制によるアプローチではなく、民間事業者の自主的な取組を重んじるソフトローアプローチを志向しており、総務省と経済産業省を中心に取組が行われてきたところである。総務省のAIネットワーク社会推進会議による「AI開発ガイドライン」*29が2017年に、「AI利活用ガイドライン」*30が2019年に公表され、また同年3月に内閣府の統合イノベーション戦略推進会議が決定した、「人間中心のAI社会原則」*31を基にしたガイドラインが策定された。続いて2021年7月に経済産業省が公表した「AI原則実践のためのガバナンス・ガイドライン」（2022年1月に改訂）*32では、AI事業者が実施すべき行動目標が実践例と共に示されている。同ガイドラインは、AIを開発・運用する事業者が参考にし得るよう、環境・リスク分析やシステムデザイン、運用等の項目毎にまとめられている。

　2023年5月、政府は「AI戦略会議」を設置し、AIのリスクへの対応、AIの最適な利用に向けた取組、AIの開発力強化に向けた方策等、様々なテーマで議論を行い、「AIに関する暫定的な論点整理」*33を公表すると共に、各省庁のガイドラインの統合に向けた作業を進めることとされた。同年9月には、同会議にて生成AIに対するガバナンスも含めて統合された「新AI事業者ガイドライン スケルトン（案）」が示され、そして12月、政府は「AI事業者ガイドライン案」を公表した。同案では、人権への配慮や偽情報対策を求め、安全性やプライバシー保護等の10原則を掲げ、人間の意思決定や認知・感情を不当に操作するものは開発させないとしているが、欧米のような一定の法的拘束力を持つものではない。同案はその後、一般からの意見の公募を経て、2024年4月19日に「AI事業者ガイドライン（第1.0版）」として公表された。

　また、2023年12月のAI戦略会議において、岸田総理大臣は、AIの安全性に対する国際的な関心の高まりを踏まえ、AIの安全性の評価手法の検討等を行う機関として、米国や英国と同様に、日本にも「AIセーフティ・インスティテュート（AI Safety Institute）」（以下「AISI」という。）*34を設立すると発表し、2024年2月14日、経済産業省所管の情報処理推進機構（Information-technology Promotion Agency：IPA）に設置された。AISIは、英国・米国等の同様の機関と

---

＊28　National Cyber Security Centre, "Guidelines for secure AI system development", <https://www.ncsc.gov.uk/collection/guidelines-secure-ai-system-development>（2024/3/12参照）

＊29　総務省、「AIネットワーク社会推進会議 報告書2017の公表」、<https://www.soumu.go.jp/menu_news/s-news/01iicp01_02000067.html>

＊30　総務省、「AIネットワーク社会推進会議 報告書2019の公表」、<https://www.soumu.go.jp/menu_news/s-news/01iicp01_02000081.html>

＊31　内閣府、統合イノベーション戦略推進会議決定、「人間中心のAI社会原則」、<https://www8.cao.go.jp/cstp/aigensoku.pdf>（2024/3/12参照）

＊32　経済産業省、「AI原則実践のためのガバナンス・ガイドライン ver. 1.1」、<https://www.meti.go.jp/shingikai/mono_info_service/ai_shakai_jisso/20220128_report.html>（2024/3/12参照）

＊33　内閣府 AI戦略会議「AIに関する暫定的な論点整理」、<https://www8.cao.go.jp/cstp/ai/ronten_honbun.pdf>（2024/3/12参照）

＊34　AIセーフティ・インスティテュート、<https://aisi.go.jp/>（2024/3/12参照）

も連携しつつ、AIの開発・提供・利用の安全性向上に資する基準・ガイダンス等の検討、AIの安全性評価方法等の調査、AIの安全性に関する技術・事例の調査などを行っていくこととしている。

## 第3節　その他デジタルテクノロジーに関する議論の動向

### ① メタバース、ロボティクス、自動運転に関する議論の動向

#### ❶ メタバース

　総務省の「Web3時代に向けたメタバース等の利活用に関する研究会」が2023年7月に取りまとめた報告書においては、メタバースに関する課題は、「メタバース空間内に係る課題」と「メタバース空間外と関連する課題」の2つに大別されている。

　メタバース空間内に係る課題については、①アバターに係る課題、②プラットフォーム間の相互運用性、③メタバース構築時・利活用時に係る課題、④データの取得・利用に係る課題が、メタバース空間外と関連する課題については、⑤ユーザーインターフェース（UI）/ユーザー体験（UX）に係る課題、⑥メタバースの動向/社会的な影響が挙げられた。同研究会ではこれらの課題について検討し、①～④の課題に対する取組の方向性としてメタバースの理念に関する国際的な共通認識の形成、相互運用性確保に向けた取組（標準化等）及びメタバース関連サービス提供者向けガイドライン（仮）の策定を、⑤～⑥の課題に対する取組の方向性としては市場、技術、ユーザー動向の継続的フォローアップ及びメタバースとUI/UXの関係等についての調査研究が挙げられる旨を整理した[*1]。また、2023年10月からは、同研究会の報告書において継続的なフォローアップが必要とされたものについての検討等を行う「安心・安全なメタバースの実現に関する研究会」を開催している。2023年4月の「G7群馬高崎デジタル・技術大臣会合」や同年5月の「G7広島サミット」において確認された民主的な価値に基づくメタバースの発展を念頭に、ユーザーにとってより安心・安全なメタバースを実現することを目的として、①メタバースの自主・自律的な発展に関する原則（オープン性・イノベーション、多様性・包摂性、リテラシー、コミュニティ）及び②メタバースの信頼性向上に関する原則（透明性・説明性、アカウンタビリティ、プライバシー、セキュリティ）からなる「メタバースの原則（1次案）」の検討等が行われてきたところである[*2]（本研究会については、本年夏頃に報告書を取りまとめ予定）。

　国際機関においてもメタバース等の没入型技術に関する検討が行われており、例えばOECDでは、2022年12月にGlobal Forum on Technology（GFTech）[*3]の設置を公表し、没入型技術等についてフォーカスグループ（FG）を設置して議論をしている。没入型技術に関するFGでの議論は2023年12月から開始しており、2024年秋頃に報告書を取りまとめる予定となっている。また、総務省では、2023年10月に国連が主催した「インターネット・ガバナンス・フォーラム（IGF）京都」において、「民主的価値に基づくメタバースの実現」をテーマとしたセッションをOECDと共同開催するなど、国際的な議論に貢献する取組を進めている。

#### ❷ ロボティクス

　ロボティクスは従来我が国が強みを有する技術であり、特に産業用ロボットについては世界市場シェアの46％を占めている。また、労働人口減少が続く我が国においては、ロボティクス活用に

---

*1　総務省，「Web3時代に向けたメタバース等の利活用に関する研究会　報告書」，<https://www.soumu.go.jp/main_content/000892205.pdf>
*2　総務省，「安心・安全なメタバースの実現に関する研究会，<https://www.soumu.go.jp/main_sosiki/kenkyu/metaverse2/index.html>
*3　OECD，Global Forum on Technology，<https://www.oecd.org/digital/global-forum-on-technology/>

よる生産性の向上、不足する労働力への対応、新たな産業創出等の期待も大きい。我が国では2015年度に「ロボット新戦略」を策定し、これまで30以上の官民連携による技術開発プロジェクトを実施してきており、ロボット自体やそれを支える個々の技術は進化してきている一方、ロボット導入現場のニーズとの間のギャップにより社会実装が進んでいないという実態もある。こうした状況を受け、国立研究開発法人新エネルギー・産業技術総合開発機構（NEDO）は2023年4月、ロボット技術戦略の策定およびプロジェクトの早期開始に向けて、社会課題の解決につながるロボット活用を推進するための方向性を大局的に整理・検討した「ロボット分野における研究開発と社会実装の大局的なアクションプラン」を公表した[4]。アクションプランにおいては、ロボット活用が期待される8分野（ものづくり、食品製造、施設管理、小売・飲食、物流倉庫、農業、インフラ維持管理、建築）を取り上げ、あるべき姿の実現に向けて、2030年を目安に短期で求められる施策を「社会実装加速に向けたアクションプラン」、2035年に向けて中長期でのインパクト創出を見据えた施策を「次世代技術基盤構築に向けたアクションプラン」として取りまとめている。今後は、ロボットアクションプランとして抽出された取り組むべき技術開発と環境整備のアクションをもとに、将来の国家プロジェクト化や社会実装に向けた検討を進めていくこととしている。

### ❸ 自動運転技術

　自動運転技術の活用は、人口減少、高齢化等が進む地域の足を担う公共交通や物流の維持に寄与することが期待されており、社会利用拡大に向けた取組が求められている。政府は、「デジタル田園都市国家構想総合戦略（2023改訂版）」において、自動運転による地域交通を推進する観点から、関係府省庁が連携し、地域限定型の無人自動運転移動サービスを2025年度目途に50か所程度、2027年度までに100か所以上で実現する目標を掲げている。また、「デジタルライフライン全国総合整備計画」（経済産業省）においては、アーリーハーベストプロジェクトの1つに自動運転サービス支援道の設定が挙げられており、2024年度に新東名高速道路の一部区間等において100km以上の自動運転車優先レーンを設定し、自動運転トラックの運行の実現を目指すほか、2025年度までに全国50箇所、2027年度までに全国100箇所で自動運転車による移動サービス提供が実施できるようにすることを目指すとされている。この計画の実現に向け、警察庁、総務省、国土交通省等関係省庁が連携して取組が行われているところである。

## ❷ サイバーセキュリティの確保に関する議論の動向

　デジタルテクノロジーを国民一人ひとりが安心して活用していくためには、サイバーセキュリティの確保も重要となる。近年、国際情勢の複雑化により、我が国を含む各国において政府機関等を狙ったサイバー攻撃が多く発生している状況にあることに加え、生成AI等のテクノロジーの登場により、利便性が増す一方で、それらの悪用によるリスクの拡大も指摘されている。

　従来、サイバーセキュリティは主にシステムの可用性や機密性を確保する、つまり、システムが停止しないようにすることや、データの窃取や漏洩を防ぐことに焦点が当てられ、ビジネスの連続性や利便性を確保してきた。これとともに、近年では情報の改ざん、偽・誤情報の拡散など、情報

---

[4]　NEDO,「「ロボット分野における研究開発と社会実装の大局的なアクションプラン」を公表
　　―社会実装と次世代技術開発の両輪で、社会課題の解決を推進―」,
　　<https://www.nedo.go.jp/news/press/AA5_101639.html>

の中身の完全性、信頼性に関わる様々なリスクについても顕在化している。偽情報やディープフェイクの拡散、情報の改ざんや流出は、社会の信頼を揺るがし、社会の安定性や国家の安全保障にも影響を及ぼすだけでなく、政治的なプロセスや意思決定において深刻な影響を及ぼし、民主主義の健全性にとっても大きな脅威となる可能性がある。

　国家安全保障戦略（2024年12月）において「民間の重要インフラ等への国境を越えたサイバー攻撃、偽情報の拡散等を通じた情報戦等が恒常的に生起し、有事と平時の境目はますます曖昧になってきている」と指摘するように、サイバー空間を巡る脅威はますます深刻化しており、いわば「常時有事」の状況となっているとも言える。

　こうした状況を踏まえ、さらなる情報通信ネットワークの安全性・信頼性の確保、サイバー攻撃への自律的な対処能力の向上、偽・誤情報への対応、国際連携の推進、普及啓発の推進に向けた取組が進められているところである[5]。

＊5　国家安全保障戦略（2024年12月），<https://www.cas.go.jp/jp/siryou/221216anzenhoshou/nss-j.pdf>

第4章
デジタルテクノロジーの課題と現状の対応策

# 第5章 デジタルテクノロジーの浸透

## 第1節 国民・企業における利用状況

### ① 生成AI

#### 1 国民向けアンケート

　国内外で議論を巻き起こしつつも、利用者の拡大を続けてきた生成AIのサービスは、国民生活にどの程度浸透しているか。総務省は、日本、米国、中国、ドイツ、英国の国民を対象に、生成AIを含む"デジタルテクノロジー"の利用状況等のアンケート調査を実施した。

　これによると、生成AIを"使っている"（「過去使ったことがある」も含む）と回答した割合は日本で9.1%であり、他国と比べて低かった（**図表Ⅰ-5-1-1**）。

**図表Ⅰ-5-1-1　生成AIの利用経験**

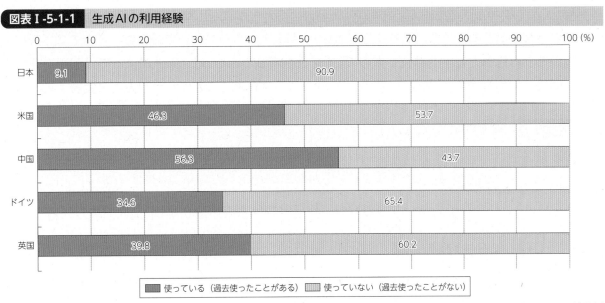

（出典）総務省（2024）「デジタルテクノロジーの高度化とその活用に関する調査研究」

　使っていない理由については、各国とも「使い方がわからない」、「自分の生活には必要ない」との回答が多く、「情報漏洩、安全性、セキュリティに不安がある」との回答の割合は低かった（**図表Ⅰ-5-1-2**）。

**図表 I-5-1-2　生成AIを使わない理由**

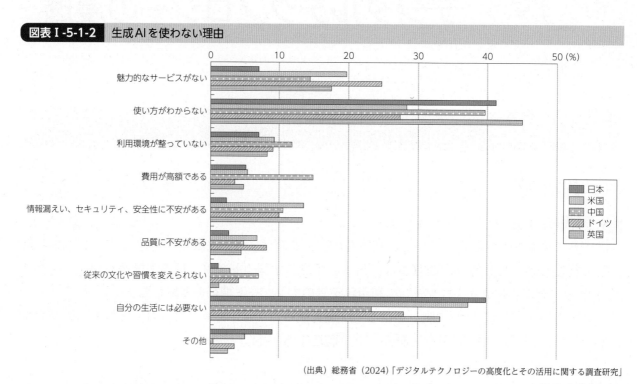

(出典) 総務省 (2024)「デジタルテクノロジーの高度化とその活用に関する調査研究」

　一方、今後の暮らしや娯楽における生成AIの活用意向について聞いてみると、日本では「既に利用している」と回答した割合は低いものの、「ぜひ利用してみたい」「条件によっては利用を検討する」と回答した割合は6～7割程度あり、潜在的なニーズがあることがうかがえた（図表 I-5-1-3）。

**図表 I-5-1-3　生成AIの利用意向**

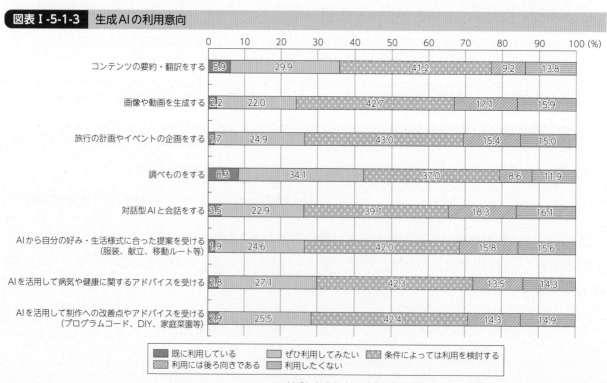

(出典) 総務省 (2024)「デジタルテクノロジーの高度化とその活用に関する調査研究」

● **関連データ**　生成AIの利用意向（項目別）
URL：https://www.soumu.go.jp/johotsusintokei/whitepaper/ja/r06/html/datashu.html#f00060
（データ集）

## ② 企業向けアンケート

次に、各国の企業を対象に、業務における生成AIの活用状況を尋ねた。

生成AIの活用方針が定まっているかどうかを尋ねたところ、日本で"活用する方針を定めている"（「積極的に活用する方針である」、「活用する領域を限定して利用する方針である」の合計）と回答した割合は42.7%であり、約8割以上で"活用する方針を定めている"と回答した米国、ドイツ、中国と比較するとその割合は約半数であった（**図表Ⅰ-5-1-4**）。

**図表Ⅰ-5-1-4 生成AIの活用方針策定状況**

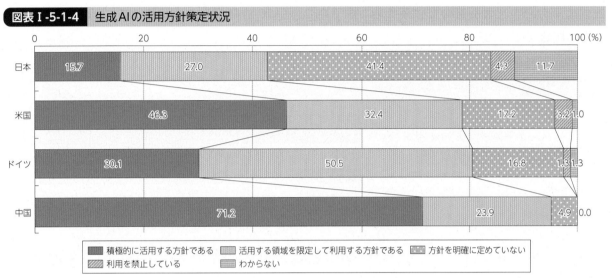

（出典）総務省（2024）「国内外における最新の情報通信技術の研究開発及びデジタル活用の動向に関する調査研究」

次に、生成AIの活用が想定される業務ごとに活用状況を尋ねたところ、例えば、「メールや議事録、資料作成等の補助」に生成AIを使用していると回答した割合は、日本で46.8%（"業務で使用中"と回答した割合）であり、他国と比較するとその割合は低い。"トライアル中"までを含めると、米国、ドイツ、中国の企業は90%程度が使用しており、海外では、顧客対応等を含む多くの領域で積極的な利活用が始まっている一方で、日本企業は社内向け業務から慎重な導入が進められていることがわかった（**図表Ⅰ-5-1-5**）。

**図表Ⅰ-5-1-5 業務における生成AIの活用状況（メールや議事録、資料作成等の補助）**

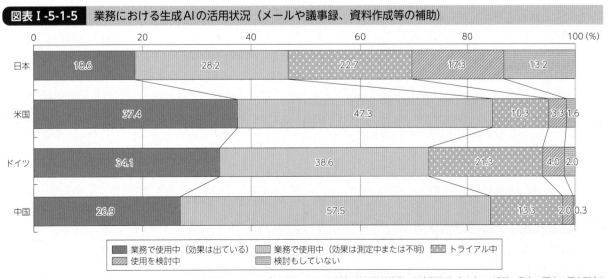

（出典）総務省（2024）「国内外における最新の情報通信技術の研究開発及びデジタル活用の動向に関する調査研究」

**関連データ**　業務における生成AIの活用状況（他の業務）

URL：https://www.soumu.go.jp/johotsusintokei/whitepaper/ja/r06/html/datashu.html#f00063
（データ集）

生成AI活用による効果・影響について尋ねたところ、約75%が"業務効率化や人員不足の解消につながると思う"（「そう思う」と「どちらかというとそう思う」の合計）と回答していた。一方、"社内情報の漏洩などのセキュリティリスクが拡大すると思う"、"著作権等の権利を侵害する可能性があると思う"と回答した企業も約7割であり、生成AIのリスクを懸念していることがうかがえた（**図表Ⅰ-5-1-6**）。

**図表Ⅰ-5-1-6**　生成AI活用による効果・影響（日本）

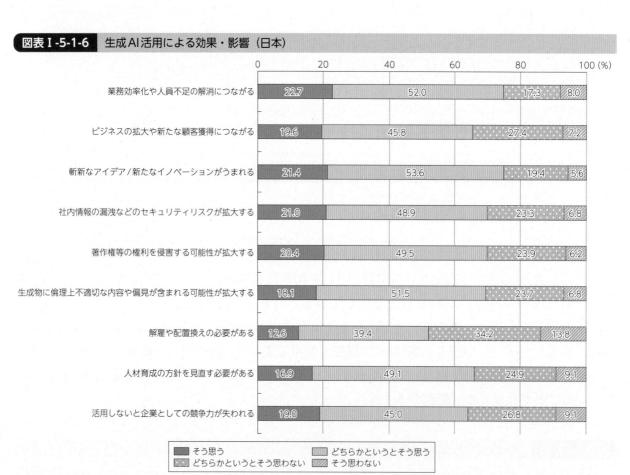

（出典）総務省（2024）「国内外における最新の情報通信技術の研究開発及びデジタル活用の動向に関する調査研究」

**関連データ**　生成AI活用による効果・影響（項目別）

URL：https://www.soumu.go.jp/johotsusintokei/whitepaper/ja/r06/html/datashu.html#f00065
（データ集）

## ② メタバース

### ❶ 国民向けアンケート

メタバースの利用経験について聞いたところ、"使っている"（過去使ったことがあるも含む）と回答した割合は日本は6.1%と低かった（**図表Ⅰ-5-1-7**）。

デジタルテクノロジーの浸透

第5章

**図表Ⅰ-5-1-7　メタバースの利用経験**

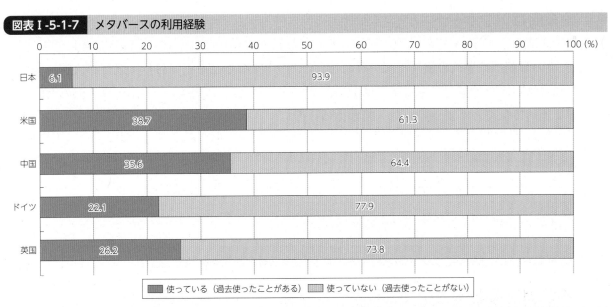

（出典）総務省（2024）「デジタルテクノロジーの高度化とその活用に関する調査研究」

　活用シーンごとの利用状況・意向を聞いてみると、「仮想空間上でのユーザー同士のコミュニケーション」を「既に利用している」と回答した割合は日本で2.9％と、約15～30％がすでに利用している他国と比べると低い結果となったものの、今後の利用に前向き（“ぜひ利用してみたい”、“条件によっては利用を検討する”）な回答と合わせると52.9％と、潜在的な利用ニーズがあることがうかがえた（**図表Ⅰ-5-1-8**）。

**図表Ⅰ-5-1-8　メタバースの利用意向（ユーザー同士のコミュニケーション）**

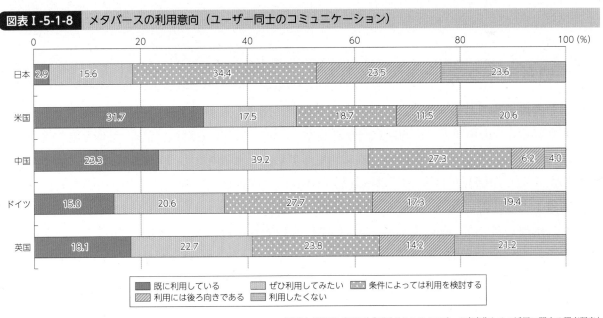

（出典）総務省（2024）「デジタルテクノロジーの高度化とその活用に関する調査研究」

● **関連データ**　メタバースの利用意向（他の利用場面）
URL：https://www.soumu.go.jp/johotsusintokei/whitepaper/ja/r06/html/datashu.html#f00068
（データ集）

## ❷ 企業向けアンケート

　各国の企業に、メタバース・デジタルツインの業務での活用について、「商品開発」、「製造」、「物流」等の業務別に導入の検討状況を尋ねたところ、「有用だと考えており、既に導入済み」と回答した割合はいずれの業務でも日本では10％未満となっており、約45〜60％が導入済みと回答した米国に比べて低くとどまっていた（**図表Ⅰ-5-1-9**）。

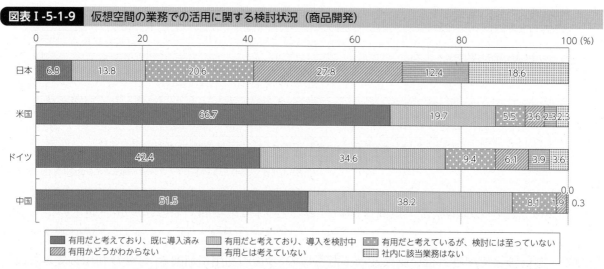

**図表Ⅰ-5-1-9　仮想空間の業務での活用に関する検討状況（商品開発）**

凡例：
- 有用だと考えており、既に導入済み
- 有用だと考えており、導入を検討中
- 有用だと考えているが、検討には至っていない
- 有用かどうかわからない
- 有用とは考えていない
- 社内に該当業務はない

（出典）総務省（2024）「国内外における最新の情報通信技術の研究開発及びデジタル活用の動向に関する調査研究」

**関連データ**　仮想空間の業務での活用に関する検討状況（他の業務）
URL：https://www.soumu.go.jp/johotsusintokei/whitepaper/ja/r06/html/datashu.html#f00070
（データ集）

## ③　ロボティクス

　各国の国民の暮らしや娯楽におけるロボット利用に関する意識を調査するため、ロボットの利用が想定される6つの場面ごとに利用意向を尋ねたところ、"家事（掃除、洗濯、料理など）をロボットが代行する"ことについて前向き（既に利用している、ぜひ利用してみたい、条件によっては利用を検討する）な回答が日本で75.3％と高く出た。この割合は米国、ドイツ、英国と同程度である（**図表Ⅰ-5-1-10**）。

　また、米国、ドイツ、英国では、6つの利用場面いずれに対しても「利用したくない」と回答した割合が約30％と比較的大きくなっていた。

**図表 I-5-1-10**　暮らしや娯楽における場面別ロボット利用意向（家事（掃除、洗濯、料理など）をロボットが代行する）

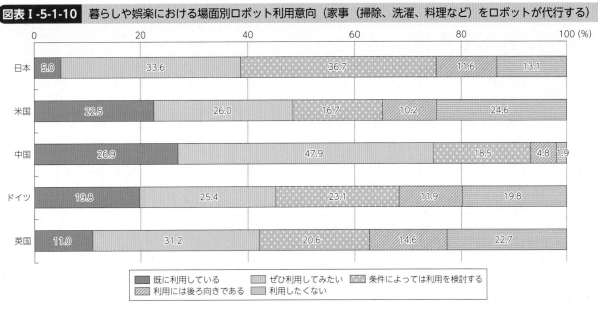

（出典）総務省（2024）「デジタルテクノロジーの高度化とその活用に関する調査研究」

● **関連データ**　　暮らしや娯楽における場面別ロボット利用意向（他の利用場面）
URL：https://www.soumu.go.jp/johotsusintokei/whitepaper/ja/r06/html/datashu.html#f00072
（データ集）

## ④　自動運転

　完全自動運転車（ドライバー不在の運転が可能）の利用意向を尋ねたところ、日本では、設定した5つの場面いずれにおいても、「利用意向がある」（ぜひ利用してみたい、条件によっては利用を検討する）と回答した割合が約6割程度となっていた。一方、「利用したくない」と回答した割合は日本で約2割程度であったのに対し、米国、ドイツ、英国では約3割程度と、利用に後ろ向きな傾向がみられた（**図表 I-5-1-11**）。

**図表 I-5-1-11**　完全自動運転車の利用意向（完全自動運転の自家用車で通勤や普段の買い物、家族の送り迎え等を行う）

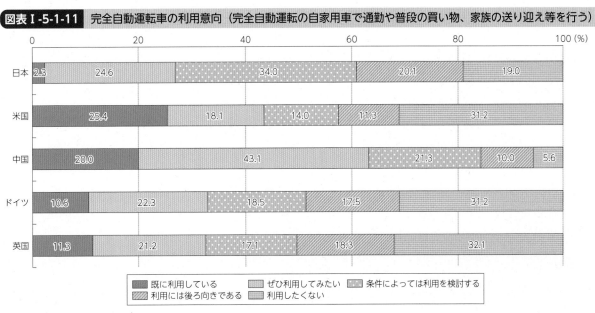

（出典）総務省（2024）「デジタルテクノロジーの高度化とその活用に関する調査研究」

第5章
デジタルテクノロジーの浸透

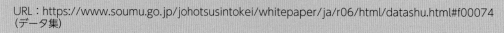

**関連データ**　完全自動運転車の利用意向（他の利用場面）
URL：https://www.soumu.go.jp/johotsusintokei/whitepaper/ja/r06/html/datashu.html#f00074
（データ集）

第5章

デジタルテクノロジーの浸透

# 第2節　活用の現状・新たな潮流

　前節でみたとおり、生成AIをはじめとするデジタルテクノロジーは、現時点では国内の利用が進んでいないものの、潜在的な利用意向が存在し、将来サービス・コンテンツとともに活用が進む可能性を秘めている。本節では、企業等における生成AI活用促進に資する先進事例と、今後社会課題解決等が期待されるデジタルテクノロジーの活用事例等を概観する。

## ① 業務変革を担う生成AI

　本項では、企業や公共団体で導入・活用が始まっている生成AIについて、導入・活用の実態とリスクに対する考え方、健全な活用促進に向けた取組の工夫等についてとりまとめた。

### ❶ 企業・公共団体等における生成AI導入動向

　生成AIの導入を積極的に推進する企業等においては、AIのリスクや社会的影響を評価・検証しながら、活用を促進するための体制構築やルール整備等の取組を進めている。

#### ア　NTTデータ

　NTTデータは、2019年5月に「NTTデータグループAI指針」を策定、同社のAIガバナンスの在り方を検討するため2021年4月に社外の有識者からなる「AIアドバイザリーボード」を設置するなど、従来から公平かつ健全なAI活用による価値創造と持続的な社会の発展に向けた活動を実施してきたが、さらに、ビジネスに影響するAIの不適切な利用による事業リスクに適切に対処し、お客さまに安全なAIシステムの提供を実現するための組織として、AIガバナンス室を2023年4月に設置した[*1]。同年7月からはNTTデータの国内事業でAIやデータ活用が関わる案件全てを対象に、チェックリストを使いリスク管理をする運用を始めた。

#### イ　横須賀市[*2]

　横須賀市は、庁内における取組として、2023年4月のChatGPTの全庁での活用実証から始め、職員の活用促進や正しい利用方法の発信のための「ChatGPT通信」創刊、職員向けの独自研修プログラム、職員を対象としたChatGPT活用コンテスト、外部からのアドバイスを受ける目的での「AI戦略アドバイザー」の設置等の取組を行っている[*3]。

　また、庁内で培った知見やノウハウを他の自治体にも共有を行っており、2023年8月より取組内容に関する問合せに回答する他自治体向けの問合せボットの運用を開始、さらに同月、先行して生成AIを活用する自治体のノウハウや試行錯誤の過程を発信するポータルサイト「自治体AI活用マガジン」を立ち上げた。全国の自治体や企業向けに2日間にわたる研修プログラム「横須賀生成AI合宿」の開催も行った。

---

*1　NTTデータ，「AIのリスクマネジメント強化を目的とした「AIガバナンス室」の新設」2023年3月23日，<https://www.nttdata.com/global/ja/news/release/2023/032301/>
*2　自治体ヒアリング（横須賀市）に基づく。
*3　デジタルクロス「横須賀市、日本初のChatGPT導入の知見を生かし行政のイノベーションを目指す」，2023年12月12日，<https://dcross.impress.co.jp/docs/column/column20230929/003503.html>（2024/3/27参照）

第5章

デジタルテクノロジーの浸透

さらに、これらの知見を活かし、福祉の相談窓口で相談対応を行う職員向けの「AI相談パートナー」なども導入している。

## ❷ 各領域・業界における活用動向

### ア　コンテンツ制作等における活用（サイバーエージェント）

メディアやゲーム、音楽などのコンテンツ制作分野においては、コンテンツそのものの制作や制作における補助として生成AIを利用することで、労働力不足の中で、クリエイターがより効率的にコンテンツを作成することが可能となる。

サイバーエージェントでは、2023年5月に、AIを活用した広告クリエイティブ制作を実現する自社開発の「極予測AI」に、ChatGPTを活用したキャッチコピー文案自動生成機能を実装した。これにより、広告画像の内容を考慮しながら、従来よりも詳細なターゲットに合わせて広告コピーを作り分けることができるようになった[*4]。また、2023年12月にはAIを活用した商品画像自動生成機能を開発し、あらゆるシチュエーションと商品画像の組合せを大量に自動生成することが可能になった。さらに生成した商品画像と効果予測AIを活用し、予測を行いながらより効果の高い商品画像の提供を実現するとしている[*5]（**図表Ⅰ-5-2-1**）。

**図表Ⅰ-5-2-1**　極予測AI　広告コピー自動生成機能

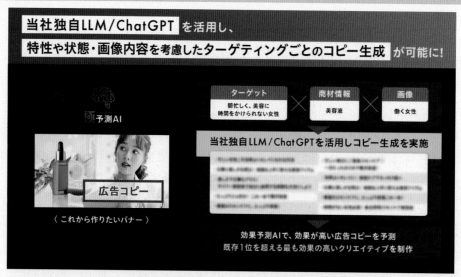

（出典）サイバーエージェント「極予測AI、大規模言語モデルを活用した広告コピー自動生成機能を実装」[*6]

### イ　顧客接点における活用（アフラック生命保険）

顧客サービス分野においては、利便性向上のための利用者向けサポートと、利用者に対峙するスタッフの業務効率向上のための支援や教育、サービス自体の健全な利用のために不正検知を行うといった活用方法がある。顧客接点における満足度向上の側面や、さらに応対する個人の知識やセンスを問わず一定の品質を保てるようになることが見込まれている。特に離職率が高く人手不足になりがちなコンタクトセンター等の分野でオペレーターに適切な知識を伝え業務の後方支援を行うこ

---

*4　サイバーエージェント、「極予測AI、大規模言語モデルを活用した広告コピー自動生成機能を実装 ―自社LLM技術およびChatGPTの活用により画像やターゲットを考慮した生成が可能に―」2023年5月18日，<https://www.cyberagent.co.jp/news/detail/id=28828>（2024/3/6参照）
*5　企業ヒアリング（サイバーエージェント）に基づく。
*6　サイバーエージェント、「極予測AI、生成AIを活用した商品画像の自動生成機能を開発・運用開始へ」2023年12月7日，<https://www.cyberagent.co.jp/news/detail/id=29572>（2024/3/6参照）

とによる労働力不足解消の可能性を秘めている。

　例えば、アフラック生命保険では、保険代理店向けサービスとして、AIのアバターを相手とするロールプレイング研修「募集人教育AI」を開発した。営業担当者が保険セールスの会話の中で挙げるべきキーワードを盛り込んでいるかどうかなどを、音声認識をはじめとする技術を用いて分析して評価する仕組みであり、将来的には、実際の顧客の情報を取り込んで、営業活動を疑似体験できるところまで機能の発展を見込む[*7]。

### ウ　情報サービス（NTTデータ）

　ソフトウェア開発等を行う情報サービス分野において、生成AIは要件定義、仕様生成、プログラミング、テストなどのあらゆる工程での活用が見込まれている。生成AIによる生産性向上により、エンジニアの需要が高まる中で人手不足解消の手助けとなる可能性を秘めている。特に、SIerにおいては、COBOL資産のモダナイゼーションへの活用も目論んでいる。

　NTTデータでは、要件定義からテスト工程までシステム開発の全フェーズで生成AIの適用の推進を行っている。海外を中心にPoCだけでなく商用利用での適用実績があり、製造工程において7割の合理化によって工期を短縮した例や、生産性を約3倍向上させた例もある。2023年10月には日本におけるマイグレーションのPoCを始めている。製造工程やテスト工程における利用が現時点でメインとなっており、製造工程においては新規ソースコードの生成や古いプログラム言語を新しいプログラム言語に書き換えるモダナイゼーションに活用する。テスト工程においては過去の設計書や試験目標等のデータを生成AIに読み込ませ、テスト項目を自動抽出できるようにするとしている[*8]。

### エ　建設分野における活用（大林組）

　建設分野においては、デザイン案の短時間での作成や、設計の際、測量データ、設計図書、仕様書の過去データを参照する場面などで活用が見込まれている。膨大な時間外労働、職人の高齢化による大量離職、資材価格の高騰などにより業界全体が圧迫されている中、書類作成などの効率化、ベテランの経験の活用、公開情報と社内の専門的な知見の結びつけにおいて効果が期待されている[*9]。

　大林組は、2022年3月に建築設計の初期段階におけるスケッチや3Dモデルからさまざまな建物の外観デザインを提案できるAI技術「AiCorb（アイコルブ）」を米SRI Internationalと共同で開発したと発表[*10]し、2023年7月より社内運用を開始した（2024年5月末時点で3万枚以上の画像を生成）。AiCorbは2つのAIで構成され、社内運用を開始している画像生成AIでは、手描きのスケッチとデザインを指示する文章を基に、様々なファサード（建物の正面外観）のデザイン案を短時間で複数案出力することが可能である。もう一つは、生成したデザインの3次元（3D）モデル化を補助する3次元変換AIである（現在Revitモデルに対応するプラグインを開発済）[*11]（**図表Ⅰ-5-2-2**）。将来的には、3次元化されたデータを活用して各種性能評価をおこなうことで、設計者や発注者の判断や合意形成をサポートするツールを目指している。

---

＊7　日経クロステック，「保険の「挙績」が30％以上アップ、アフラックがAIアバターの営業ロープレで成果」2022年12月8日，<https://xtech.nikkei.com/atcl/nxt/column/18/01302/110800008/>（2024/3/6参照）

＊8　DATA INSIGHT「生成AIを使ったNTTデータ流「新時代のシステム開発」とは〜グローバルで商用への適用実績拡大中！レガシー資産を高品質・高生産性でモダナイズ〜」2023年11月16日，<https://www.nttdata.com/jp/ja/trends/data-insight/2023/1116/>（2024/3/26参照）

＊9　燈，「燈株式会社がChatGPTをはじめとする大規模言語モデルを建設業に特化させた「AKARI Construction LLM」の提供を開始」2023年3月16日，<https://prtimes.jp/main/html/rd/p/000000014.000083531.html>（2024/3/6参照）

＊10　大林組，「建築設計の初期段階の作業を効率化する「AiCorb®」を開発」2022年3月22日，<https://www.obayashi.co.jp/news/detail/news20220301_3.html>（2024/3/6参照）

＊11　日経クロステック，「大林組のAIツールはビル外観を生成して3次元化もこなす、7月に社内運用開始」2023年7月4日，<https://xtech.nikkei.com/atcl/nxt/column/18/02449/062900008/>（2024/3/6参照）

第5章　デジタルテクノロジーの浸透

**図表 I -5-2-2** スケッチからAiCorbで生成したファサードデザイン案（上）と3Dモデル補助機能の利用例（下）

最左）設計者のスケッチ、中央・右）生成画像

- 設計指示：木材とガラスで構成された縦横それぞれの直線が美しいファサードの美術館
- 生成条件：敷地：芝生、時間帯：朝、天気：晴天

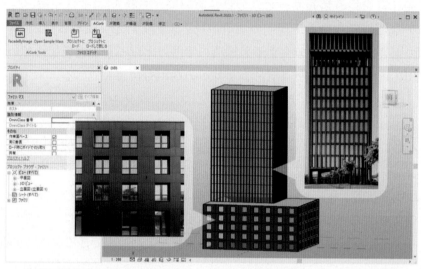

生成画像画像（左右）から3次元モデル（中央）を作成するRevitプラグインの画面

（出典）大林組

### オ　材料分野における活用（Preferred Networks、ENEOS）

　材料開発の分野においては、AIの機械学習や統計手法を使用して大量の実験・計算データを解析、モデルを構築し新材料開発につなげるデータ駆動型アプローチ（Materials informatics（マテリアルズ・インフォマティクス））が発展してきた。生成AIについても、敵対的生成ネットワーク（GAN）や変分自己符号化器（VAE）といった生成モデルを活用し、既存の材料データセットを学習し、理論上の新材料を設計することで新しい材料の分子構造や結晶構造を自動的に生成することが可能になるほか、生成AIを使用して実データに基づいた仮想データを生成し、実験データセットを拡張することで、モデル学習の改善につながる[12]。

　2021年7月に、Preferred NetworksとENEOSはPreferred Computational Chemistry（PFCC）を共同で設立し、ディープラーニング（深層学習）を活用した汎用原子レベルシミュレーター（Matlantis（マトランティス））をクラウドサービスとして提供開始した。生成AIを活用した原子シミュレーションによって、原子レベルでの有望な材料の特性把握や新材料開発や材料探索を支援する。従来のシミュレーションと比べて精度を保ったまま10万倍から数千万倍高速化し、高性能なコンピュータを用いて数時間～数か月かかった原子レベルの物理シミュレーションを、数秒単位で行うことが可能となったほか、55種類の元素をサポートし未知の分子や結晶など未知の

---

[12] JST研究開発戦略センター（CRDS）「マテリアルズ・インフォマティクスの発展と今後の展望」<2022年4月5日, https://www.jst.go.jp/crds/sympo/20220325/pdf/20220405_01.pdf>

材料に対してもシミュレーションできる汎用性を兼ね備え[13][14]、国内外で80以上の大学・企業に利用されている（2024年1月時点）。

## ❸ 公的領域における活用

### ア　教育（ベネッセ等）

　教育分野においては、学習者自身が生成AIと会話を行うことで個別にカスタマイズされた教材で自律的な学習、学習者の質問に回答するなどの学習支援、教材やテストの作成補助などの教師向けの支援等への活用が見込まれている。実際に学校に配置されている教師の数が、各都道府県・指定都市等の教育委員会において学校に配置することとしている教師の数を満たしておらず欠員が生じる状態である深刻な「教師不足」[15]が続くこの分野において、生成AI活用を行うことで学習者にはいつでも気兼ねなく質問ができる環境や自律的な教育支援、教師の教材作成における稼働削減につながる可能性を秘めている。

　文部科学省では、2023年7月に「初等中等教育段階における生成AIの利用に関する暫定的なガイドライン」を公表し、学校現場が生成AIの活用の適否を判断する際の参考となるよう一定の考え方をとりまとめている。また、同年、本ガイドラインに基づき、生成AIへの懸念に対して十分な対策を講じられる37自治体52校を生成AIパイロット校として指定し、学校現場における利用に関する成果・課題の検証を進めている。

　他にも、ベネッセコーポレーションは、「自由研究お助けAI」、「AIしまじろう」、「チャレンジAI学習コーチ」等自社の教育サービスへの展開を行っている（**図表Ⅰ-5-2-3**）。2024年3月に提供開始された「チャレンジAI学習コーチ」は、「進研ゼミ」の学習や学校の宿題に取り組む中での疑問点をいつでもわかるまで質問できる、生成AIを活用した小・中学生向けのサービスである。教育における生成AIの活用における課題の一つとされる「答えを直接聞いてしまう」との懸念に対し、「チャレンジAI学習コーチ」は、問題の答えを直接教えるのではなく、子どもたちの疑問に寄り添い、AIキャラクターと対話を通じて考え方や視点を広げるサポートをし、自ら答えにたどり着けるように開発されている。

第5章
デジタルテクノロジーの浸透

---

[13] 川口 順央「講演報告_汎用原子レベルシミュレーター『Matlantis™』がもたらす素材・材料開発の未来 〜AI駆動超高速計算が材料開発の世界を変える〜」2024年4月10日，<https://matlantis.com/ja/news/oilchemistrydx202404>

[14] 日経クロステック「AIを使った汎用原子レベルシミュレーター、Matlantis」2021年08月10日，<https://xtech.nikkei.com/atcl/nxt/mag/rob/18/00007/00041/>

[15] 文部科学省，「「教師不足」に関する実態調査」2023年1月，<https://www.mext.go.jp/content/20220128-mxt_kyoikujinzai01-000020293-1.pdf>（2024/3/25参照）

**図表Ⅰ-5-2-3**　チャレンジAI学習コーチ[16]

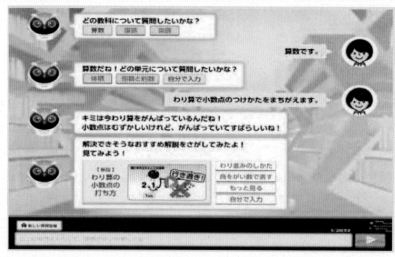

(出典) PR TIMES「「進研ゼミ」が生成AI活用の新サービス「チャレンジAI学習コーチ」を3月下旬から提供開始。教科の疑問を、いつでも納得いくまで質問可能に」

### イ　医療・介護における活用（シーディーアイ）

　医療・介護分野において、生成AIは個々の利用者に合わせたケアプランの最適化や業務報告の自動化、利用者とのコミュニケーションの改善、研修や教育ツール等としての活用が見込まれており[17]、利用者だけではなく職員に必要な専門知識を補う効果や業務効率化が期待される。高齢者人口の増加により需要が増し、生産年齢人口の急減に伴い労働力不足が課題となるこの分野においては、生成AIがより自然な言語で職員の業務上の相談相手となる可能性を秘めている。

　シーディーアイは、2023年6月にAIを活用したケアマネジメント支援ツール「SOIN」とChatGPTとの連携を開始した。ケアマネジャーが既に入力している利用者の属性情報、疾患、身体状態などの情報に基づき、SOINサーバーがChatGPT向けのコマンドプロンプトを自動作成し、ChatGPTはパーソナライズされた支援内容をケアマネジャーに提供する[18]。また、同社は2023年12月に「SOIN AI Chat」をリリースし、高齢者一人ひとりの個別状況を考慮した上で、ケアマネジャーの相談相手となる機能も追加している[19]。

### ウ　行政サービスにおける活用（議事録検索）

　行政サービスにおいては、情報収集や政策案の策定などの政策の検討、過去法案の収集や法案策定、（法案審議における）答弁作成などの一連の法制化事務、政策の周知や問合せ対応などの情報提供、様式の作成、チェックや判断、結果の交付などの執行、会議の実施などの事務における活用が見込まれている[20]。

　例えば、自動処理は、2023年6月に国会議事録検索の出来るChatGPTプラグイン（The Diet

---

*16　ベネッセホールディングス、「「進研ゼミ」が生成AI活用の新サービス「チャレンジAI学習コーチ」を3月下旬から提供開始。教科の疑問を、いつでも納得いくまで質問可能に」『PR Times』2024年2月2日，<https://prtimes.jp/main/html/rd/p/000001239.000000120.html>（2024/5/26参照）

*17　pipon「生成AI・ChatGPTによる介護業務の効率化：業界を変革する活用法」2024年2月4日，<https://bigdata-tools.com/ai-solutions-for-caregiving-challenges/>（2024/3/25参照）

*18　シーディーアイ、「AIケアプラン SOIN（そわん）新バージョンリリース「生成系AIへの対応」と「適切なケアマネジメント手法への対応強化」」2023年6月29日，<https://www.cd-inc.co.jp/wp-content/uploads/2023/06/20230629.pdf>（2024/3/6参照）

*19　シーディーアイ、「AIケアプラン SOIN（そわん）、新機能「SOIN AI Chat」をリリース SOINとChatGPTの融合により、高齢者ごとにカスタマイズされたチャット機能を提供」2023年12月20日，<https://www.cd-inc.co.jp/wp-content/uploads/2023/12/20231220.pdf>（2024/3/6参照）

*20　ボストン コンサルティング グループ「生成AIは行政をいかに変えるか――導入事例と今後の課題」2023年7月13日，<https://www.bcg.com/ja-jp/publications/2023/how-generative-ai-can-be-used-in-public-sector>（2024/3/25参照）

Search Plugin）をリリースした。ニュース、トレンド、提案、要望、不満などの文章を元に、その意味に近い国会議事録の議論を出典元情報と共に検索できる。これにより、誰でも簡単に国会の議論を調査、取りまとめを実施することが可能となっている[21]（**図表Ⅰ-5-2-4**）。

**図表Ⅰ-5-2-4　国会議事録検索 for GPTs**

（出典）PR TIMES「株式会社自動処理は、本日OpenAIより発表された独自ChatGPTを開発できる機能を利用して、国会議事録検索 for GPTsを開発・リリースしました！」

### エ　経営、バックオフィスにおける活用（エクサウィザーズ）

バックオフィスにおいては、過去データを参照し経営や人事に活用、法務関連情報との連携を行った契約書修正等において活用が見込まれている。

2023年5月、エクサウィザーズは、株主総会や決算説明会における想定問答の作成を支援する「exaBase IRアシスタント powered by ChatGPT」を発表[22]。2023年12月には生成AIを活用した採用業務効率化サービスに参入、最初の取組として、生成AI技術を応用したサービス開発力と、HR Tech領域で蓄積した知見やデータを掛け合わせ、採用領域の業務効率化サービス「exaBase採用アシスタント」のβ版をリリースしている[23]。

## ② 進化したテクノロジー活用による社会課題解決への期待

昨今進化を遂げているメタバース、ロボティクス、自動運転等の技術は、インクルーシブな社会

---

[21] 株式会社自動処理，「全国初！株式会社自動処理は国会議事録検索の出来るChatGPTプラグイン（The Diet Search Plugin）をリリースしました！」『PR Times』2023年6月16日，<https://prtimes.jp/main/html/rd/p/000000040.000067480.html>（2024/3/6参照）
[22] 日経クロステック「株主総会の想定問答をChatGPTで作成支援、精度を高めるエクサウィザーズの工夫」2023年5月24日，<https://xtech.nikkei.com/atcl/nxt/column/18/02423/052200024/>（2024/3/6参照）
[23] エクサウィザーズ，「エクサウィザーズ、生成AIを活用した採用業務効率化サービスに参入、「exaBase採用アシスタント」β版の予約受付開始～求人票自動作成、スカウトメール自動生成、書類選考サポート機能等を順次提供～」2023年12月18日，<https://exawizards.com/archives/26301/>（2024/3/6参照）

第5章　デジタルテクノロジーの浸透

の実現や労働力不足などの解決に寄与する可能性を秘めており、中長期的な未来にはこれらのテクノロジーと生成AIとの掛け合わせで更なる社会課題解決にも活用が期待できる。

## ❶ メタバース

　引きこもりの人や不登校の児童等、外に出ることが難しいという場合においても、誰もがメタバース上でコミュニケーションを取ることが可能である。距離や場所を超えてメタバース上でのコミュニケーションを取ることが社会参加のきっかけとなり、インクルーシブな社会を実現できる可能性が秘められている。

　また、生成AIの発展により、メタバース空間の構築がより容易になったり、キャラクターと自然な会話が可能になったりしている。さらにメタバース空間内に存在するプレイヤーが操作しないキャラクターの開発に必要な要素を、専門知識が無い場合でもテキスト入力のみで自動生成し、メタバース空間上のにぎわいの創出につなげるような生成AIも開発されている[24]。

### ア　学習支援（カタリバ、NTTスマートコネクトとNTTデータNJK）

　カタリバは、2021年よりメタバースを活用したオンライン不登校支援プログラムを開始した。官民連携で「room-K」という名称で自治体への導入を行っており、2022年度は埼玉県戸田市や東京都文京区、大阪府大東市など8自治体と連携してメタバース空間で授業を実施した[25][26]。

　NTTスマートコネクトとNTTデータNJKは教育機関向け3Dメタバースサービス「3D教育メタバース」の提供を開始した（**図表 I -5-2-5**）。メタバース空間において教室や集会所など実際の教育現場と同様の空間を提供している。トラブルを防ぐためのNGワードフィルターを備えたテキストチャット機能などアバター同士の多様なコミュニケーション空間を提供している[27]。

**図表 I -5-2-5**　3D教育メタバース　教室での授業

（出典）NTTスマートコネクト「子どもたちの学びの多様性に貢献する「3D教育メタバース」を提供開始」

*24 NTTドコモ「世界初！メタバース空間内のノンプレイヤーキャラクターを自動生成する生成AIを開発」2024年1月16日，<https://www.docomo.ne.jp/binary/pdf/info/news_release/topics_240116_01.pdf>（2024/3/6参照）

*25 KATARIBAMagazine編集部「「官民連携でのメタバース空間を活用した不登校支援とは？」連携自治体を招いた最前線セミナーレポート」2023年1月27日，認定NPO法人カタリバ，<https://www.katariba.or.jp/magazine/article/report230127/>（2024/3/6参照）

*26 産経新聞「不登校の子供の居場所をメタバースに　自治体に広がるオンライン支援」2023年7月12日，<https://www.sankei.com/article/20230712-3ZOIWEMAR5OYPEAHUL03WRA2BQ/>（2024/3/6参照）

*27 エヌ・ティ・ティ・スマートコネクト「子どもたちの学びの多様性に貢献する「3D教育メタバース」を提供開始」2023年8月28日，<https://www.nttsmc.com/news/2023/20230828.html>（2024/3/6参照）

### イ　就労支援（福岡県）

　福岡県は、引きこもりの人や働くことに不安を持つ人を支援しようと、ネット上の仮想空間でアバターを操り、第三者との交流や相談ができる「ふくおかバーチャルさぽーとROOM」を開設している（図表 I -5-2-6）。仕事に就いていない県内在住の16歳以上が利用対象で、悩みを抱える人同士が語り合える談話スペースやスキルアッププログラム、ジョブトレーニングを提供する[*28]。2022年度に実証事業としてメタバース上に専用の支援空間を構築、県内2か所で利活用を行い、2023年度からは本格稼働を開始した[*29]。

| 図表 I -5-2-6 | ふくおかバーチャルさぽーとROOM　ジョブトレーニング |

（出典）福岡県 福祉労働部 労働局 労働政策課「ふくおかバーチャルさぽーとROOM」

### ウ　"メタバース区役所"（東京都江戸川区）

　東京都江戸川区は、自宅や会社などから手続きや相談を行うことができる「来庁不要の区役所」を目指し、電子申請やオンライン化を進めてきた。その一環として、メタバース上で全ての手続きや相談を行うことができる「メタバース区役所」の構築を進めており、2023年9月から区内の障害者団体の協力による実証実験を実施する等の取組を進めてきた。2024年4月に東京情報デザイン専門職大学と連携して技術的課題の解決に向けたプロジェクトチームを発足して取組を加速させ、2024年6月からはメタバースを活用した一般区民向けの相談・手続き支援サービスの開始を予定している[*30]（図表 I -5-2-7）。

第5章　デジタルテクノロジーの浸透

---

*28　福岡ふかぼりメディアささっとー「外の世界へ踏み出す一歩に　福岡県の就労支援バーチャル空間」2024年2月2日, <https://sasatto.jp/article/entry-5235.html>（2024/3/6参照）

*29　AIS Online「2024年2月号 トピックス メタバースを活用した長期無業者就労支援」2024年2月1日 <https://www.iais.or.jp/ais_online/20240201/202402_02/>（2024/3/6参照）

*30　東京都江戸川区「2024年（令和6年）4月26日「メタバース区役所」プロジェクト発足式」2024年4月26日, <https://www.city.edogawa.tokyo.jp/e004/kuseijoho/kohokocho/press/2024/04/0426-2.html>

**図表Ⅰ-5-2-7** メタバース区役所

(出典) 江戸川区

## ❷ ロボティクス

　ロボティクスの活用は、労働力不足が続く各分野での活用が期待されている。

　例えば、深刻な医療分野や建設現場等においては、ロボットを遠隔操作することで熟練職員が現場に赴くことなく遠隔地に技術を届けることを可能とし、将来的には複数の現場に一人の熟練者がコミットできるようになる可能性がある。また、ロボットが家事を代行することで家庭内において発生する手間を削減することも期待される。教育現場や介護現場においては、ロボットがコミュニケーション活性の役割を担い、生徒のコミュニケーション能力の向上、入居者とのコミュニケーションや入居者同士のコミュニケーション活性のサポートを可能にする。

### ア　遠隔医療（神戸大学、NTTドコモ、NTTコミュニケーションズ、メディカロイド）

　神戸大学、NTTドコモ、NTTコミュニケーションズ、メディカロイドは2023年2月、約500km離れた東京と神戸の2拠点間で、スタンドアローン方式の商用の5Gを活用し、若手医師のロボット手術を熟練医師が遠隔地から支援する実証実験に成功した。高精細な手術映像や音声、ロボット制御の大容量データを、セキュアかつリアルタイムに伝送することで、東京の若手医師が行うロボット手術に対して、神戸の熟練医師が遠隔から手術状況を確認し、会話やロボットの代理操作を行うことが可能となり、遠隔地からの手術支援・指導を実現した[31]（**図表Ⅰ-5-2-8**）。

---

[31] 国立大学法人神戸大学、NTTドコモ、NTTコミュニケーションズ、メディカロイド、神戸市「東京-神戸間（約500km）で商用の5G SAを活用し遠隔地からロボット手術を支援する実証実験に成功」2023年2月1日，<https://www.docomo.ne.jp/binary/pdf/info/news_release/topics_230201_01.pdf>（2024/3/6参照）

**図表Ⅰ-5-2-8** 実証実験イメージ

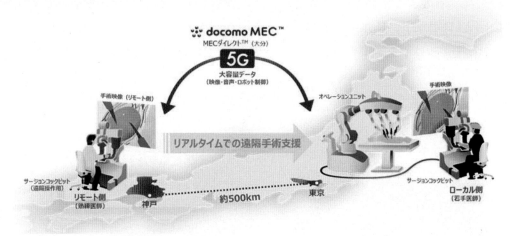

（出典）神戸大学[32]

## イ　家庭用ロボット（Preferred Robotics）

　2023年2月にPreferred Roboticsは、専用のキャスター付きシェルフを自動運転で運んでくる家庭用ロボット「カチャカ」を発表。自律移動ロボット「カチャカ」は、キャスター付きの専用シェルフ（ワゴン）の下に潜り込んでドッキングし、目的の場所に移動させたり、元の位置に戻したりできるという家具移動用のロボットで、音声認識に対応しているため、声により指示をすることができる[33]（**図表Ⅰ-5-2-9**）。家庭内のほか、法人での利用としては歯医者や工場、飲食店での利用も増えており、例えば人手不足が深刻な歯医者においては患者に利用した機材を滅菌室へ運ぶ等の工程をカチャカが担うことで、医者がより付加価値の高い業務や患者とのコミュニケーションに時間を割けるようになったほか、工場等においては部品の搬送等に耐久性やセンサを業務ユースに特化した「kachaka Pro」の利用がされている。

**図表Ⅰ-5-2-9** カチャカ

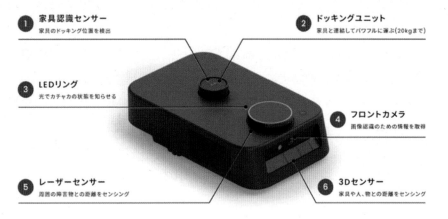

（出典）Preferred Robotics「人の指示で家具を動かすスマートファニチャー・プラットフォーム「カチャカ」2023年5月17日（水）新発売」[34]

---

*32　国立大学法人神戸大学，「東京-神戸間（約500km）で商用の5G SA を活用し遠隔地からロボット手術を支援する実証実験に成功」2023年2月1日，<https://www.kobe-u.ac.jp/ja/news/article/2023_02_01_01/index.html>（2024/3/28参照）

*33　Impress Watch「棚を運ぶ・片付ける。新しい家庭用ロボット「カチャカ」登場」2023年2月1日，<https://www.watch.impress.co.jp/docs/news/1475076.html>（2024/3/6参照）

*34　Preferred Robotics，「人の指示で家具を動かすスマートファニチャー・プラットフォーム「カチャカ」2023年5月17日（水）新発売」2023年5月12日，<https://www.pfrobotics.jp/news/fYD7X2FW>（2024/3/28参照）

### ウ　コミュニケーション活性（MIXI等）

　MIXIは、"ペットのように癒やし、家族のように理解してくれる"存在を目指して開発している自律型会話AIロボット「Romi」を渋谷区立渋谷本町学園の協力のもと、2021年11月より小学校1年生から中学校3年生までの教室にテスト導入を行った[35]（**図表Ⅰ-5-2-10**）。

**図表Ⅰ-5-2-10**　会話AIロボット「Romi」小・中学校にテスト導入

（出典）note「小中学校にRomiを導入してどうなった？児童・生徒の反応は？」[36]

　テスト導入の結果、89%の子供がRomiとコミュニケーションを取ったことが分かる等、子どもの会話力やコミュニケーション能力の発達に寄与することが見込まれている。生徒へのアンケートの結果「休み時間のコミュニケーションが増えた」等の声が上がった[37]。

　また、介護現場での導入も進む。家庭用のコミュニケーションロボット「LOVOT」を提供するGROOVE Xが介護施設で実施した実証実験によると、入居者がコミュニケーションロボットと暮らすことで、入居者の認知機能の低下抑制効果を期待できることが判明した[38]。さらに、生成AIによりロボットへの指示を自然言語で行うことができ、臨機応変な対応をすることが可能となっている。

　人型ロボットPepperの介護向けモデルである「Pepper for Care」は介護現場において、入居者とのコミュニケーションや入居者同士のコミュニケーション活性をサポートする[39]（**図表Ⅰ-5-2-11**）。ソフトバンクロボティクスは2024年2月に人型ロボット「Pepper」の介護向けモデルを対象とした会話アプリをリリースした。ChatGPTを搭載し、自然な会話体験を提供する。「Pepper for Care」はゲーム、歌、体操など豊富な種類のレクリエーションの提供や言語訓練や体を動かす上肢訓練まで搭載しており、顔認証によって個人に特化したリハビリを提供する。

* 35　日経電子版「ミクシィ、自律型会話ロボット「Romi」を小・中学校でテスト導入」2021年11月8日，<https://www.nikkei.com/article/DGXLRSP621153_Y1A101C2000000/>（2024/3/28参照）
* 36　会話AIロボットRomi，「小中学校にRomiを導入してどうなった？児童・生徒の反応は？」2022年3月9日，<https://note.com/romi_ai/n/n0bd54c3186f4>（2024/3/28参照）
* 37　会話AIロボットRomi，「小中学校にRomiを導入してどうなった？先生を直撃」2022年3月9日，<https://note.com/romi_ai/n/n28b1011eb1ad#eb1b4e24-43fd-473b-b716-1b03fba76eef>（2024/3/28参照）
* 38　GROOVE X，「『LOVOT』、認知機能の低下抑制効果に期待結果を受け、介護分野の取り組み加速」2022年4月27日，<https://prtimes.jp/main/html/rd/p/000000151.000055543.html>（2024/3/29参照）
* 39　ソフトバンクロボティクス，「pepper」<https://www.softbankrobotics.com/jp/product/pepper/caregiver/>（2024/3/28参照）

**図表 I -5-2-11** Pepper for Care

（出典）ソフトバンクロボティクス[40]

### ❸　自動運転

　日常生活に必要な移動手段の確保が困難な交通弱者や、タクシーやトラックのドライバー不足の中、自動運転により少ないドライバーの場合やドライバー無しでも移動手段を確保できるようになり、あらゆる場所へのアクセスが容易になる。中でも生成AIは自動運転車の開発やテスト、検証段階において活用され、レベル5の実現に向けて自動運転技術の改善を図ることを可能とする[41]。アメリカや中国では自動運転タクシーの商用利用も開始している。無人化が進む一方で、路上で動かなくなる、渋滞を引き起こすことや人身事故などの安全性への懸念や人の仕事が奪われるという懸念の解消が普及の課題の一つとなっている。

#### ア　交通弱者の移動手段確保
####（茨城県境町、BOLDLY、マクニカ 等）

　茨城県境町では、自動運転バスを3台導入し、生活路線バスとして定時・定路線での運行を行っている[42]。境町では、自動車が地域住民の主な交通手段で、最寄りの鉄道駅まで車で約40分かかるなど地域内の公共交通インフラが弱く、高齢者が運転免許を返納したくても、生活のためにできないという課題を抱えており、人手不足に左右されない交通網を整備するために自動運転バスの導入を行った。現在は運転手が乗車して監視するレベル2で走行しており、レベル4での運行を目指している[43]（**図表 I -5-2-12**）。

**図表 I -5-2-12**　茨城県境町に導入された自動運転バス

（出典）ソフトバンク「国内初、茨城県境町が自動運転EV「MiCa」を導入」[44]

＊40　日経電子版「ソフトバンクロボティクス、人型ロボット「Pepper」の介護向けモデルを対象とした会話アプリをリリース」2024年2月13日、<https://www.nikkei.com/article/DGXZRSP668323_T10C24A2000000/>（2024/3/28参照）
＊41　NVIDIA「生成AIが設計、エンジニアリングから生産、販売まで自動車産業の新時代を拓く」2023年8月15日、<https://blogs.nvidia.co.jp/2023/08/15/generative-ai-auto-industry/>（2024/3/6参照）
＊42　境町「境町で自動運転バスを定常運行しています【自治体初！】」、<https://www.town.ibaraki-sakai.lg.jp/page/page002440.html>（2024/3/6参照）
＊43　ソフトバンク「自動運転バスの運行が始まっています【茨城県境町】」2023年5月29日、<https://www.softbank.jp/biz/blog/business/articles/202305/self-driving-bus-BOLDLY/>（2024/3/6参照）
＊44　ソフトバンク、「国内初、茨城県境町が自動運転EV「MiCa」を導入」2023年12月6日、<https://www.softbank.jp/drive/press/2023/20231206_02/>（2024/3/28参照）

第5章

デジタルテクノロジーの浸透

　また、福井県永平寺町は第三セクターの会社を設立し、2023年5月より特定条件下における完全自動運転であるレベル4の移動サービスを開始している[45]。限定されたおよそ2キロの区間、最大時速12キロの速度で事故などの緊急事態に備えて事業者が運行状況の監視を行う。加速や減速、ハンドル操作などは車に搭載した専用のシステムがすべてを担う[46]。

### イ　ドライバー不足解消（JR西日本、広島県東広島市、広島大学等）

　2023年11月より、JR西日本は、公道で自動運転によるバス高速輸送システム（BRT）の隊列走行実証実験を開始した。JR西条駅と広島大の東広島キャンパスを結ぶ道路に専用のレーンを設けてバスを走らせる。バスが遅れにくく使いやすくなるうえ、運転手不足解消が期待されている。隊列走行時は先頭車に運転士が乗り込み、乗降口の安全確認、ドアの開閉、車内アナウンス、不測の事態が起きたときの緊急停止などを行い、何も問題がなければ運転操作をしないが、異常時には手動で運転するとしている[47]。

---

*45 永平寺町「自動運転「ZEN drive」」，<https://www.town.eiheiji.lg.jp/200/206/208/p010484.html>（2024/3/6参照）
*46 NHK「自動運転「レベル4」福井で全国初 運行開始 過疎化の救世主？」2023年5月22日，<https://www3.nhk.or.jp/news/html/20230522/k10014074841000.html>（2024/3/6参照）
*47 東洋経済オンライン「JR「自動運転・隊列走行BRT」公道走行で見えた課題」2024年1月22日，<https://toyokeizai.net/articles/-/728920>（2024/3/6参照）

# 第6章 デジタルテクノロジーとのさらなる共生に向けて

AIを活用した多様なデジタルサービスは我々の生活に深く浸透しつつあり、メタバース、ロボティクス、自動運転技術等も地域活性化、防災等の我が国が抱える様々な社会的・経済的課題解決に貢献することが期待される。こうしたテクノロジーを上手く活用し、共に生きる社会の実現に向け、取組の一層の推進が重要である。また、近い将来、AIが自己学習能力を持ち、様々な状況に対応できるようになる、汎用型人工知能（AGI：Artificial General Intelligence）が登場すると言われているほか、2045年（あるいはそれよりも早い時期）には、AIが人類を超える能力を持つようになる、技術的特異点（singularity）に到達するという予測もある。本章では、今後のデジタルテクノロジーとのさらなる共生に向けた課題と必要な取組を概観する。

## 第1節 デジタルテクノロジーとのさらなる共生に向けた課題と必要な取組

### ① 産業競争力の強化/社会課題解決のためのデジタルテクノロジーの活用推進

デジタルテクノロジーは、産業の競争力を強化し、社会課題を解決するために不可欠な要素となっている。

#### ❶ AI開発力の強化に向けた取組

AIの技術発展はロボットや自動運転といった他のテクノロジーの進歩をもたらし、より高度なサービスの提供を可能とする鍵となる。AIを活用することで生産性の向上、産業競争力の強化や、新たな市場を生み出し、AIが経済成長の原動力となると期待される。研究開発の面でも、AIを活用して自律駆動による研究プロセスの革新につなげようとする研究領域が生まれるなど分野横断的に研究開発の基盤までを変えようとしている[*1]。また、安全保障の観点でも、AIはサイバーセキュリティ分野や軍事面での利用が進められている。このように、私たちの生活・福祉の向上、産業競争力、技術（研究開発）、安全保障など幅広く大きな影響を及ぼすと考えられるAIについて、自国の開発力を整備拡充することは、今後さらに重要となる。

そのため、政府としては、AI開発のインフラというべき計算資源とデータの整備・拡充が重要との認識の下[*2]、事業者の取組や研究開発への支援などに着手している。計算資源については、スーパーコンピュータ「富岳」を活用したLLM開発[*3]やGPUクラウドサービスの提供に対する支援などが行われている。また、AIモデルの性能を大きく左右する訓練データについて、高品質な

---

[*1] 文部科学省が2024年3月15日に公表した「令和6年度の戦略的創造研究推進事業の戦略目標等」の分野横断で挑戦する6つの目標の一つに、「自律駆動による研究革新」が挙げられた。自律駆動型の研究アプローチでは、最も時間を要する実験のプロセスにおいてロボット等による物理的な実験の自動化による効率化・スピードアップを図るだけでなく、仮説立案や予測のプロセスにおいて、方程式に書ききれない複雑な事象に対して規則性を見出すなど、人間の認知能力を超えた論理推論をも実現することで、研究活動のパラダイムシフトを起こすことが期待される。自律駆動型の研究アプローチは人の認知限界・認知バイアスを超えて複雑現象の解明や探索領域の開拓が可能であり、科学研究の方法論を革新させる可能性を持つ。<https://www.mext.go.jp/b_menu/houdou/2023/mext_000010.html>
[*2] 「AIに関する暫定的な論点整理」（2023年5月26日第2回AI戦略会議）15ページ 3-3 AI開発力参照 <https://www8.cao.go.jp/cstp/ai/ai_senryaku/2kai/ronten.pdf>
[*3] 東京工業大学、東北大学、富士通、理化学研究所は、「富岳」政策対応枠において、スーパーコンピュータ「富岳」を活用した大規模言語モデル分散並列学習手法の開発に取り組むことを発表した。また、2023年8月より、名古屋大学、サイバーエージェント、Kotoba Technologies Inc. が参画機関に追加された。
「スーパーコンピュータ「富岳」政策対応枠における大規模言語モデル分散並列学習手法の開発について」2023年5月22日，<https://www.titech.ac.jp/news/2023/066788>

データを収集、生成、管理し、そのような高品質データを研究機関や企業間で共有する取組が進められている。情報通信研究機構（NICT）では、従来からの多言語音声翻訳などのAI自然言語処理に関する研究開発を通して蓄積した言語データ構築に関する知見を活かし、AI学習に適した大量・高品質で安全性の高い日本語を中心とする言語データを整備・拡充し、民間企業やアカデミアにアクセスを提供する取組が進められている[*4]。さらに、基盤モデルの原理解明を通じた、効率が良く精度の高い学習手法、透明性・信頼性を確保する手法等の研究開発力の強化のための支援にも取り組む[*5]。

　こうした産官学の連携を通じて、国産LLM（大規模言語モデル）の開発を推進し、国内のニーズに特化したモデルの作成や、日本語や日本文化に最適化されたAIの提供を実現していくことが重要となっている（第4章第1節参照）。

　また、開発の進む国産LLMは、東南アジア諸国などの非英語圏における独自言語モデル構築への展開可能性が十分にあると期待されている[*6]。東南アジア諸国においては、短期間でそれぞれの言語モデルを独自に開発することは、データ不足等の要因もあり厳しいと予測されるため、日本語モデルの構築ノウハウを、東南アジア各国における言語に展開していくことは、アジア地域として欧米に対する経済競争力を持つよい機会と捉えられるとされている。また、欧米のビッグテックによるサービスの日本展開にあたり、国内で開発した日本語モデルを活用してライセンス料を得るという形も考えられる。従来は、欧米と言語圏が異なることが経済競争においてハンディキャップであったものを、逆手にとれる状況である。上記において、政府が戦略的に投資していくことで、国産LLMの国際的な存在感を確立することにつながると期待が寄せられている。

## ❷ 社会課題解決のためのデジタルテクノロジー活用に向けた取組

　我が国は、前述した人口減少、少子高齢化といった人口構造に関する課題のほか、経済構造の変化、インフラの老朽化、自然災害リスクの増大等の社会課題を抱えている。特に地域社会は、人手不足、地域産業の衰退、公共・準公共サービスの維持といった課題を抱えており、これらの解決に向けてデジタル技術の活用が期待される。

　総務省はこれまで、「デジタル田園都市国家構想」や「デジタル行財政改革」を踏まえ、地域社会DXの推進を支える情報通信環境の整備や、地域経済の活性化等に取り組んできた。一方で、必ずしもこれまでの地域社会DXに向けた取組の全てが地域課題の解決に結びついているわけではないとの問題意識から、2023年12月より「活力ある地域社会の実現に向けた情報通信基盤と利活用の在り方に関する懇談会」を開催し、活力ある多様な地域社会を実現するために必要な情報通信基盤とその利活用に関する政策の方向性を検討している。この懇談会の検討項目の一つとして、地域社会の交通維持のための自動運転、地域産業維持のためのスマート農業など、ユースケースに応じた最適な情報通信利用環境をどのように整備し、普及させていくべきかとの観点から、「ユースケースごとに求められる情報通信利用環境整備の在り方」について議論が行われた。2024年5月の「報告書（案）」においては、「地域の産業振興や社会課題解決に向けた、農産物の自動管理、災害対策、モビリティ等の領域でDXを進める上で不可欠な要素となっているAI、メタバース等を

---

*4　「総務省・NICTが整備する学習用言語データのアクセス提供について」（2023年9月8日第5回AI戦略会議資料3-4）<https://www8.cao.go.jp/cstp/ai/ai_senryaku/5kai/datateikyou.pdf>
*5　「AI関連の主要な施策について（案）」（2023年8月4日第4回AI戦略会議資料2）<https://www8.cao.go.jp/cstp/ai/ai_senryaku/4kai/shisaku.pdf>
*6　東京大学工学系研究科　川原圭博教授インタビューによる（2024年3月19日実施）

含む先端技術の活用モデルの検証・確立を推進すべきことや、利用用途に応じた通信技術等の最適な組み合わせの検証・類型化を進めるべきことが示された。この懇談会は7月に取りまとめの予定であり、総務省としては、これを踏まえ、活力ある多様な地域社会の実現に必要な政策を推進していくこととしている。

### ❸ 適正な市場環境や利用者保護のための透明性向上等に向けた取組

　従来、IT業界は「GAFAM」（Google、Amazon、Facebook（現Meta Platforms）、Apple、Microsoft）に代表されるビッグテック企業に牽引されてきたが、AIの進展や普及に伴い、これらビッグテック企業への更なるデータの集中が懸念されている。デジタル市場のプラットフォームやクラウドサービスにおいて、ビッグテック企業は既に支配的な地位を占めているが、AIの登場により、GAFAMにAI関連企業を加えた「マグニフィセント・セブン」や、「ビッグ4」と呼ばれるテック企業もその支配力を拡大している。マグニフィセント・セブンと呼ばれるのは、GAFAMに、生成AIに欠かせない画像処理半導体（GPU）のシェア9割近くを持つと言われる[7]NVIDIAと、世界最大級の電気自動車メーカのTeslaを加えた7社である。また、ビッグ4とは「GOMA」（Google、OpenAI、Microsoft、Anthropic（米スタートアップ））とも呼ばれ、デジタル市場において、既に技術的及びビジネス上の優位性を蓄積している[8]。

　上記のようなビッグテック企業の競争優位性が益々高くなっている理由としては、ネットワーク効果[9]や高いスイッチング・コスト[10]のほか、AIの開発と運用に莫大なコストがかかることが挙げられる。例えば、OpenAIの生成AI「ChatGPT」の運用には、1日70万ドル（約1億円）のコストがかかるといわれ[11]、また、Googleの生成AI「Bard」の実行には、Google検索の約10倍のコストがかかるとの試算もある[12]。

　また、Microsoft、Google、Amazonが世界のクラウド・コンピューティングシェアの約3分の2を占め、Meta Platformsが独自の強力なデータセンタ・ネットワークを保有している中、AI製品を開発する企業等は、MicrosoftのAzure、GoogleのGoogle Cloud Platform、AmazonのAmazon Web Services（AWS）のいずれかのクラウドサービスやその組み合わせに依存しながら、AI製品を構築する必要がある。こうした主要なクラウドプラットフォームを使うほどにビッグテック企業の利益となり、その支配力も増していくこととなる。

　さらに、AIのプログラム作成には、コンピューティング能力に加え、膨大な量のトレーニングデータも必要である。これらビッグテック企業は膨大なデータの収集においても競争優位性を持ち、結果として非常に有利な状況にある[13]。

　こうしたデジタル市場における支配力を増すビッグテック企業に対し、日本ではこれまで、デジタルプラットフォームにおける取引の透明性と公正性の向上を図るために、2021年2月に「特定

---

*7 「なぜ半導体大手エヌビディアは「超儲かる」高収益企業になったのか。2兆ドル企業の「売上3.7倍成長」の秘密に迫る」、『Business Insider Japan PREMIUM』2024年3月11日号
*8 The Atlantic, "The Future of AI Is GOMA Four companies are taking over everything.", <https://www.theatlantic.com/technology/archive/2023/10/big-ai-silicon-valley-dominance/675752/>（2024/2/29参照）
*9 あるネットワークへの参加者が多ければ多いほど、そのネットワークの価値が高まりさらに参加者を呼び込むこと。その結果、多くのユーザーを抱えるサービスは、更に利用者を獲得することが可能となり、規模を拡大していく傾向にある。（令和5年版情報通信白書第2章第2節）
*10 現在利用している製品・サービスから、代替的な他の製品・サービスに乗り換える際に発生する金銭的・手続的・心理的な負担のこと。プラットフォーマーが様々なサービスを連動して提供している場合、スイッチング・コストによる乗り換え抑制効果がより高くなりり、サービス間の共創効果は弱まることとなる。（令和5年版情報通信白書第2章第2節）
*11 「IT業界の覇権は「GAFAM」から「GOMA」に変わる…ビッグテックの力関係を一変させる「生成AI」のインパクト」、『プレジデントオンライン』2024年2月16日号
*12 同上
*13 AI Now Institute, "2023 Landscape CONFRONTING TECH POWER" <https://ainowinstitute.org/2023-landscape>（2024/2/28参照）

デジタルプラットフォームの透明性及び公正性の向上に関する法律」（令和2年法律第38号）が施行された。同法では、デジタルプラットフォームのうち、特に取引の透明性・公正性を高める必要性の高いプラットフォームを提供する事業者を「特定デジタルプラットフォーム提供者[*14]」として指定し、利用者に対する取引条件の開示や変更等の事前通知、運営における公正性確保、苦情処理や情報開示の状況などの運営状況の報告を義務づけている。

　さらに、2024年、モバイルOS、アプリストア、ブラウザ、検索サービスといったスマートフォンの利用に特に必要な特定ソフトウェアを提供する事業者が、特定少数の有力な事業者による寡占状態となっており、様々な競争上の問題が生じているとして、セキュリティやプライバシー等を確保しつつ、競争を通じて、多様な主体によるイノベーションが活性化し、消費者がそれによって生まれる多様なサービスを選択でき、その恩恵を享受できるよう、競争環境を整備する必要があるとして、「スマートフォンにおいて利用される特定ソフトウェアに係る競争の促進に関する法律案」が国会に提出され、6月に成立したところである。

## ② デジタル空間における情報流通の健全性確保，活用に向けたリテラシー向上・人材育成

### ❶ デジタル空間における情報流通の健全性確保に向けた取組

　国民の情報への接し方は、既存メディアと読者・視聴者との関係性に代表されるように大きく変わりつつあり、今後もさらに変わっていくことが予想される。特に若年層においては、現時点でもニュースの入手先としてYahoo!ニュースやスマートニュース等のニュースキュレーションサービスを高い頻度で利用する傾向にあり、それらにニュースを配信している個別の報道機関の存在感が薄れているという指摘もある[*15]。また、検索サービスによる検索結果やSNS上のコンテンツは、ユーザーの利用履歴を反映したアルゴリズムによって表示されており、「フィルターバブル」[*16]や「エコーチェンバー」[*17]と呼ばれる問題が指摘されている。

**関連データ**　（参考）令和5年版白書、オンライン上で最新のニュースを知りたいときの行動（日・米・独・中）
URL：https://www.soumu.go.jp/johotsusintokei/whitepaper/ja/r06/html/datashu.html#f00087
（データ集）

　このように、国民がインターネットから情報を入手する傾向が高まる一方で、インターネット上の偽・誤情報の流通・拡散の問題が拡大している[*18]。今後、AIがさらに精緻に進化すると、AIがよりピンポイントな情報を提示してくるといった状況を招く可能性があり、ユーザーの受け取る情報の偏りがさらに進む懸念もあるとも指摘されている[*19]。さらに、昨今SNS上で著名人の顔写真や名前を悪用した偽の広告（なりすまし型のいわゆる「偽広告」）も問題となるなど、デジタル空

---

[*14] 2022年10月時点で、「総合物販オンラインモール」ではアマゾン、楽天、ヤフーの3社、「アプリストア」ではApple及びiTunes、Google LLCの2社、「ネット広告」ではGoogle、Meta Platforms、ヤフーの3社が規制対象となっている。
[*15] 桜美林大学リベラルアーツ学群　平和博教授インタビューによる（2024年3月8日実施）。
[*16] 「フィルターバブル」とは、アルゴリズムがネット利用者個人の検索履歴やクリック履歴を分析し学習することで、個々のユーザーにとっては望むと望まざるとにかかわらず見たい情報が優先的に表示され、利用者の観点に合わない情報からは隔離され、自身の考え方や価値観の「バブル（泡）」の中に孤立するという情報環境を指す。
[*17] 「エコーチェンバー」とは、同じ意見を持つ人々が集まり、自分たちの意見を強化し合うことで、自分の意見を間違いないものと信じ込み、多様な視点に触れることができなくなってしまう現象。
[*18] 総務省が2023年度に実施したアンケート調査によると、回答者の約半数（48.0%）が、SNS上で偽・誤情報を「週1回以上」見かけたとしている。（令和5年度国内外における偽・誤情報に関する意識調査　<https://www.soumu.go.jp/main_content/000945550.pdf>）
[*19] 桜美林大学リベラルアーツ学群　平和博教授インタビューによる（2024年3月8日実施）。

間における情報流通の健全性確保は喫緊の課題になっている。

　総務省ではこれまで、誹謗中傷などの違法有害情報に対し、特定電気通信役務提供者の損害賠償責任の制限及び発信者情報の開示に関する法律（平成13年法律第137号）[*20]の改正により発信者情報開示について新たな裁判手続（非訟事件手続）を創設する等の対応を重ねてきたほか、2024年にはプラットフォーム事業者に対して削除対応の迅速化や運用状況の透明化を求める改正を行い、2024年5月に成立したところである。あわせて、法律の題名を「特定電気通信による情報の流通によって発生する権利侵害等への対処に関する法律」（略称：情報流通プラットフォーム対処法）に改めることとした。

　また、デジタル空間における情報流通の健全性確保に向けては、国際的な動向も踏まえつつ、偽・誤情報の流通・拡散への対応について、制度面も含めた総合的な対策の検討を進めるため、2023年（令和5年）11月から新たに「デジタル空間における情報流通の健全性確保の在り方に関する検討会[*21]」を開催している。同検討会では、デジタル空間における情報流通の健全性確保に向けた基本理念、各ステークホルダーに期待される役割・責務の在り方や具体的な方策について議論を進めており、2024年（令和6年）5月には、インターネット上の偽・誤情報対策について、民産学官の幅広いステークホルダー間で参照しやすくするとともに、国内外における連携・協力を推進することを目的に、「インターネット上の偽・誤情報対策に係るマルチステークホルダーによる取組集」をとりまとめ、公表した。今後、能登半島地震におけるプラットフォーム事業者への要請に関する対応状況のフォローアップを含むプラットフォーム事業者ヒアリングや広告関係団体ヒアリング等を踏まえつつ、プラットフォーム事業者の取組の透明性・アカウンタビリティの確保、ファクトチェックの推進、普及啓発、リテラシーの向上、人材育成、情報発信者側における信頼性の確保、技術の研究開発や実証、デジタル広告に関する課題への対応、国際的な連携強化などの具体的な方策について、同年夏頃までに一定のとりまとめの公表を予定している。

　さらに、総務省では2024年度に、生成AIに起因する偽・誤情報を始めとした、インターネット上の偽・誤情報の流通リスクに対応するため、「インターネット上の偽・誤情報対策技術の開発・実証事業[*22]」を通じ、技術開発主体の公募を行い、対策技術の社会実装を推進することとしている。

## ❷ リテラシー向上に向けた取組

　前項で触れた偽・誤情報への対策としても、情報を受信する国民のリテラシー向上は非常に重要な要素の一つである。生成AIの登場によって、さらなるリテラシーのアップデートと、継続的な見直しが喫緊の課題になっているとの指摘もある。

　我が国では、これまで主に青少年を対象としたインターネット環境整備に係る取組として、インターネットトラブルの予防法など、ICTの利用に伴うリスクの回避を促すことを主眼に置いた啓発を行ってきた。ICTやデジタルサービスの利用が当たり前となる中、あらゆる世代が、実際にICT等を活用するなどしながら、主体的かつ双方向的な方法により、デジタルサービスの特性、当該サービス上での振舞いに伴う責任、それらを踏まえたサービスの受容、活用、情報発信の仕方

---

*20　インターネット上の情報の流通によって権利の侵害があった場合について、プロバイダなどの損害賠償責任が制限される要件を明確化するとともにプロバイダに対する発信者情報の開示を請求する権利を定めた法律。
*21　「デジタル空間における情報流通の健全性確保の在り方に関する検討会」の開催（報道資料）
　　　<https://www.soumu.go.jp/menu_news/s-news/01ryutsu02_02000374.html>
*22　総務省「インターネット上の偽・誤情報対策技術の開発・実証事業」　<https://www.soumu.go.jp/main_sosiki/joho_tsusin/d_syohi/taisakugijutsu.html>

を学ぶことが一層重要となっている。総務省は、2022年11月から「ICT活用のためのリテラシー向上に関する検討会」（座長：山本 龍彦　慶應義塾大学大学院法務研究科 教授）を開催し、これからのデジタル社会において求められるリテラシーの在り方やリテラシー向上の推進方策等について議論・検討を行い、2023年6月に今後取り組むべき事項等を取りまとめたロードマップを作成・公表した。ロードマップでは、短期的又は中長期的に取り組むべき事項の方向性を整理しており、2023年度（令和5年度）は短期的取組として、ICT活用のためのリテラシー向上に必要となる能力の整理や幅広い世代に共通する課題に対応した学習コンテンツの開発を実施した。

### ❸ 生成AI時代に求められる人材育成

　第3章で述べたように、生成AIの登場は社会・経済活動に大きなインパクトを与え、様々な業務領域で変革を起こしている。「研究開発領域に限らず、ビジネスにおいて生成AI活用による変革を推進するためには、経営層が投資判断などの意思決定を適切に行うための基礎知識が必要」との指摘もあり、「基盤モデルを構築するためにどれだけのデータや計算資源が必要になるか、従来型の情報処理で十分なものと基盤モデルやディープラーニングを必要とするものとの違いなど、テクノロジーを適材適所で使うための知識は、どの業界の経営層も持っておかなければ、怪しい宣伝文句につられて不必要な領域に多額の投資をすることになりかねない」とし、経営層を含めたあらゆるビジネスセクターに対して基礎知識を身につけるための教材が重要になると示唆されている[*23]。

　経済産業省において2021年2月から開催している「デジタル時代の人材政策に関する検討会」では、2023年度の主な検討事項として「デジタル人材育成に係る生成AIのインパクト」が議論されてきており、2023年8月「生成AI時代のDX推進に必要な人材・スキルの考え方」を取りまとめた。この報告書においては、生成AI時代に必要なリテラシーレベルのスキルとして、①環境変化をいとわず主体的に学び続けるマインド・スタンスや倫理、知識の体系的理解等のデジタルリテラシー、②指示（プロンプト）の習熟、言語化の能力、対話力、③経験を通じて培われる「問いを立てる力」「仮説を立てる力・検証する力」等が重要になるとされている。これを受け、経済産業省は、デジタルスキル標準のうち、DXに関わる全てのビジネスパーソンが身につけるべき知識・スキルを定義した「DXリテラシー標準（DSS-L）」（2022年3月策定）について見直しを実施し、生成AIの適切な利用に必要となるマインド・スタンス、及び基本的な仕組みや技術動向、利用方法の理解、付随するリスクなどに関する文言追加を行った。今後も、生成AIの進展がもたらす新たな課題について、引き続き議論を続けていくこととしている。

## ❸ デジタルテクノロジーを支える通信ネットワークの実現

### ❶ Beyond 5Gの実現に向けた取組

　AIの爆発的普及、ロボット等のデジタルテクノロジーの利用拡大により、従来よりも瞬時での処理や判断等が求められる場面が増加すれば、情報通信ネットワークに求められる低遅延性や信頼性・強靱性などの要求が高まることが想定される。また、小規模なAIを分散させ連携させることにより機能させる「AIコンステレーション」といったアイディアも出されてきており、そうした機能を実現する上でもネットワーク機能の高度化が求められる可能性があるほか、データセンター

---

*23 東京大学インクルーシブ工学連携研究機構　川原圭博機構長インタビューによる（2024年3月19日実施）

やエッジコンピューティング等の計算資源とネットワークの連携や一体的運用が更に進むことが想定される。

　また、社会の様々な現場においてAIが学習・高度化するために必要となるデータ等が発生・流通し、これが通信トラヒックの増加とそれに伴う消費電力の増大に拍車をかける可能性が考えられる。三菱総合研究所によると、2030年代にかけてAIで駆動されたアバターやロボットが広く実用化されることを見越すと、2040年のデータ流通量は、2020年の348倍に増えるとされている（**図表Ⅰ-6-1-1**）。

---

**図表Ⅰ-6-1-1　Beyond 5G時代のデータトラフィックの増加**

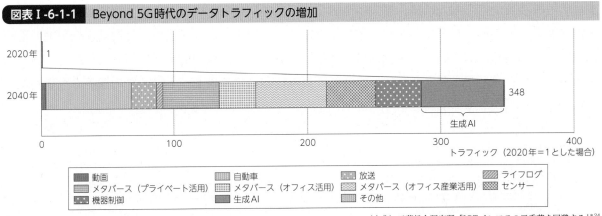

（出典）三菱総合研究所「ICTインフラの三重苦を回避する」[*24]

---

　こうしたデータ通信トラヒックの増加とそれに伴う消費電力の増加に対応し、デジタルテクノロジーの活用を進めるためには、電力消費を抑えつつ、リアルタイムかつ大容量のデータの送受信を可能とするBeyond 5Gの実現が求められる。Beyond 5Gは、5Gの特長とされている高速大容量、低遅延、多数同時接続といった機能を更に高度化するほか、近年のリモート化・オンライン化の進展等による通信トラヒックの増加に伴うネットワークの消費電力の増加に対応した低消費電力化、通信カバレッジを拡張する拡張性、ネットワークの安全・信頼性や自律性といった新たな機能の実現が期待されている。また、電気通信と光通信を融合させることでネットワークの高速化と大幅な低消費電力化を実現する光電融合技術を活用したオール光ネットワーク技術が注目されている。

　総務省では、2021年9月に情報通信審議会に「Beyond 5Gに向けた情報通信技術戦略の在り方－強靱で活力のある2030年代の社会を目指して－」について諮問し、2022年6月に中間答申を受けた。中間答申においては、我が国として目指すべきネットワークの姿、オール光ネットワーク技術や非地上系ネットワーク（NTN：Non Terrestrial Network）技術、セキュアな仮想化・統合ネットワーク技術など国として注力すべき重点技術分野、研究開発から社会実装、知財・標準化、海外展開までを一体で戦略的に推進する方向性が示された。その後、中間答申を踏まえて設置されたNICTへの恒久的な研究開発基金の運用が本格化していること、オール光ネットワークについて官民関係機関による活用に向けた検討の動きが進展していること、国際的にはBeyond 5Gをめぐり市場獲得を目指した研究開発及び国際標準化における様々な取組が拡大していること等を踏まえ、2023年11月より情報通信審議会における検討が再開され、2024年6月に最終答申が行われた。

*24 https://www.mri.co.jp/knowledge/mreview/202307.html

第6章

デジタルテクノロジーとのさらなる共生に向けて

　最終答申においては、AIは、従来想定されていた情報通信ネットワークの運用効率化のためのツール（AI for Network）やCPS（Cyber Physical System）において、実空間から吸い上げた膨大なデータを高速・効率的に解析するためのツールとして活用されるにとどまらず、情報通信ネットワークが、AIが隅々まで利用された社会、いわば「AI社会」を支える基盤（Network for AIs）としての機能を果たしていくことが想定されるとしている[25]。

## ❷ 自動運転の実現のための通信ネットワークの構築

　高度な自動運転の実現は、地域の生活の足の確保、物流トラックのドライバー不足の解消が見込まれ、地域社会が抱える人口減少や少子高齢化、産業空洞化などの様々な社会課題の解決に大きく貢献するものである。高度化した自動運転においては、携帯電話網を活用した自動運転地図の更新や遠隔監視・制御、車車間／路車間通信を活用した地物・道路状況や交通情報の共有など、ユースケースに応じた通信が必要とされ、自動運転の実現に向けた通信ネットワークの構築の取組が進められている（**図表Ⅰ-6-1-2**）。

**図表Ⅰ-6-1-2　自動運転に必要な通信のイメージ**

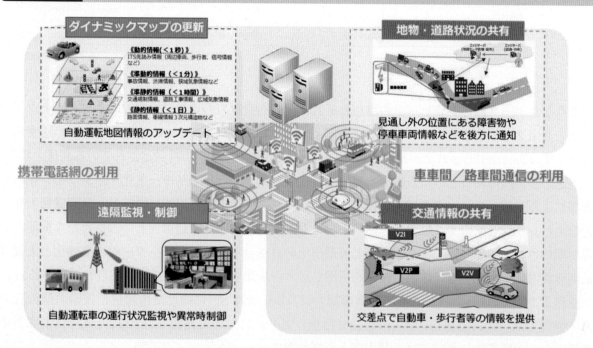

（出典）総務省（2023）「自動運転時代の"次世代のITS通信"研究会 中間取りまとめ」

　我が国においては、「デジタル田園都市国家構想総合戦略（2023改訂版）」において、自動運転による地域交通を推進する観点から、関係府省庁が連携し、地域限定型の無人自動運転移動サービスを2025年度目途に50か所程度、2027年度までに100か所以上で実現する目標を掲げている。また、「デジタルライフライン全国総合整備計画」（経済産業省）においては、アーリーハーベストプロジェクトの1つに自動運転サービス支援道の設定が挙げられており、2024年度に新東名高速道路の一部区間等において100km以上の自動運転車優先レーンを設定し、レベル4の自動運転トラックの運行の実現を目指すほか、2025年度までに全国50箇所、2027年度までに全国100箇所

---

*25 Beyond 5Gの動向については、第Ⅱ部政策フォーカス「社会実装・海外展開を見据えたBeyond 5Gの推進戦略」を参照

で自動運転車による移動サービス提供が実施できるようにすることを目指すとされている。

　自動運転の実現のために必要な通信規格の検討・策定については、2014年より内閣府戦略的イノベーション創造プログラム（SIP）自動運転において、産学官連携で検討が進められ、2022年に「協調型自動運転通信方式ロードマップ」が策定されている。このロードマップおいては、自動運転に係るユースケースに関して、「早期に開始するユースケースは既存ITS無線（760MHz帯）を活用」、「2040年頃の調停・ネゴシエーションの実現に向けて、2030年頃から新たな通信方式（5.9GHz帯）が必要」と示されている。これを受け、総務省は2023年2月から「自動運転時代の"次世代のITS通信"研究会」を開催し、①"次世代のITS通信"の活用を想定するユースケース、②V2X通信と携帯電話網（V2N通信）との連携方策、③5.9GHz帯V2X通信向けの割当方針、導入ロードマップの方向性、④導入に向けた課題、その他推進方策等について検討を進め、同年8月に「国際的な周波数調和や既存無線局との干渉などを勘案し、5,895～5,925MHzの最大30MHz幅を目途にV2X通信向けの割当を検討する」旨の中間取りまとめを公表した。今後も、中間取りまとめで「短期的課題」として挙げられた「5.9GHz帯V2X通信のユースケース深掘り、通信方式・拡張方策などの検討」、「5.9GHz帯V2X通信システムの隣接システム等（放送事業、無線LAN、ETCなど）との技術的検討（周波数共用検討）」、「放送事業用無線局の周波数移行促進策に関する検討」などを進めていくこととしている。また、当該中間取りまとめを踏まえ、5.9GHz帯V2X通信の早期導入に向けた環境整備等のために、「自動運転の社会実装に向けたデジタルインフラ整備の推進」として、令和5年度補正予算に205億円を計上し、今後、関係省庁と連携して、新東名高速道路等における自動運転トラック実証等に取り組んでいくこととしている。

　また、遠隔監視システムなどの安全かつ効率的な自動運転のために必要な通信システムの信頼性確保等に関しては、総務省において「地域デジタル基盤活用推進事業（自動運転レベル4検証タイプ）」による検証を実施しているところであり、その成果を踏まえ、2024年度中を目途に、自動運転の導入を検討する地域が参照可能なモデル集を策定する予定である。同モデル集に即して、自動運転の実装に当たって通信システムの信頼性確保等に必要となる地域の情報通信環境の整備を支援することとしている。

## ④ 安心・安全で信頼できる利用に向けたルール整備・適用と国際協調

　AIの進化に伴い、デジタルテクノロジーがもたらすリスク・課題も深刻になることが想定されるため、AIのガバナンスや規制のあり方については、国際的な協調のもとでのルール整備とその遵守が必要不可欠となる。第4章でも触れたように、我が国では既に、AI事業者ガイドラインが策定され、民間事業者による自主的な取組が浸透し遵守されるよう、本ガイドラインの周知活動を実施しているところである。このAI事業者ガイドラインの履行とともに、AI戦略会議を中心とし、今後政府全体として制度の在り方についての検討を進めていく予定である[26]。

　また、G7、OECD、GPAI及び国連等の多国間の場における協調と協力の強化も必要である。2023年5月のG7で立ち上がった広島AIプロセスについては、我が国が議長国として議論を主導しつつG7国間での集中的な議論を行い、同年12月には生成AI等の高度なAIシステムへの対処を目的とした初の国際的政策枠組みである「広島AIプロセス包括的政策枠組み」及びG7の今後の取

---

＊26 「AI戦略の課題と対応」（2024年5月22日第9回AI戦略会議資料1-1）https://www8.cao.go.jp/cstp/ai/ai_senryaku/9kai/shiryo1-1.pdf

第6章

デジタルテクノロジーとのさらなる共生に向けて

組について示した「広島AIプロセスを前進させるための作業計画」について合意に達した。その中では、AIガバナンス枠組み間の相互運用性の重要性が強調されている。また、2024年のG7議長国イタリアは、広島AIプロセスの継続的な推進を表明しており、2024年3月に採択された「G7産業・技術・デジタル閣僚宣言」では、開発途上国・新興経済国を含む主要なパートナー国や組織における広島AIプロセスの成果の普及、採択、適用を促進するためのアクションが歓迎されたところである。

　また、2024年5月にパリで開催されたOECD閣僚理事会で我が国は議長を務め、広島AIプロセスの成果を踏まえ、2019年に採択された「OECD AI原則」の改定に貢献した。併せて、生成AIに関するサイドイベントにおいて、岸田総理大臣が、49か国・地域が参加する、広島AIプロセスの精神に賛同する国々の自発的な枠組みである「広島AIプロセス フレンズグループ」の立ち上げを表明した。松本総務大臣は、「AIの国際的なルールづくりを日本が主導することにより、我が国のビジネス環境への信頼性が高まり、日本への投資促進にもつながる。また、デジタル分野に係るルールについて、日本中心の標準化を目指したい。」と述べ[27][28]、今後も国際指針等の実践に取り組み、世界中の人々が安全、安心で信頼できるAIを利用できるよう協力を進めていくこととしている。

---

[27] 令和6年第5回経済財政諮問会議議事要旨（令和6年5月10日）
　　　<https://www5.cao.go.jp/keizai-shimon/kaigi/minutes/2024/0510/gijiyoushi.pdf>
[28] 樫葉さくら「米マイクロソフト、日本のAI・クラウド基盤強化に29億ドル投資、AI分野での日米協力進む」,『JETROビジネス短信』
　　　2024年04月16日, <https://www.jetro.go.jp/biznews/2024/04/34ae6386dcb01c5b.html>

# AIやロボットと協働・共生する未来に向けて（コンヴィヴィアルな関係）

## （1）AIの未来シナリオ

　2023年5月の第2回AI戦略会議等で、東京大学工学系研究科の川原圭博教授は、AIの未来シナリオを公表している（図表1）。この未来シナリオでは、3-4年先にはマルチモーダル化が実現し、5-10年後の未来において生成AIがロボットに組み込まれるなどして身体性を獲得していくという進展が描かれている。同時に、AIの悪用については急速に進んでおり、サイバー攻撃や偽情報による社会混乱や巨大企業の寡占・独占による弊害への対策が求められるとしている。

**図表1　AIの望ましい未来シナリオとリスク**

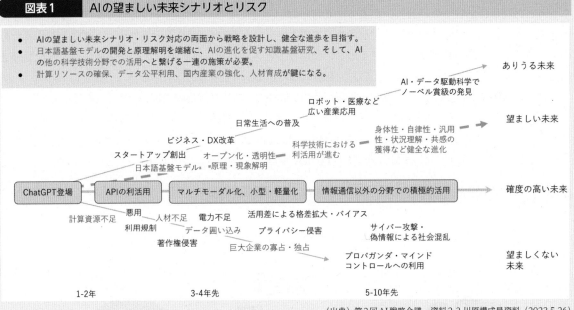

（出典）第2回AI戦略会議　資料2-3 川原構成員資料（2023.5.26）

　こうした未来シナリオとリスクを踏まえると、我々がAIなどデジタルテクノロジーを活用していくには、技術だけでなく、倫理や社会的な側面も含めた様々な課題やリスク対応などの総合的な議論が必要である。近年、生成AIの急速な発展・普及などに伴い、AIの技術やシステムが個人や社会に与える潜在的なリスクや課題（Ethical, Legal and Social Issues：ELSI）を分析し、解決策を模索する取組もより活発になっている。

　2019年3月に公表された「人間中心のAI社会原則」では、基本理念として、
①人間の尊厳が尊重される社会（Dignity）
②多様な背景を持つ人々が多様な幸せを追求できる社会（Diversity & Inclusion）
③持続性ある社会（Sustainability）
の3点を定めている。

　また、2024年4月に公表された「AI事業者ガイドライン」では、各主体が取り組むべき指針として、「人間中心」を第一に掲げ、「AIが人々の能力を拡張し、多様な人々の多様な幸せ（well-being）の追求が可能となるように行動することが重要である」としている。また、「AIシステム・サービスの開発・提供・利用において、自動化バイアス等のAIに過度に依存するリスクに注意を払い、必要な対策を講じる」として、自動化バイアス、すなわち人間の判断や意思決定において、自動化されたシステムや技術への過度の信頼や依存が生じるリスクへの対応が必要であるとしている。

第6章

デジタルテクノロジーとのさらなる共生に向けて

### （2）AI・ロボットとのコンヴィヴィアル（自立共生的）な関係

　このように、未来の社会を築く上で、AIなどのテクノロジーに過度に依存せず、テクノロジーの進歩がもたらす可能性とリスクをバランスよく見極めながら、人間中心に人々の幸福追求を実現することが重要となっている。その中で、コンヴィヴィアリティ（自立共生的な関係）という概念が提唱されている。コンヴィヴィアリティとは、オーストリアの思想家イヴァン・イリイチが1973年に刊行した著書「コンヴィヴィアリティのための道具」において提唱した概念である。イリイチは、テクノロジーが出現して普及しはじめ、人がそれを使いこなすことで人間の自由度が高まる段階を「第一の分水嶺」、次第に人がテクノロジーに隷属し、自由が奪われ始める段階を「第二の分水嶺」とし、この第一と第二の分水嶺のあいだにとどまることが肝要と述べている。

　人間と共生する「弱いロボット」の研究を推進している豊橋技術科学大学の岡田美智男教授は、AIやロボットとの関係においても、お互いの主体性を奪わない程度にゆるやかに依存しあうコンヴィヴィアルな関係を志向し、お互いの能力が十分に生かされ、生き生きとした幸せな状態（well-being）を向上させるためのテクノロジーであることが求められるとし、ロボットと人とが和気あいあいと共棲を楽しむような関係を目指す「コンヴィヴィアル・ロボティクス」を提唱している。

　例えば、移動におけるコンヴィヴィアルな関係については、歩いて移動することが当たり前だった時代から、自転車が普及することにより人は自らの能力が拡張される感覚を持つようになる（第一の分水嶺）が、自動車、さらに完全自動運転車の実現により自分は能動的に動く必要がなくなり、自分が「荷物」になったような感覚になってしまうと、必ずしも幸せな状態とは呼べない（第二の分水嶺）。

**図表2**　移動におけるコンヴィヴィアリティ（自立共生的な関係）

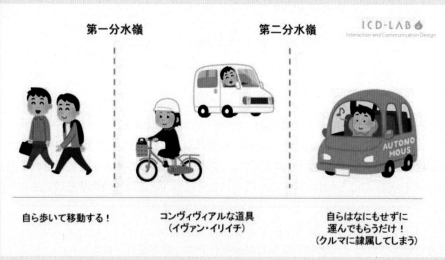

（出典）岡田美智男教授　提供資料

**図表3**　「なし崩しの機能追加主義」による不寛容

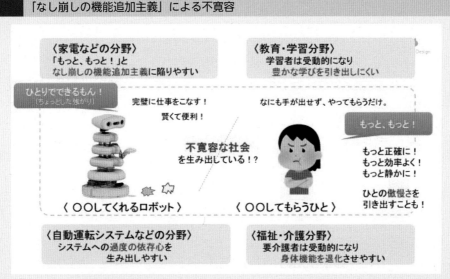

(出典) 岡田美智男教授　提供資料

　従来の製品・サービスの開発は「足し算」で機能追加を行っていく傾向にあり、これを米国の認知科学者ドナルド・ノーマンは「なし崩しの機能追加主義」と呼んだ。しかし、機能性を高め、利便性を追求しすぎることは、相手の主体性を奪い、また更なる要求を募らせ提供者側のコスト高にもつながり、消耗戦に陥りやすくなる。教育・学習の分野においては、サービス享受者が主体性を失い受動的になりすぎると豊かな学びを引き出しにくくなり、福祉・介護分野においては要介護者の身体機能の退化にもつながりかねないこととなる。

　しかし、例えば全国の飲食店等で広く受け入れられているネコ型配膳ロボットの例では、客は運ばれてきた料理を自身の手でテーブルに配膳しなければならないという不完全さを受け入れ、ロボットのために道を譲るなど、むしろ生き生きとして協力する姿が見られる。この例では、テーブルへの配膳機能をつけるための多大なコストをかけることなく、サービス提供側と享受側の垣根を超えて人との共生関係のなかで目的を叶え、ロボット製造者、飲食店、客の3者ともに幸せな状態を生み出すことを自然な形で実現している。

**図表4**　教育分野における「弱いロボット」の社会実装

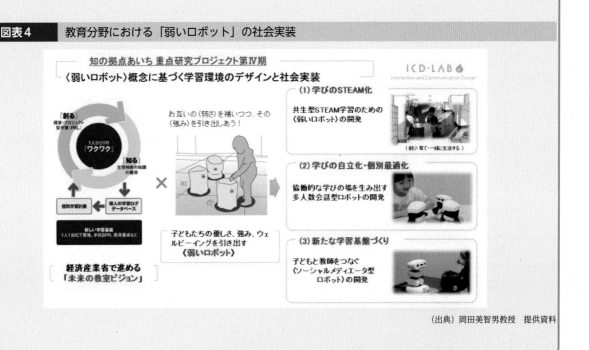

(出典) 岡田美智男教授　提供資料

# 第II部

情報通信分野の現状と課題

# 第1章 ICT市場の動向

## 第1節 ICT産業の動向

### ① ICT市場規模

　ICTには、利用者の接点となる機器・端末、電気通信事業者や放送事業者などが提供するネットワーク、クラウド・データセンター、動画・音楽配信などのコンテンツ・サービス、さらにセキュリティやAIなどが含まれる（**図表Ⅱ-1-1-1**）。

**図表Ⅱ-1-1-1** ICTを取り巻くレイヤー別市場構造

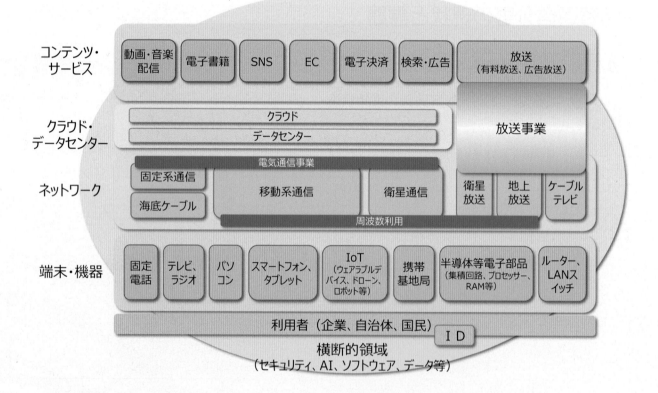

　世界のICT市場（支出額）[*1]は、スマートフォンやクラウドサービスの普及などにより、2016年以降増加傾向で推移している。2023年は657.3兆円[*2]（前年比10.3%増[*3]）と大きく増加し、2024年は702.1兆円まで拡大すると予測されている[*4]（**図表Ⅱ-1-1-2**）。

---

[*1] ICT市場には、データセンターシステム、エンタープライズソフトウェア、デバイス、ICTサービス、通信サービスが含まれる。
[*2] 各年の平均為替レートを用いて円換算しており、2024年は2023年の平均為替レートを用いている（以下同様）。
[*3] 2023年は円安の影響も受けていることに留意が必要（以下同様）。
[*4] 総務省（2024）「国内外のICT市場の動向等に関する調査研究」（以下同様）。

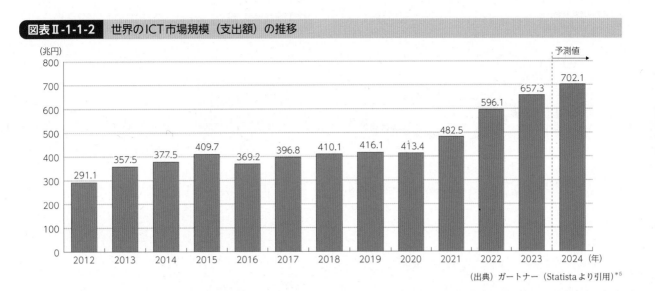

**図表Ⅱ-1-1-2** 世界のICT市場規模（支出額）の推移

(兆円)

予測値

| 年 | 金額 |
|---|---|
| 2012 | 291.1 |
| 2013 | 357.5 |
| 2014 | 377.5 |
| 2015 | 409.7 |
| 2016 | 369.2 |
| 2017 | 396.8 |
| 2018 | 410.1 |
| 2019 | 416.1 |
| 2020 | 413.4 |
| 2021 | 482.5 |
| 2022 | 596.1 |
| 2023 | 657.3 |
| 2024 | 702.1 |

(出典) ガートナー（Statistaより引用）*5

## ② 情報通信産業*6 の国内総生産（GDP）

2022年の情報通信産業の名目GDPは54.7兆円であり、前年（53.9兆円）と比較すると1.5%の増加となった（**図表Ⅱ-1-1-3、図表Ⅱ-1-1-4**）。また、情報通信産業の部門別に名目GDPの推移を見てみると、多くの部門においてほぼ横ばいの傾向が続いている一方で、情報サービス業及びインターネット附随サービス業等は増加傾向にある（**図表Ⅱ-1-1-5**）。

**図表Ⅱ-1-1-3** 主な産業のGDP（名目）

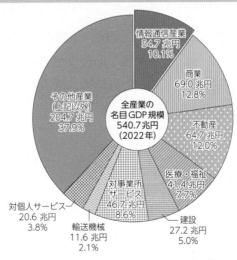

全産業の名目GDP規模 540.7兆円（2022年）

- 情報通信産業 54.7兆円 10.1%
- 商業 69.0兆円 12.8%
- 不動産 64.7兆円 12.0%
- 医療・福祉 41.4兆円 7.7%
- 建設 27.2兆円 5.0%
- 対事業所サービス 46.7兆円 8.6%
- 輸送機械 11.6兆円 2.1%
- 対個人サービス 20.6兆円 3.8%
- その他産業（上記以外）204.7兆円 37.9%

(出典) 総務省（2024）「令和5年度　ICTの経済分析に関する調査」

*5　https://www.statista.com/statistics/268938/global-it-spending-by-segment/
*6　情報通信産業の範囲は、「通信業」、「放送業」、「情報サービス業」、「インターネット附随サービス業」、「映像・音声・文字情報制作業」、「情報通信関連製造業」、「情報通信関連サービス業」、「情報通信関連建設業」、「研究」の9部門としている。

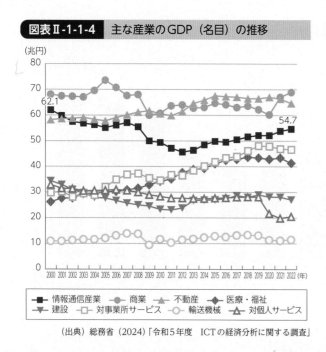

**図表Ⅱ-1-1-4** 主な産業のGDP（名目）の推移

（出典）総務省（2024）「令和5年度　ICTの経済分析に関する調査」

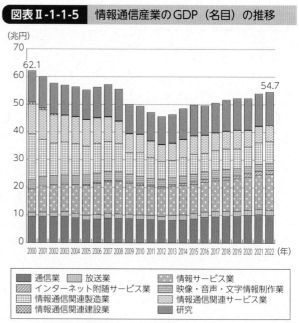

**図表Ⅱ-1-1-5** 情報通信産業のGDP（名目）の推移

（出典）総務省（2024）「令和5年度　ICTの経済分析に関する調査」

## ③ 情報化投資[7]

　2022年の我が国の民間企業による情報化投資は、2015年価格で15.8兆円（前年比0.4％増）であった。情報化投資の種類別では、ソフトウェア（受託開発及びパッケージソフト）が9.7兆円となり、全体の6割近くを占めている。また、2022年の民間企業設備投資に占める情報化投資比率は17.9％（前年差0.2ポイント減）で、情報化投資は設備投資の中でも一定の地位を占めている（**図表Ⅱ-1-1-6**）。

　また、日米の情報化投資の推移を比較すると、米国の情報化投資は、2008年から2009年のリーマンショック時に足踏みしたものの、以降は急速な回復を見せている一方、日本の情報化投資は、リーマンショック直後の落ち込み幅は小さかったものの、以降の回復は米国と比較して緩やかなものとなっている（**図表Ⅱ-1-1-7**）。

---

[7]　ここでは情報通信資本財（電子計算機・同付属装置、電気通信機器、ソフトウェア）に対する投資をいう。近年普及が著しいクラウドサービスの利用は、サービスの購入であり、資本財の購入とは異なるため、ここでの情報化投資に含まれない。

**図表Ⅱ-1-1-6　我が国の情報化投資の推移**

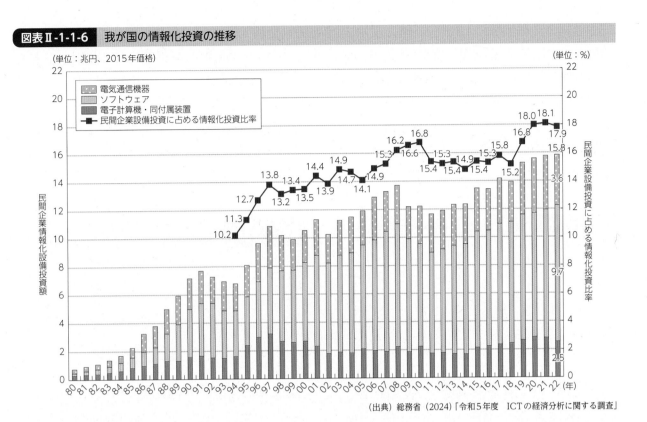

(出典) 総務省 (2024)「令和5年度　ICTの経済分析に関する調査」

**図表Ⅱ-1-1-7　日米の民間情報化投資の比較**

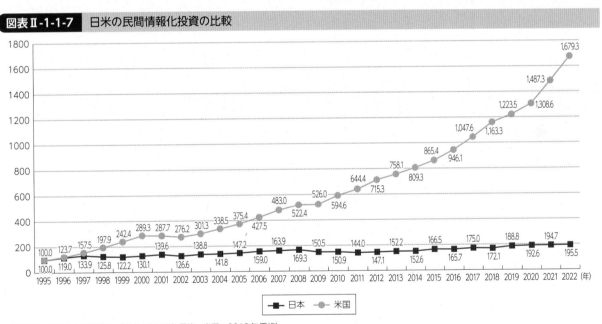

※1995年＝100として指数化（日本：2015年価格、米国：2012年価格）

(出典) 総務省 (2024)「令和5年度　ICTの経済分析に関する調査」

## ④　ICT分野の輸出入

　2022年の財・サービスの輸出入額（名目値）については、すべての財・サービスでは輸出額が107.3兆円、輸入額が152.8兆円となっている。そのうちICT財・サービス*8をみると、輸出額は

---

*8　「ICT財・サービス」は内生77部門表（令和5年版情報通信白書巻末付注4参照）の1〜43、「一般財・サービス」は同表の44〜77を指す。「ICT財」にはパソコン、携帯電話などの通信機器、集積回路等の電子部品、テレビ、ラジオなどが、「ICTサービス」には固定・移動電気通信サービス、放送サービス、ソフトウェア業、新聞・出版などが含まれる。

13.9兆円（全輸出額の13.0%）、輸入額は23.1兆円（全輸入額の15.1%）となっている。ICT財の輸入超過額は5.6兆円（前年比45.6%増）、ICTサービスの輸入超過額は3.6兆円（前年比10.6%増）となっている（**図表Ⅱ-1-1-8**）。

　ICT財・サービスの輸出入額の推移をみると、ICTサービスについては、2005年から一貫して輸入超過となっている。他方、ICT財については、2005年時点では輸出超過であったものの、その後の輸出の減少と輸入の増加に伴い、近時は輸入超過の傾向が続いている。また、ICT財・サービスの輸出額と輸入額のいずれにおいても、ICT財が7割近くを占めている（**図表Ⅱ-1-1-9**）。

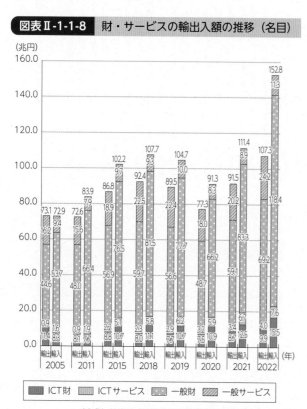

**図表Ⅱ-1-1-8　財・サービスの輸出入額の推移（名目）**

（出典）総務省「情報通信産業連関表」（各年度版）より作成

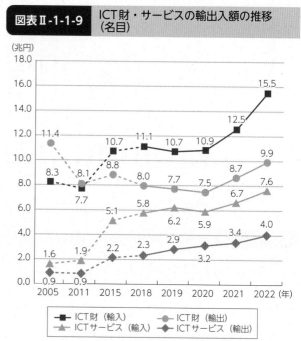

**図表Ⅱ-1-1-9　ICT財・サービスの輸出入額の推移（名目）**

※2005年～2018年の推移は期間に開きがあるため、破線で示している。
（出典）総務省「情報通信産業連関表」（各年度版）を基に作成

　また、デジタル関連サービス収支は近年赤字で推移しており、2023年で5.3兆円の赤字となっている[*9]。このうち、クラウドサービスやオンライン会議システムの利用料といったコンピュータサービスが大宗を占める「通信・コンピュータ・情報サービス」については、シンガポールに対して最大の赤字（3,414億円）となっており、次いでオランダ（3,070億円）、アメリカ（2,304億円）となっている。

**関連データ**　デジタル関連サービスの国別収支（上位3か国）
出典：財務省国際収支統計を基に作成
URL：https://www.soumu.go.jp/johotsusintokei/whitepaper/ja/r06/html/datashu.html#f00110
（データ集）

---

[*9]　ここではコンピュータサービス、著作権等使用料、経営・コンサルティングサービスを指す。財務省国際収支統計より総務省算出。

## ⑤　ICT分野の研究開発の動向

### ❶　研究開発費に関する状況

#### ア　主要国の研究開発費の推移

　2020年の主要国における研究開発費は、米国が76兆9,738億円でトップを維持している。2位以下は中国、EU、日本と続くが、日本の研究開発費は横ばい傾向にあり、主要国上位との差が拡大している状況にある。

**関連データ**　主要国の研究開発費の総額の推移
出典：国立研究開発法人科学技術振興機構　研究開発戦略センター「研究開発の俯瞰報告書（2023年）」
URL：https://www.soumu.go.jp/johotsusintokei/whitepaper/ja/r06/html/datashu.html#f00114
（データ集）

#### イ　我が国の研究開発費に関する状況

　2022年度の我が国の科学技術研究費（以下「研究費」という。）の総額（企業、非営利団体・公的機関及び大学等の研究費の合計）は20兆7,040億円、そのうち企業の研究費は15兆1,306億円となっている。また、企業の研究費のうち、情報通信産業[10]の研究費は3兆6,433億円（24.1%）となっており（**図表Ⅱ-1-1-10**）、近年減少又は横ばいの傾向が続いている（**図表Ⅱ-1-1-11**）。

**図表Ⅱ-1-1-10　企業の研究費の割合（2022年度）**

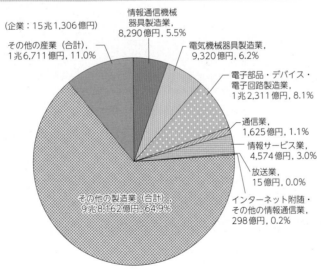

（企業：15兆1,306億円）

情報通信機械器具製造業，8,290億円，5.5%
電気機械器具製造業，9,320億円，6.2%
電子部品・デバイス・電子回路製造業，1兆2,311億円，8.1%
通信業，1,625億円，1.1%
情報サービス業，4,574億円，3.0%
放送業，15億円，0.0%
インターネット附随・その他の情報通信業，298億円，0.2%
その他の製造業（合計），9兆8,162億円，64.9%
その他の産業（合計），1兆6,711億円，11.0%

（出典）総務省「令和5年科学技術研究調査」を基に作成[11]

---

*10 ここでは情報通信機械器具製造業、電気機械器具製造業、電子部品・デバイス・電子回路製造業、情報通信業（情報サービス業、通信業、放送業、インターネット附随・その他の情報通信業）を指す。
*11 https://www.stat.go.jp/data/kagaku/index.html

第1章

ICT市場の動向

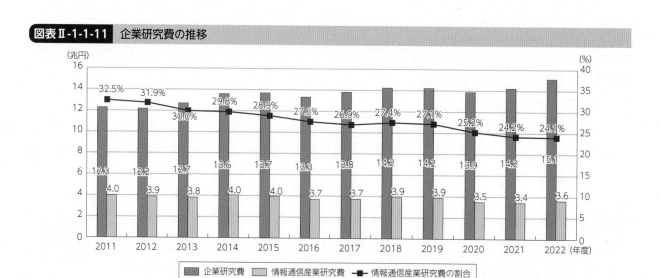

**図表Ⅱ-1-1-11　企業研究費の推移**

（出典）総務省「科学技術研究調査」各年版[*12]を基に作成

## ② 研究開発を担う人材に関する状況

### ア　主要国の研究者数の推移

　主要国における研究者数[*13]は、いずれも増加傾向にある。日本の研究者数は2022年において70.5万人であり、中国（2018年：186.6万人）、米国（2020年：149.3万人）に次ぐ第3位の研究者数の規模である。その他の国の最新年の値を多い順にみると、韓国（2021年：47.1万人）、ドイツ（2021年：46.0万人）、フランス（2021年：34.0万人）、英国（2017年：29.6万人）となっている。

> **関連データ**　主要国における研究者数の推移
> 出典：文部科学省科学技術・学術政策研究所「科学技術指標2023」
> URL：https://www.soumu.go.jp/johotsusintokei/whitepaper/ja/r06/html/datashu.html#f00125
> （データ集）

### イ　我が国の研究者数

　2022年度末の我が国の研究者数（企業、非営利団体・公的機関及び大学等の研究者数の合計）は91万393人、そのうち企業の研究者数は53万587人となっている。また、企業の研究者数のうち、情報通信産業の研究者数は15万3,854人（29.0%）となっており、近年減少傾向となっている（**図表Ⅱ-1-1-12**）。

---

[*12] https://www.stat.go.jp/data/kagaku/index.html
[*13] 研究業務を専従換算し計測したもの。

**図表Ⅱ-1-1-12** 企業研究者数の推移

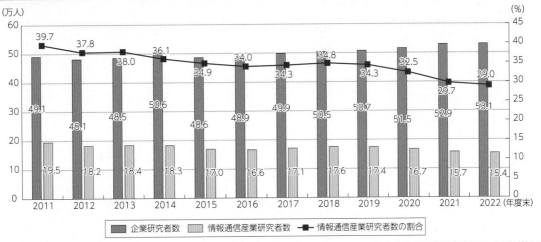

（出典）総務省「科学技術研究調査」各年版[14]を基に作成

**関連データ**　企業の研究者数の産業別割合（2023年3月31日現在）

出典：総務省「令和5年科学技術研究調査」により作成
URL：https://www.soumu.go.jp/johotsusintokei/whitepaper/ja/r06/html/datashu.html#f00127
（データ集）

## ❸ 特許に関する状況

　米国への特許出願数は、2021年は59.1万件である。非居住者からの出願数の割合が近年増加傾向にあり、米国の市場が海外にとって魅力的であることを示唆している。日本への出願数は、2021年は28.9万件で、中国、米国に次ぐ規模であるものの2000年代半ばから特許出願数は減少傾向にあり、差が開いている状況である。

　日米中におけるパテントファミリー数[15]の技術分野別割合の推移をみると、米国及び中国では「情報通信技術」の割合が増加しているのに対し、日本では停滞していることがわかる（**図表Ⅱ-1-1-13**）。

---

＊14　https://www.stat.go.jp/data/kagaku/index.html
＊15　パテントファミリーとは、優先権によって直接、間接的に結び付けられた2か国以上への特許出願の束である。通常、同じ内容で複数の国に出願された特許は、同一のパテントファミリーに属する。したがって、パテントファミリーをカウントすることで、同じ出願を2度カウントすることを防ぐことが出来る。つまり、パテントファミリーの数は、発明の数とほぼ同じと考えられる。
　　　https://www.nistep.go.jp/sti_indicator/2023/RM328_45.html

**図表Ⅱ-1-1-13** 日米中におけるパテントファミリー数の技術分野別割合の推移

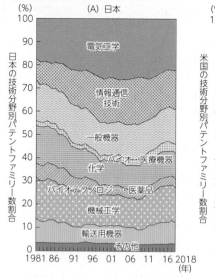
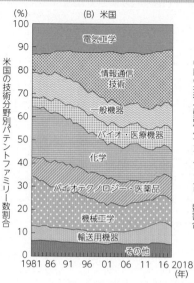
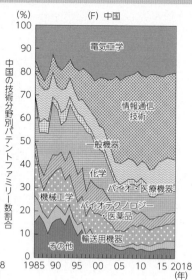

（出典）文部科学省科学技術・学術政策研究所「科学技術指標2023」

**関連データ**　主要国への特許出願状況と主要国からの特許出願状況の推移

出典：文部科学省科学技術・学術政策研究所「科学技術指標2023」
URL：https://www.soumu.go.jp/johotsusintokei/whitepaper/ja/r06/html/datashu.html#f00129
（データ集）

## ❹ ICT分野における国内外の主要企業の研究開発の動向

　国内外の大手情報通信関連企業の、2022年の売上高に対する研究開発費の比率は、IBMなどの一部企業を除くと10%未満にとどまっている（**図表Ⅱ-1-1-14**）。

　日本の大手通信事業者の2022年の売上高に対する研究開発費の比率は、NTTで2%、KDDI・ソフトバンクで1%未満であるのに対して、GAFAM[16]はAppleを除くと10%～35%程度あり、研究開発に積極的であることが伺える（**図表Ⅱ-1-1-15**）。

---

*16 Alphabet（Google）、Amazon、Meta（facebook）、Apple、Microsoft

図表Ⅱ-1-1-14　通信事業者・通信機器・ITサービス事業者の研究開発費の比較（2022年）

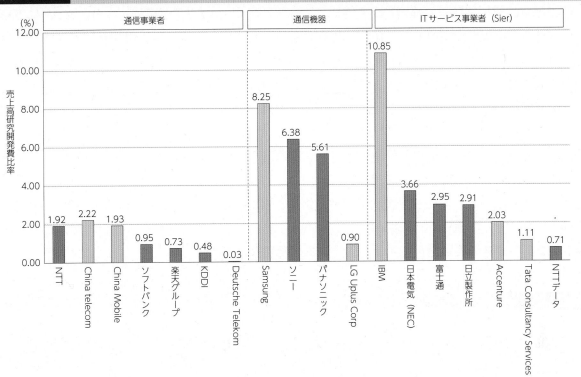

（出典）各企業のアニュアルレポート等を基に作成

図表Ⅱ-1-1-15　日本の大手事業者とGAFAMの研究開発費の比較（2022年）

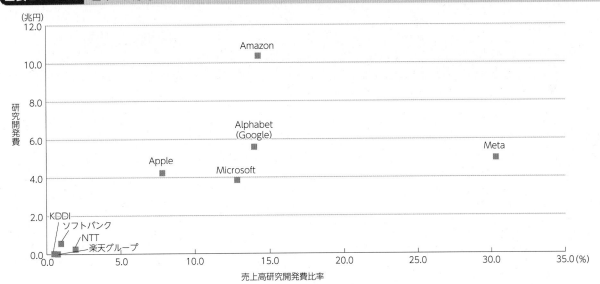

（出典）各企業のアニュアルレポート等を基に作成

## ❺ ICT分野における新たな技術の研究開発例：IOWN光電融合デバイス

　「IOWN（Innovative Optical and Wireless Network）構想」とは、NTTが主導するあらゆる情報を基に個と全体との最適化を図り、多様性を受容できる豊かな社会を創るため、光を中心とした革新的技術を活用し、これまでのインフラの限界を超えた高速大容量通信ならびに膨大な計算リソース等を提供可能な、端末を含むネットワーク・情報処理基盤の構想である。

　IOWN構想における光電融合技術は、電気信号を扱う回路と光信号を扱う回路を融合する技術であり、サーバー間連携やコンピュータ内部の通信などで大量のデータを高速転送する必要がある

場合に特に重要となる。光電融合デバイスは、電子デバイスと光デバイスを一つのシステムに統合することで、データ転送の速度を向上させ、エネルギー効率の改善が可能となり、IOWN構想において必要不可欠な存在である。IOWN2.0で開発されるボード接続用光電融合デバイスは、タイル型光エンジンによりボード間の光接続を実現するもので、装置の低消費電力化とパフォーマンス向上を図っている。これにより、APN（All-Photonics Network）の低遅延化だけでなく大容量・低消費電力化も促進される。さらにIOWN3.0で開発されるチップ間接続用光電融合デバイスは、光電融合部をパッケージ内シリコン（ダイ）の横に設置し、パッケージ間の光接続を実現し、ボードのさらなる小型化と低消費電力化が可能となる。IOWN2.0ではボード間接続の光化、IOWN3.0ではチップ間接続の光化、IOWN4.0ではチップ内の光化が実現予定である。2025年度にはIOWN2.0としてボード接続用デバイスを、2028年度にはIOWN3.0としてチップ間向けデバイスを、そして2032年度以降にはIOWN4.0としてチップ内光化を達成し、電力効率100倍の新たなデバイスの実現を目指すとされている（**図表Ⅱ-1-1-16**)[17]。

**図表Ⅱ-1-1-16**　IOWN光電融合デバイス開発

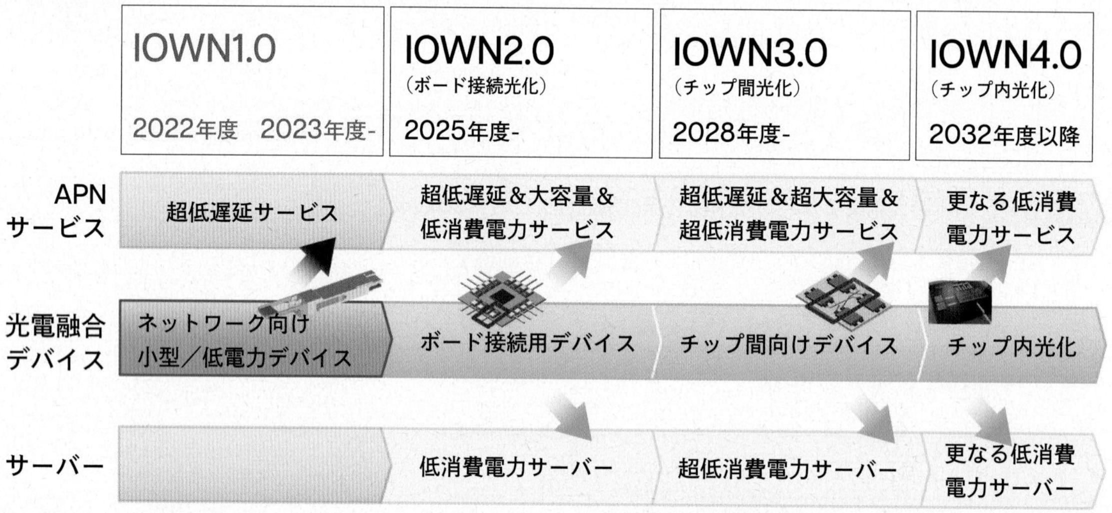

（出典）日本電信電話株式会社（2023）「IOWN Technology Report2023」

---

*17　https://www.rd.ntt/download/NTT_IOWN_TR2023_J.pdf（2023/12/22参照）

## 第2節　電気通信分野の動向

### ① 国内外における通信市場の動向

　世界の固定ブロードバンドサービスの契約数[1]は、いずれのエリアも2005年以降増加傾向にある（**図表Ⅱ-1-2-1**）。特にアジア太平洋は2015年以降大幅に増加しており、2023年には8.5億と8億を超えており、2005年から2023年までの年平均成長率は14.0%である。契約者数が2番目に多い南北アメリカは年平均成長率が8.1%、3番目に多い欧州は同7.7%となっている。

　携帯電話の契約数[2]についても、いずれのエリアにおいても増加傾向にある。2005年から2023年の推移で契約数が最も多いのはアジア太平洋であり、2023年時点で49億3,900万、年平均成長率については10.4%である。次いで契約者の多い順に、南北アメリカ（年平均成長率5.2%）、アフリカ（同15.0%）、欧州（同2.1%）、アラブ（同10.2%）、CIS（同5.7%）であり、アフリカが最も急速に携帯電話契約数が拡大した。（**図表Ⅱ-1-2-2**）。

**図表Ⅱ-1-2-1　固定ブロードバンド契約数の推移（エリア別）**

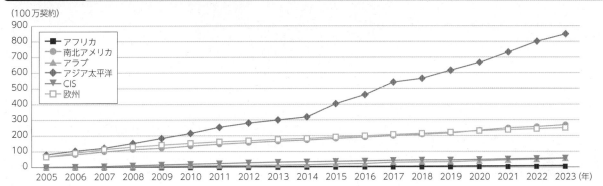

※ITU統計。Fixed-broadband subscriptionsを掲載。固定ブロードバンドは、上り回線又は下り回線のいずれか又は両方で256kbps以上の通信速度を提供する高速回線を指す。高速回線には、ケーブルモデム、DSL、光ファイバ及び衛星通信、固定無線アクセス、WiMAXなどが含まれ、移動体網（セルラー方式）を利用したデータ通信の契約数は含まれない。

（出典）ITU[3]

**図表Ⅱ-1-2-2　携帯電話契約数の推移（エリア別）**

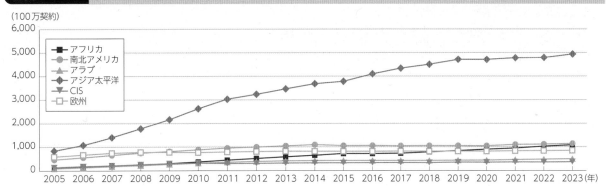

※ITU統計。Mobile-cellular subscriptionsを掲載。契約数には、ポストペイド型契約及びプリペイド型契約の契約数が含まれる。ただし、プリペイド型契約の場合は、一定期間（3か月など）利用した場合のみ含まれる。データカード、USBモデム経由は、含まれない。

（出典）ITU[4]

---

*1　ITU統計。Fixed-broadband subscriptionsを掲載。固定ブロードバンドは、上り回線又は下り回線のいずれか又は両方で256kbps以上の通信速度を提供する高速回線を指す。高速回線には、ケーブルモデム、DSL、光ファイバ及び衛星通信、固定無線アクセス、WiMAXなどが含まれ、移動体網（セルラー方式）を利用したデータ通信の契約数は含まれない。
*2　ITU統計。Mobile-cellular subscriptionsを掲載。契約数には、ポストペイド型契約及びプリペイド型契約の契約数が含まれる。ただし、プリペイド型契約の場合は、一定期間（3か月など）利用した場合のみ含まれる。データカード、USBモデム経由は、含まれない。
*3　https://www.itu.int/en/ITU-D/Statistics/Pages/stat/default.aspx
*4　https://www.itu.int/en/ITU-D/Statistics/Pages/stat/default.aspx

## ② 我が国における電気通信分野の現状

### ❶ 市場規模

　2022年度の電気通信業に係る売上高の合計は、約15兆円と推計される。内訳をみると、データ伝送（固定及び移動）が約9.3兆円（62.4%）、音声伝送（同）が約4.4兆円（29.5%）となっている（**図表Ⅱ-1-2-3**）。

**図表Ⅱ-1-2-3** 電気通信業の売上高構成比

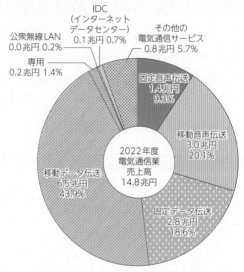

IDC（インターネットデータセンター）0.1兆円 0.7%
公衆無線LAN 0.0兆円 0.2%
その他の電気通信サービス 0.8兆円 5.7%
専用 0.2兆円 1.4%
固定音声伝送 1.4兆円 9.3%
移動音声伝送 3.0兆円 20.1%
2022年度電気通信業売上高 14.8兆円
移動データ伝送 6.5兆円 43.9%
固定データ伝送 2.8兆円 18.6%

※1　「固定音声伝送」は、国内サービスと国際サービスの合計。
※2　「固定データ伝送」には、インターネットアクセス（ISP、FTTH等）、IP-VPN、広域イーサネットによる売上を含む。

（出典）総務省「2023年情報通信業基本調査」*5を基に作成

### ❷ 事業者数

　2023年度末の電気通信事業者数は2万5,534者（登録事業者338者、届出事業者2万5,196者）であり、前年度に引き続き増加傾向となっている（**図表Ⅱ-1-2-4**）。

**図表Ⅱ-1-2-4** 電気通信事業者数の推移

| 年度末 | 2016 | 2017 | 2018 | 2019 | 2020 | 2021 | 2022 | 2023 |
|---|---|---|---|---|---|---|---|---|
| 電気通信事業者数 | 18,177 | 19,079 | 19,818 | 20,947 | 21,913 | 23,111 | 24,272 | 25,534 |

（出典）情報通信統計データベース*6

### ❸ インフラの整備状況

　2023年3月末の我が国の光ファイバ整備率（世帯カバー率）は、99.84%となっている（**図表Ⅱ-1-2-5**）。

---

*5　https://www.soumu.go.jp/johotsusintokei/statistics/statistics07.html
*6　https://www.soumu.go.jp/johotsusintokei/field/tsuushin04.html

**図表Ⅱ-1-2-5** 我が国の光ファイバ整備率（2023年3月末）（推計）

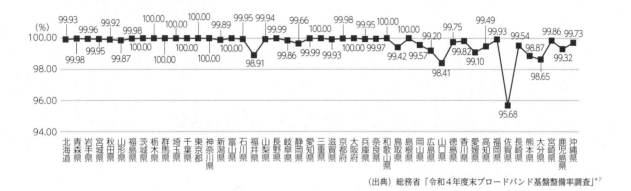

全国の光ファイバ整備率

令和5年3月末　**99.84%**（未整備約10万世帯）

※住民基本台帳等に基づき、事業者情報等から一定の仮定の下に推計したエリア内の利用可能世帯数を総世帯数で除したもの（小数点第三位以下を四捨五入）。

都道府県別の光ファイバ整備率

（出典）総務省「令和4年度末ブロードバンド基盤整備率調査」[7]

　なお、OECDによると、我が国の固定系ブロードバンドに占める光ファイバの割合は2023年6月時点において加盟国中第2位であり、我が国のデジタルインフラは国際的にみても普及が進んでいる。

**関連データ**　OECD加盟各国の固定系ブロードバンドに占める光ファイバの割合
出典：OECD Broadband statistics. 1.10. Percentage of fibre connections in total fixed broadband, June 2023
URL：https://www.soumu.go.jp/johotsusintokei/whitepaper/ja/r06/html/datashu.html#f00141
（データ集）

　また、2023年3月末時点で、我が国の全国の5G人口カバー率は96.6%、都道府県別にみるとすべての都道府県で80%を超えた（**図表Ⅱ-1-2-6**）。

第1章　ICT市場の動向

### 図表II-1-2-6　我が国の5G人口カバー率（2023年3月末）

全国の5G人口カバー率　（2023年3月末）

## 96.6%

（2022年3月末　93.2%）

※携帯キャリア4者のエリアカバーを重ね合わせた数字。
小数点第2位以下を四捨五入。

都道府県別の5G人口カバー率　（2023年3月末）

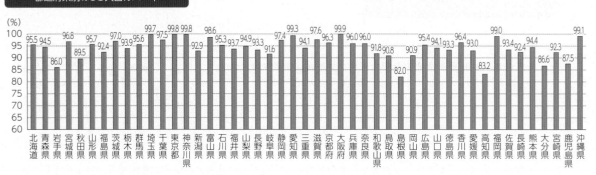

## ④ トラヒックの状況

我が国の固定系ブロードバンドサービス契約者の総ダウンロードトラヒックは、新型コロナウイルス感染症の発生後に急増した。その後も、増減率の変動はあるものの、総じて増加を続けており、2023年11月時点では前年同月比18.1%増となっている。移動通信の総ダウンロードトラヒックについても、総じて増加を続けており、2023年11月時点では前年同月比19.6%増となっている（**図表II-1-2-7**）。

### 図表II-1-2-7　インターネットトラヒックの推移（固定系・移動系、ダウンロードトラヒック）

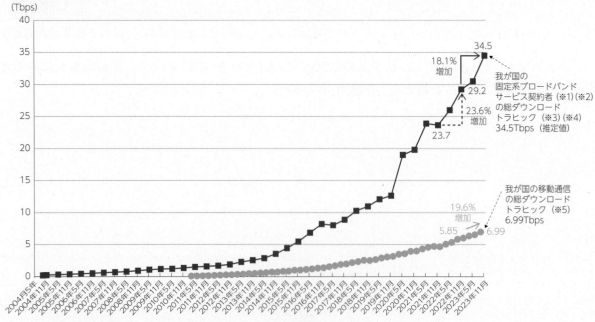

※1　個人の利用者向け固定系ブロードバンドサービス（FTTH、DSL、CATV及びFWA）
※2　一部の法人契約者を含む
※3　2011年5月以前は、携帯電話網との間の移動通信トラヒックの一部が含まれる
※4　2017年5月から協力ISPが5社から9社に増加し、9社からの情報による集計値及び推計値としたため、不連続が生じている
※5　『総務省　我が国の移動通信トラヒックの現状（令和5年9月分）』より引用（3月、6月、9月、12月に計測）

（出典）総務省（2024）「我が国のインターネットにおけるトラヒックの集計結果（2023年11月分）」*8

＊8　https://www.soumu.go.jp/main_content/000929698.pdf

## ❺ ブロードバンドの利用状況

　2023年12月末の固定系ブロードバンドの契約数[*9]は4,659万（前年同期比1.3%増）であり、移動系超高速ブロードバンドの契約数[*10]のうち、3.9-4世代携帯電話（LTE）は1億2,088万（前年同期比7.1%減）、5世代携帯電話は8,651万（前年同期比2,335万増）、BWAは8,682万（前年同期比4.7%増）となっている（**図表Ⅱ-1-2-8**）。

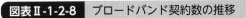

**図表Ⅱ-1-2-8　ブロードバンド契約数の推移**

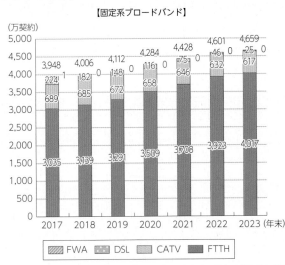
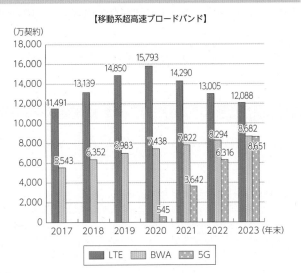

※過去の数値については、事業者報告の修正があったため、昨年の公表値とは異なる。

（出典）総務省「電気通信サービスの契約数及びシェアに関する四半期データの公表（令和5年度第3四半期（12月末））」[*11]を基に作成

## ❻ 衛星通信

　通信衛星には、静止衛星[*12]及び非静止衛星[*13]があり、広域性、同報性、耐災害性などの特長を生かして、通信インフラが整備されておらず携帯電話などの地上系ネットワークの利用が困難な離島・山間部との通信、船舶・航空機などに対する通信に活用されているほか、自然災害等の非常時における通信手段となっている。

---

**関連データ**　我が国が通信サービスとして利用中の主な静止衛星（2023年度末）

URL：https://www.soumu.go.jp/johotsusintokei/whitepaper/ja/r06/html/datashu.html#f00149
（データ集）

---

**関連データ**　我が国が通信サービスとして利用中の主な非静止衛星（2023年度末）

URL：https://www.soumu.go.jp/johotsusintokei/whitepaper/ja/r06/html/datashu.html#f00150
（データ集）

---

*9　固定系ブロードバンド契約数は、FTTH、CATV（同軸・HFC）、DSL及びFWAの契約数の合計。
*10　LTE、BWA、5Gの契約数であり、3GやPHSの契約数は含まれていない。
*11　https://www.soumu.go.jp/menu_news/s-news/01kiban04_02000238.html
*12　赤道上高度約3万6,000kmの軌道を地球の自転と同期して周回する人工衛星。3基の衛星で極地域を除く地球全体をカバーすることが可能。
*13　一般に静止軌道よりも低い高度を周回している人工衛星。軌道高度が低いため静止衛星に比較して伝送遅延が小さく、高速大容量の通信が可能であり、極地域の通信も可能である一方、衛星が上空を短時間で移動してしまうことから多数の衛星の同時運用が必要となる。

### ❼ 音声通信サービスの加入契約数の状況

　近年、固定通信（NTT東西加入電話（ISDNを含む。）、直収電話[*14]及びCATV電話。0ABJ型IP電話を除く。）の契約数は減少傾向にある一方、移動通信（携帯電話、PHS及びBWA）及び0ABJ型IP電話の契約数は堅調な伸びを示しており、2023年12月末時点には移動通信の契約数は固定通信の契約数の約15.8倍になっている（**図表Ⅱ-1-2-9**）。

　また、2023年12月末時点における移動系通信市場の契約数における事業者別シェアは、NTTドコモが34.9％（前年同期比1.2ポイント減、MVNOへの提供に係るものを含めると40.7％）、KDDIグループが26.8％（同0.2ポイント減、同30.5％）、ソフトバンクが20.4％（同0.5ポイント減、同25.9％）、楽天モバイルが2.6％（同0.4ポイント増）、MVNOが15.2％（同1.4ポイント増）となっている（**図表Ⅱ-1-2-10**）。

**図表Ⅱ-1-2-9　音声通信サービスの加入契約数の推移**

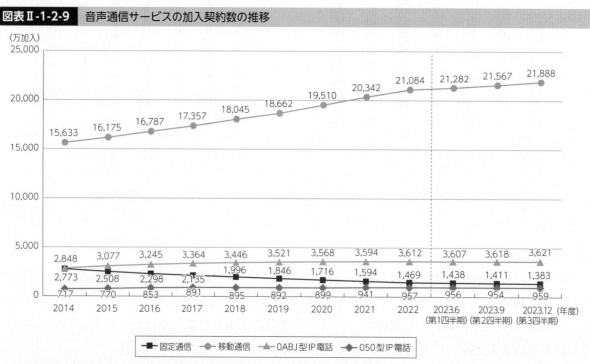

※1　2023年度については12月末までのデータを使用しているため、経年比較に際しては注意が必要。
※2　移動通信は携帯電話、PHS及びBWAの合計。
※3　移動系通信については、「グループ内取引調整後」の数値。「グループ内取引調整後」とは、MNOが同一グループ内のMNOからMVNOの立場として提供を受けた携帯電話やBWAサービスを自社サービスと併せて一つの携帯電話などで提供する場合に、2契約ではなく1契約として集計するように調整したもの。
※4　2015年度第4四半期よりMVNOサービスの区分別契約数が報告事項に追加されたため、2014年度第4四半期以前と2015年度第4四半期以降で、グループ内取引調整後の契約数等の算出方法が異なっている。
（出典）総務省「電気通信サービスの契約数及びシェアに関する四半期データの公表（令和5年度第3四半期（12月末））」を基に作成

---

[*14] 直収電話とは、NTT東西以外の電気通信事業者が提供する加入電話サービスで、直加入電話、直加入ISDN、新型直収電話、新型直収ISDNを合わせたものである。

**図表Ⅱ-1-2-10**　移動系通信の契約数（グループ内取引調整後）における事業者別シェアの推移

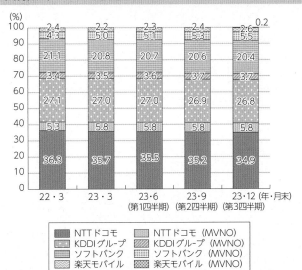

※1　「グループ内取引調整後」とは、MNOが同一グループ内のMNOからMVNOの立場として提供を受けた携帯電話やBWAサービスを自社サービスと併せて一つの携帯電話などで提供する場合に2契約ではなく1契約として集計するように調整したもの。
※2　KDDIグループのシェアには、KDDI、沖縄セルラー及びUQコミュニケーションズが含まれる。
※3　MVNOのシェアを提供元のMNOグループごとに合算し、当該MNOグループ名の後に「（MVNO）」と付記して示している。
※4　楽天モバイルのシェアは、MNOとしてのシェア。楽天モバイルが提供するMVNOサービスは、「NTTドコモ（MVNO）」及び「KDDIグループ（MVNO）」に含まれる。

（出典）総務省「電気通信サービスの契約数及びシェアに関する四半期データの公表（令和5年度第3四半期（12月末））」を基に作成

## ⑧　電気通信料金の国際比較

　通信料金を東京（日本）、ニューヨーク（米国）、ロンドン（英国）、パリ（フランス）、デュッセルドルフ（ドイツ）、ソウル（韓国）の6都市について比較すると、2024年3月時点の東京のスマートフォン（4G、MNOシェア1位の事業者、新規契約の場合）の料金は、中位の水準となっている。

　また、固定電話の料金は、基本料及び平日12時に3分間通話した場合の市内通話料金について中位の水準となっている。

---

● **関連データ**　モデルによる携帯電話料金の国際比較（2023年度）

出典：総務省「令和5年度電気通信サービスに係る内外価格差調査」
URL：https://www.soumu.go.jp/johotsusintokei/whitepaper/ja/r06/html/datashu.html#f00161
（データ集）

---

● **関連データ**　個別料金による固定電話料金の国際比較（2023年度）

出典：総務省「令和5年度電気通信サービスに係る内外価格差調査」
URL：https://www.soumu.go.jp/johotsusintokei/whitepaper/ja/r06/html/datashu.html#f00162
（データ集）

---

## ⑨　電気通信サービスの事故の発生状況

　2022年度に報告のあった四半期ごとの報告を要する事故は7,500件であり、そのうち、重大な事故[15]は10件であり、2019年度以降増加傾向にある（**図表Ⅱ-1-2-11**）。

---

*15　電気通信事業法第28条「総務省令で定める重大な事故が生じたときは、その旨をその理由又は原因とともに、遅滞なく、総務大臣に報告しなければならない」に該当する事故。

**図表Ⅱ-1-2-11** 重大な事故発生件数の推移

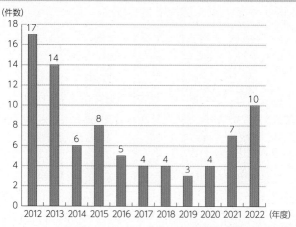

（出典）総務省「電気通信サービスの事故発生状況（令和４年度）」*16

## ❿ 電気通信サービスに関する苦情・相談、違法有害情報に関する相談

### ア　電気通信サービスに関する苦情・相談など

　2023年度に総務省に寄せられた電気通信サービスの苦情・相談などの件数は13,348件であり、前年度から減少した（**図表Ⅱ-1-2-12**）。また、全国の消費生活センター等及び総務省で受け付けた苦情・相談の内容をサービス別にみると、「MNOサービス」に関するものが最も高い（**図表Ⅱ-1-2-13**）。

**図表Ⅱ-1-2-12** 総務省に寄せられた苦情・相談などの件数の推移

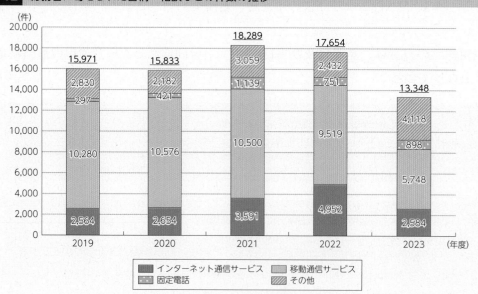

*16　https://www.soumu.go.jp/menu_news/s-news/01kiban05_02000302.html
　　※事業者からの報告件数。なお、重大な事故については、2008年度から、電気通信役務の品質が低下した場合も重大な事故に該当することとなり、さらに、2015年度から、電気通信サービス一律ではなく、電気通信サービスの区分別の報告基準が定められており、年度ごとの推移は単純には比較できない。

**図表Ⅱ-1-2-13**　全国の消費生活センター及び総務省で受け付けた苦情・相談等の内訳
（2022年4月〜2023年3月に受け付けたものから無作為抽出）

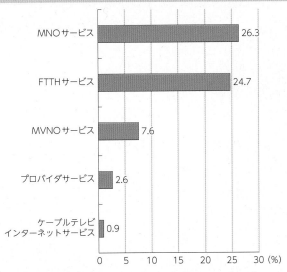

※FTTH回線と一体的に提供されるISPサービスが「プロバイダサービス」のみに計上されている可能性がある。

（出典）総務省「消費者保護ルール実施状況のモニタリング定期会合（第15回）」

## イ　違法・有害情報に関する相談など

　総務省が運営を委託する違法・有害情報相談センターで受け付けている相談件数は高止まり傾向にあり、2023年度の相談件数は、6,463件であった（**図表Ⅱ-1-2-14**）。2023年度における相談件数の上位5事業者は、X（旧Twitter）、Google、Meta、LINEヤフー、5ちゃんねるとなっている（**図表Ⅱ-1-2-15**）。

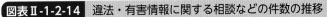

**図表Ⅱ-1-2-14**　違法・有害情報に関する相談などの件数の推移

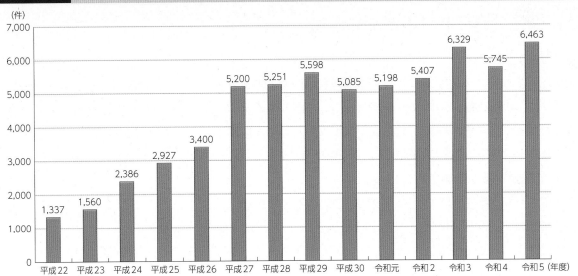

**図表Ⅱ-1-2-15** 違法・有害情報相談センター相談件数の事業者別の内訳

相談（作業）件数の内訳：事業者/サービス別（n=7,161）＜令和5年度＞ ※相談（作業）件数 6,463件を対象

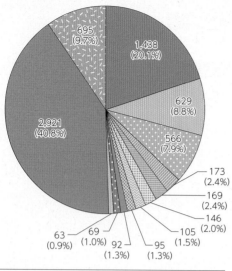

| 事業者/サービス名等 | | | 件数 | 割合 |
|---|---|---|---|---|
| X（旧Twitter） | | | 1,438 | 20.1% |
| Google（合計） | | | 629 | 8.8% |
| | 検索 | | 230 | |
| | map | | 204 | |
| | YouTube | | 164 | |
| | その他 | | 31 | |
| Meta（合計） | | | 566 | 7.9% |
| | Instagram | | 422 | |
| | Facebook | | 139 | |
| | threads | | 5 | |
| 5ちゃんねる | | | 173 | 2.4% |
| 爆サイ | | | 169 | 2.4% |
| LINEヤフー*（合計） | | | 215 | 3.0% |
| | LINE（合計） | | 146 | 2.0% |
| | ヤフー（合計） | | 69 | 1.0% |
| | | ヤフー検索 | 18 | |
| | | ヤフー（その他） | 51 | |
| ライブドアブログ | | | 105 | 1.5% |
| たぬき掲示板 | | | 95 | 1.3% |
| TikTok | | | 92 | 1.3% |
| FC2（合計） | | | 63 | 0.9% |
| 上記以外の事業者/サービス等 | | | 2,921 | 40.8% |
| その他・不明 | | | 695 | 9.7% |

凡例：
- X（旧Twitter）
- Google（合計）
- Meta（合計）
- 5ちゃんねる
- 爆サイ
- LINE（合計）
- ライブドアブログ
- たぬき掲示板
- TikTok
- ヤフー（合計）
- FC2（合計）
- 上記以外の事業者/サービス等
- その他・不明

＊ 「LINEヤフー（合計）」は、LINEとヤフーが合併した令和5年10月1日以前も含めた「LINE合計」と「ヤフー合計」の合計件数
※1 相談（作業）件数を集計したものであり、個別の相談が権利侵害にあたるか相談センターでは判断していない。
※2 作業件数につき、複数のサービスを回答する場合もあるため、作業件数（6,463件）と上記グラフの総計（7,161件）が一致しない。
※3 相談によっては同じサービスを複数回答する場合もあるため、厳密な統計情報とはいえない。
※4 独自ドメインを利用しているものがあり、実際のドメインが判明しない場合がある。

## (3) 通信分野における新たな潮流

### 1 Web3

　Web3は、ブロックチェーン技術を基盤とする分散型ネットワーク環境又はインターネットの概念を指す言葉であり、ブロックチェーン、NFT等のテクノロジーを総称する言葉としても使われている。A.T.カーニーによれば、Web3のグローバル市場は2021年の5兆円から2027年には約13倍の67兆円に成長し、国内市場は2021年の約0.1兆円から2027年には20倍を超える約2.4兆円まで成長すると予測されている。

　ここでいう市場規模はWeb3関連事業での売上であり、①プロトコル（ブロックチェーンインフラそのものを活用したビジネス、暗号資産のトランザクション手数料等）②アプリケーション（ブロックチェーンを活用したビジネス、ブロックチェーンゲームのゲーム内課金等）③コンテンツ・IP（プロトコル・アプリケーションに付与されるブランド・アニメ等の価値、NBAトレーディングカードを利用したブロックチェーンゲーム等）が含まれる。Web3の実用化について、NFTを活用する大企業が増加しており、アシックスはNFTシューズの販売等を行っている[17]。

---

＊17 https://corp.asics.com/jp/press/article/2021-07-13-1

関連データ　Web3関連の市場規模

出典：A.T.カーニー「劇的に変化するWeb3市場」[18] を基に作成
URL：https://www.soumu.go.jp/johotsusintokei/whitepaper/ja/r06/html/datashu.html#f00171
（データ集）

## ❷ NTN（Non-Terrestrial Network：非地上系ネットワーク）

　非地上系ネットワーク（NTN：Non-Terrestrial Network）は、移動通信ネットワークについて、地上に限定せず、海や空、宇宙に至るすべてを多層的につなげるHAPS（High Altitude Platform Station）、衛星通信などによって、通信インフラが整備されていない地域にもシームレスに通信サービスを提供することが可能となる。（**図表Ⅱ-1-2-16**）。

　5Gのカバレッジ拡張としての活用も期待されており、5G NTNの市場規模は2023年の49億ドルから2026年には88億ドルに成長すると予測されている（**図表Ⅱ-1-2-17**）。

**図表Ⅱ-1-2-16　衛星・HAPSによる通信サービスの提供イメージ**

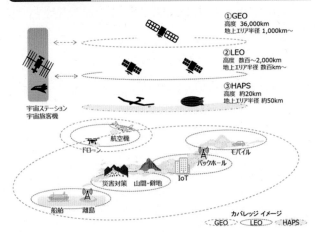

（出典）NTTドコモ[19]

**図表Ⅱ-1-2-17　世界の5GNTN市場規模予測**

（出典）TrendForce[20]

　HAPSについては、携帯電話事業者等により、携帯電話基地局としての導入に向けて、無線機器や機体の開発等の準備が進められており、2026年に実用サービスを開始することが発表されている。

　また、衛星通信については、多数の非静止衛星を一体的に運用する「衛星コンステレーション」による通信サービスの提供が欧米企業を中心に活発化しており、例えば、SpaceX社が提供する衛星通信サービス「Starlink」は、高速大容量の通信が可能であり利用者は全世界で300万人を超えている（2024年5月現在）。我が国の事業者は、これらの企業への出資や業務提携などによって、国内サービスを展開している。また、通信速度の高速化により、ブロードバンドサービスへの利用や携帯基地局のバックホールへの導入等が行われている。

関連データ　「Starlink」の速度推移

出典：IIJ Engineers Blog（株式会社インターネットイニシアティブ）
URL：https://www.soumu.go.jp/johotsusintokei/whitepaper/ja/r06/html/datashu.html#f00174
（データ集）

---

＊18 https://www.jp.kearney.com/issue-papers-perspectives/web3-market-growth-scenario
＊19 https://www.docomo.ne.jp/info/news_release/2022/01/17_01.html
＊20 https://www.trendforce.com/presscenter/news/20230413-11642.html

# 第3節　放送・コンテンツ分野の動向

## ① 放送

### ① 放送市場の規模

#### ア　放送事業者の売上高等

　我が国では、放送は、受信料収入を経営の基盤とするNHKと、広告収入又は有料放送の料金収入を基盤とする民間放送事業者の二元体制により行われている。また、放送大学学園が、教育のための放送を行っている。

　放送事業収入及び放送事業外収入を含めた放送事業者全体の売上高は、2021年度から減少し、2022年度は3兆6,845億円（前年度比0.8％減）となった。

　内訳をみると、地上系民間基幹放送事業者の売上高総計が2兆1,623億円（前年度比0.4％減）、衛星系民間放送事業者の売上高総計が3,370億円（前年度比1.4％減）、ケーブルテレビ事業者の売上高総計が4,880億円（前年度比2.2％減）、NHKの経常事業収入が6,972億円（前年度比1.1％減）となった（**図表Ⅱ-1-3-1**）。

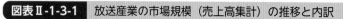

**図表Ⅱ-1-3-1**　放送産業の市場規模（売上高集計）の推移と内訳

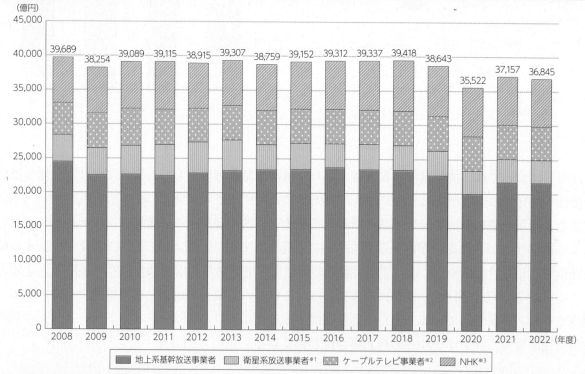

※1　衛星放送事業に係る営業収益を対象に集計。
※2　ケーブルテレビ事業者は、2010年度までは自主放送を行う旧有線テレビジョン放送法の旧許可施設（旧電気通信役務利用放送法の登録を受けた設備で、当該施設と同等の放送方式のものを含む。）を有する営利法人、2011年度からは有線電気通信設備を用いて自主放送を行う登録一般放送事業者（営利法人に限る。）を対象に集計（いずれも、IPマルチキャスト方式による事業者などを除く。）。
※3　NHKの値は、経常事業収入。
※4　ケーブルテレビなどを兼業しているコミュニティ放送事業者は除く。

（出典）総務省「民間放送事業者の収支状況」及びNHK「財務諸表」各年度版を基に作成

　また、2023年の地上系民間基幹放送事業者の広告費は、1兆7,234億円となっており、内訳は、テレビジョン放送事業に係るものが1兆6,095億円、ラジオ放送事業に係るものが1,139億円であ

る[*1]。

● **関連データ**　地上系民間基幹放送事業者の広告費の推移

出典：電通「日本の広告費」により作成
URL：https://www.soumu.go.jp/johotsusintokei/whitepaper/ja/r06/html/datashu.html#f00178
（データ集）

### イ　民間放送事業者の経営状況

　地上系民間基幹放送事業者（2022年度の売上高営業利益率4.9%）、衛星系民間放送事業者（同6.6%）及びケーブルテレビ事業者（同8.5%）は、いずれも2021年度に引き続き黒字を確保している（**図表Ⅱ-1-3-2**）。

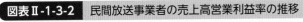

**図表Ⅱ-1-3-2**　民間放送事業者の売上高営業利益率の推移

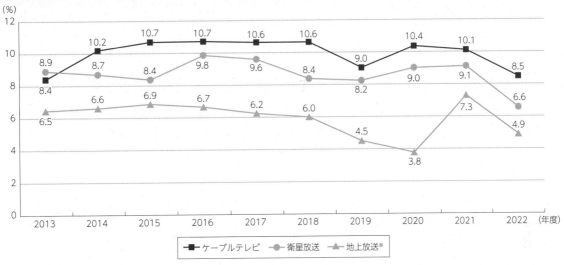

※コミュニティ放送を除く地上基幹放送

（出典）総務省「民間放送事業者の収支状況」各年度版などを基に作成

### ❷　事業者数

　2023年度末における民間放送事業者数の内訳は、地上系民間基幹放送事業者が537社（うちコミュニティ放送を行う事業者が342社）、衛星系民間放送事業者が41社となっている（**図表Ⅱ-1-3-3**）。

---

*1　広告市場全体については、本節2「2　広告」を参照。

**図表Ⅱ-1-3-3　民間放送事業者数の推移**

| 年度末 | | | 2010 | 2011 | 2012 | 2013 | 2014 | 2015 | 2016 | 2017 | 2018 | 2019 | 2020 | 2021 | 2022 | 2023 |
|---|---|---|---|---|---|---|---|---|---|---|---|---|---|---|---|---|
| 地上系 | テレビジョン放送（単営） | VHF | 16 | 93 | 93 | 94 | 94 | 98 | 94 | 94 | 95 | 95 | 95 | 96 | 96 | 96 |
| | | UHF | 77 | | | | | | | | | | | | | |
| | ラジオ放送（単営） | 中波（AM）放送 | 13 | 13 | 13 | 14 | 14 | 14 | 14 | 14 | 15 | 15 | 15 | 16 | 16 | 16 |
| | | 超短波（FM）放送 | 298 | 307 | 319 | 332 | 338 | 350 | 356 | 369 | 377 | 384 | 384 | 388 | 390 | 393 |
| | | うちコミュニティ放送 | 246 | 255 | 268 | 281 | 287 | 299 | 304 | 317 | 325 | 332 | 334 | 338 | 339 | 342 |
| | | 短波 | 1 | 1 | 1 | 1 | 1 | 1 | 1 | 1 | 1 | 1 | 1 | 1 | 1 | 1 |
| | テレビジョン放送・ラジオ放送（兼営） | | 34 | 34 | 34 | 33 | 33 | 33 | 33 | 33 | 32 | 32 | 32 | 31 | 31 | 31 |
| | 文字放送（単営） | | 1 | 1 | 0 | 0 | 0 | 0 | 0 | 0 | 0 | 0 | 0 | 0 | 0 | 0 |
| | マルチメディア放送 | | | | 1 | 1 | 1 | 4 | 4 | 4 | 6 | 6 | 2 | 2 | 0 | 0 |
| | 小　計 | | 440 | 449 | 461 | 475 | 481 | 500 | 502 | 515 | 526 | 533 | 529 | 534 | 534 | 537 |
| 衛星系 | 衛星基幹放送 | BS放送 | 20 | 20 | 20 | 20 | 20 | 20 | 19 | 19 | 22 | 22 | 22 | 22 | 21 | 21 |
| | | 東経110度CS放送 | 13 | 13 | 22 | 23 | 23 | 23 | 23 | 20 | 20 | 20 | 20 | 20 | 20 | 20 |
| | 衛星一般放送 | | 91 | 82 | 65 | 45 | 7 | 5 | 4 | 4 | 4 | 4 | 4 | 4 | 4 | 3 |
| | 小　計 | | 113 | 108 | 92 | 72 | 46 | 44 | 41 | 39 | 41 | 41 | 39 | 42 | 42 | 41 |
| ケーブルテレビ | 登録に係る有線一般放送（自主放送を行う者に限る） | 旧許可施設による放送（自主放送を行う者に限る） | 502 | 556 | 545 | 539 | 520 | 510 | 508 | 504 | 492 | 471 | 464 | 464 | 456 | － |
| | | 旧有線役務利用放送 | 26 | | | | | | | | | | | | | |
| | | うちIPマルチキャスト放送 | 5 | 5 | 4 | 3 | 3 | 3 | 5 | 5 | 5 | 5 | 5 | 4 | 3 | － |
| | 小　計 | | 528 | 556 | 545 | 539 | 520 | 510 | 508 | 504 | 492 | 471 | 464 | 464 | 456 | － |

※1　2015年度末のテレビジョン放送（単営）の数には、移動受信用地上基幹放送を行っていた者（5者。うち1者は地上基幹放送を兼営）を含む。
※2　衛星系放送事業者については、2011年6月に改正・施行された放送法に基づき、BS放送及び東経110度CS放送を衛星基幹放送、それ以外の衛星放送を衛星一般放送としている。
※3　衛星系放送事業者について、「BS放送」、「東経110度CS放送」及び「衛星一般放送」の2以上を兼営している者があるため、それぞれの欄の合計と小計欄の数値とは一致しない。また、2011年度以降は、放送を行っている者に限る。
※4　ケーブルテレビについては、2010年度は旧有線テレビジョン放送法に基づく旧許可施設事業者及び旧電気通信役務利用放送法に基づく登録事業者、2011年度以降は放送法に基づく有線電気通信設備を用いて自主放送を行う登録一般放送事業者（なお、IPマルチキャスト放送については、2010年度までは旧有線役務利用放送の内数、2011年度以降は有線電気通信設備を用いて自主放送を行う登録一般放送事業者の内数）。

（出典）総務省「ケーブルテレビの現状」*2 を基に作成（ケーブルテレビ事業者の数値のみ）

# ❸ 放送サービスの提供状況

## ア　地上テレビジョン放送

　地上系民間テレビジョン放送については、2023年度末現在、全国で127社（うち兼営31社）が放送を行っている。

---

**関連データ**　民間地上テレビジョン放送の視聴可能なチャンネル数（2023年度末）
URL：https://www.soumu.go.jp/johotsusintokei/whitepaper/ja/r06/html/datashu.html#f00181
（データ集）

---

## イ　地上ラジオ放送

　中波放送（AM放送）については、各地の地上系民間基幹放送事業者（2023年度末時点47社）が放送を行っている。

　超短波放送（FM放送）については、各地の地上系民間基幹放送事業者（2023年度末時点393社）が放送を行っている。そのうち、原則として一の市町村の一部の区域を放送対象地域とするコミュニティ放送事業者は342社となっている。

　短波放送については、地上系民間基幹放送事業者（2023年度末時点1社）が放送を行っている。

---

*2　https://www.soumu.go.jp/main_content/000504511.pdf

### ウ　マルチメディア放送

　地上テレビジョン放送のデジタル化により使用可能となった99MHz-108MHzの周波数帯を用いるV-Lowマルチメディア放送については、2023年度末時点で放送を行う事業者がいない状態となっている。

### エ　衛星放送

#### （ア）衛星基幹放送

　BS放送については、株式会社放送衛星システムの人工衛星により、NHK、放送大学学園及び民間放送事業者（2023年度末時点21社）が放送を行っており、うち9社が4K8K衛星放送を行っている。また、東経110度CS放送については、スカパーJSATの人工衛星により、民間放送事業者（2023年度末時点20社）が放送を行っている。

#### （イ）衛星一般放送

　衛星一般放送については、スカパーJSATの人工衛星により、民間放送事業者（2023年度末時点3社）が放送を行っている。

### オ　ケーブルテレビ

　2022年度末のケーブルテレビ事業者数は、456者である。ケーブルテレビでは、地上放送及び衛星放送の再放送や自主放送チャンネルを含めた多チャンネル放送が行われている。登録に係る自主放送を行うための有線電気通信設備（501端子以上）によりサービスを受ける加入世帯数は約3,162万世帯、世帯普及率は約52.5%となっている（**図表Ⅱ-1-3-4**）。

**図表Ⅱ-1-3-4　登録に係る自主放送を行う有線電気通信設備によりサービスを受ける加入世帯数、普及率の推移**

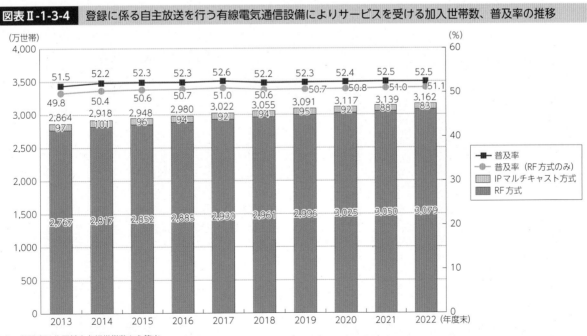

※1　普及率は住民基本台帳世帯数から算出。
※2　「加入世帯数」は、登録に係る有線電気通信設備の総接続世帯数（受信障害世帯数を含む）を指す。

（出典）総務省「ケーブルテレビの現状」*3を基に作成

＊3　https://www.soumu.go.jp/main_content/000504511.pdf

## ❹ NHKの状況

### ア　NHKの国内放送の状況

　2023年度末のNHKの国内放送のチャンネル数は、地上テレビジョン放送は2チャンネル、ラジオ放送は3チャンネル、衛星テレビジョン放送は4チャンネルである。

**関連データ**　NHKの国内放送（2023年度末）
URL : https://www.soumu.go.jp/johotsusintokei/whitepaper/ja/r06/html/datashu.html#f00184
（データ集）

### イ　NHKのテレビ・ラジオ国際放送の状況

　NHKのテレビ・ラジオ国際放送は、在外邦人及び外国人に対し、ほぼ全世界に向けて放送している。

**関連データ**　NHKのテレビ・ラジオ国際放送の状況（2024年4月時点計画）
URL : https://www.soumu.go.jp/johotsusintokei/whitepaper/ja/r06/html/datashu.html#f00185
（データ集）

## ❺ 放送サービスの利用状況

### ア　加入者数

　2022年度の放送サービスの加入者数は、ケーブルテレビについては前年度より増加し、その他の放送サービスについては減少している（**図表Ⅱ-1-3-5**）。

**図表Ⅱ-1-3-5　放送サービスの加入者数**

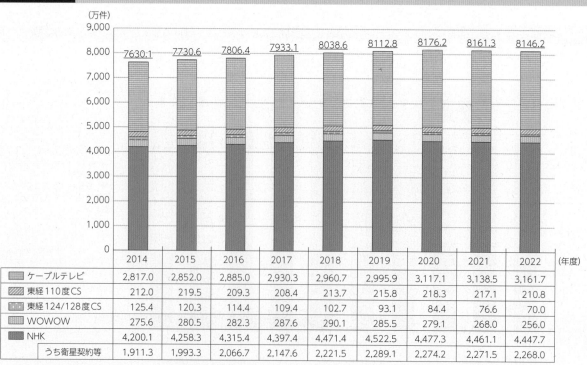

| （万件） | 2014 | 2015 | 2016 | 2017 | 2018 | 2019 | 2020 | 2021 | 2022 |
|---|---|---|---|---|---|---|---|---|---|
| 合計 | 7630.1 | 7730.6 | 7806.4 | 7933.1 | 8038.6 | 8112.8 | 8176.2 | 8161.3 | 8146.2 |
| ケーブルテレビ | 2,817.0 | 2,852.0 | 2,885.0 | 2,930.3 | 2,960.7 | 2,995.9 | 3,117.1 | 3,138.5 | 3,161.7 |
| 東経110度CS | 212.0 | 219.5 | 209.3 | 208.4 | 213.7 | 215.8 | 218.3 | 217.1 | 210.8 |
| 東経124/128度CS | 125.4 | 120.3 | 114.4 | 109.4 | 102.7 | 93.1 | 84.4 | 76.6 | 70.0 |
| WOWOW | 275.6 | 280.5 | 282.3 | 287.6 | 290.1 | 285.5 | 279.1 | 268.0 | 256.0 |
| NHK | 4,200.1 | 4,258.3 | 4,315.4 | 4,397.4 | 4,471.4 | 4,522.5 | 4,477.3 | 4,461.1 | 4,447.7 |
| うち衛星契約等 | 1,911.3 | 1,993.3 | 2,066.7 | 2,147.6 | 2,221.5 | 2,289.1 | 2,274.2 | 2,271.5 | 2,268.0 |

※1　地上放送（NHK）の加入者数は、NHKの全契約形態の受信契約件数。
※2　衛星契約等の加入者数は、NHKの衛星契約及び特別契約の件数。
※3　WOWOWの加入者数は、WOWOWの契約件数。
※4　東経124/128度CSの加入者数は、スカパー！プレミアムサービスの契約件数。
※5　東経110度CSの加入者数は、スカパー！の契約件数。
※6　ケーブルテレビの加入世帯数は、登録に係る自主放送を行うための有線電気通信設備の加入世帯数。
　　（出典）一般社団法人電子情報技術産業協会資料、日本ケーブルラボ資料、NHK資料及び総務省資料「衛星放送の現状」「ケーブルテレビの現状」を基に作成

## イ　NHKの受信契約数

　2022年度のNHK受信契約数は約4,448万件であり、そのうち地上契約数（普通契約及びカラー契約）が約2,180万件、衛星契約数が約2,266万件、特別契約数が約2万件となっている（**図表Ⅱ-1-3-6**）。

**図表Ⅱ-1-3-6**　NHKの放送受信契約数の推移

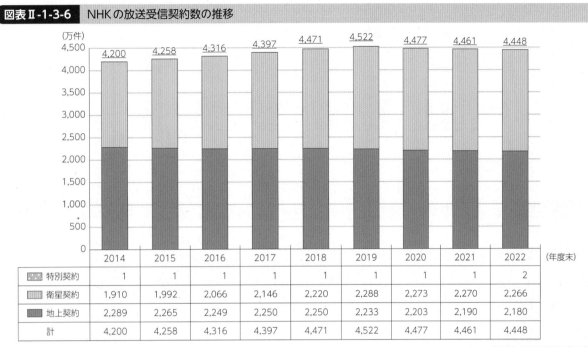

| | 2014 | 2015 | 2016 | 2017 | 2018 | 2019 | 2020 | 2021 | 2022 | (年度末) |
|---|---|---|---|---|---|---|---|---|---|---|
| 特別契約 | 1 | 1 | 1 | 1 | 1 | 1 | 1 | 1 | 2 | |
| 衛星契約 | 1,910 | 1,992 | 2,066 | 2,146 | 2,220 | 2,288 | 2,273 | 2,270 | 2,266 | |
| 地上契約 | 2,289 | 2,265 | 2,249 | 2,250 | 2,250 | 2,233 | 2,203 | 2,190 | 2,180 | |
| 計 | 4,200 | 4,258 | 4,316 | 4,397 | 4,471 | 4,522 | 4,477 | 4,461 | 4,448 | |

（出典）NHK資料を基に作成

## ⑥　放送設備の安全・信頼性の確保

　放送は、日常生活に必要な情報や、災害情報をはじめとする重要な情報を広く瞬時に伝達する手段として、極めて高い公共性を有しており、それを支える放送設備には高度な安全・信頼性が求められる。

　2022年度の放送停止事故の発生件数は356件であり、このうち重大事故[4]は33件で全体の約9%であった（**図表Ⅱ-1-3-7**）。これを踏まえ、各事業者における事故の再発防止策の確実な実施に加え、業界内での事故事例共有により同様の事故を防止するための取組が推進されている。

　地上放送・衛星放送の放送停止事故の発生件数は258件であり、2011年度に集計を始めて以来最少となった。なお、有線一般放送の放送事故の発生件数は、2021年度に比べて増加しており、重大事故件数は直近5年間で3番目の件数となっている。放送停止事故の発生原因としては、設備故障によるものが最も多く、次いで自然災害によるものが多いという傾向が続いている（**図表Ⅱ-1-3-8**）。

---

＊4　放送法第113条、122条、137条「設備に起因する放送の停止その他の重大な事故であって総務省令で定めるものが生じたときは、その旨をその理由又は原因とともに、遅滞なく、総務大臣に報告しなければならない」に該当する事故。

**図表Ⅱ-1-3-7**　重大事故件数の推移

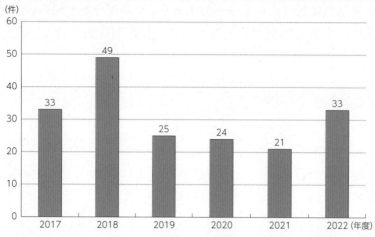

（出典）総務省「放送停止事故の発生状況」[5]（令和4年度）を基に作成

**図表Ⅱ-1-3-8**　発生原因別放送停止事故件数の推移

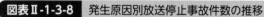
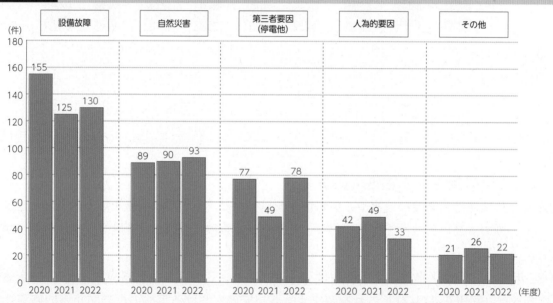

（出典）総務省「放送停止事故の発生状況」（令和4年度）[6]を基に作成

## ② コンテンツ市場

### ❶ 我が国のコンテンツ市場の規模

#### ア　市場の概況

　我が国の2022年のコンテンツ市場規模は12兆4,418億円となっている。ソフト形態別の市場構成比では、映像系ソフトが全体の60%近くを占めている。また、テキスト系ソフトは約35%、音声系ソフトは約7%をそれぞれ占めている[7]（**図表Ⅱ-1-3-9**）。

　コンテンツ市場の規模は、2021年は大幅に増加したが、2022年は微減となった。ソフト形態別では、テキスト系ソフト、音声系ソフトが増加傾向となっている（**図表Ⅱ-1-3-10**）。

---

*5　https://www.soumu.go.jp/menu_seisaku/ictseisaku/housou_suishin/hoso_teishijiko.html
*6　https://www.soumu.go.jp/menu_seisaku/ictseisaku/housou_suishin/hoso_teishijiko.html
*7　メディア別にソフトを集計するのではなく、ソフトの本来の性質に着目して1次流通とマルチユースといった流通段階別に再集計した上で市場規模を計量・分析。

**図表Ⅱ-1-3-9**　我が国のコンテンツ市場の内訳（2022年）

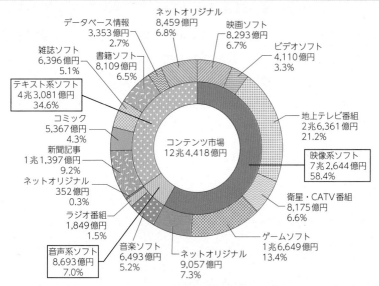

（出典）総務省情報通信政策研究所「メディア・ソフトの制作及び流通の実態に関する調査」

**図表Ⅱ-1-3-10**　我が国のコンテンツ市場規模の推移（ソフト形態別）

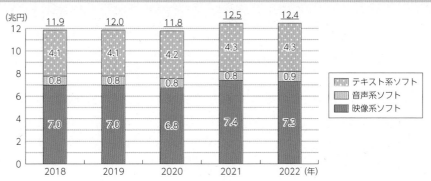

（出典）総務省情報通信政策研究所「メディア・ソフトの制作及び流通の実態に関する調査」

## イ　マルチユースの状況

　2022年の1次流通市場の規模は、9兆3,887億円であり、市場全体の約75%を占めている。1次流通市場の内訳は、映像系ソフトが5兆5,033億円、テキスト系ソフトが3兆1,694億円、音声系ソフトが7,160億円となっている。

　一方、マルチユース市場の規模は、3兆531億円であり、前年から増加した。内訳は、映像系ソフトが1兆7,612億円、テキスト系ソフトが1兆1,387億円、音声系ソフトが1,533億円となっている。

● **関連データ**　1次流通市場の内訳（2022年）

出典：総務省情報通信政策研究所「メディア・ソフトの制作及び流通の実態に関する調査」
URL：https://www.soumu.go.jp/johotsusintokei/whitepaper/ja/r06/html/datashu.html#f00192
（データ集）

● **関連データ**　マルチユース市場の内訳（2022年）

出典：総務省情報通信政策研究所「メディア・ソフトの制作及び流通の実態に関する調査」
URL：https://www.soumu.go.jp/johotsusintokei/whitepaper/ja/r06/html/datashu.html#f00193
（データ集）

## ウ　通信系コンテンツ市場

コンテンツ市場のうち、パソコン及び携帯電話向けなどインターネットなどを経由した通信系コンテンツの市場規模は5兆7,199億円となっている。ソフト形態別の市場構成比では、映像系ソフトが58％、テキスト系ソフトが33.1％、音声系ソフトが8.9％を占めている。

また、通信系コンテンツの市場規模は、近年、増加傾向が続いている。ソフト形態別にみると、引き続き映画、ネットオリジナルなどの伸びにより映像系ソフトが増加しているほか、書籍、コミックやネットオリジナルなどの伸びによりテキスト系ソフトも増加しており、これらは通信系コンテンツ市場の拡大に貢献している。

**関連データ**　通信系コンテンツ市場の内訳（2022年）
出典：総務省情報通信政策研究所「メディア・ソフトの制作及び流通の実態に関する調査」
URL：https://www.soumu.go.jp/johotsusintokei/whitepaper/ja/r06/html/datashu.html#f00194
（データ集）

**関連データ**　通信系コンテンツ市場規模の推移（ソフト形態別）
出典：総務省情報通信政策研究所「メディア・ソフトの制作及び流通の実態に関する調査」
URL：https://www.soumu.go.jp/johotsusintokei/whitepaper/ja/r06/html/datashu.html#f00195
（データ集）

## ❷　広告

世界の広告市場をみると、2023年にはデジタル広告が4,155億ドル（前年比6.3％増）となり、総広告費に占める割合も57.7％にまで拡大すると見込まれている（**図表Ⅱ-1-3-11**）。日本のデジタル広告市場は引き続き成長している。2023年にはインターネット広告が3兆3,330億円となった一方、マスコミ4媒体[*8]広告は2兆3,161億円と減少が継続しており、両者の広告費が初めて逆転した2021年以降、その差が広がっている（**図表Ⅱ-1-3-12**）。

---

*8　テレビメディア、新聞、雑誌、ラジオ

**図表Ⅱ-1-3-11**　世界の媒体別広告費の推移及び予測

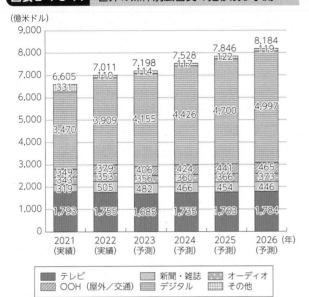

（出典）電通グループ「世界の広告費成長率予測（2023～2026）」*9 を基に作成

**図表Ⅱ-1-3-12**　日本の媒体別広告費の推移 *10

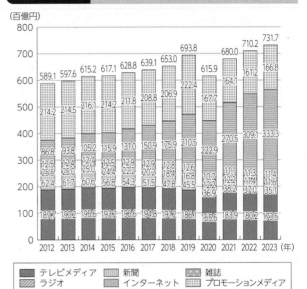

（出典）電通「日本の広告費（各年）」*11 を基に作成

**関連データ**　世界の総広告費の推移

出典：電通グループ「世界の広告費成長率予測（2023～2026）」
URL：https://www.soumu.go.jp/johotsusintokei/whitepaper/ja/r06/html/datashu.html#f00198
（データ集）

## ③ 我が国の放送系コンテンツの海外輸出の動向

　2022年度の放送コンテンツ海外輸出額は引き続き増加し、756.2億円となった（**図表Ⅱ-1-3-13**）。

　なお、動画配信サービスの伸張等を背景に、番組放送権、ビデオ化権等が減少する一方で、インターネット配信権の割合が増加している。

**図表Ⅱ-1-3-13**　我が国の放送コンテンツ海外輸出額の推移

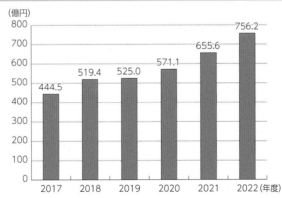

※1　放送コンテンツ海外輸出額：番組放送権、インターネット配信権、ビデオ・DVD化権、番組フォーマット・リメイク権、商品化権等の海外売上高の総額。
※2　NHK、民放キー局、民放在阪準キー局、ローカル局、衛星放送事業者、CATV事業者、プロダクション等へのアンケートを基に算出。
（出典）総務省「放送コンテンツの海外展開に関する現状分析」を基に作成

*9　https://www.group.dentsu.com/jp/news/release/001091.html　※ロシア市場の数値は除外している
*10　2019年からは、日本の広告費に「物販系ECプラットフォーム広告費」と「イベント領域」を追加、広告市場の推定を行っている。2018年以前の遡及修正は行っていない。
*11　https://www.dentsu.co.jp/knowledge/ad_cost/index.html

● **関連データ**　我が国の放送コンテンツ海外輸出額の権利別割合の推移

出典：総務省「放送コンテンツの海外展開に関する現状分析」を基に作成
URL：https://www.soumu.go.jp/johotsusintokei/whitepaper/ja/r06/html/datashu.html#f00200
（データ集）

● **関連データ**　我が国の放送コンテンツ海外輸出額の主体別割合の推移

出典：総務省「放送コンテンツの海外展開に関する現状分析」を基に作成
URL：https://www.soumu.go.jp/johotsusintokei/whitepaper/ja/r06/html/datashu.html#f00201
（データ集）

# 第4節　我が国の電波の利用状況

## 1　周波数帯ごとの主な用途

　周波数については、国際電気通信連合（ITU）憲章に規定する無線通信規則により、世界を3つの地域に分け、周波数帯ごとに業務の種別などを定めた国際分配が規定されている。

　国際分配を基に、電波法に基づき、無線局の免許の申請などに資するため、割り当てることが可能な周波数、業務の種別、目的、条件などを「周波数割当計画[*1]」として定めている。同計画の制定及び変更に当たっては、電波監理審議会への諮問が行われている。

　我が国の周波数帯ごとの主な用途と特徴は、（**図表Ⅱ-1-4-1**）のとおりである。

**図表Ⅱ-1-4-1**　我が国の周波数帯ごとの主な用途と電波の特徴

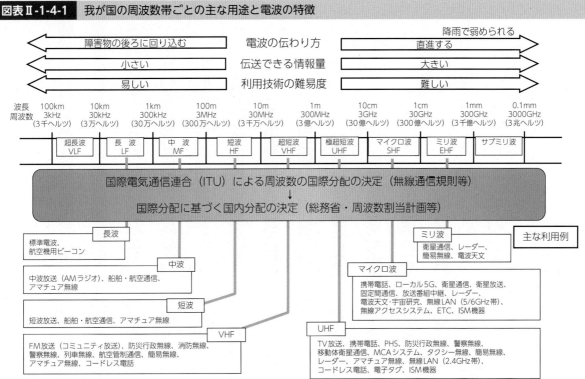

| 周波数帯 | 波長 | 特徴 |
|---|---|---|
| 超長波 | 10〜100km | 地表面に沿って伝わり低い山をも越えることができる。また、水中でも伝わるため、海底探査にも応用できる。 |
| 長波 | 1〜10km | 非常に遠くまで伝わることができる。電波時計等に時間と周波数標準を知らせるための標準周波数局に利用されている。 |
| 中波 | 100〜1000m | 約100kmの高度に形成される電離層のＥ層に反射して伝わることができる。主にラジオ放送用として利用されている。 |
| 短波 | 10〜100m | 約200〜400kmの高度に形成される電離層のＦ層に反射して、地表との反射を繰り返しながら地球の裏側まで伝わっていくことができる。遠洋の船舶通信、国際線航空機用の通信、国際放送及びアマチュア無線に広く利用されている。 |
| 超短波 | 1〜10m | 直進性があり、電離層で反射しにくい性質もあるが、山や建物の陰にもある程度回り込んで伝わることができる。防災無線や消防無線など多種多様な移動通信に幅広く利用されている。 |
| 極超短波 | 10cm〜1m | 超短波に比べて直進性が更に強くなるが、多少の山や建物の陰には回り込んで伝わることもできる。携帯電話を初めとした多種多様な移動通信システムを中心に、デジタルテレビ放送、空港監視レーダーや電子レンジ等に幅広く利用されている。 |
| マイクロ波 | 1〜10cm | 直進性が強い性質を持つため、特定の方向に向けて発射するのに適している。主に固定の中継回線、衛星通信、衛星放送や無線LANに利用されている。 |
| ミリ波 | 1mm〜10mm | マイクロ波と同様に強い直進性があり、非常に大きな情報量を伝送することができるが、悪天候時には雨や霧による影響を強く受けてあまり遠くへ伝わることができない。このため、比較的短距離の無線アクセス通信や画像伝送システム、簡易無線、自動車衝突防止レーダー等に利用されている他、電波望遠鏡による天文観測が行われている。 |
| サブミリ波 | 0.1mm〜1mm | 光に近い性質を持った電波。通信用としてはほとんど利用されていないが、一方では、ミリ波と同様に電波望遠鏡による天文観測が行われている。 |

---

*1　https://www.tele.soumu.go.jp/j/adm/freq/search/share/index.htm

## ② 無線局数の推移

　2023年度末における無線局数（無線LAN端末等の免許を要しない無線局を除く。）は、3億2,163万局（対前年度比5.2％増）、そのうち携帯電話端末等の陸上移動局は3億1,811万局（対前年度比5.3％増）となっており、総無線局数に占める携帯電話端末等の陸上移動局の割合は、98.9％と高い水準になっている。また、簡易無線局も150万局（対前年度比4.9％増）に増加している（**図表Ⅱ-1-4-2**）。

**図表Ⅱ-1-4-2　無線局数の推移**

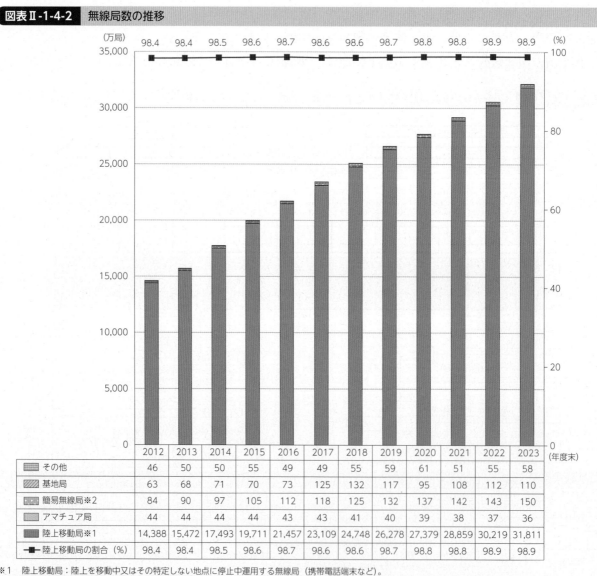

| （万局） | 2012 | 2013 | 2014 | 2015 | 2016 | 2017 | 2018 | 2019 | 2020 | 2021 | 2022 | 2023 |
|---|---|---|---|---|---|---|---|---|---|---|---|---|
| その他 | 46 | 50 | 50 | 55 | 49 | 49 | 55 | 59 | 61 | 51 | 55 | 58 |
| 基地局 | 63 | 68 | 71 | 70 | 73 | 125 | 132 | 117 | 95 | 108 | 112 | 110 |
| 簡易無線局※2 | 84 | 90 | 97 | 105 | 112 | 118 | 125 | 132 | 137 | 142 | 143 | 150 |
| アマチュア局 | 44 | 44 | 44 | 44 | 43 | 43 | 41 | 40 | 39 | 38 | 37 | 36 |
| 陸上移動局※1 | 14,388 | 15,472 | 17,493 | 19,711 | 21,457 | 23,109 | 24,748 | 26,278 | 27,379 | 28,859 | 30,219 | 31,811 |
| 陸上移動局の割合（％） | 98.4 | 98.4 | 98.5 | 98.6 | 98.7 | 98.6 | 98.6 | 98.7 | 98.8 | 98.8 | 98.9 | 98.9 |

※1　陸上移動局：陸上を移動中又はその特定しない地点に停止中運用する無線局（携帯電話端末など）。
※2　簡易無線局：簡易な無線通信を行う無線局。

## ③ 電波監視による重要無線通信妨害等の排除

　総務省は、全国の主要都市の鉄塔やビルの屋上などに設置したセンサ局施設や不法無線局探索車などにより、消防・救急無線、航空・海上無線、携帯電話などの重要無線通信を妨害する電波の発射源の探査、不法無線局の取締りなどのほか、電波の利用環境を乱す不法無線局などの電波の発射源を探知する施設として「DEURAS（DEtect Unlicensed RAdio Stations：デューラス）」を整

備し、電波の監視業務を実施している[*2]。

　2023年度の混信・妨害申告などの件数は2,331件で前年度に比べ101件減（4.2%減）、そのうち、重要無線通信妨害の件数は391件で前年度に比べ6件増（1.6%増）である。こうした混信・妨害申告の2023年度の措置件数は前年度までの未措置分を含めて2,468件となっている（**図表Ⅱ-1-4-3**）。

　また、2023年度の不法無線局の出現件数は3,832件で前年度に比べ649件減（14.5%減）となっている。2023年度の措置件数は前年度までの未措置分を含めて882件で前年度に比べ216件減（19.7%減）であり、措置件数全体に対する内訳は告発63件（7.1%）、指導819件（92.9%）となっている（**図表Ⅱ-1-4-4**）。

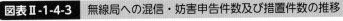

**図表Ⅱ-1-4-3**　無線局への混信・妨害申告件数及び措置件数の推移

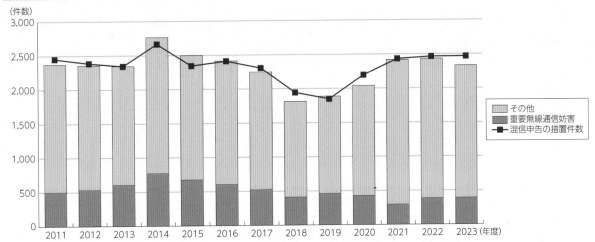

| 混信・妨害申告件数 | 2011 | 2012 | 2013 | 2014 | 2015 | 2016 | 2017 | 2018 | 2019 | 2020 | 2021 | 2022 | 2023 (年度) |
|---|---|---|---|---|---|---|---|---|---|---|---|---|---|
| 重要無線通信妨害 | 501 | 532 | 605 | 771 | 676 | 603 | 522 | 412 | 461 | 429 | 298 | 385 | 391 |
| その他 | 1,873 | 1,826 | 1,740 | 1,995 | 1,821 | 1,811 | 1,727 | 1,401 | 1,425 | 1,610 | 2,121 | 2,047 | 1,940 |
| 合計 | 2,374 | 2,358 | 2,345 | 2,766 | 2,497 | 2,414 | 2,249 | 1,813 | 1,886 | 2,039 | 2,419 | 2,432 | 2,331 |

混信・妨害申告の措置件数

| 混信申告の措置件数 | 2,453 | 2,389 | 2,346 | 2,667 | 2,348 | 2,414 | 2,310 | 1,946 | 1,850 | 2,198 | 2,434 | 2,466 | 2,468 |
|---|---|---|---|---|---|---|---|---|---|---|---|---|---|

[*2]　重要無線通信の妨害については、2010年度に妨害の申告に対する24時間受付体制を構築し、その迅速な排除に取り組んでいる。また、短波帯電波監視や宇宙電波監視についても国際電気通信連合（ITU）に登録した国際電波監視施設としてその役割を担っている。

第1章 ICT市場の動向

図表Ⅱ-1-4-4 不法無線局の出現件数及び措置件数の推移

不法無線局の出現件数

| | | 2011 | 2012 | 2013 | 2014 | 2015 | 2016 | 2017 | 2018 | 2019 | 2020 | 2021 | 2022 | 2023 (年度) |
|---|---|---|---|---|---|---|---|---|---|---|---|---|---|---|
| 出現件数 | 不法パーソナル無線局 | 2,081 | 2,788 | 865 | 784 | 265 | 245 | 99 | 40 | 28 | 25 | 32 | 3 | 7 |
| | 不法アマチュア局 | 1,367 | 1,803 | 2,225 | 1,592 | 1,291 | 1,229 | 1,749 | 1,253 | 1,739 | 2,959 | 2,126 | 1,831 | 2,028 |
| | 不法市民ラジオ | 538 | 342 | 642 | 404 | 375 | 478 | 414 | 443 | 477 | 2,594 | 5,035 | 958 | 472 |
| | その他 | 4,917 | 3,648 | 3,369 | 4,541 | 3,221 | 2,489 | 2,508 | 2,958 | 4,293 | 1,187 | 1,341 | 1,689 | 1,325 |
| | 合計 | 8,903 | 8,581 | 7,101 | 7,321 | 5,152 | 4,441 | 4,770 | 4,694 | 6,537 | 6,765 | 8,534 | 4,481 | 3,832 |

不法無線局の措置件数

| | | 2011 | 2012 | 2013 | 2014 | 2015 | 2016 | 2017 | 2018 | 2019 | 2020 | 2021 | 2022 | 2023 |
|---|---|---|---|---|---|---|---|---|---|---|---|---|---|---|
| 措置件数 | 告発 | 249 | 231 | 228 | 215 | 230 | 168 | 168 | 208 | 189 | 62 | 49 | 94 | 63 |
| | 指導 | 2,247 | 3,038 | 1,764 | 1,465 | 2,156 | 1,196 | 1,300 | 1,136 | 1,058 | 581 | 752 | 1,004 | 819 |
| | 合計 | 2,496 | 3,269 | 1,992 | 1,680 | 2,386 | 1,364 | 1,468 | 1,344 | 1,247 | 643 | 801 | 1,098 | 882 |

## 第5節　国内外におけるICT機器・端末関連の動向

### (1) 国内外のICT機器市場の動向

#### 1 市場規模

　世界のネットワーク機器の出荷額は、2017年以降増加傾向にあり、2023年は16兆8,348億円（前年比9.8%増）となった（**図表Ⅱ-1-5-1**）。内訳をみると、携帯基地局と企業向けスイッチが中心となっている。

　日本のネットワーク機器の生産額は、2000年代前半から減少傾向で推移していたが、2018年以降は緩やかに増加し、2021年に再び減少に転じ、2023年は6,261億円（前年比6.0%減）となった[*1]（**図表Ⅱ-1-5-2**）。内訳をみると、固定電話から携帯電話・IP電話への移行に伴って電話応用装置[*2]、交換機などが減少しており、現在は無線応用装置[*3]とその他の無線通信機器[*4]の規模が大きい。また、基地局通信装置は増減の波が大きく、4G向けの投資が一巡した2016年以降は低迷が続いていたが、2020年から増加に転じた後に2022年で再び減少した。IP通信に使用されるネットワーク接続機器[*5]は2019年から増加に転じたが、2021年から2022年は減少し、2023年で増加に転じた。搬送装置[*6]は2019年から主にデジタル伝送装置が寄与して増加したが、2021年から減少に転じ、2023年で再び増加した。

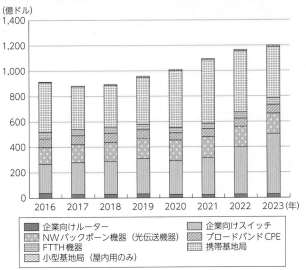

**図表Ⅱ-1-5-1　世界のネットワーク機器出荷額の推移**

（億ドル）

凡例：
- 企業向けルーター
- NWバックボーン機器（光伝送機器）
- FTTH機器
- 小型基地局（屋内用のみ）
- 企業向けスイッチ
- ブロードバンドCPE
- 携帯基地局

（出典）Omdia

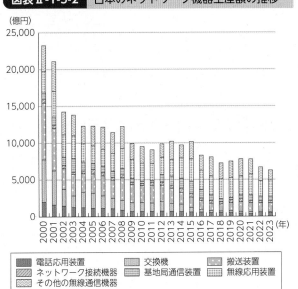

**図表Ⅱ-1-5-2　日本のネットワーク機器生産額の推移**

（億円）

凡例：
- 電話応用装置
- ネットワーク接続機器
- その他の無線通信機器
- 交換機
- 基地局通信装置
- 搬送装置
- 無線応用装置

（出典）経済産業省「生産動態統計調査機械統計編」[*7]

---

[*1]　その他の陸上移動通信装置（その他の無線通信機器の内数）の生産額が2023年から非公表となったことが影響している。
[*2]　ボタン電話装置、インターホン。
[*3]　船舶用・航空用レーダー、無線位置測定装置、テレメータ・テレコントロールなど。
[*4]　衛星系・地上系固定通信装置、船舶用・航空機用通信装置、トランシーバなど。
[*5]　ルーター、ハブ、ゲートウェイなど。
[*6]　デジタル伝送装置、電力線搬送装置、CATV搬送装置、光伝送装置など。
[*7]　https://www.meti.go.jp/statistics/tyo/seidou/index.html

## ❷ 機器別の市場動向

### ア　5G基地局

　2023年の世界の5G基地局（マクロセル）の市場規模（出荷額）は4兆1,184億円（前年比3.3％増）となり、日本では3,157億円（前年比4.0％増[*8]）となった（**図表Ⅱ-1-5-3**）。両市場ともに緩やかなピークアウトが見込まれるものの、引き続き高水準を維持するものとみられる。また、2023年の世界の5G基地局（マクロセル）のシェア（出荷額）は、首位がHuawei（28.0％）、2位がEricsson（24.1％）、3位がNokia（19.3％）であった。このように、5G基地局（マクロセル）の市場（出荷額）では、海外の主要企業が高いシェアを占め、日系企業の国際競争力は低い状況にある。

　他方で、日系企業は、携帯基地局やスマートフォンなどに組み込まれている電子部品市場（売上高）では、2022年時点で世界の33％のシェアを占めると見込まれており、Beyond 5Gに向けた潜在的な競争力は有していると考えられる（**図表Ⅱ-1-5-4**）。

**図表Ⅱ-1-5-3**　日本の5G基地局（マクロセル）の市場規模（出荷額）

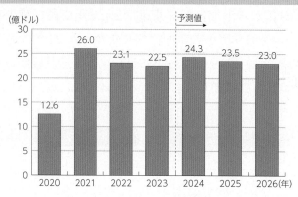

（出典）Omdia

**図表Ⅱ-1-5-4**　世界の電子部品市場（売上高）のシェア（2022年）

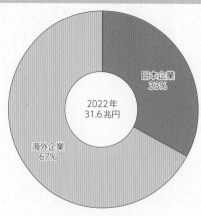

（出典）Omdia

*8　ドルベースでは、2.7％減となっている。

**関連データ**　世界の5G基地局（マクロセル）の市場規模（出荷額）
出典：Omdia
URL：https://www.soumu.go.jp/johotsusintokei/whitepaper/ja/r06/html/datashu.html#f00210
（データ集）

**関連データ**　世界の5G基地局（マクロセル）のシェア（出荷額）
出典：Omdia
URL：https://www.soumu.go.jp/johotsusintokei/whitepaper/ja/r06/html/datashu.html#f00211
（データ集）

## イ　マクロセル基地局（5G含む）

2023年の世界市場の出荷金額ベースのシェアは、首位がHuawei（31.3%）、2位がEricsson（24.3%）、3位がNokia（19.5%）となっており、日本企業は合計で2.3%を占めている。（**図表Ⅱ-1-5-5**）。

**図表Ⅱ-1-5-5**　世界のマクロセル基地局市場のシェア（2023年・出荷額）

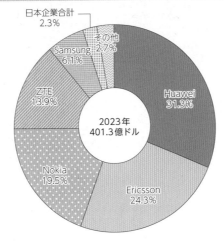

（出典）Omdia

## ウ　企業向けルーター

2023年の世界市場の出荷金額ベースのシェアは、首位がCisco（70.4%）、2位がH3C（10.7%）、3位がEkinops（2.7%）となっている。

2023年の日本市場の出荷金額ベースのシェアは、首位がCisco（28.1%）、2位がNEC（25.4%）、3位がYamaha（21.4%）となっている。

**関連データ**　世界の企業向けルーター市場のシェア
出典：Omdia
URL：https://www.soumu.go.jp/johotsusintokei/whitepaper/ja/r06/html/datashu.html#f00213
（データ集）

**関連データ**　日本の企業向けルーター市場のシェア
出典：Omdia
URL：https://www.soumu.go.jp/johotsusintokei/whitepaper/ja/r06/html/datashu.html#f00214
（データ集）

## ② 国内外のICT端末市場の動向

### ❶ 市場規模

　世界の情報端末の出荷額は、2016年以降増加傾向にあったが、2023年は減少し、76兆4,787億円（前年比17.1％減）となった[*9]（**図表Ⅱ-1-5-6**）。内訳をみると、スマートフォンとPCが中心となっている。

　日本の情報端末の生産額は、2017年まで減少傾向であったが、2018年以降増加に転じた後2020年から再び減少したが、2023年で増加に転じ1兆385億円（前年比11％増）となった（**図表Ⅱ-1-5-7**）。内訳をみると、携帯電話・PHS[*10]が2010年代中盤までは大きかったが、その後縮小し、現在はデスクトップ型PC、ノート型PC、情報端末[*11]が中心となっている。

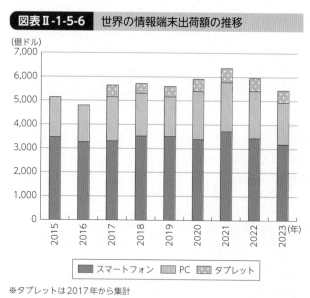

**図表Ⅱ-1-5-6** 世界の情報端末出荷額の推移

※タブレットは2017年から集計

（出典）Omdia

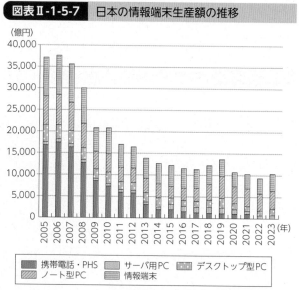

**図表Ⅱ-1-5-7** 日本の情報端末生産額の推移

（出典）経済産業省「生産動態統計調査機械統計編」[*12]

### ❷ 端末別の市場動向

**ア　スマートフォン（5G対応）**

　世界の5G対応スマートフォンの出荷台数は、2022年は9億3,853万台であり、スマートフォン全体（13億1,802万台）の71％を占めている。5G対応スマートフォンの出荷台数は今後も拡大することが見込まれ、2030年には15億6,941万台まで拡大すると予測されている（**図表Ⅱ-1-5-8**）。

　国内の5G対応スマートフォンの出荷台数は、2022年で2,860万台（前年比63.2％増）となった。2024年以降は5G対応スマートフォンが100％となり、2028年度には3,101万台まで拡大すると予測されている（**図表Ⅱ-1-5-9**）。

---

*9　ドルベースでは、前年比22.4％減となっている。
*10　2019年以降は、携帯電話・PHSの生産額は非公表となったため、無線通信機器（衛星通信装置を含む）から放送装置、固定通信装置（衛星・地上系）、その他の陸上移動通信装置、海上・航空移動通信装置、基地局通信装置、その他の無線通信装置、無線応用装置を引いた値を使用している。また、2022年から無線通信機器（衛星通信装置を含む）の生産額が非公表となったためゼロとなっている。
*11　外部記憶装置、プリンタ、モニターなど。情報キオスク端末装置は非公表の年があるため、それを除いた値を使用。
*12　https://www.meti.go.jp/statistics/tyo/seidou/index.html

**図表Ⅱ-1-5-8**　世界のスマートフォン・5Gスマートフォンの出荷台数推移と予測

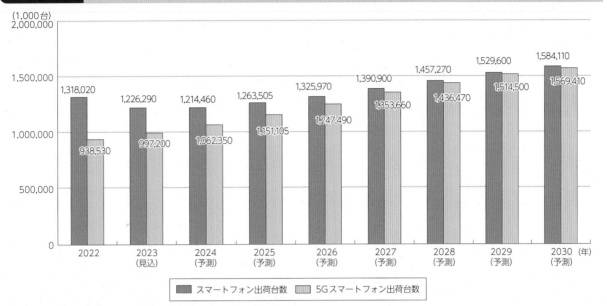

※1　メーカー出荷台数ベース
※2　5Gスマートフォン出荷台数はスマートフォン世界出荷台数の内数
※3　2023年は見込値、2024年以降は予測値
（出典）株式会社矢野経済研究所「世界の携帯電話契約サービス数・スマートフォン出荷台数調査（2023年）」（2024年3月27日発表）

**図表Ⅱ-1-5-9**　日本の5G対応スマートフォンの出荷台数

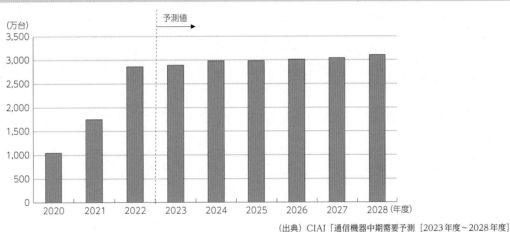

（出典）CIAJ「通信機器中期需要予測［2023年度～2028年度］

## イ　4K・8Kテレビ

　国内の4K対応テレビ（50型以上）の2022年の出荷台数は271万台（前年比11.6％減）、新4K8K衛星放送対応テレビの2022年の出荷台数は287万台（前年比8.5％減）であり、双方とも2022年は減少に転じた（**図表Ⅱ-1-5-10**）。

**図表Ⅱ-1-5-10**　日本の4K・8K対応テレビの出荷台数

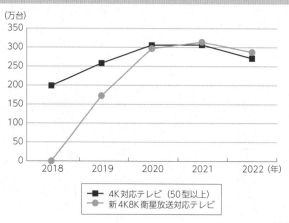

（出典）JEITA「民生用電子機器国内出荷統計」

### ウ　VR・AR

世界のVRヘッドセットの出荷台数は、2019年以降増加していたが、2023年には減少に転じ、765万台（前年比38.9%減）となっている。

日本におけるXR（「VR（Virtual Reality 仮想現実）」、「AR（Augmented Reality 拡張現実）」、「MR（Mixed Reality 複合現実）」）対応のHMDとスマートグラスの出荷台数は、2022年に38万台だったものが2025年には102万台まで増加すると予測されている。

**関連データ**　世界のVRヘッドセットの出荷台数の推移及び予測
出典：omdia
URL：https://www.soumu.go.jp/johotsusintokei/whitepaper/ja/r06/html/datashu.html#f00220
（データ集）

**関連データ**　日本のXR（VR・AR・MR）対応のHMDとスマートグラスの出荷台数予測
出典：株式会社矢野経済研究所「XR（VR/AR/MR）対応HMD・スマートグラス市場に関する調査」（2023年）
（2023年7月5日発表）
URL：https://www.soumu.go.jp/johotsusintokei/whitepaper/ja/r06/html/datashu.html#f00221
（データ集）

### ③　各国におけるICT機器・端末の輸出入の動向

日本では2010年以降輸入超過が続いており、2021年には、各国で新型コロナウイルス感染症の感染拡大によるデジタル化へのシフトが進展したこともあり、2022年の日本のICT機器・端末[13]の輸出額は8兆131億円にまで増加（前年比12.0%増）したものの、輸入額は13兆3,158億円（前年比20.1%増）で、5兆3,027億円の輸入超過（前年比35.0%増）となっている。また、2022年には、米国では36兆3,068億円の輸入超過（前年比31.4%増）であったが、中国では27兆9,165億円の輸出超過（前年比15.1%増）となっている（**図表Ⅱ-1-5-11**）。

---

[13] 電子計算機、通信機、消費者向けの電気機器、電子部品等

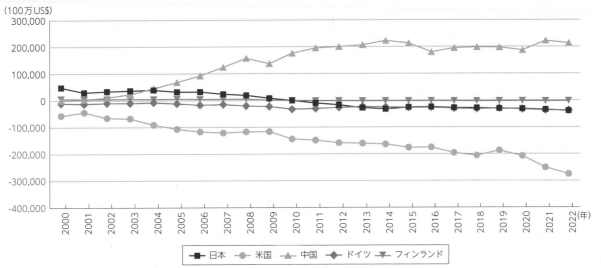

**図表Ⅱ-1-5-11** 各国のICT機器・端末の輸出超過額の推移

(100万US$)

凡例：日本　米国　中国　ドイツ　フィンランド

（出典）UNCTAD「UNCTAD STAT」[14]

**関連データ**　各国のICT機器・端末の輸出額の推移
出典：UNCTAD「UNCTAD STAT」
URL：https://www.soumu.go.jp/johotsusintokei/whitepaper/ja/r06/html/datashu.html#f00223
（データ集）

**関連データ**　各国のICT機器・端末の輸入額の推移
出典：UNCTAD「UNCTAD STAT」
URL：https://www.soumu.go.jp/johotsusintokei/whitepaper/ja/r06/html/datashu.html#f00224
（データ集）

## ④　半導体[15]市場の動向

　世界の半導体市場（出荷額）は、2015年以降増加傾向にあり、2023年には13兆3,537億円（前年比6.4％増）となった[16]。内訳をみると、ディスクリート半導体が最も多い。近年大きく成長しているのは画像センサとMCUであり、前者については日本企業（ソニーセミコンダクタソリューションズ）が52.0％のシェアを占めている。

　日本の半導体市場（出荷額）は、2018年から減少していたものの2021年から増加に転じたが、2023年に再び減少に転じ、9,979億円（前年比1.6％減）となった。内訳をみると、世界市場と同様に、ディスクリート半導体が最も多い。

**関連データ**　世界の半導体市場（出荷額）の推移
出典：Omdia
URL：https://www.soumu.go.jp/johotsusintokei/whitepaper/ja/r06/html/datashu.html#f00225
（データ集）

---

*14 https://unctadstat.unctad.org/EN/Index.html
*15 本項では、デジタルトランスフォーメーション（DX）で導入が進むIoTやAIを実装した電子機器においてキーデバイスとして位置付けられる、画像センサ、MCU、MEMSセンサ及び不可欠な電源に使われるディスクリート半導体を指す。
*16 ドルベースでは、前年比0.4％減となっている。

第1章

ICT市場の動向

**関連データ**　世界の画像センサ市場のシェア（2022年・出荷額）

出典：Omdia
URL：https://www.soumu.go.jp/johotsusintokei/whitepaper/ja/r06/html/datashu.html#f00226
（データ集）

**関連データ**　日本の半導体市場（出荷額）の推移

出典：Omdia
URL：https://www.soumu.go.jp/johotsusintokei/whitepaper/ja/r06/html/datashu.html#f00227
（データ集）

## 第6節 プラットフォームの動向

### ① 市場動向

　2024年の世界のICT関連市場の主要プレーヤーの時価総額をみると、2023年に2位だったMicrosoftが、米Open AI社と提携してAI戦略を加速し、生成AI需要への期待を背景に、Appleを抜き首位となった。また好調な業績に加えて生成AI需要を見越した半導体関連の需要拡大が好感され、NVIDIAも3位に躍進している。その他、Taiwan Semiconductor Manufacturingなど、半導体関連を手掛ける企業が株式市場で評価されている（**図表Ⅱ-1-6-1**）。

**図表Ⅱ-1-6-1** 世界のICT市場における時価総額上位15社の変遷

2023年

| 社名 | 主な業態 | 所在国 | 時価総額（億ドル） |
| --- | --- | --- | --- |
| Apple | ハード、ソフト、サービス | 米国 | 25,470 |
| Microsoft | クラウドサービス | 米国 | 20,890 |
| Alphabet/Google | 検索エンジン | 米国 | 13,030 |
| Amazon.com | クラウドサービス、eコマース | 米国 | 10,270 |
| NVIDIA | 半導体 | 米国 | 6,650 |
| Meta Platforms/Facebook | SNS | 米国 | 5,370 |
| Tencent | SNS | 中国 | 4,690 |
| Visa | 決済 | 米国 | 4,600 |
| Taiwan Semiconductor Manufacturing | 半導体 | 台湾 | 4,530 |
| Mastercard | 決済 | 米国 | 3,440 |
| Samsung Electronics | ハード | 韓国 | 3,280 |
| Broadcom | ハード、半導体 | 米国 | 2,610 |
| Alibaba | eコマース | 中国 | 2,570 |
| Oracle | クラウドサービス | 米国 | 2,450 |
| Cisco Systems | ハード、セキュリティ | 米国 | 2,100 |

2024年

| | 社名 | 主な業態 | 所在国 | 時価総額（億ドル） |
| --- | --- | --- | --- | --- |
| ↑ | Microsoft | クラウドサービス | 米国 | 31,420 |
| ↓ | Apple | ハード、ソフト、サービス | 米国 | 26,380 |
| ↑ | NVIDIA | 半導体 | 米国 | 23,750 |
| | Amazon.com | クラウドサービス、eコマース | 米国 | 18,670 |
| ↓ | Alphabet/Google | 検索エンジン | 米国 | 18,660 |
| | Meta Platforms/Facebook | SNS | 米国 | 12,820 |
| ↑ | Taiwan Semiconductor Manufacturing | 半導体 | 台湾 | 6,350 |
| ↑ | Broadcom | ハード、半導体 | 米国 | 6,260 |
| ↓ | Visa | 決済 | 米国 | 5,650 |
| | Mastercard | 決済 | 米国 | 4,440 |
| | Samsung Electronics | ハード | 韓国 | 3,960 |
| ↑ | Oracle | クラウドサービス | 米国 | 3,470 |
| ↓ | Tencent | SNS | 中国 | 3,440 |
| new | Salesforce | クラウドサービス | 米国 | 2,970 |
| new | Advanced Micro Devices（AMD） | 半導体 | 米国 | 2,890 |

※2023年は2023年3月31日時点、2024年は2024年3月27日時点

（出典）Wright Investors' Service, Incより取得[1]

　日本、米国及び中国の主なプラットフォーマーなどの2022年の売上高[2]を比較すると、最も大きいのはAmazon（5,140億ドル）で2017年比2.9倍となっている（**図表Ⅱ-1-6-2**）。中国のAlibaba（1,269億ドル）は2017年比で5.4倍と高い成長となっている。一方、日本企業は規模も小さく、楽天1.7倍、Zホールディングス1.6倍、ソニー1.2倍、富士通0.8倍と成長の面でも見劣りする。

[1]　https://www.corporateinformation.com/#/tophundred
[2]　日本、中国企業については、各年の平均レートを用いてドルに変換している。

**図表Ⅱ-1-6-2** 日米中のプラットフォーマーの売上高

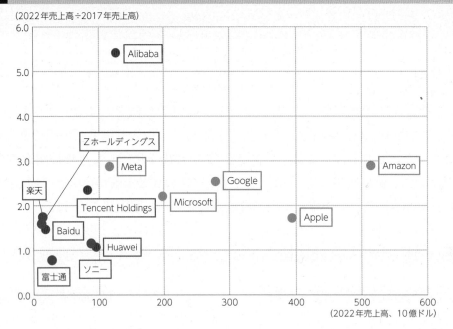

（出典）Statistaデータを基に作成

## ② 主要なプラットフォーマーの動向

　米中の主要なプラットフォーマー各社は、それぞれの強みを活かし、生成AIやメタバースを含む新たな分野・ビジネスへの取組に力を入れている。特に生成AIに関する開発については、複数のプラットフォーマーが力を入れており、今後様々な場面で生成AIが活用されることが見込まれる（**図表Ⅱ-1-6-3**）。

**図表 II-1-6-3** 米中の主要なプラットフォーマーの動向

＜米国＞

| 主要分野 | 企業 | 事業概括・領域 | 新たに注力している分野・ビジネス |
|---|---|---|---|
| 広告・検索 | Alphabet (Google) G | 世界最大の検索エンジンサービスを提供しており、検索広告を中心にクラウド、端末など巨大な経済圏を展開 | 対話型AI「Gemini（旧称Bard）」をGoogle検索やGmailやYouTubeなどと連携するなどAI技術を活用したサービス強化を進めている。 |
| 電子商取引 | Amazon amazon | 世界最大級のeコマース事業者で、クラウドサービス（AWS）を中心に巨大な経済圏を展開 | AWSでの生成AI関連サービス、買い物アシスタントAIなど強みのある領域での生成AI活用を進めている。 |
| SNS・アプリ | Meta（Facebook） ∞ Meta | 世界最大級のSNSサービスを提供しており、2021年に社名をメタ・プラットフォームズに変更し、メタバース事業への取組を推進 | AIチャットボット「Meta AI」などSNSをはじめとした事業全体に生成AIの展開を進めている。 |
| 通信機器・端末 | Apple  | 世界最大のネット・デジタル家電の製造小売であり、iPhoneなどの端末を核とした巨大な経済圏を展開 | iPhoneを中核に据えたビジネスを拡大しており、MRヘッドセット「Apple Vision Pro」がXR市場を活性化させるかどうか今後の動向が注目される。 |
| 端末・クラウド | Microsoft Microsoft | 世界最大級のソフトウェアベンダーであり、WindowsやOfficeなどのソフトウェアやクラウドサービスを中心に巨大な経済圏を展開 | OpenAI社とパートナーシップを拡大するなど生成AIの活用に力を入れており、様々な場面における生成AIサービスの導入を狙っている。 |

＜中国＞

| 主要分野 | 企業 | 事業概括・領域 | 新たに注力している分野・ビジネス |
|---|---|---|---|
| 広告・検索 | Baidu Baidu百度 | 中国最大の検索エンジン事業者で、検索サービスで得られた豊富なデータでAIの技術開発を進め、様々な業界との連携に注力 | 2023年8月に生成AIサービス「文心一言（ERNIE Bot）」を一般公開し、自社プロダクトの強化だけではなく、様々な企業にAI技術を提供することでエコシステム構築を狙っている。 |
| 電子商取引 | Alibaba Alibaba | 世界最大の流通総額を持つeコマース事業者で、データテクノロジーを駆使し、マーケティングから物流、決済に至るまでのサービスを提供 | 2023年3月に事業を6分割する方針を発表。国内ECの成長が鈍化する中、越境ECやパブリッククラウド、AI事業への集中を進めている。 |
| SNS・アプリ | Tencent Tencent腾讯 | 中国最大のSNSアプリプラットフォーマーで、「WeChat」を基盤に決済、ゲーム等を提供し、巨大のデジタルエコシステムを構築 | 2023年9月にリリースした自社開発の大規模言語モデル「混元」を中心に自社サービスへのAI実装を進め、画像・動画生成AIの開発にも注力している。 |
| 通信機器・端末 | Huawei HUAWEI | 世界的な通信機器ベンダーで、ICTインフラ、デバイス、クラウドサービス、デジタルエネルギーなどの事業を展開 | 2023年8月に販売した5Gスマートフォンが好調であり、デバイス事業の拡大に注力するとともに、EV事業などへも進出し、事業の多角化を図っている。 |

（出典）各社公表資料を基に作成

● **関連データ**　米中の主要プラットフォーマーの事業別売上高

出典：各社決算発表資料を基に作成
URL：https://www.soumu.go.jp/johotsusintokei/whitepaper/ja/r06/html/datashu.html#f00251
（データ集）

第1章 ICT市場の動向

# 第7節 ICTサービス及びコンテンツ・アプリケーションサービス市場の動向

## ① SNS

世界のソーシャルメディア利用者数[1]は、2023年の49億人から2028年には60億5,000万人に増加すると予測されており（**図表Ⅱ-1-7-1**）、コミュニケーション用途だけではなく、動画コンテンツの視聴やライブコマースといった用途での利用が増えており、メタバース空間内でコミュニケーションを図るメタバースSNSも若者を中心に普及しつつある。今後は、多種多様化するSNSサービス間の連携や融合が進むものと予想される。

日本のソーシャルメディア利用者数は、2023年の1億580万人から2028年には1億1,360万人に増加すると予測されている（**図表Ⅱ-1-7-2**）。若者中心のコミュニケーション手段からあらゆる年代におけるコミュニケーション手段へと変化しており、今後は緩やかな増加になると見込まれる。FacebookやInstagram、X（旧Twitter）などが依然として主流であるものの、一定時間で投稿が消える、投稿時間が制限される、写真の加工や文章の追加が不可能など機能面で主流サービスと差別化を図っているサービスも数多く登場している。

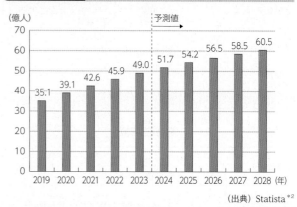

**図表Ⅱ-1-7-1** 世界のソーシャルメディア利用者数の推移及び予測

（億人）
予測値

- 2019: 35.1
- 2020: 39.1
- 2021: 42.6
- 2022: 45.9
- 2023: 49.0
- 2024: 51.7
- 2025: 54.2
- 2026: 56.5
- 2027: 58.5
- 2028: 60.5

（出典）Statista[2]

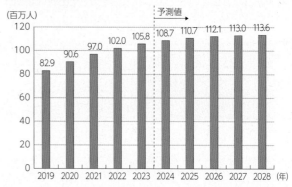

**図表Ⅱ-1-7-2** 日本のソーシャルメディア利用者数の推移及び予測

（百万人）
予測値

- 2019: 82.9
- 2020: 90.6
- 2021: 97.0
- 2022: 102.0
- 2023: 105.8
- 2024: 108.7
- 2025: 110.7
- 2026: 112.1
- 2027: 113.0
- 2028: 113.6

※ソーシャルメディア・サイトやアプリケーションを定期的に（少なくとも月1回以上）利用する人数

（出典）Statista[3]

## ② EC

世界のEC市場の売上高は、引き続き増加傾向で推移し、2023年には812.6兆円（前年比16.4%増）まで拡大すると予測されている。

国別の2024年から2028年までの年平均成長率は、米国やインドが高く、ブラジル、中国、ロシアが続いている。日本や欧州各国（英国、フランス、ドイツ）は6～8%程度の成長が予測されている。

---

*1　ソーシャルメディアサイトやアプリケーションを月1回以上利用する人
*2　https://www.statista.com/outlook/amo/advertising/social-media-advertising/worldwide
*3　https://www.statista.com/statistics/278994/number-of-social-network-users-in-japan/

**関連データ** 世界のEC市場の売上高の推移及び予測

出典：eMarketer（Statista より引用）
URL：https://www.soumu.go.jp/johotsusintokei/whitepaper/ja/r06/html/datashu.html#f00254
（データ集）

**関連データ** 各国のEC市場の成長率（2024年〜2028年）

出典：Statista「Statista Digital Market Insights」
URL：https://www.soumu.go.jp/johotsusintokei/whitepaper/ja/r06/html/datashu.html#f00255
（データ集）

## ③ 検索サービス

　デスクトップの検索サービスの世界市場はGoogleが高いシェアを誇っているものの、近年は徐々に低下し2023年12月時点では81.7%となっている。一方、Bingのシェアが拡大傾向であり、2023年12月時点では10.5%と二桁のシェアまで拡大している。Microsoft社のブラウザ「Edge」がデフォルトの検索サービスとしてBingを設定しており、これもBingのシェア拡大に貢献していると考えられる。

　日本では、2024年1月時点のパソコン、スマートフォン並びにタブレットにおいて、いずれもGoogleが7割以上を占め最も高いシェアを誇る。また、パソコンではBingのシェアが15%を超え、スマートフォンやタブレットではYahoo!のシェアが17%程度となるなど、端末毎の傾向の差も見られる。

**関連データ** 世界における検索サービスのシェア（デスクトップ）の推移

出典：StatCounter（Statistaより引用）
URL：https://www.soumu.go.jp/johotsusintokei/whitepaper/ja/r06/html/datashu.html#f00258
（データ集）

**関連データ** 世界における検索サービスのシェア（モバイル）の推移

出典：StatCounter（Statistaより引用）
URL：https://www.soumu.go.jp/johotsusintokei/whitepaper/ja/r06/html/datashu.html#f00259
（データ集）

**関連データ** 日本における検索サービスのシェア

出典：StatCounter（Statistaより引用）
URL：https://www.soumu.go.jp/johotsusintokei/whitepaper/ja/r06/html/datashu.html#f00260
（データ集）

## ④ 動画配信・音楽配信・電子書籍

　世界の動画配信・音楽配信・電子書籍市場は、定額制サービスの普及や新型コロナウイルス感染症の感染拡大に伴う在宅時間の増加などにより取り込んだ需要を維持・拡大しており、2023年には合計で24兆3,752億円（前年比27.7%増）となっている。

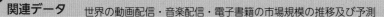

**関連データ**　世界の動画配信・音楽配信・電子書籍の市場規模の推移及び予測
出典：Omdia、Statista
URL：https://www.soumu.go.jp/johotsusintokei/whitepaper/ja/r06/html/datashu.html#f00261
（データ集）

　また、2023年の日本の動画配信市場は5,740億円（前年比8.2％増）、音楽配信市場は1,165億円（前年比11.0％増）、電子書籍市場は5,351億円（前年比6.7％増）となっており（**図表Ⅱ-1-7-3**）、世界の動向と同じく、いずれの市場も成長している。

**図表Ⅱ-1-7-3**　日本の動画配信・音楽配信・電子書籍の市場規模の推移

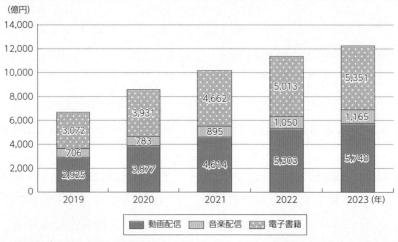

（出典）GEM Partners「動画配信（VOD）市場5年間予測（2024-2028年）レポート」[4]、一般社団法人日本レコード協会「日本のレコード産業2024」[5]、全国出版協会・出版科学研究所（2024）「出版月報」[6] を基に作成。

## ⑤ ICTサービス及びコンテンツ・アプリケーションサービス市場の新たな潮流

### ❶ オルタナティブデータ

　デジタル化の進展によって意思決定をサポートするためのデータが増えており、これまで伝統的に使われてきたデータ（トラディショナルデータ：企業の決算情報、プレスリリース、IR情報、公的統計等）だけではなく、非伝統的なデータ（オルタナティブデータ：POSデータ、位置情報、衛星写真、SNSデータ等）が注目されている。背景には、実世界のデータがデジタル化されるようになったことやAI技術の発展、スピーディーに足元の状況を把握したいといったニーズの高まりがある。

　世界のオルタナティブデータの市場規模については、2021年に27億ドルだったものが2030年には50倍の1,433億ドルまで拡大すると見込まれている（**図表Ⅱ-1-7-4**）。

---

＊4　https://gem-standard.com/columns/789
＊5　https://www.riaj.or.jp/f/pdf/issue/industry/RIAJ2024.pdf
＊6　https://shuppankagaku.com/wp/wp-content/uploads/2024/01/ニュースリリース2401.pdf

**図表Ⅱ-1-7-4　世界のオルタナティブデータの市場規模**

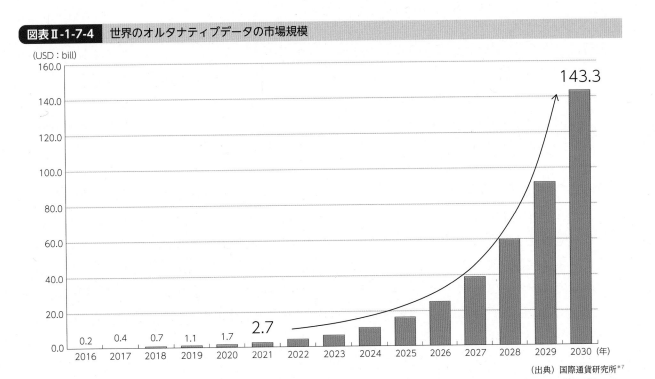

(出典) 国際通貨研究所[7]

　オルタナティブデータを利用する利点については、「既存データとの差別化」や「既存データとの補完性」、「速報性」といった点が挙げられる。トラディショナルデータだけでは得られない情報をオルタナティブデータによって補完することによって他社や従前との差別化を図っていると考えられる（**図表Ⅱ-1-7-5**）。

**図表Ⅱ-1-7-5　オルタナティブデータ利用の利点**

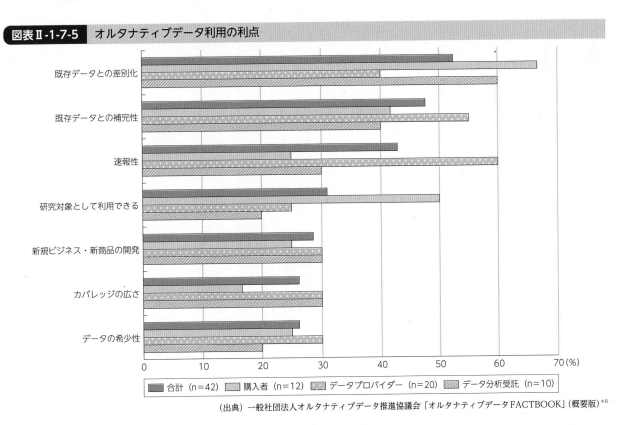

(出典) 一般社団法人オルタナティブデータ推進協議会「オルタナティブデータFACTBOOK」(概要版)[8]

＊7　https://www.iima.or.jp/files/items/3510/File/MIYAGAWA_1109.pdf
＊8　https://alternativedata.or.jp/wp-content/uploads/2023/11/JADAA_Factbook202311_outline.pdf

## ② メタバース

　世界のメタバース市場は、2022年の461億ドルから2030年には5,078億ドルまで拡大すると予測されている（**図表Ⅱ-1-7-6**）。内訳はメタバース内でのeコマースが最も大きく、次いでゲーム、ヘルス＆フィットネスとなっている。市場を牽引するのは、主に消費者向けのメタバースサービスだと言える。ようやく立ち上がりつつある市場は、10年弱で約10倍にまで拡大すると見込まれており、5GやBeyond 5Gのユースケースの一つとして大きな成長の可能性を秘めている。

　日本のメタバース市場（メタバースプラットフォーム、プラットフォーム以外（コンテンツ、インフラ）、メタバースサービスで利用されるXR（VR、AR、MR）機器の合計）は、2023年度に2,851億円（前年度比107％増）となる見込みで、2027年度には2兆円まで拡大すると予測されている（**図表Ⅱ-1-7-7**）。これまでのメタバースに対する熱狂的なブームは一段落し、地に足のついたビジネス展開が進むとみられる。市場という観点では、まず法人向け（展示会、研修、小売等）市場でメタバースを次世代プラットフォームとして活用する企業が増え、人材育成や関連機器・サービスの市場が形成され、その後消費者向けの市場が本格化すると見込まれる。

**図表Ⅱ-1-7-6** 世界のメタバース市場規模の推移と予測

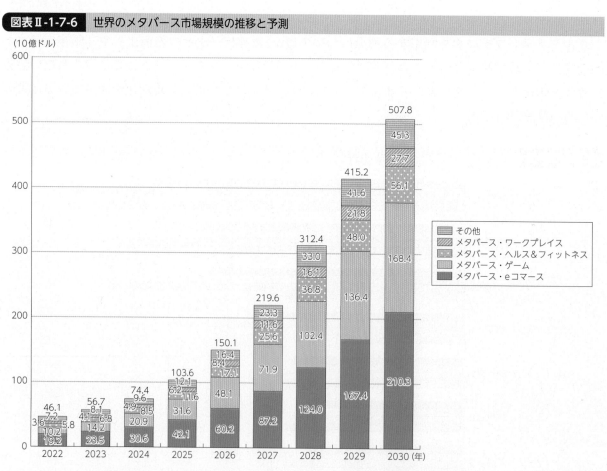

（出典）Statista*9

---

*9 https://www.statista.com/outlook/amo/metaverse/worldwide

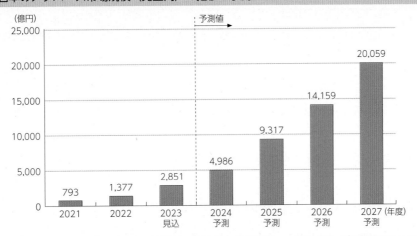

**図表Ⅱ-1-7-7**　日本のメタバース市場規模（売上高）の推移と予測

※1　市場規模はメタバースプラットフォーム、プラットフォーム以外（コンテンツ、インフラ等）、メタバースサービスで利用されるXR（VR/AR/MR）機器の合算値。プラットフォームとプラットフォーム以外は事業者売上高ベース、XR機器は販売価格ベースで算出している。
※2　エンタープライズ（法人向け）メタバースとコンシューマ向けメタバースを対象とし、ゲーム専業のメタバースサービスを対象外とする。
※3　2023年度は見込値、2024年度以降は予測値

（出典）株式会社矢野経済研究所「メタバースの国内市場動向調査（2023年）」（2023年8月30日発表）

### ❸ デジタルツイン

デジタルツイン（Digital Twin）とは、現実世界から集めたデータを基にデジタルな仮想空間上に双子（ツイン）を構築し、さまざまなシミュレーションを行う技術である。街や自動車、人、製品・機器などをデジタルツインで再現することによって、渋滞予測や人々の行動シミュレーション、製造現場の監視、耐用テストなど現実空間では繰り返し実施しづらいテストを仮想空間上で何度もシミュレーションすることができるようになる。

SDKIによれば、デジタルツインのグローバル市場は2022年で99億ドルから2035年には約63倍の6,255億ドルに成長すると予測されている（**図表Ⅱ-1-7-8**）。

**図表Ⅱ-1-7-8**　世界のデジタルツインの市場規模の推移

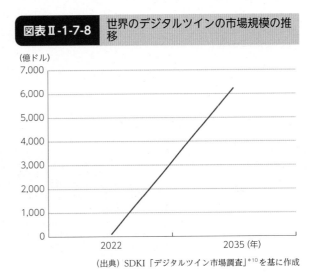

（出典）SDKI「デジタルツイン市場調査」[10]を基に作成

---

＊10　https://www.sdki.jp/reports/digital-twin-market/107636

# 第8節　データセンター市場及びクラウドサービス市場の動向

## ① データセンター

　世界各国のデータセンター数は、米国が圧倒的に多く、2024年3月時点で5,381となっている。欧州各国（ドイツ、イギリス、フランス、オランダ、イタリア、ポーランド、スペイン）を合計しても約2,100であり、いかに米国に集中しているかが分かる。日本は219と米国の5%にも満たない数となっている。

　世界のデータセンターシステムの市場規模（支出額）は、2020年に新型コロナウイルス感染症による工事の延期やサプライチェーンの混乱などが影響して減少に転じたものの、その後は増加傾向で推移しており、2023年に34.1兆円（前年比14.4%増）となり、2024年には36.7兆円まで拡大すると予測されている。（**図表Ⅱ-1-8-1**）。

　日本のデータセンターサービスの市場規模（売上高）は、2022年に2兆938億円であり、2027年に4兆1,862億円に達すると見込まれている（**図表Ⅱ-1-8-2**）。

**図表Ⅱ-1-8-1**　世界のデータセンターシステム市場規模（支出額）の推移及び予測

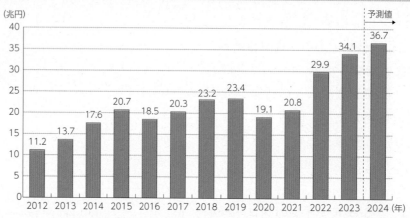

（出典）ガートナー（Statistaより引用）[1]

**図表Ⅱ-1-8-2**　日本のデータセンターサービス市場規模（売上高）の推移及び予測

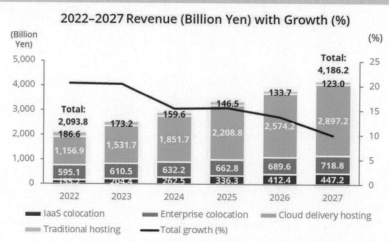

（出典）IDC Japan, 2023年7月「国内データセンターサービス市場予測、2023年〜2027年」(JPJ49897923)

---

[1]　https://www.statista.com/statistics/268938/global-it-spending-by-segment/

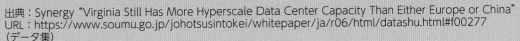

**関連データ**　世界の大規模データセンターの地域別シェア（データ容量）

出典：Synergy "Virginia Still Has More Hyperscale Data Center Capacity Than Either Europe or China"
URL：https://www.soumu.go.jp/johotsusintokei/whitepaper/ja/r06/html/datashu.html#f00277
（データ集）

## ② クラウドサービス

世界のパブリッククラウドサービスへの支出額は2023年に5,636億ドルまで増加すると見込まれている（**図表Ⅱ-1-8-3**）。要因としては、ビジネスを展開する上でクラウドが不可欠なものになっていることに加え、生成AIを中心とした新技術の普及が挙げられる。生成AIについては、多様な業種への適用が考えられるものの、規模や特性に応じてカスタマイズ（アルゴリズム、コスト、主権、プライバシー、持続可能性等）が必要となるため、効果的に導入するためにはクラウドサービスの活用が見込まれる。世界のクラウドインフラサービス[2]への支出額のシェアは引き続きAmazon、Microsoft、

**図表Ⅱ-1-8-3**　世界のパブリッククラウドサービス市場規模（支出高）の推移及び予測

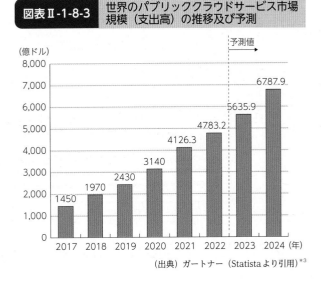

（出典）ガートナー（Statistaより引用）[3]

Googleの順に大きく、3社で7割近いシェアを占めている。2023年第4四半期時点でAmazonはおよそ31%、Microsoftは24%、Googleは11%となっており、近年はMicrosoftとGoogleのシェア拡大が目立っている（**図表Ⅱ-1-8-4**）。市場は依然として寡占化が進んでおり、大手3社以外のクラウドプロバイダーは、特定の領域に焦点を当てたり、大手3社などとの連携を図ることによって市場獲得を狙うことが重要だと考えられる。

---

[2]　IaaS、PaaS、ホスティング型プライベートクラウドの合計
[3]　https://www.statista.com/statistics/273818/global-revenue-generated-with-cloud-computing-since-2009/

| 図表Ⅱ-1-8-4 | 世界のクラウドインフラサービス市場のシェアの推移 |

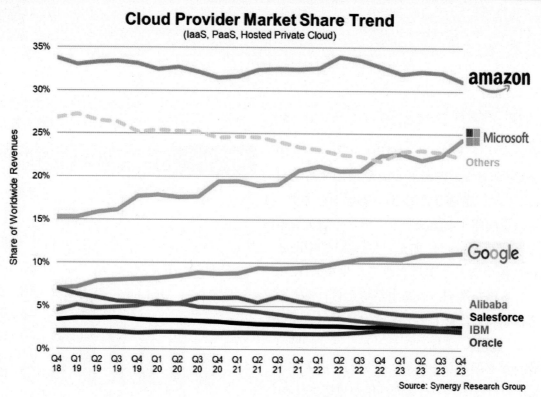

（出典）Synergy「Cloud Market Gets its Mojo Back; AI Helps Push Q4 Increase in Cloud Spending to New Highs」[4]

　日本のパブリッククラウドサービス市場[5]は、高い成長率を遂げ、2023年は3兆1,355億円（前年比25.8％増）にまで増加する見込みである（**図表Ⅱ-1-8-5**）。

　また、日本のPaaS市場、IaaS市場では、大手クラウドサービス（AWS（Amazon）、Azure（Microsoft）、GCP（Google））の利用率の高さが際立っている。特に、AWSは、PaaS／IaaS利用企業の半数以上を占めており、1年前と比較すると10ポイント以上増えている。

| 図表Ⅱ-1-8-5 | 日本のパブリッククラウドサービス市場規模（売上高）の推移及び予測 |

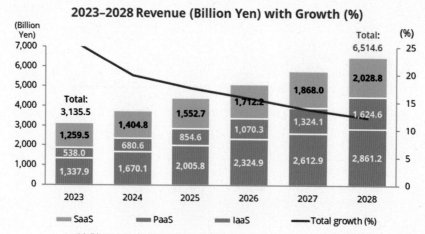

（出典）IDC Japan, 2024年2月「国内パブリッククラウドサービス市場予測、2024年～2028年」（JPJ50706624）[6]

---

*4　https://www.srgresearch.com/articles/cloud-market-gets-its-mojo-back-q4-increase-in-cloud-spending-reaches-new-highs
*5　特別の規制や制限を設けずに幅広いユーザーに対して提供されるIT関連機能に特化したクラウドサービスを対象としている。
*6　https://www.idc.com/getdoc.jsp?containerId=prJPJ49684222

関連データ　PaaS/IaaS利用者のAWS、Azure、GCP利用率
（出典）MM総研「国内クラウドサービス需要動向調査」（2022年6月時点）
URL：https://www.soumu.go.jp/johotsusintokei/whitepaper/ja/r06/html/datashu.html#f00281
（データ集）

## ③ エッジコンピューティング

　世界のエッジコンピューティングの市場規模（支出額）は、2024年に2,320億ドル、2027年には3,500億ドルまで拡大すると予測されている（**図表Ⅱ-1-8-6**）。

　日本のエッジコンピューティングの市場規模（支出額）は、2024年に1.6兆円になると推計され、2027年には2.3兆円まで拡大すると予測されている（**図表Ⅱ-1-8-7**）。

　主なユースケースとして、スマートファクトリー、機械やロボットの遠隔操作、高精細映像伝送、AR/VRによる仮想空間サービス、自動運転、ゲームやメタバースなどが想定され、エッジコンピューティングのメリットである低遅延を考えると製造業、建設業などにおける遠隔操作での利用が多いものと推察される。

　エッジコンピューティングは低遅延化などのメリットがあるものの、規模や処理能力に限界がありコスト増にも繋がるため、すべての用途でエッジコンピューティングを利用するのではなく、用途を限定して利用することが一般的である。これは、エッジコンピューティングがクラウドを置き換えるのではなく、クラウド活用の新たな用途とも言える。そのため、エッジコンピューティングの普及は、新たな用途としてのクラウド活用を促すことも想定される。2023年度の国内エッジAI分野の製品・サービス市場（売上高）は150億円に達する見込みであり、2027年度まで年率27.4%増で推移し、2027年度には370億円規模に達すると予測されている。

**図表Ⅱ-1-8-6　世界のエッジコンピューティング市場規模（支出額）の推移及び予測**

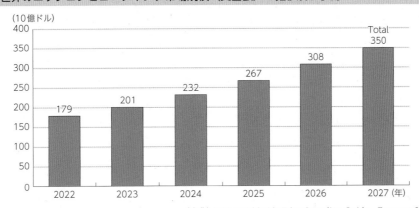

（出典）IDC Worldwide Edge Spending Guide - Forecast 2024 | Feb（V1 2024）[7]

---

[7]　https://www.idc.com/getdoc.jsp?containerId=prUS51960324

**図表Ⅱ-1-8-7** 国内のエッジコンピューティング市場規模（支出額）の推移及び予測

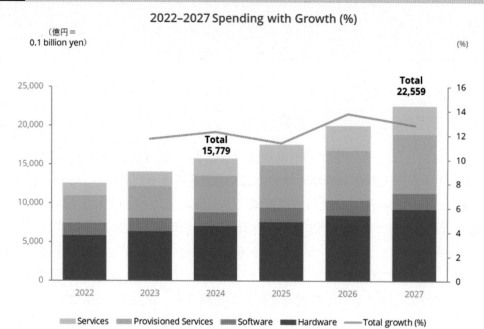

（出典）IDC「国内市場におけるエッジコンピューティングへの投資は、2024年に1兆6千億円と予測～国内エッジインフラ市場予測を発表～」（2024年3月22日）*8

● **関連データ**　国内のエッジAIコンピューティングの市場規模の推移及び予測

出典：デロイト トーマツ ミック経済研究所「エッジAIコンピューティング市場の実態と将来展望 2023年度版 【第3版】」（2024年2月7日）
URL：https://www.soumu.go.jp/johotsusintokei/whitepaper/ja/r06/html/datashu.html#f00287
（データ集）

---

*8　https://www.idc.com/getdoc.jsp?containerId=prJPJ51979224

# 第9節　AIの動向

## ① 市場概況

　世界のAI市場規模（売上高）は、2022年には前年比78.4%増の18兆7,148億円まで成長すると見込まれており、その後も2030年まで加速度的成長が予測されている（**図表Ⅱ-1-9-1**）。

　日本のAIシステム[*1]市場規模（支出額）は、2023年に6,858億7,300万円（前年比34.5%増）となっており、今後も成長を続け、2028年には2兆5,433億6,200万円まで拡大すると予測されている（**図表Ⅱ-1-9-2**）。

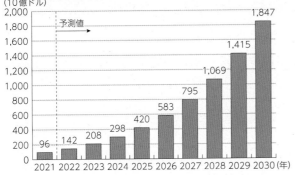

**図表Ⅱ-1-9-1**　世界のAI市場規模（売上高）の推移及び予測

（10億ドル）

（出典）Next Move Strategy Consulting（Statistaより引用）[*2]

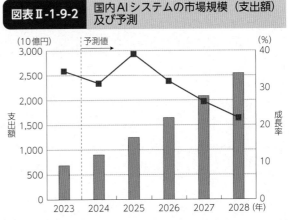

**図表Ⅱ-1-9-2**　国内AIシステムの市場規模（支出額）及び予測

（10億円）　　予測値　　（%）

（出典）IDC「2024年 国内AIシステム市場予測を発表」（2024年4月25日）[*3]

　また、AIの社会実装が進んでおり、文章、画像、音声、動画などをAIが生成する、いわゆる生成AIが注目されている。世界の生成AI市場は、2023年の670億ドルから2032年には1兆3,040億ドルと大幅な拡大が見込まれている。背景には、GoogleのBard、OpenAIのChatGPT、Midjourney, Inc.のMidjourneyなど、近年の生成AIツールの爆発的な普及がある。生成AIは文章だけではなく、画像、音声、動画など様々な種類のコンテンツ生成が可能で、その応用範囲は広い。例えば、マーケティング、セールス、カスタマーサポート、データ分析、検索、教育、小説や法律等、多くの分野で活用されている。さらに、コンピュータプログラムやデザインの生成も可能であり、人手不足対策や生産性向上の目的でも利用されている（**図表Ⅱ-1-9-3**）。

---

*1　AI機能を利用するためのハードウェア、ソフトウェア・プラットフォーム及びAIシステム構築に関わるITサービス
*2　https://www.statista.com/statistics/1365145/artificial-intelligence-market-size/
*3　https://www.idc.com/getdoc.jsp?containerId=prJPJ52070224

**図表Ⅱ-1-9-3**　世界の生成AI市場規模の推移及び予測

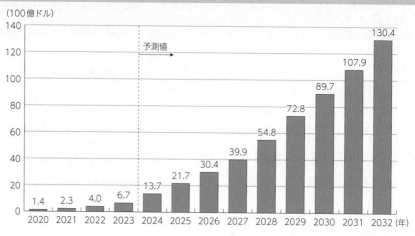

（出典）Bloomberg（Statistaより引用）[4]

## ② AIを巡る各国等の動向

　AIはまだ技術的に発展途上であり、ビジネスの基礎となる研究が世界各地で行われている。AIRankingsでは、論文数などを基に研究をリードする国や企業・大学等が公表されている。国別では、米国、中国、イギリス、ドイツ、カナダの順となっており、日本は毎年11～12位となっている。

> **関連データ**　国別AIランキング（Top15）の推移
>
> 出典：AIRankingsを基に作成
> URL：https://www.soumu.go.jp/johotsusintokei/whitepaper/ja/r06/html/datashu.html#f00291
> （データ集）

　AI関連企業への投資も活発化しており、スタンフォード大学が公表した報告書「Artificial Intelligence Index Report 2024」によれば、2023年に新たに資金調達を受けたAI企業数は、米国が897社で1位、中国が122社で2位、日本が42社で10位となっている（**図表Ⅱ-1-9-4**）。

**図表Ⅱ-1-9-4**　新たに資金調達を受けたAI企業数（国別・2023年）

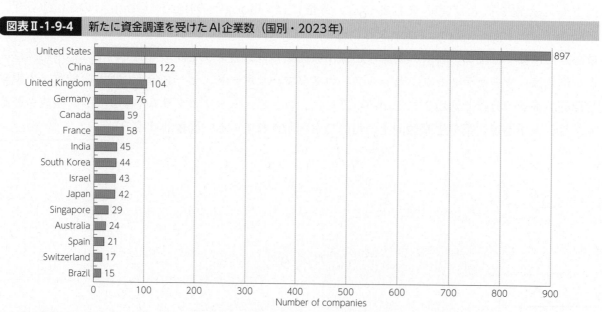

（出典）Stanford University「Artificial Intelligence Index Report 2024」[5]

---

＊4　https://www.statista.com/statistics/1417151/generative-ai-revenue-worldwide/
＊5　https://aiindex.stanford.edu/wp-content/uploads/2024/04/HAI_AI-Index-Report-2024_Master.pdf

# 第10節 サイバーセキュリティの動向

## ① 市場の概況

世界のサイバーセキュリティの市場（売上高）は引き続き堅調で、2023年には790億ドル（11.1％増）になると予測されている（**図表Ⅱ-1-10-1**）。

サイバーセキュリティ市場の主要事業者として、Cisco、Palo Alto Networks、Check Point、Symantec、Fortinetの5社が2018年から2019年まで世界Top5の市場シェアを獲得していたが、2020年からはSymantecの代わりにTrellixが台頭し、2022年には3.1％のシェアを獲得している。しかし、2023年時点ではCheck

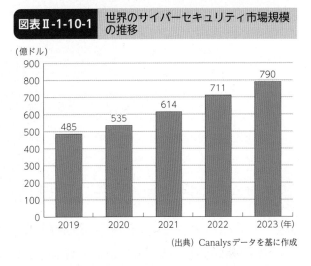

図表Ⅱ-1-10-1　世界のサイバーセキュリティ市場規模の推移

（億ドル）

| 2019 | 2020 | 2021 | 2022 | 2023（年） |
|---|---|---|---|---|
| 485 | 535 | 614 | 711 | 790 |

（出典）Canalysデータを基に作成

Point、Trellixに代わりMicrosoft、Crowd StrikeがTop5に入っている。また、近年はトップシェアであるPalo Alto Networksの市場シェアが拡大している。

● **関連データ**　世界のサイバーセキュリティ主要事業者
出典：Canalysデータを基に作成
URL：https://www.soumu.go.jp/johotsusintokei/whitepaper/ja/r06/html/datashu.html#f00294
（データ集）

2022年の国内の情報セキュリティ製品市場（売上高）は、前年比19.8％増の5,254億5,400万円となった。セキュリティ製品の機能市場セグメント別では、エンドポイントセキュリティソフトウェアやネットワークセキュリティソフトウェアなどを含む、セキュリティソフトウェア市場の2022年の売上額が4,274億200万円で全体の81.3％を占め、コンテンツ管理、UTMやVPNなどを含むセキュリティアプライアンス市場は980億5,100万円で全体の18.7％となった。

また、2021年及び2022年の国内情報セキュリティ製品のベンダー別シェア（売上額）について、2022年の市場全体のシェア率が2％以上の企業を「外資系企業」と「国内企業」に分類し、それら企業における2021年及び2022年の売上額を集計した結果、ともに外資系企業のシェアが5割を超えており、国内のサイバーセキュリティ製品はその多くを海外に依存している状況が引き続いているといえる（**図表Ⅱ-1-10-2**）。

**図表Ⅱ-1-10-2**　国内情報セキュリティ製品市場シェア（売上額）　2021年～2022年

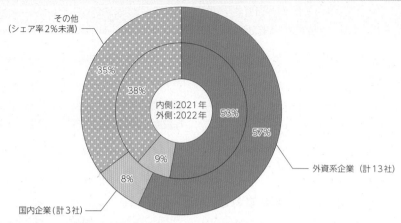

内側：2021年
外側：2022年

（出典）IDC Japan, 2023年8月「国内情報セキュリティ製品市場シェア、2022年：セキュリティプラットフォームの進展」（JPJ49213223）を基に作成

## ② サイバーセキュリティの現状

### ❶ サイバーセキュリティ上の脅威の増大

　国立研究開発法人情報通信研究機構（NICT）が運用している大規模サイバー攻撃観測網（NICTER）のダークネット観測で確認された2023年の総観測パケット数（約6,197億パケット）は、2015年（約632億パケット）と比較して9.8倍となっているなど、依然多くの観測パケットが届いている状態である（**図表Ⅱ-1-10-3**）。また、2023年の総観測パケット数は各IPアドレスに対して14秒に1回観測されたことに相当する。

　なお、2023年は過去最高の観測数を記録しており、インターネット上を飛び交う観測パケットは2022年と比較して更に活発化している状況であると言える。

**図表Ⅱ-1-10-3**　NICTERにおけるサイバー攻撃関連の通信数の推移

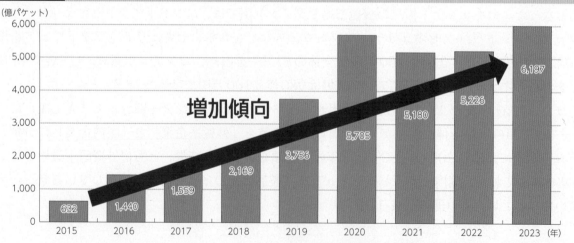

（出典）国立研究開発法人情報通信研究機構「NICTER観測レポート2023」を基に作成

　NICTERでのサイバー攻撃関連の通信内容をみると、2022年と同様にIoT機器を狙った通信が多く観測され、サイバー攻撃関連通信全体の約3割を占めている。また、HTTP・HTTPSで使用されるポートへの攻撃についても同程度の割合で観測されている（**図表Ⅱ-1-10-4**）。

**図表Ⅱ-1-10-4** NICTERにおけるサイバー攻撃関連の通信の内容

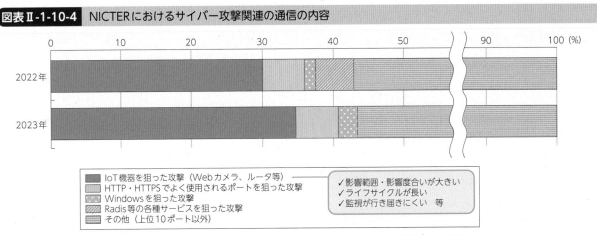

- IoT機器を狙った攻撃（Webカメラ、ルータ等）
- HTTP・HTTPSでよく使用されるポートを狙った攻撃
- Windowsを狙った攻撃
- Radis等の各種サービスを狙った攻撃
- その他（上位10ポート以外）

✓ 影響範囲・影響度合いが大きい
✓ ライフサイクルが長い
✓ 監視が行き届きにくい　等

※NICTERで2022年・2023年に観測されたもの（調査目的の大規模スキャン通信を除く。）について、上位10ポートを分析。

（出典）国立研究開発法人情報通信研究機構「NICTER観測レポート2023」を基に作成

また、2023年中の不正アクセス行為の禁止等に関する法律（平成11年法律第128号。以下「不正アクセス禁止法」という。）違反事件の検挙件数は521件であり、前年と比べ1件減少した。

● **関連データ**　不正アクセス禁止法違反事件検挙件数の推移

出典：警察庁・総務省・経済産業省「不正アクセス行為の発生状況及びアクセス制御機能に関する技術の研究開発の状況」を基に作成

URL：https://www.soumu.go.jp/johotsusintokei/whitepaper/ja/r06/html/datashu.html#f00300
（データ集）

近年ではランサムウェアによるサイバー攻撃被害が国内外の様々な企業や医療機関等で続き、国民生活や社会経済に影響が出る事例も発生している。また、2023年3月には「Emotet（エモテット）」の活動再開が確認され、同月、独立行政法人情報処理推進機構（IPA）やJPCERT/CCより注意喚起が実施された。最近では日本の政府機関・地方自治体や企業のホームページ等を標的としたDDoS攻撃により、業務継続に影響のある事案も発生し、国民の誰もがサイバー攻撃の懸念に直面している。

こうした依然として厳しい情勢の下、直近では、大型連休がサイバーセキュリティに与えるリスクを考慮し、2023年4月に経済産業省、総務省、警察庁、NISCより春の大型連休に向けて実施が望まれる対策について注意喚起が実施された。

## ❷ サイバーセキュリティに関する問題が引き起こす経済的損失

サイバーセキュリティに関する問題が引き起こす経済的損失について、様々な組織が調査・分析を公表している（**図表Ⅱ-1-10-5**）。損失の範囲をどこまで捉えるかなどにより数値に幅があるが、例えば、日本では、トレンドマイクロが2023年に実施した調査によれば、過去3年間でのサイバー攻撃の被害を経験した法人組織の累計被害額の平均が約1億2,528万円になる。

第1章
ICT市場の動向

**図表Ⅱ-1-10-5** サイバーセキュリティに関する問題が引き起こす経済的損失

| 調査・分析の実施主体 | 対象地域 | 対象期間 | 経済的損失の概要 | 損失額 |
|---|---|---|---|---|
| トレンドマイクロ | 日本 | 2023年【調査時期】 | 過去3年間でのサイバー攻撃の被害を経験した法人組織の累計被害額の平均 | 1億2,528万円 |
| 警察庁 | 日本 | 2023年上半期 | ランサムウェア被害に関連して要した調査・復旧費用の総額 | 26%が100万円未満<br>19%が100万～500万円未満<br>25%が500万～1,000万円未満<br>23%が1,000万～5,000万円未満<br>8%が5,000万円以上 |
| FBI | 米国 | 2022年 | サイバー犯罪事件による被害報告総額 | 102億ドル |
| NFIB | 英国 | 2023年 | サイバー犯罪による被害報告総額 | 560万ポンド |
| Sophos | 世界14か国 | 2023年 | 直近のランサムウェア攻撃の修復に要した1組織あたりの年間平均コスト | 182万ドル |
| IBM | 世界16か国 | 2023年 | 組織における1回のデータ侵害にかかる世界平均コスト | 445万ドル |
| Cybersecurity Ventures | 世界 | 2025年【予測】 | サイバー犯罪によるコスト | 10兆5,000億ドル |
| Fastl | 北米、欧州、アジア、太平洋地域 | 2023年 | サイバー攻撃を受けた企業の損失 | 過去12ヶ月間収益の9% |

（出典）各種公開資料を基に作成

### ❸ 無線LANセキュリティに関する動向

　無線LANの利用者のセキュリティ意識などを把握するために総務省が2024年3月に実施した意識調査によると、公衆無線LANの認知度は高い（約94%）が実際に利用している人はその半数程度にとどまっている。また、公衆無線LANを利用していない最多の理由として、7割程度が「セキュリティ上の不安がある」と回答している。また、公衆無線LAN利用者のうち、9割程度の利用者がセキュリティ上の不安を感じているものの、そのうちの4割程度が「漠然とした不安」として挙げている。

### ❹ 送信ドメイン認証技術の導入状況

　なりすましメールを防止するための「送信ドメイン認証技術」のJPドメインでの導入状況は、2023年12月時点で、SPFは約82.9%、DMARCは約10.2%となっており、いずれも微増傾向にある。

**関連データ**　送信ドメイン認証技術のJPドメイン導入状況
URL：https://www.soumu.go.jp/johotsusintokei/whitepaper/ja/r06/html/datashu.html#f00307
（データ集）

## 第11節 デジタル活用の動向

### ① 国民生活におけるデジタル活用の動向

#### ❶ 情報通信機器・端末

　デジタルを活用する際に必要となるインターネットなどに接続するための端末について、2023年の情報通信機器の世帯保有率は、「モバイル端末全体」で97.4%であり、その内数である「スマートフォン」は90.6%である。また、パソコンは65.3%となっている（**図表Ⅱ-1-11-1**）。

**図表Ⅱ-1-11-1** 情報通信機器の世帯保有率の推移

| | 2011<br>(n=16,530) | 2012<br>(n=20,418) | 2013<br>(n=15,599) | 2014<br>(n=16,529) | 2015<br>(n=14,765) | 2016<br>(n=17,040) | 2017<br>(n=16,117) | 2018<br>(n=16,255) | 2019<br>(n=15,410) | 2020<br>(n=17,345) | 2021<br>(n=17,365) | 2022<br>(n=15,951) | 2023<br>(n=14,009) |
|---|---|---|---|---|---|---|---|---|---|---|---|---|---|
| 固定電話 | 83.8 | 79.3 | 79.1 | 75.7 | 75.6 | 72.2 | 70.6 | 64.5 | 69.0 | 68.1 | 66.5 | 63.9 | 57.9 |
| FAX | 45.0 | 41.5 | 46.4 | 41.8 | 42.0 | 38.1 | 35.3 | 34.0 | 33.1 | 33.6 | 31.3 | 30.0 | 26.9 |
| モバイル端末全体 | 94.5 | 94.5 | 94.8 | 94.6 | 95.8 | 94.7 | 94.8 | 95.7 | 96.1 | 96.8 | 97.3 | 97.5 | 97.4 |
| スマートフォン | 29.3 | 49.5 | 62.6 | 64.2 | 72.0 | 71.8 | 75.1 | 79.2 | 83.4 | 86.8 | 88.6 | 90.1 | 90.6 |
| パソコン | 77.4 | 75.8 | 81.7 | 78.0 | 76.8 | 73.0 | 72.5 | 74.0 | 69.1 | 70.1 | 69.8 | 69.0 | 65.3 |
| タブレット型端末 | 8.5 | 15.3 | 21.9 | 26.3 | 33.3 | 34.4 | 36.4 | 40.1 | 37.4 | 38.7 | 39.4 | 40.0 | 36.4 |
| ウェアラブル端末 | | | | 0.5 | 0.9 | 1.1 | 1.9 | 2.5 | 4.7 | 5.0 | 7.1 | 10.0 | 9.4 |
| インターネットに接続できる家庭用テレビゲーム機 | 24.5 | 29.5 | 38.3 | 33.0 | 33.7 | 31.4 | 31.4 | 30.9 | 25.2 | 29.8 | 31.7 | 32.4 | 31.4 |
| インターネットに接続できる携帯型音楽プレイヤー | 20.1 | 21.4 | 23.8 | 18.4 | 17.3 | 15.3 | 13.8 | 14.2 | 10.8 | 9.8 | 9.0 | 7.5 | 7.3 |
| その他インターネットに接続できる家電（スマート家電）等 | 6.2 | 12.7 | 8.8 | 7.6 | 8.1 | 9.0 | 2.1 | 6.9 | 3.6 | 7.5 | 9.3 | 10.7 | 11.0 |

（出典）総務省「通信利用動向調査」[*1]

---

\*1　https://www.soumu.go.jp/johotsusintokei/statistics/statistics05.html

## ② インターネット

### ア　利用状況

2023年のインターネット利用率（個人）は86.2%となっており（**図表Ⅱ-1-11-2**）、端末別のインターネット利用率（個人）は、「スマートフォン」（72.9%）が「パソコン」（47.4%）を25.5ポイント上回っている。

**図表Ⅱ-1-11-2　インターネット利用率（個人）の推移**[*2]

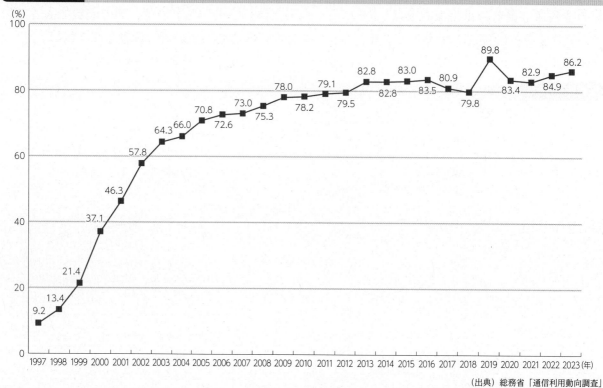

（出典）総務省「通信利用動向調査」

● **関連データ**　インターネット利用端末の種類（個人）
出典：総務省「通信利用動向調査」
URL：https://www.soumu.go.jp/johotsusintokei/whitepaper/ja/r06/html/datashu.html#f00311
（データ集）

個人の年齢階層別にインターネット利用率をみてみると、13歳から69歳までの各階層で9割を超えている一方、70歳以降年齢階層が上がるにつれて利用率が低下する傾向にある（**図表Ⅱ-1-11-3**）。また、所属世帯年収別インターネット利用率は、400万円以上の各階層で8割を超えている（**図表Ⅱ-1-11-4**）。さらに、都道府県別にみると、インターネット利用率が80%を超えているのは38都道府県となっており、すべての都道府県でスマートフォンでの利用率が50%を超えている。

---

*2　令和元年調査の調査票の設計が一部例年と異なっていたため、経年比較に際しては注意が必要。

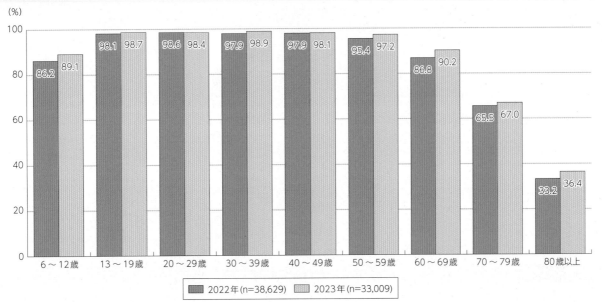

**図表Ⅱ-1-11-3　年齢階層別インターネット利用率**

（出典）総務省「通信利用動向調査」

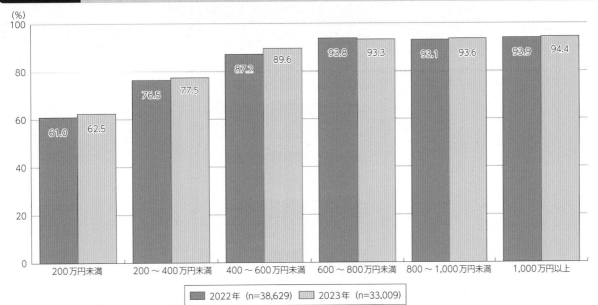

**図表Ⅱ-1-11-4　世帯年収別インターネット利用率**

（出典）総務省「通信利用動向調査」

**関連データ**　都道府県別インターネット利用率及び機器別の利用状況（個人）（2023年）

出典：総務省「通信利用動向調査」
URL：https://www.soumu.go.jp/johotsusintokei/whitepaper/ja/r06/html/datashu.html#f00314
（データ集）

## イ　インターネット利用への不安感

　インターネットを利用している人の約70%がインターネットの利用時に何らかの不安を感じており（**図表Ⅱ-1-11-5**）、具体的な不安の内容としては、「個人情報やインターネット利用履歴の漏洩」の割合が89.4%と最も高く、次いで「コンピューターウイルスへの感染」（61.1%）、「架空請求やインターネットを利用した詐欺」（53.9%）となっている（**図表Ⅱ-1-11-6**）。

第1章

ICT市場の動向

**図表Ⅱ-1-11-5**　インターネット利用時に不安を感じる人の割合

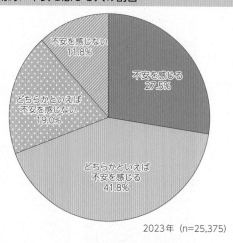

不安を感じない
11.8%

不安を感じる
27.5%

どちらかといえば
不安を感じない
19.0%

どちらかといえば
不安を感じる
41.8%

2023年（n=25,375）

（出典）総務省「通信利用動向調査」

**図表Ⅱ-1-11-6**　インターネット利用時に感じる不安の内容（複数回答）

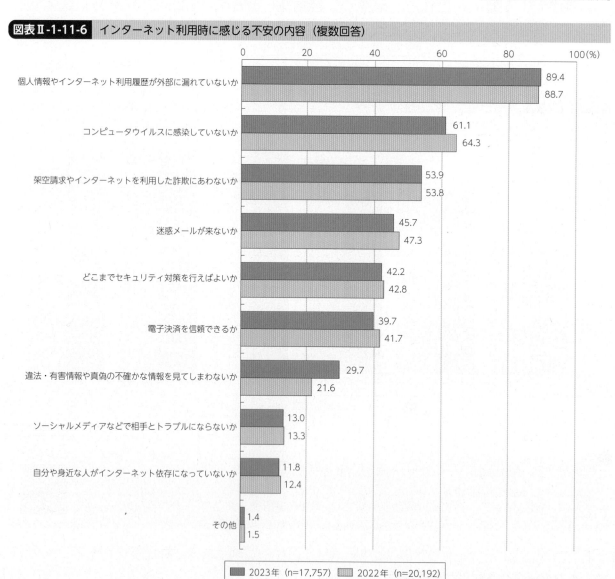

| | 2023年 | 2022年 |
|---|---|---|
| 個人情報やインターネット利用履歴が外部に漏れていないか | 89.4 | 88.7 |
| コンピュータウイルスに感染していないか | 61.1 | 64.3 |
| 架空請求やインターネットを利用した詐欺にあわないか | 53.9 | 53.8 |
| 迷惑メールが来ないか | 45.7 | 47.3 |
| どこまでセキュリティ対策を行えばよいか | 42.2 | 42.8 |
| 電子決済を信頼できるか | 39.7 | 41.7 |
| 違法・有害情報や真偽の不確かな情報を見てしまわないか | 29.7 | 21.6 |
| ソーシャルメディアなどで相手とトラブルにならないか | 13.0 | 13.3 |
| 自分や身近な人がインターネット依存になっていないか | 11.8 | 12.4 |
| その他 | 1.4 | 1.5 |

■ 2023年（n=17,757）　□ 2022年（n=20,192）

（出典）総務省「通信利用動向調査」

## ❸ デジタルサービスの活用状況

### ア　全般的なデジタルサービス利用状況

　普段利用しているデジタルサービスについて、日本、米国、ドイツ、中国でアンケート調査を実施したところ、日本においては、「インターネットショッピング」、「メッセージングサービス」、「SNS」、「情報検索・ニュース」、「QRコード決済」といったサービスの利用者が約60%以上と、他のサービスと比較して多くなっていた。日本で「QRコード決済」の利用が比較的多い背景には、スマートフォンの普及、QRコード決済事業者による導入促進キャンペーン、コード決済を活用した行政によるキャッシュレス普及促進および中小企業支援の取組等があると考えられる（**図表Ⅱ-1-11-7**）。

**図表Ⅱ-1-11-7**　全般的なデジタルサービス利用状況

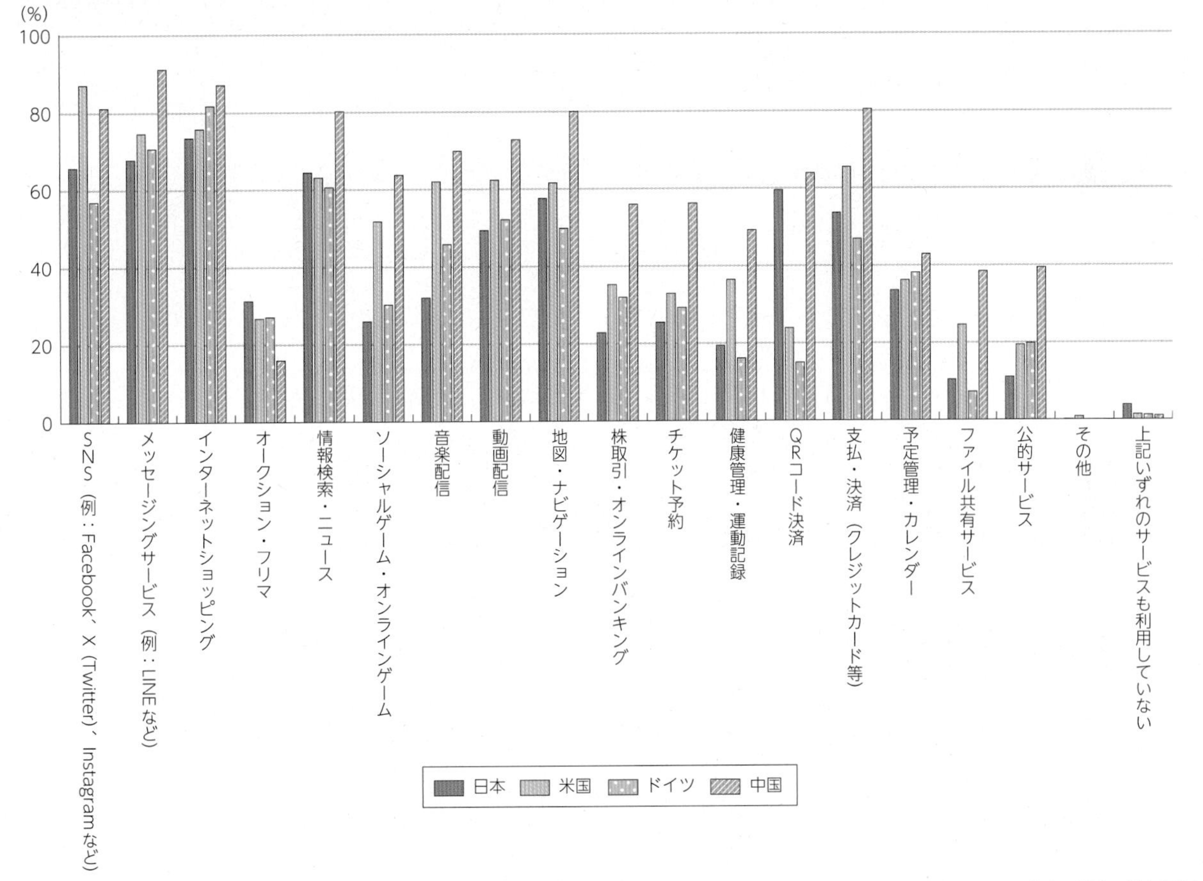

（出典）総務省（2024）「国内外における最新の情報通信技術の研究開発及びデジタル活用の動向に関する調査研究」

　また、プラットフォーム企業が提供するサービスやアプリケーションを利用するにあたり、パーソナルデータを提供することを認識しているか否かを尋ねたところ、「認識している」（「よく認識している」、「やや認識している」の合計）と回答した割合は、米国が最も高く（87.7%）、日本は約4割（41.0%）であった（**図表Ⅱ-1-11-8**）。

　どのようなことに懸念を覚えるかを尋ねてみると、日本を含む各国で「登録した情報が意図せぬうちに、電話、訪問販売、SNS広告などに利用されてしまう」ことが最も懸念されていた。一方、日本では「特に懸念がない」とする割合が21.7%であり、10%前後の米国、ドイツと比べて高かった（**図表Ⅱ-1-11-9**）。

**図表Ⅱ-1-11-8　パーソナルデータ提供に対する認識の有無**

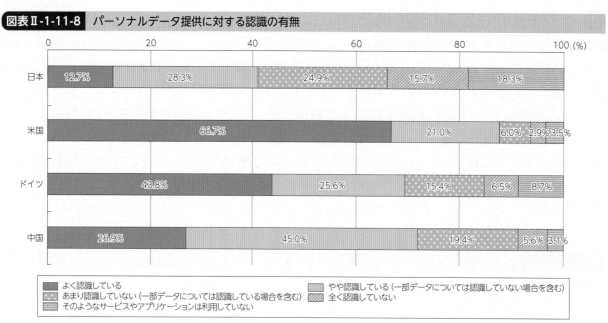

（出典）総務省（2024）「国内外における最新の情報通信技術の研究開発及びデジタル活用の動向に関する調査研究」

**図表Ⅱ-1-11-9　パーソナルデータの提供が必要なサービスに対する懸念**

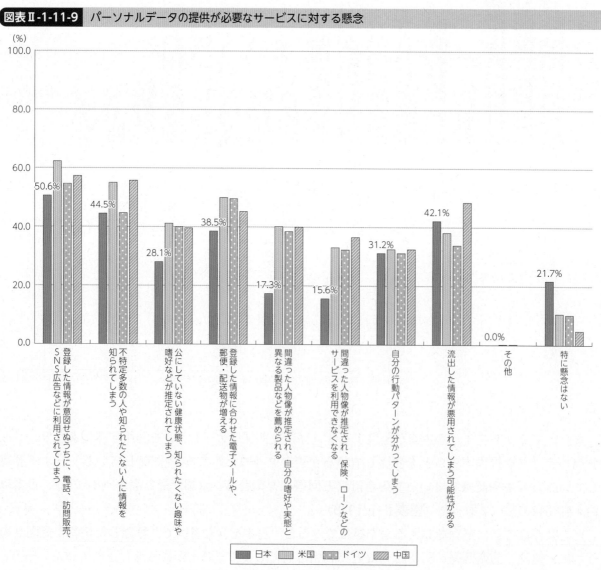

（出典）総務省（2024）「国内外における最新の情報通信技術の研究開発及びデジタル活用の動向に関する調査研究」

　プラットフォーマーへパーソナルデータを提供してもよいと思う条件を尋ねたところ、他国と比較して日本は、特に、「提供したデータの流出の心配が無いこと」、「企業によるデータの悪用の心配が無いこと」、「自分のプライバシーが保護されること」を選択した人が多い。各サービスの利用においてパーソナルデータ提供の機会が増加したり、条件を設定するような機会が増加したりすることに伴い、意識する人が増えた可能性がある。

**関連データ**　パーソナルデータを提供してもよいと思う条件
出典：総務省（2024）「国内外における最新の情報通信技術の研究開発及びデジタル活用の動向に関する調査研究」
URL：https://www.soumu.go.jp/johotsusintokei/whitepaper/ja/r06/html/datashu.html#f00320
（データ集）

### イ　仮想空間でのデジタルサービス利用状況（XRコンテンツ）

　仮想空間上の体験型エンターテインメントサービス[*3]を利用したことがあると回答した割合（「生活や仕事において活用している」、「利用したことがある」の合計）は、米国、ドイツ、中国では約30～45%となっていたのに対して、日本では9.6%と大幅に低くなっていた。利用意向が低いと考えられる回答の割合（「生活や仕事において、必要ない」、「利用する気になれない」の合計）も、最も割合の高いドイツの50.0%に比べ、日本では65.4%となっていた（**図表Ⅱ-1-11-10**）。我が国での利用状況を年齢別にみると、20歳代の利用率が最も高く（13.6%）、「今後利用してみたい」と考えている割合も20歳代が最も高かった（27.2%）。

**図表Ⅱ-1-11-10**　仮想空間上での体験型エンターテインメントサービス利用状況（各国比較）

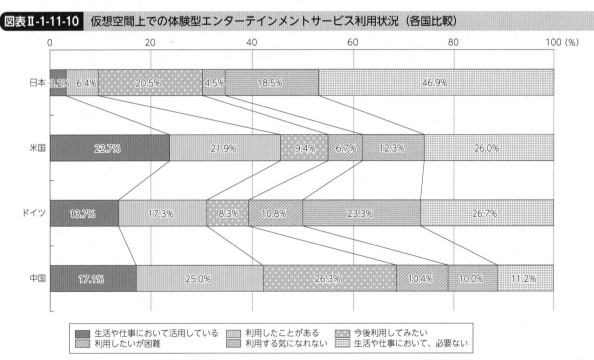

（出典）総務省（2024）「国内外における最新の情報通信技術の研究開発及びデジタル活用の動向に関する調査研究」

**関連データ**　仮想空間上のエンターテインメントサービス利用状況（年代別）
出典：総務省（2024）「国内外における最新の情報通信技術の研究開発及びデジタル活用の動向に関する調査研究」
URL：https://www.soumu.go.jp/johotsusintokei/whitepaper/ja/r06/html/datashu.html#f00322
（データ集）

---

＊3　他者とリアルタイムかつインタラクティブな関係を持つサービスである、オンラインゲーム、バーチャルイベント等のXRコンテンツ（仮想空間上の体験型エンターテインメントサービス）を指す。

> **関連データ**　仮想空間上のエンターテインメントサービスが利用できない理由
> 出典：総務省（2024）「国内外における最新の情報通信技術の研究開発及びデジタル活用の動向に関する調査研究」
> URL：https://www.soumu.go.jp/johotsusintokei/whitepaper/ja/r06/html/datashu.html#f00323
> （データ集）

### ウ　メディア利用時間

　総務省情報通信政策研究所は、2012年から橋元　良明氏（東京大学名誉教授）、北村　智氏（東京経済大学コミュニケーション学部教授）ほか[4]との共同研究として、情報通信メディアの利用時間と利用時間帯、利用目的、信頼度などについて調査研究を行っている[5]。以下、2023年度の調査結果[6]を基に情報通信メディアの利用時間などについて概観する。

### （ア）主なメディアの平均利用時間[7]と行為者率[8]

　「テレビ（リアルタイム）視聴」[9]、「テレビ（録画）視聴」、「インターネット利用」[10]、「新聞閲読」及び「ラジオ聴取」の平均利用時間と行為者率を示したものが（**図表Ⅱ-1-11-11**）である。

　全年代では、平日、休日ともに、「インターネット利用」の平均利用時間が最も長く、「テレビ（リアルタイム）視聴」がこれに続いている。休日の「インターネット利用」は、初めて200分を超過する結果となっている。行為者率については、「インターネット利用」の行為者率が、平日、休日ともに「テレビ（リアルタイム）視聴」の行為者率を超過している。

　年代別にみると、平日の50代で「インターネット利用」の平均利用時間が「テレビ（リアルタイム）視聴」を初めて上回った。行為者率については平日、休日ともに10代から50代の「インターネット利用」の行為者率が「テレビ（リアルタイム）視聴」の行為者率を超過している。また、「新聞閲読」について、年代が上がるとともに行為者率が高くなっているが、前回2022年度調査結果と比較すると、40代から60代の行為者率も減少又はほぼ横ばいとなっている。

---

＊4　青山学院大学総合文化政策学部助教　河井　大介氏。
＊5　「情報通信メディアの利用時間と情報行動に関する調査研究」：13歳から69歳までの男女1,500人を対象（性別・年齢10歳刻みで住民基本台帳の実勢比例。2023年度調査には2023年1月の住民基本台帳を使用）に、ランダムロケーションクォータサンプリングによる訪問留置調査で実施。
＊6　2023年度調査における調査対象期間は2023年12月2日〜12月8日。
＊7　調査日1日あたりの、ある情報行動の全調査対象者の時間合計を調査対象者数で除した数値。その行動を1日全く行っていない人も含めて計算した平均時間。
＊8　平日については、調査日2日間の1日ごとにある情報行動を行った人の比率を求め、2日間の平均をとった数値。休日については、調査日の比率。
＊9　テレビ（リアルタイム）視聴：テレビ受像機のみならず、あらゆる機器によるリアルタイムのテレビ視聴。
＊10　インターネット利用：機器を問わず、メール、ウェブサイト、ソーシャルメディア、動画サイト、オンラインゲームなど、インターネットに接続することで成り立つサービスの利用を指す。

**図表Ⅱ-1-11-11　主なメディアの平均利用時間と行為者率**

＜平日1日＞

| | | 平均利用時間（単位：分） | | | | | 行為者率（％） | | | | |
| --- | --- | --- | --- | --- | --- | --- | --- | --- | --- | --- | --- |
| | | テレビ（リアルタイム）視聴 | テレビ（録画）視聴 | ネット利用 | 新聞閲読 | ラジオ聴取 | テレビ（リアルタイム）視聴 | テレビ（録画）視聴 | ネット利用 | 新聞閲読 | ラジオ聴取 |
| 全年代 | 2019年 | 161.2 | 20.3 | 126.2 | 8.4 | 12.4 | 81.6 | 19.9 | 85.5 | 26.1 | 7.2 |
| | 2020年 | 163.2 | 20.2 | 168.4 | 8.5 | 13.4 | 81.8 | 19.7 | 87.8 | 25.5 | 7.7 |
| | 2021年 | 146.0 | 17.8 | 176.8 | 7.2 | 12.2 | 74.4 | 18.6 | 89.6 | 22.1 | 6.2 |
| | 2022年 | 135.5 | 18.2 | 175.2 | 6.0 | 8.1 | 73.7 | 17.5 | 90.4 | 19.2 | 6.0 |
| | 2023年 | 135.0 | 16.4 | 194.2 | 5.2 | 7.3 | 71.1 | 15.3 | 91.2 | 16.1 | 5.4 |
| 10代 | 2019年 | 69.0 | 14.7 | 167.9 | 0.3 | 4.1 | 61.6 | 19.4 | 92.6 | 2.1 | 1.8 |
| | 2020年 | 73.1 | 12.2 | 224.2 | 1.4 | 2.3 | 59.9 | 14.8 | 90.1 | 2.5 | 1.8 |
| | 2021年 | 57.3 | 12.1 | 191.5 | 0.4 | 3.3 | 56.7 | 16.3 | 91.5 | 1.1 | 0.7 |
| | 2022年 | 46.0 | 6.9 | 195.0 | 0.9 | 0.8 | 50.7 | 10.0 | 94.3 | 2.1 | 1.8 |
| | 2023年 | 39.2 | 3.6 | 257.8 | 0.0 | 0.8 | 47.1 | 5.7 | 96.4 | 0.0 | 2.1 |
| 20代 | 2019年 | 101.8 | 15.6 | 177.7 | 1.8 | 3.4 | 65.9 | 14.7 | 93.4 | 5.7 | 3.3 |
| | 2020年 | 88.0 | 14.6 | 255.4 | 1.7 | 4.0 | 65.7 | 13.6 | 96.0 | 6.3 | 3.1 |
| | 2021年 | 71.2 | 15.1 | 275.0 | 0.9 | 7.0 | 60.9 | 13.7 | 96.5 | 2.6 | 3.0 |
| | 2022年 | 72.9 | 14.8 | 264.8 | 0.4 | 2.1 | 54.4 | 11.8 | 97.7 | 2.8 | 2.3 |
| | 2023年 | 53.9 | 6.2 | 275.8 | 0.5 | 4.8 | 43.3 | 7.4 | 98.4 | 1.8 | 2.8 |
| 30代 | 2019年 | 124.2 | 24.5 | 154.1 | 2.2 | 5.0 | 76.7 | 21.9 | 91.9 | 10.5 | 2.2 |
| | 2020年 | 135.4 | 19.3 | 188.6 | 1.9 | 8.4 | 78.2 | 19.3 | 95.0 | 8.8 | 6.0 |
| | 2021年 | 107.4 | 18.9 | 188.2 | 1.5 | 4.8 | 65.8 | 20.9 | 94.9 | 5.9 | 3.2 |
| | 2022年 | 104.4 | 14.6 | 202.9 | 1.2 | 4.1 | 67.1 | 14.9 | 95.7 | 4.1 | 3.9 |
| | 2023年 | 89.9 | 13.7 | 201.9 | 0.5 | 2.5 | 64.5 | 13.3 | 94.0 | 3.9 | 4.1 |
| 40代 | 2019年 | 145.9 | 17.8 | 114.1 | 5.3 | 9.5 | 84.0 | 18.9 | 91.3 | 23.6 | 6.0 |
| | 2020年 | 151.0 | 20.3 | 160.2 | 5.5 | 11.7 | 86.2 | 23.0 | 92.6 | 24.1 | 6.0 |
| | 2021年 | 132.8 | 13.6 | 176.8 | 4.3 | 12.9 | 77.8 | 15.3 | 94.6 | 17.9 | 5.4 |
| | 2022年 | 124.1 | 17.2 | 176.1 | 4.1 | 5.5 | 75.7 | 18.0 | 91.5 | 16.5 | 6.3 |
| | 2023年 | 134.6 | 13.7 | 176.2 | 2.7 | 7.2 | 78.3 | 15.7 | 93.0 | 11.2 | 5.4 |
| 50代 | 2019年 | 201.4 | 22.5 | 114.0 | 12.0 | 18.3 | 92.8 | 21.9 | 84.2 | 38.5 | 12.2 |
| | 2020年 | 195.6 | 23.4 | 130.0 | 11.9 | 26.9 | 91.8 | 20.7 | 85.0 | 39.4 | 13.4 |
| | 2021年 | 187.7 | 18.7 | 153.6 | 9.1 | 23.6 | 86.4 | 20.9 | 89.4 | 33.8 | 11.1 |
| | 2022年 | 160.7 | 18.6 | 143.5 | 7.8 | 14.0 | 84.0 | 19.5 | 88.8 | 29.6 | 8.6 |
| | 2023年 | 163.2 | 21.2 | 173.8 | 7.6 | 8.6 | 81.2 | 19.4 | 90.0 | 27.3 | 7.5 |
| 60代 | 2019年 | 260.3 | 23.2 | 69.4 | 22.5 | 27.2 | 93.6 | 21.2 | 65.7 | 57.2 | 13.4 |
| | 2020年 | 271.4 | 25.7 | 105.5 | 23.2 | 18.5 | 92.9 | 22.3 | 71.3 | 53.7 | 12.1 |
| | 2021年 | 254.6 | 25.8 | 107.4 | 22.0 | 14.4 | 92.0 | 23.0 | 72.8 | 55.1 | 10.0 |
| | 2022年 | 244.2 | 30.5 | 103.2 | 17.7 | 16.7 | 92.8 | 25.2 | 78.5 | 46.1 | 9.9 |
| | 2023年 | 257.0 | 31.3 | 133.7 | 15.9 | 15.2 | 91.5 | 23.1 | 79.8 | 39.4 | 7.6 |

＜休日1日＞

| | | 平均利用時間（単位：分） | | | | | 行為者率（％） | | | | |
| --- | --- | --- | --- | --- | --- | --- | --- | --- | --- | --- | --- |
| | | テレビ（リアルタイム）視聴 | テレビ（録画）視聴 | ネット利用 | 新聞閲読 | ラジオ聴取 | テレビ（リアルタイム）視聴 | テレビ（録画）視聴 | ネット利用 | 新聞閲読 | ラジオ聴取 |
| 全年代 | 2019年 | 215.9 | 33.0 | 131.5 | 8.5 | 6.4 | 81.2 | 23.3 | 81.0 | 23.5 | 4.6 |
| | 2020年 | 223.3 | 39.6 | 174.9 | 8.3 | 7.6 | 80.5 | 27.6 | 84.6 | 22.8 | 4.7 |
| | 2021年 | 193.6 | 26.3 | 176.5 | 7.3 | 7.0 | 75.0 | 21.3 | 86.7 | 19.3 | 4.2 |
| | 2022年 | 182.9 | 30.2 | 187.3 | 5.6 | 5.5 | 72.2 | 22.7 | 88.5 | 17.7 | 4.1 |
| | 2023年 | 176.8 | 23.6 | 202.5 | 5.0 | 4.1 | 69.3 | 18.0 | 88.2 | 14.7 | 3.0 |
| 10代 | 2019年 | 87.4 | 21.3 | 238.5 | 0.1 | 0.0 | 52.8 | 17.6 | 90.1 | 0.7 | 0.0 |
| | 2020年 | 93.9 | 29.8 | 290.8 | 0.9 | 0.0 | 54.9 | 25.4 | 91.5 | 1.4 | 0.0 |
| | 2021年 | 73.9 | 12.3 | 253.8 | 0.0 | 0.0 | 57.4 | 14.9 | 90.8 | 0.0 | 0.0 |
| | 2022年 | 69.3 | 17.4 | 285.0 | 1.0 | 2.8 | 46.4 | 19.3 | 92.9 | 2.1 | 2.1 |
| | 2023年 | 56.8 | 4.8 | 342.2 | 0.0 | 0.0 | 42.9 | 6.4 | 95.0 | 0.0 | 0.0 |
| 20代 | 2019年 | 138.5 | 23.0 | 223.2 | 0.9 | 1.2 | 69.7 | 19.9 | 91.0 | 3.3 | 1.9 |
| | 2020年 | 132.3 | 26.5 | 293.8 | 2.0 | 1.9 | 64.3 | 20.2 | 97.2 | 6.6 | 2.3 |
| | 2021年 | 90.8 | 17.2 | 303.1 | 0.7 | 1.8 | 49.3 | 14.0 | 97.2 | 2.3 | 1.4 |
| | 2022年 | 89.6 | 25.1 | 330.3 | 0.5 | 1.0 | 48.4 | 16.1 | 96.8 | 2.3 | 1.4 |
| | 2023年 | 66.0 | 15.0 | 309.4 | 0.2 | 1.0 | 41.0 | 11.1 | 97.2 | 0.9 | 1.4 |
| 30代 | 2019年 | 168.2 | 31.0 | 149.5 | 2.5 | 2.0 | 78.3 | 23.3 | 90.1 | 9.9 | 2.0 |
| | 2020年 | 198.1 | 45.0 | 191.3 | 1.6 | 7.4 | 77.2 | 31.6 | 91.2 | 5.6 | 3.2 |
| | 2021年 | 147.6 | 30.3 | 212.3 | 1.5 | 3.2 | 69.6 | 22.7 | 92.3 | 4.0 | 1.2 |
| | 2022年 | 152.5 | 25.9 | 199.9 | 2.0 | 6.9 | 63.3 | 14.5 | 92.7 | 3.3 | 4.1 |
| | 2023年 | 121.2 | 17.8 | 218.3 | 1.6 | 2.3 | 57.3 | 14.5 | 92.1 | 4.6 | 2.5 |
| 40代 | 2019年 | 216.2 | 37.5 | 98.8 | 6.0 | 5.0 | 83.7 | 25.5 | 84.7 | 20.2 | 3.7 |
| | 2020年 | 232.7 | 41.5 | 154.5 | 5.2 | 4.2 | 85.3 | 28.5 | 89.3 | 19.9 | 3.1 |
| | 2021年 | 191.1 | 28.5 | 155.7 | 4.9 | 6.3 | 79.0 | 21.0 | 91.0 | 14.8 | 3.4 |
| | 2022年 | 191.0 | 29.7 | 157.5 | 4.6 | 4.8 | 76.5 | 22.9 | 89.0 | 16.3 | 2.8 |
| | 2023年 | 188.2 | 23.1 | 176.2 | 2.8 | 3.1 | 78.6 | 21.4 | 90.7 | 10.2 | 2.6 |
| 50代 | 2019年 | 277.5 | 48.0 | 107.9 | 12.9 | 6.6 | 90.3 | 30.6 | 77.3 | 37.4 | 6.5 |
| | 2020年 | 256.5 | 49.8 | 127.8 | 12.5 | 16.3 | 91.6 | 31.4 | 81.5 | 36.6 | 7.7 |
| | 2021年 | 242.6 | 28.9 | 119.0 | 9.2 | 14.2 | 84.8 | 24.9 | 82.2 | 29.6 | 8.1 |
| | 2022年 | 220.5 | 33.0 | 134.9 | 7.6 | 5.6 | 85.7 | 24.8 | 85.3 | 24.4 | 4.6 |
| | 2023年 | 225.3 | 29.0 | 152.7 | 7.3 | 6.3 | 81.2 | 21.9 | 86.5 | 23.5 | 3.8 |
| 60代 | 2019年 | 317.6 | 28.1 | 56.1 | 21.8 | 18.5 | 94.5 | 19.0 | 60.7 | 51.7 | 10.3 |
| | 2020年 | 334.7 | 37.2 | 83.7 | 22.0 | 10.9 | 91.8 | 25.9 | 63.1 | 50.4 | 9.2 |
| | 2021年 | 326.1 | 31.4 | 92.7 | 22.3 | 11.2 | 93.5 | 25.4 | 71.0 | 50.4 | 8.0 |
| | 2022年 | 291.4 | 42.2 | 105.4 | 15.0 | 10.1 | 92.3 | 29.8 | 78.7 | 45.2 | 8.5 |
| | 2023年 | 307.6 | 39.8 | 119.3 | 14.4 | 8.6 | 91.5 | 24.1 | 73.0 | 37.0 | 5.9 |

（出典）総務省情報通信政策研究所「令和5年度情報通信メディアの利用時間と情報行動に関する調査」

第1章　ICT市場の動向

## （イ）メディアとしてのインターネットの位置付け

　メディアとしてのインターネットの利用について、利用目的ごとに他のメディアと比較したものが（**図表Ⅱ-1-11-12**）である。

　「いち早く世の中のできごとや動きを知る」ために最も利用するメディアとしては、全年代では「インターネット」が最も高い。年代別では、10代から50代では「インターネット」、60代では「テレビ」を最も利用している。

　「世の中のできごとや動きについて信頼できる情報を得る」ために最も利用するメディアとしては、全年代では「テレビ」が最も高い。年代別では、20代では「インターネット」を最も利用しており、30代では「テレビ」と「インターネット」が同率、それ以外の各年代では「テレビ」を最も利用している。「新聞」は60代では「インターネット」を上回る水準で利用している。

　「趣味・娯楽に関する情報を得る」ために最も利用するメディアとしては、全年代及び各年代で「インターネット」が最も高くなっており、10代から30代で「インターネット」の割合が90%前後となっている。

**図表Ⅱ-1-11-12**　目的別利用メディア（最も利用するメディア。全年代・年代別・インターネット利用非利用別）

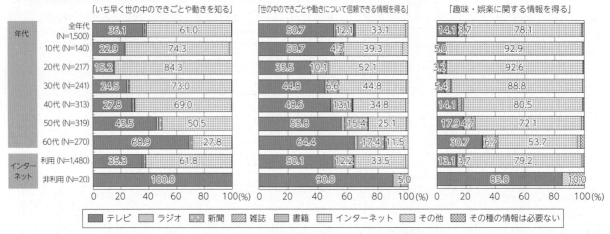

（出典）総務省情報通信政策研究所「令和5年度情報通信メディアの利用時間と情報行動に関する調査」

## エ　インターネットメディア等の利用状況

　オンライン上で最新のニュースを知りたい時にどのような行動をとっているかについて尋ねたところ、日本では「ニュースサイト・アプリからのおすすめ情報をみる」（65.7%）、「SNSの情報をみる」（44.5%）割合が高く、テレビ、新聞、通信社などの既存マスコミを頼る人は相対的に少ない（**図表Ⅱ-1-11-13**）。

**図表Ⅱ-1-11-13**　オンライン上の最新情報の入手方法（国別）

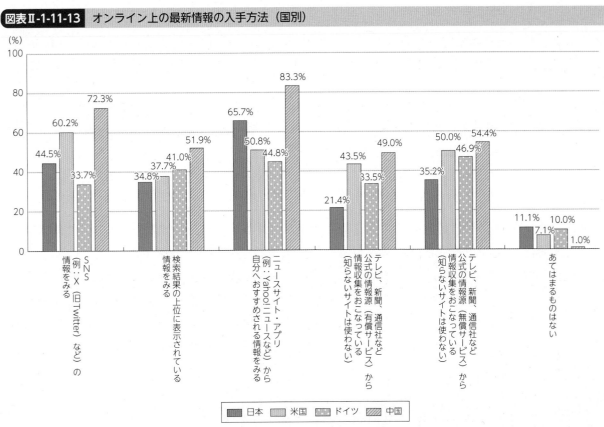

（出典）総務省（2024）「国内外における最新の情報通信技術の研究開発及びデジタル活用の動向に関する調査研究」

　こうしたオンライン上を流れる情報について、情報の発信源（組織や人物）を確認するかを尋ねたところ、確認する（「ほぼ全てのニュースについて行う」、「よく行う」の合計）と回答した割合は日本で19.0％と、他国と比べて低い結果となった（**図表Ⅱ-1-11-14**）。

**図表Ⅱ-1-11-14**　情報の発信源（組織や人物）の確認頻度（国別）

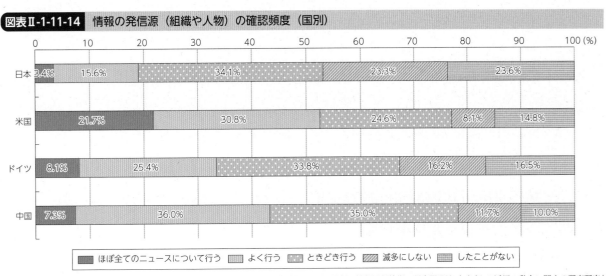

（出典）総務省（2024）「国内外における最新の情報通信技術の研究開発及びデジタル活用の動向に関する調査研究」

**関連データ**　複数のニュース媒体（放送局や新聞社、通信社）による報道を比較する割合
出典：総務省（2024）「国内外における最新の情報通信技術の研究開発及びデジタル活用の動向に関する調査研究」
URL：https://www.soumu.go.jp/johotsusintokei/whitepaper/ja/r06/html/datashu.html#f00337
（データ集）

**関連データ**　政府等が公表する公的な情報を確認する割合

出典：総務省（2024）「国内外における最新の情報通信技術の研究開発及びデジタル活用の動向に関する調査研究」
URL：https://www.soumu.go.jp/johotsusintokei/whitepaper/ja/r06/html/datashu.html#f00338
（データ集）

**関連データ**　専門家やファクトチェック機関による検証結果を確認する割合

出典：総務省（2024）「国内外における最新の情報通信技術の研究開発及びデジタル活用の動向に関する調査研究」
URL：https://www.soumu.go.jp/johotsusintokei/whitepaper/ja/r06/html/datashu.html#f00339
（データ集）

　また、オンラインサービスやアプリ（検索サービスやSNSなど）の特性である、「検索結果やSNS、動画、音楽等、表示される情報があなたに最適化（パーソナライズ）されていること」、「SNS上でお勧めされるアカウントやコンテンツは、SNSの提供者がみてほしいアカウントやコンテンツが提示される場合があること」、「SNS等では、自分に近い意見や考え方に近い情報が表示されること」について、どの程度認識しているかを調査したところ、知っている割合（「よく知っている」、「どちらかと言えば知っている」の合計）は、日本ではいずれの項目においても50％未満となった。

**関連データ**　検索結果やSNS等で表示される情報がパーソナライズされていることへの認識の有無

出典：総務省（2024）「国内外における最新の情報通信技術の研究開発及びデジタル活用の動向に関する調査研究」
URL：https://www.soumu.go.jp/johotsusintokei/whitepaper/ja/r06/html/datashu.html#f00340
（データ集）

**関連データ**　サービスの提供側がみてほしいアカウントやコンテンツが提示される場合があることへの認識の有無

出典：総務省（2024）「国内外における最新の情報通信技術の研究開発及びデジタル活用の動向に関する調査研究」
URL：https://www.soumu.go.jp/johotsusintokei/whitepaper/ja/r06/html/datashu.html#f00341
（データ集）

**関連データ**　SNS等で自分の考え方に近い意見や情報が表示されやすいことに対する認識の有無

出典：総務省（2024）「国内外における最新の情報通信技術の研究開発及びデジタル活用の動向に関する調査研究」
URL：https://www.soumu.go.jp/johotsusintokei/whitepaper/ja/r06/html/datashu.html#f00342
（データ集）

## ② 企業活動における利活用の動向

### ❶ 各国企業のデジタル化の状況

#### ア　デジタル化の取組状況

　日本、米国、ドイツ、中国の企業にデジタル化の取組状況について調査を行い、「わからない」と回答した人を除いて集計したところ[11]、日本ではデジタル化に関連する取組を未実施（「実施していない、今後実施を検討（10.6％）」、「実施していない、今後も予定なし（39.7％）」の合計）と回答した割合が約50％となり、海外に比べてデジタル化推進が遅れていた。日本での取組状況

---

[11]　本調査サンプル数確保まで収集したスクリーニングデータをもとに集計した。

を企業規模別にみると、大企業では約25%、中小企業では約70%が「未実施」と回答しており、企業の規模によりデジタル化の取組状況に差異が生じている（**図表Ⅱ-1-11-15**）。

　日本企業においては、新しい働き方の実現（テレワークなど）や、業務プロセスの改善・改革（ERPによる業務フロー最適化など）のデジタル化における全社的な取組が多い一方で、新規ビジネス創出や顧客体験の創造・向上のデジタル化における全社的な取組は少ない。日本企業においては、相変わらず攻めのデジタル化よりも守りのデジタル化に取組む傾向がある。米国企業においては、新規ビジネス創出については全社一体となって取組んでいるが、顧客体験の創造・向上については部分的な部署で取組む傾向がある（**図表Ⅱ-1-11-16**）。

**図表Ⅱ-1-11-15　デジタル化の取組状況（各国比較）**

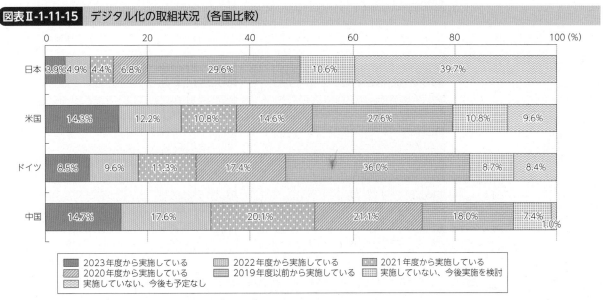

凡例：
- 2023年度から実施している
- 2022年度から実施している
- 2021年度から実施している
- 2020年度から実施している
- 2019年度以前から実施している
- 実施していない、今後実施を検討
- 実施していない、今後も予定なし

※デジタル化に取り組んでいる企業を抽出するためのスクリーニング調査の結果に基づく
（出典）総務省（2024）「国内外における最新の情報通信技術の研究開発及びデジタル活用の動向に関する調査研究」

● **関連データ**　デジタル化の取組状況（日本：企業規模別比較）
出典：総務省（2024）「国内外における最新の情報通信技術の研究開発及びデジタル活用の動向に関する調査研究」
URL：https://www.soumu.go.jp/johotsusintokei/whitepaper/ja/r06/html/datashu.html#f00344
（データ集）

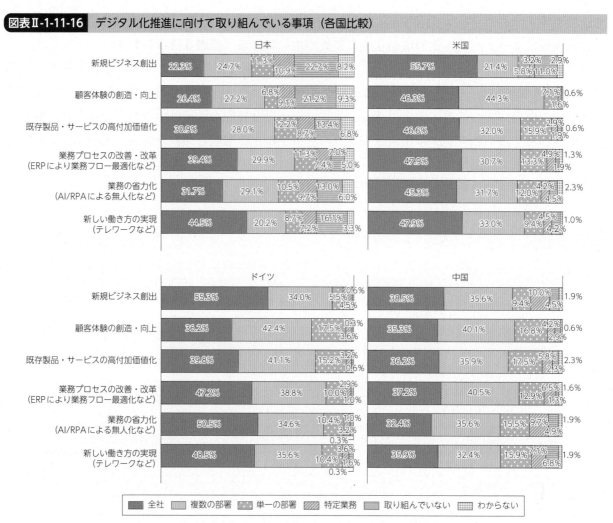

**図表Ⅱ-1-11-16** デジタル化推進に向けて取り組んでいる事項（各国比較）

（出典）総務省（2024）「国内外における最新の情報通信技術の研究開発及びデジタル活用の動向に関する調査研究」

### イ　デジタル化の効果

デジタル化の効果について、「新規ビジネス創出」、「顧客体験の創造・向上」、「既存製品・サービスの高付加価値化」、「業務プロセスの改善・改革」、「業務の省力化」、「新しい働き方の実現」の観点でそれぞれ調査したところ、日本では各観点に共通して「期待以上」の回答が最も少なく、「期待する効果を得られていない」との回答は4か国の中で最も多い。

**関連データ**　デジタル化の効果

出典：総務省2024「国内外のICT市場の動向等に関する調査研究」
URL：https://www.soumu.go.jp/johotsusintokei/whitepaper/ja/r06/html/datashu.html#f00346
（データ集）

### ウ　デジタル化に関する課題

デジタル化に関して現在認識している、もしくは今後想定される課題や障壁として、日本企業は「人材不足（42.1%）」の回答割合が最も大きく、他国企業と比較して圧倒的に高い割合となった。次いで「アナログな文化・価値観が定着している（29.3%）」、「DXの役割分担や範囲が不明確（28.3%）」の回答割合が高かった（**図表Ⅱ-1-11-17**）。

**図表Ⅱ-1-11-17** デジタル化に関して現在認識している、もしくは今後想定される課題や障壁（各国比較）

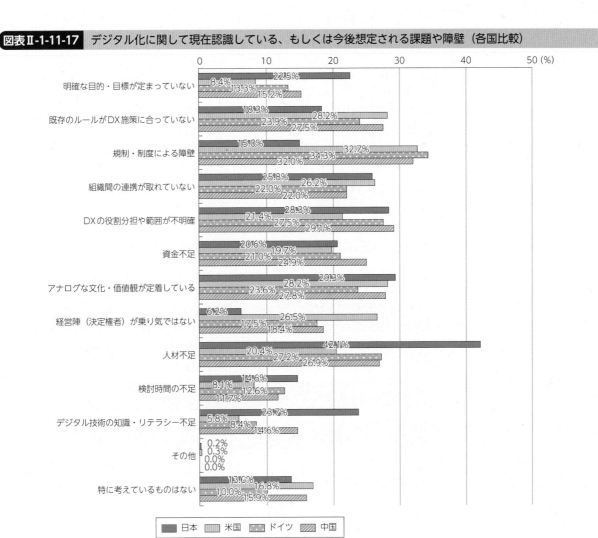

明確な目的・目標が定まっていない
- 8.4%
- 22.5%
- 13.3%
- 15.2%

既存のルールがDX施策に合っていない
- 18.3%
- 28.2%
- 23.9%
- 27.5%

規制・制度による障壁
- 15.0%
- 32.7%
- 34.3%
- 32.0%

組織間の連携が取れていない
- 25.8%
- 26.2%
- 22.0%
- 22.0%

DXの役割分担や範囲が不明確
- 28.3%
- 21.4%
- 27.5%
- 29.1%

資金不足
- 20.6%
- 19.7%
- 21.0%
- 24.9%

アナログな文化・価値観が定着している
- 29.3%
- 28.2%
- 23.6%
- 27.8%

経営陣（決定権者）が乗り気ではない
- 6.2%
- 26.5%
- 17.5%
- 18.4%

人材不足
- 42.1%
- 20.4%
- 27.2%
- 26.9%

検討時間の不足
- 14.6%
- 8.1%
- 12.6%
- 11.7%

デジタル技術の知識・リテラシー不足
- 23.7%
- 5.8%
- 8.4%
- 14.6%

その他
- 0.2%
- 0.3%
- 0.0%
- 0.0%

特に考えているものはない
- 13.6%
- 16.8%
- 10.0%
- 15.9%

（凡例）■ 日本　▨ 米国　▨ ドイツ　▨ 中国

（出典）総務省（2024）「国内外における最新の情報通信技術の研究開発及びデジタル活用の動向に関する調査研究」

　日本企業においては特にUI・UXに係るデザイナーや、AI・デジタル解析の専門家が他国に比べて少ない点が顕著である。UI・UXに係るデザイナーが「在籍している」と回答した割合は、日本企業では18.3%に対して他国企業では約60%から約70%であり、AI・デジタル解析の専門家が「在籍している」と回答した割合は、日本企業では18.8%に対して他国企業では約60%から約80%であった（**図表Ⅱ-1-11-18**）。

第1章

ICT市場の動向

第1章

ICT市場の動向

**図表Ⅱ-1-11-18** 専門的なデジタル人材の在籍状況

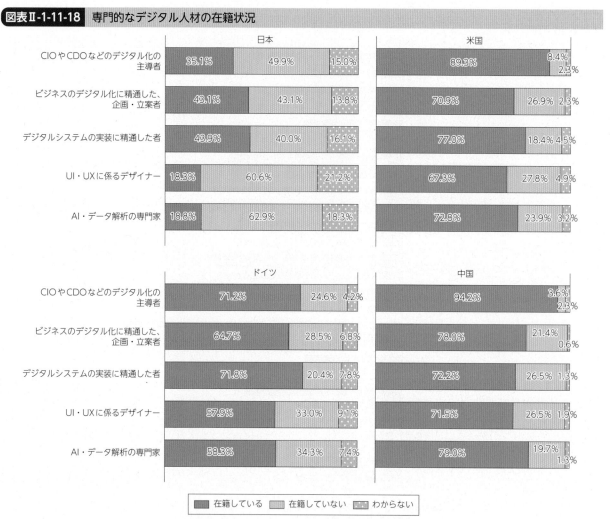

（出典）総務省（2024）「国内外における最新の情報通信技術の研究開発及びデジタル活用の動向に関する調査研究」

**関連データ**　デジタル人材の確保に向けた取組状況（国別）

出典：総務省（2024）「国内外における最新の情報通信技術の研究開発及びデジタル活用の動向に関する調査研究」
URL：https://www.soumu.go.jp/johotsusintokei/whitepaper/ja/r06/html/datashu.html#f00349
（データ集）

　また、システム開発の内製化状況について尋ねたところ、日本では、システム開発を自社主導で実施している（「ほぼすべての開発を自社エンジニアで実施」と「主に自社エンジニアで開発、一部の開発を外部ベンダで実施」の合計）と回答したのは41.3％となっていた。一方で、海外では自社主導での開発を行っていると回答したのは約85～95％となっており、日本と大きな差があった。

**関連データ**　システム開発の内製化状況（各国比較）

出典：総務省（2024）「国内外における最新の情報通信技術の研究開発及びデジタル活用の動向に関する調査研究」
URL：https://www.soumu.go.jp/johotsusintokei/whitepaper/ja/r06/html/datashu.html#f00350
（データ集）

## ② テレワーク・オンライン会議

### ア　我が国の企業のテレワークの導入状況

　民間企業のテレワークは、2020年の新型コロナウイルス感染症の拡大後、急速に導入が進んだ。

　総務省実施の令和5年通信利用動向調査によると、テレワークを導入している企業は約50%である（**図表Ⅱ-1-11-19**）。

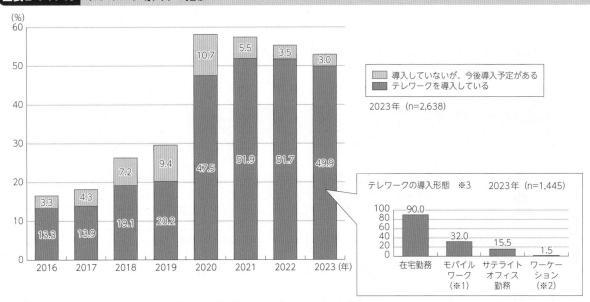

**図表Ⅱ-1-11-19**　テレワーク導入率の推移

凡例：
- 導入していないが、今後導入予定がある
- テレワークを導入している

2023年（n=2,638）

テレワークの導入形態　※3　2023年（n=1,445）
在宅勤務 90.0／モバイルワーク（※1） 32.0／サテライトオフィス勤務 15.5／ワーケーション（※2） 1.5

※1　営業活動などで外出中に作業する場合。移動中の交通機関やカフェでメールや日報作成などの業務を行う形態も含む。
※2　テレワークなどを活用し、普段の職場や自宅とは異なる場所で仕事をしつつ、自分の時間も過ごすこと。
※3　導入形態の無回答を含む形で集計。

（出典）総務省「通信利用動向調査」

**関連データ**　テレワークの導入目的（複数回答）
出典：総務省「通信利用動向調査」
URL：https://www.soumu.go.jp/johotsusintokei/whitepaper/ja/r06/html/datashu.html#f00355
（データ集）

**関連データ**　テレワークの導入にあたり課題となった点（複数回答）
出典：総務省「令和5年度 テレワークセキュリティに係る実態調査結果」をもとに作成
URL：https://www.soumu.go.jp/johotsusintokei/whitepaper/ja/r06/html/datashu.html#f00356
（データ集）

### イ　テレワーク・オンライン会議の利用状況（個人・国際比較）

　テレワーク・オンライン会議（以下「テレワーク等」という。）の利用状況について、日本・米国・中国・ドイツの国民にアンケートを実施した。

　テレワーク等を「生活や仕事において活用している」と回答した割合は、米国で微増した一方、日本及びドイツで微減している（**図表Ⅱ-1-11-20**）。また、テレワーク等の実施が困難な理由として、日本では社内での「使いたいサービスがない」ことが30.5%と最も多く挙げられている。

　日本のテレワーク等の利用状況を年代別にみると、30歳代、20歳代、50歳代の順に高く、30歳代では39.3%だった。また、20歳代においては、「今後利用してみたいと思う」と回答した割合が高いことから利用意向が高いことが伺える。一方で、「生活や仕事において、必要ない」と回

答した割合は年齢層が上がるにつれて高くなり、20歳代は31.6%であったのに対して、60歳代では55.8%となっていた（**図表Ⅱ-1-11-21**）。

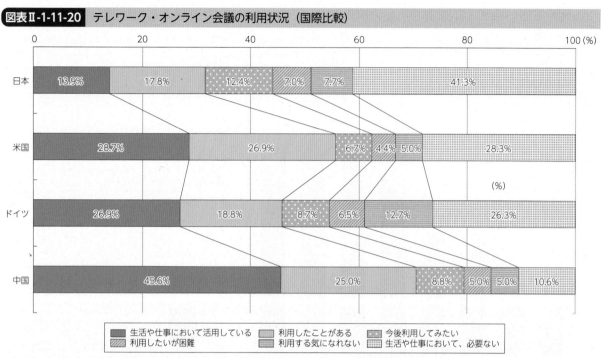

**図表Ⅱ-1-11-20** テレワーク・オンライン会議の利用状況（国際比較）

（出典）総務省（2024）「国内外における最新の情報通信技術の研究開発及びデジタル活用の動向に関する調査研究」

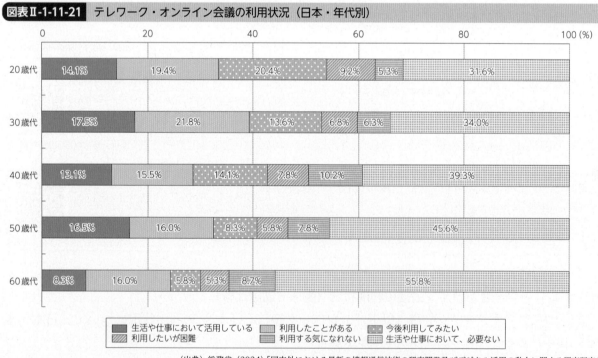

**図表Ⅱ-1-11-21** テレワーク・オンライン会議の利用状況（日本・年代別）

（出典）総務省（2024）「国内外における最新の情報通信技術の研究開発及びデジタル活用の動向に関する調査研究」

● **関連データ**　テレワーク・オンライン会議が利用できない理由

出典：総務省（2024）「国内外における最新の情報通信技術の研究開発及びデジタル活用の動向に関する調査研究」
URL：https://www.soumu.go.jp/johotsusintokei/whitepaper/ja/r06/html/datashu.html#f00359
（データ集）

## ③ 行政分野におけるデジタル活用の動向

### ❶ 電子行政サービス（電子申請、電子申告、電子届出）の利用状況

電子行政サービス（電子申請、電子申告、電子届出）の利用状況について、日本では利用経験のある者が約41%にとどまっており、前回の調査時（約35%）[*12]より上昇したものの、他の3カ国と比べて依然低くなっている（図表Ⅱ-1-11-22）。利用しない理由としては、「セキュリティへの不安」、「サービスを利用するまでの方法あるいは機器やアプリケーションの操作方法がわからない」、「使いたいサービスがない」との回答が多かった。

日本での利用状況を年代別にみると、電子行政サービスの利用経験のある者はすべての年代で34%から44%程度であり、あまり差はなかった。

**図表Ⅱ-1-11-22**　電子行政サービスの利用状況（国別）

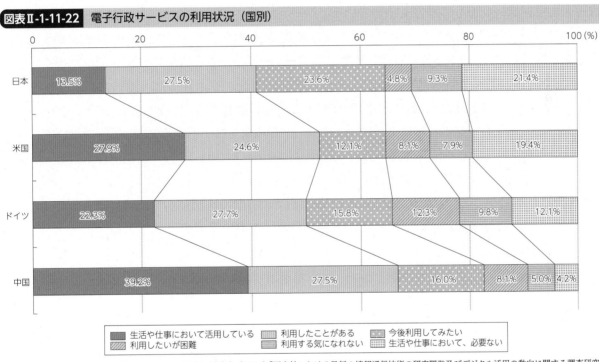

（出典）総務省（2024）「国内外における最新の情報通信技術の研究開発及びデジタル活用の動向に関する調査研究」

**関連データ**　電子行政サービスの利用状況（日本・年代別）
出典：総務省（2024）「国内外における最新の情報通信技術の研究開発及びデジタル活用の動向に関する調査研究」
URL：https://www.soumu.go.jp/johotsusintokei/whitepaper/ja/r06/html/datashu.html#f00362
（データ集）

**関連データ**　公的なデジタルサービスが利用できない背景（国別）
出典：総務省（2024）「国内外における最新の情報通信技術の研究開発及びデジタル活用の動向に関する調査研究」
URL：https://www.soumu.go.jp/johotsusintokei/whitepaper/ja/r06/html/datashu.html#f00363
（データ集）

[*12] 令和5年版情報通信白書。総務省（2023）「国内外における最新の情報通信開発及びデジタル活用の動向に関する調査研究」

## ❷ 我が国のデジタル・ガバメントの推進状況

### ア　国際指標

　我が国の公的分野のデジタル化に関する世界での位置付けについて、国際指標に基づいて概観する。

### （ア）国連経済社会局（UNDESA）「世界電子政府ランキング」

　国連経済社会局（UNDESA）による電子政府調査は、国連加盟国におけるICTを通じた公共政策の透明性やアカウンタビリティを向上させ、公共政策における市民参画を促す目的で実施され、2003年から始まり、2008年以降は2年に1回の間隔で行われている。この調査では、オンラインサービス指標（Online Service Index）、人的資本指標（Human Capital Index）、通信インフラ指標（Telecommunications Infrastructure Index）の3つの指標を元に平均してEGDI（電子政府発展度指標）を出して順位を決めている。

　2022年の世界電子政府ランキングでは、前回調査（2020年）に引き続きデンマークが1位であり、2位がフィンランド、3位が韓国、4位がニュージーランド、5位がスウェーデンと続く。日本は14位であり、前回と同順位であるが、スコアは前回調査より上昇した。過去からの推移をみると、日本はおおむね18位から10位の間で推移している（**図表Ⅱ-1-11-23**）。

　個別指標の順位をみると日本は「e-Participation Index（電子行政参加）」部門において、前回の4位から順位を上げ、1位を獲得した。e-Participation Indexでは、「e-information（情報提供）」「e-consultation（対話・意見収集）」「e-decision-making（意思決定）」という3つの分野の調査結果を基にスコアリングされるところ、日本はInformation　0.9818、Consultation 1.0000、Decision-making　1.0000と、すべてにおいて高い評価を受けている。

**図表Ⅱ-1-11-23**　国連（UNDESA）「世界電子政府ランキング」における日本の順位推移

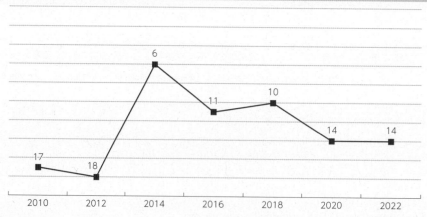

（出典）UN E-Government Surveys

## （イ）早稲田大学「世界デジタル政府ランキング」

早稲田大学電子政府・自治体研究所は、世界のICT先進国66か国を対象に、各国のデジタル政府推進について進捗度を主要10指標（35サブ指標）で多角的に評価する「世界デジタル政府ランキング」を、2005年から毎年公表している。上位から1位：デンマーク、2位：カナダ、3位：イギリス、4位：ニュージーランド、5位：シンガポールとなった。デンマークは3年連続で1位となり、日本は国民視点のデジタル化、並びに行財政改革推進に十分な進捗がみられず、調査開始から初めてトップ10圏外となった。日本の課題と構造的弱点として、官庁の縦割り行政の弊害、スピード感の欠如等が引続きの課題として指摘されており、司令塔機関としてのデジタル庁の役割、権限の実効性に課題が残るとされている。また、政府と自治体の法的分離による意思決定の複雑性、都道府県・市区町村の行財政・デジタル格差の拡大等が指摘されている。

> **関連データ**　早稲田大学「世界デジタル政府ランキング」における日本の順位推移
>
> 出典：早稲田大学　電子政府自治体研究所
> URL：https://www.soumu.go.jp/johotsusintokei/whitepaper/ja/r06/html/datashu.html#f00365
> （データ集）

## イ　データ連携及び認証基盤の整備状況

## （ア）マイナンバーカード

マイナンバーカードの人口に対する交付枚数は、2024年3月17日時点で78.5%まで到達している（交付枚数から死亡や有効期限切れなどにより廃止されたカードの枚数を除いた保有枚数は73.3%）。また、マイナンバーカードの健康保険証としての登録は、2024年1月21日時点で、累計約7,207万枚、マイナンバーカード累計発行数に対する登録率は73.8%である。公金受取口座の登録については、同じく2024年1月21日時点で、累計登録数が約6,265万件、マイナンバーカード累計発行数に対する登録率は64.2%である。

> **関連データ**　マイナンバーカード交付状況
>
> 出典：総務省「マイナンバーカード交付状況について」を基に作成
> URL：https://www.soumu.go.jp/johotsusintokei/whitepaper/ja/r06/html/datashu.html#f00366
> （データ集）

> **関連データ**　マイナンバーカードの健康保険証としての登録状況推移
>
> 出典：デジタル庁「マイナンバーカードの普及に関するダッシュボード」（2024年3月25日取得データ））を基に
> 　　　作成
> URL：https://www.soumu.go.jp/johotsusintokei/whitepaper/ja/r06/html/datashu.html#f00367
> （データ集）

> **関連データ**　公金受取口座の登録状況推移
>
> 出典：デジタル庁「マイナンバーカードの普及に関するダッシュボード」（2024年3月25日取得データ）を基に
> 　　　作成
> URL：https://www.soumu.go.jp/johotsusintokei/whitepaper/ja/r06/html/datashu.html#f00368
> （データ集）

### ウ　地方自治体におけるデジタル化の取組状況

#### （ア）手続オンライン化の現状

「デジタル社会の実現に向けた重点計画」（令和4年6月7日閣議決定）において、地方公共団体が優先的にオンライン化を推進すべき手続とされている59手続におけるオンライン利用実績は、以下のとおりである（**図表Ⅱ-1-11-24**）。

**図表Ⅱ-1-11-24**　地方公共団体が優先的にオンライン化を推進すべき手続（59手続）のオンライン利用状況の推移

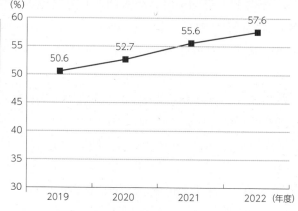

| 年度 | 年間総手続件数<br>（万件） | オンライン利用件数<br>（万件） | オンライン<br>利用率（%） |
|---|---|---|---|
| 2019 | 47,408 | 24,007 | 50.6 |
| 2020 | 47,032 | 24,781 | 52.7 |
| 2021 | 50,257 | 27,926 | 55.6 |
| 2022 | 49,909 | 28,735 | 57.6 |

※1　2020年度、2019年度のオンライン利用状況の実績については、「デジタル社会の実現に向けた重点計画」（令和4年6月7日閣議決定）において、地方公共団体が優先的にオンライン化を推進すべき手続とされている59手続を対象として、再度調査し算出したもの。
※2　オンライン利用率（%）＝オンライン利用件数／年間総手続件数×100
　　　年間総手続件数は、対象手続に関して既にオンライン化している団体における、総手続数と人口を基に算出した全国における推計値である。
　　　オンライン利用件数は、より精緻なオンライン利用率の算出を行うため、年間総手続件数と同様、推計値としている。
（出典）総務省「自治体DX・情報化推進概要～令和5年度地方公共団体における行政情報化の推進状況調査の取りまとめ結果～」を基に作成[*13]

#### （イ）AI・RPAの利用推進

AIの導入済み団体数は、2021年度時点で、都道府県・指定都市で100%となった。その他の市区町村は45%となり、実証中、導入予定、導入検討中を含めると約69%の地方自治体がAIの導入に向けて取り組んでいる（**図表Ⅱ-1-11-25**）。機能別にみると、上位3分野（音声認識、文字認識、チャットボットによる応答）はすべての規模の地方自治体で導入が進んでいる。下位4分野（マッチング、最適解表示、画像・動画認識、数値予測）は都道府県レベルでも導入事例が少ないものの、数値予測を除き調査開始以降一貫して増加してきている。

---

\*13　https://www.soumu.go.jp/denshijiti/060213_02.html

**図表Ⅱ-1-11-25**　地方自治体におけるAI導入状況

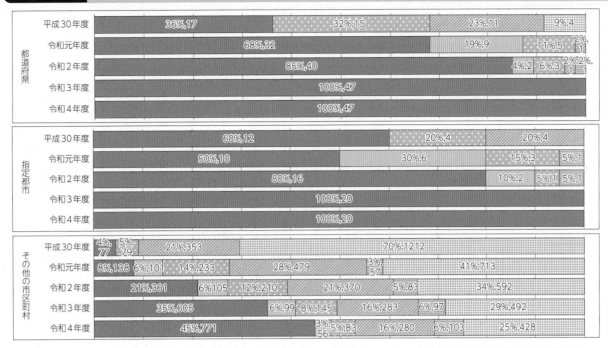

凡例：
■ 導入済み　■ 実証中　■ 導入予定　■ 導入検討中　■ 導入の検討を行った、または実証実験を実施したが導入には至らなかった
■ 導入予定もなく、検討もしていない

（出典）総務省「自治体におけるAI・RPA活用促進」*14

---

**関連データ**　地方自治体におけるAI導入状況（AIの機能別導入状況）

出典：総務省「自治体におけるAI・RPA活用促進」
URL：https://www.soumu.go.jp/johotsusintokei/whitepaper/ja/r06/html/datashu.html#f00371
（データ集）

　また、RPA導入済み団体数は、都道府県が94%まで増加し、指定都市が100%となった。その他の市区町村は36%となり、実証中、導入予定、導入検討中を含めると約67%の地方自治体がRPAの導入に向けて取り組んでいる（**図表Ⅱ-1-11-26**）。分野別にみると、「財政・会計・財務」、「児童福祉・子育て」、「健康・医療」、「組織・職員（行政改革を含む）」への導入が多い。

---

＊14　https://www.soumu.go.jp/main_content/000934146.pdf

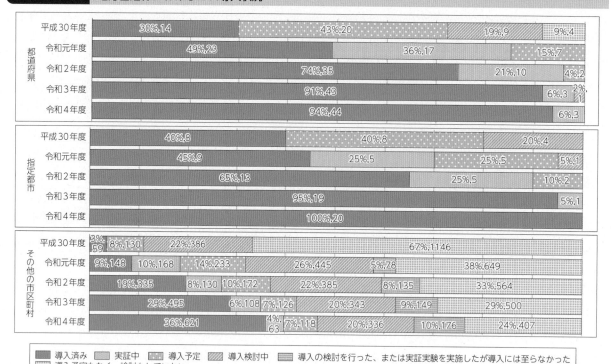

**図表Ⅱ-1-11-26　地方自治体におけるRPA導入状況**

凡例：
■ 導入済み　■ 実証中　□ 導入予定　▨ 導入検討中　▤ 導入の検討を行った、または実証実験を実施したが導入には至らなかった
▦ 導入予定もなく、検討もしていない

（出典）総務省「自治体におけるAI・RPA活用促進」[*15]

● **関連データ**　地方自治体におけるRPA導入状況（RPAの分野別導入状況）

出典：総務省「自治体におけるAI・RPA活用促進」
URL：https://www.soumu.go.jp/johotsusintokei/whitepaper/ja/r06/html/datashu.html#f00373
（データ集）

## （ウ）職員のテレワークの実施状況

　2023年10月時点で、都道府県及び政令指定都市では全団体で導入済み、市区町村では、2022年10月時点では62.9%であったところ、2023年10月時点では、新型コロナウイルス感染症の感染症法上の位置付けが5類感染症に変更されたこと等を理由としてわずかに低下し、60.1%となっている（**図表Ⅱ-1-11-27**）。

---

*15　https://www.soumu.go.jp/main_content/000934146.pdf

**図表Ⅱ-1-11-27** 職員のテレワーク導入状況

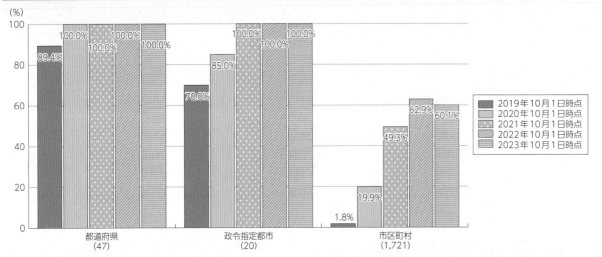

（出典）総務省「地方公共団体におけるテレワーク取組状況」を基に作成*16

*16 総務省「地方公共団体におけるテレワーク取組状況」（令和元年10月1日時点、令和2年10月1日時点、令和3年10月1日時点、令和4年10月1日時点、令和5年10月1日時点）（https://www.soumu.go.jp/main_content/000920596.pdf）

## 第12節　郵政事業・信書便事業の動向

### ① 郵政事業

#### ❶ 日本郵政グループ

　日本郵政グループは、2012年10月1日以降、日本郵政を持株会社とした4社体制となっている（図表Ⅱ-1-12-1）。日本郵政は、日本郵便の発行済株式を100％保有するとともに、ゆうちょ銀行株式の議決権保有割合の61.5％、かんぽ生命株式の議決権保有割合の49.8％を保有している（2024年3月末時点）。

**図表Ⅱ-1-12-1　日本郵政グループの組織図**

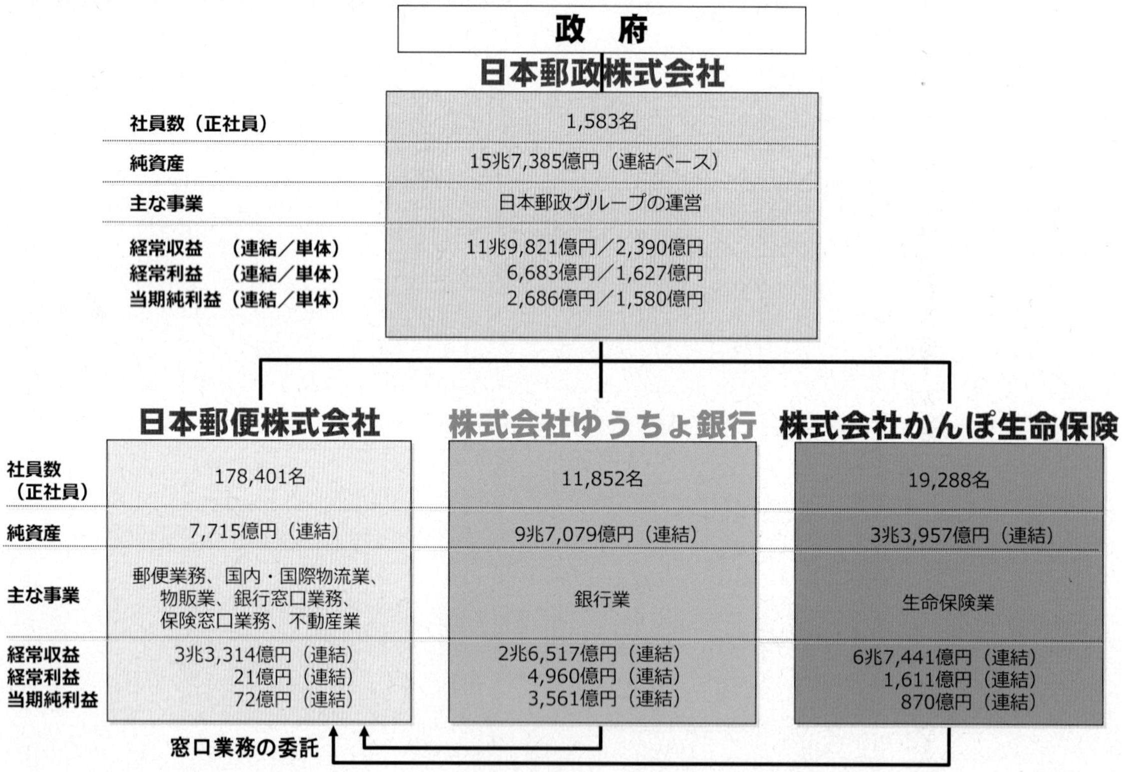

※1　社員数（正社員）は令和5年9月30日時点。
※2　各社の「当期純利益」は、「親会社株主に帰属する当期純利益」の数値。

（出典）令和6年3月期決算資料及びディスクロ誌（2023年）を基に作成

　日本郵政グループの2023年度連結決算は、経常収益が約12兆円、当期純利益が2,686億円となっている（図表Ⅱ-1-12-2）。

**図表Ⅱ-1-12-2　日本郵政グループの経営状況**

（億円）

| 年度 | 2018 | 2019 | 2020 | 2021 | 2022 | 2023 |
|---|---|---|---|---|---|---|
| 経常収益 | 127,749 | 119,501 | 117,204 | 112,647 | 111,385 | 119,821 |
| 経常利益 | 8,306 | 8,644 | 9,141 | 9,914 | 6,576 | 6,683 |
| 当期純利益 | 4,794 | 4,837 | 4,182 | 5,016 | 4,310 | 2,686 |

（出典）日本郵政（株）「決算の概要」を基に作成

## ❷ 日本郵便株式会社

### ア　財務状況

　2023年度の日本郵便（連結）の営業収益は3兆3,237億円、営業利益は63億円、経常利益は21億円、当期純利益は72億円で、減収減益となっている。

　事業別にみると、郵便・物流事業の営業収益は1兆9,755億円、営業費用は2兆441億円、営業利益は前期比1,016億円減の▲686億円、郵便局窓口事業の営業収益は1兆1,129億円、営業費用は1兆399億円、営業利益は前期比236億円増の729億円となっている（**図表Ⅱ-1-12-3**）。

**図表Ⅱ-1-12-3** 日本郵便（連結）の営業損益の推移

（億円）

| 年度 | 2018 | 2019 | 2020 | 2021 | 2022 | 2023 |
|---|---|---|---|---|---|---|
| 郵便・物流事業 | 1,213 | 1,475 | 1,237 | 1,022 | 328 | △686 |
| 郵便局窓口事業 | 596 | 445 | 377 | 245 | 493 | 729 |
| 国際物流事業 | 103 | △86 | 35 | 287 | 107 | 95 |
| 日本郵便（連結） | 1,820 | 1,790 | 1,550 | 1,482 | 837 | 63 |

※2022年3月期より、セグメント名称を「金融窓口事業」から「郵便局窓口事業」へ改称

（出典）日本郵政（株）「決算の概要」を基に作成

　また、2022年度の日本郵便の郵便事業の営業利益は、211億円の赤字となっている。

---

**関連データ**　郵便事業の収支

出典：日本郵便㈱「郵便事業の収支の状況」を基に作成
URL：https://www.soumu.go.jp/johotsusintokei/whitepaper/ja/r06/html/datashu.html#f00378
（データ集）

---

### イ　郵便事業関連施設数

　2023年度末における郵便事業関連施設数は、郵便局数が2万4,223局となっており、横ばいで推移している（**図表Ⅱ-1-12-4**）。

**図表Ⅱ-1-12-4** 郵便事業の関連施設数の推移

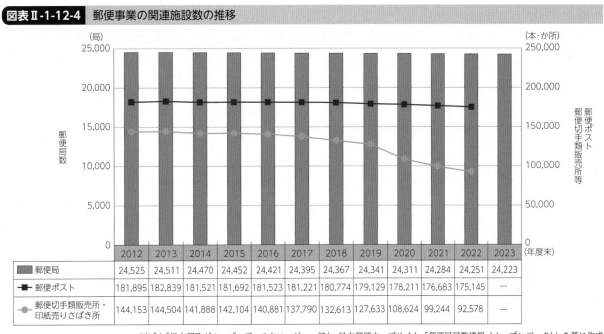

| | 2012 | 2013 | 2014 | 2015 | 2016 | 2017 | 2018 | 2019 | 2020 | 2021 | 2022 | 2023 |
|---|---|---|---|---|---|---|---|---|---|---|---|---|
| 郵便局 | 24,525 | 24,511 | 24,470 | 24,452 | 24,421 | 24,395 | 24,367 | 24,341 | 24,311 | 24,284 | 24,251 | 24,223 |
| 郵便ポスト | 181,895 | 182,839 | 181,521 | 181,692 | 181,523 | 181,221 | 180,774 | 179,129 | 178,211 | 176,683 | 175,145 | — |
| 郵便切手類販売所・印紙売りさばき所 | 144,153 | 144,504 | 141,888 | 142,104 | 140,881 | 137,790 | 132,613 | 127,633 | 108,624 | 99,244 | 92,578 | — |

（出典）「日本郵政グループ　ディスクロージャー誌」、日本郵便ウェブサイト「郵便局局数情報〈オープンデータ〉」を基に作成

また、2023年度末の郵便局数の内訳をみると、直営の郵便局（分室及び閉鎖中の郵便局を含む）が2万143局、簡易郵便局（閉鎖中の簡易郵便局を含む）が4,080局となっている。

> ●**関連データ**　郵便局数の内訳（2023年度末）
> 出典：日本郵便㈱ウェブサイト「郵便局局数情報〈オープンデータ〉」を基に作成
> URL：https://www.soumu.go.jp/johotsusintokei/whitepaper/ja/r06/html/datashu.html#f00380
> （データ集）

### ウ　引受郵便物等物数

2023年度の総引受郵便物等物数は、174億6,084万通・個となっている（**図表Ⅱ-1-12-5**）。

**図表Ⅱ-1-12-5**　総引受郵便物等物数の推移

※ゆうパック及びゆうメールは、郵政民営化と同時に、郵便法に基づく小包郵便物ではなく、貨物自動車運送事業法などに基づく荷物として提供。

（出典）日本郵便資料「引受郵便物等物数」各年度版を基に作成

## ❸ 株式会社ゆうちょ銀行

ゆうちょ銀行は、直営店（233店舗）で業務を行うほか、郵便局（約2万局）に銀行代理業務を委託している。

ゆうちょ銀行の貯金残高（国営時代の郵便貯金を含む）は、2023年度末で192.8兆円であり、1999年度末のピーク時（260.0兆円）から、67.2兆円（25.8%）減少している（**図表Ⅱ-1-12-6**）。

図表Ⅱ-1-12-6　ゆうちょ銀行の預貯金残高の推移

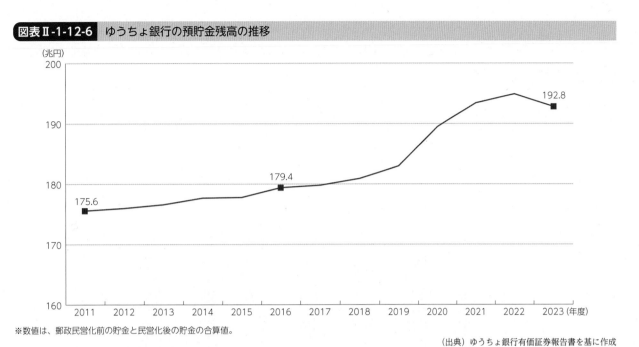

※数値は、郵政民営化前の貯金と民営化後の貯金の合算値。

（出典）ゆうちょ銀行有価証券報告書を基に作成

## ④　株式会社かんぽ生命保険

　かんぽ生命は、支店（82支店）で業務を行うほか、郵便局（約2万局）へ保険募集業務を委託している。

　かんぽ生命の保有契約件数（国営時代の簡易生命保険を含む）は、2023年度末で1,970万件であり、1996年度末 のピーク時（8,432万件）から、6,462万件（76.6%）減少している。年換算保険料についても、2023年度末で3.0兆円であり、2008年度末（7.7兆円）と比較して、4.7兆円（61.0%）の減少となっている（**図表Ⅱ-1-12-7**）。

図表Ⅱ-1-12-7　かんぽ生命の保有契約件数、保有契約年換算保険料の推移

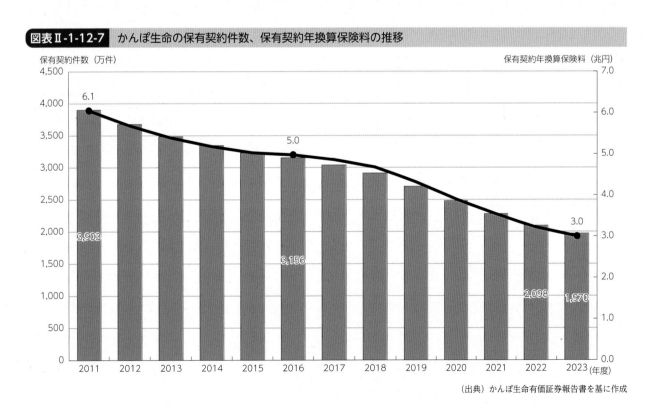

（出典）かんぽ生命有価証券報告書を基に作成

## ② 信書便事業

### ❶ 信書便事業の売上高

2022年度の特定信書便事業の売上高は、181億円となっており、前年度から1.1%の減少であった（**図表Ⅱ-1-12-8**）。

**図表Ⅱ-1-12-8** 信書便事業者の売上高の推移

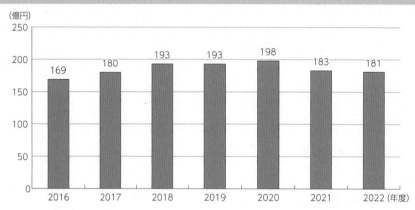

（億円）

| 年度 | 売上高 |
|---|---|
| 2016 | 169 |
| 2017 | 180 |
| 2018 | 193 |
| 2019 | 193 |
| 2020 | 198 |
| 2021 | 183 |
| 2022 | 181 |

### ❷ 信書便事業者数

2003年4月の民間事業者による信書の送達に関する法律（平成14年法律第99号）の施行後、一般信書便事業[*1]への参入はないものの、特定信書便事業[*2]へは、2023年度末現在で596者が参入している。また、提供役務の種類別にみると、1号役務への参入者が増加している。

● **関連データ** 特定信書便事業者数の推移

URL：https://www.soumu.go.jp/johotsusintokei/whitepaper/ja/r06/html/datashu.html#f00385
（データ集）

● **関連データ** 提供役務種類別・事業者数の推移

URL：https://www.soumu.go.jp/johotsusintokei/whitepaper/ja/r06/html/datashu.html#f00386
（データ集）

### ❸ 信書便取扱実績

2022年度の引受信書便物数は、2,000万通となっており、前年度から0.3%の減少であった。

● **関連データ** 引受信書便物数の推移

URL：https://www.soumu.go.jp/johotsusintokei/whitepaper/ja/r06/html/datashu.html#f00387
（データ集）

---

*1 一般信書便役務を全国提供する条件で、全ての信書の送達が可能となる「全国全面参入型」の事業。
*2 創意工夫を凝らした「特定サービス型」の事業。特定信書便役務（1号〜3号）のいずれかをみたす必要がある。

# 第2章 総務省におけるICT政策の取組状況

## 第1節 総合的なICT政策の推進

### ① 現状と課題

#### ❶ 少子高齢化、人口減少の進行

　我が国では少子高齢化が進行しており、今後も人口減少が続くことが見込まれている。特に生産年齢人口（15歳～64歳人口）の減少は、労働供給の減少、将来の経済や市場規模の縮小による経済成長率の低下などに影響することが懸念されており、労働生産性の向上、労働参加の拡大などが急務となっている。ICTは、このような課題の解決に大きな役割を担っており、例えば、AIやロボットなどの活用により業務の効率化を図り労働資源を効率的に配分すること、テレワーク・サテライトオフィスなどの活用により場所の制約を受けずに就業する選択肢を広げることなどが期待されている。

#### ❷ 災害の頻発化・激甚化、社会インフラの老朽化

　近年、我が国では気候変動の影響等により激甚な気象災害が頻発しており、また、南海トラフ地震、日本海溝・千島海溝周辺海溝型地震、首都直下地震などの大規模地震の発生も切迫しているとされる。こうした災害発生時には、ICTを活用することにより災害関連情報の収集と避難情報等の提供を正確に行うとともに、迅速な通信の復旧、継続的な通信サービスの継続等が求められている。

　また、高度経済成長期に集中的に整備されたインフラは、今後急速に老朽化することが懸念されており、インフラの維持管理・更新を戦略的に実施することが必要である。一方、少子高齢化の進行等により労働供給が減少している状況下においては、インフラの維持に人手をかけることも困難となっていることから、ICTを活用することでより効率的にインフラの維持管理・更新・マネジメント等を行うことが必要である。

#### ❸ 国際情勢の複雑化

　ロシアによるウクライナへの侵攻、重要インフラに対する国境を越えたサイバー攻撃や偽情報の拡散等、我が国を取り巻く国際情勢は複雑化している。このような中、2022年（令和4年）5月に成立した経済施策を一体的に講ずることによる安全保障の確保の推進に関する法律（令和4年法律43号）においては、特定社会基盤役務の安定的な提供の確保に関する制度の対象となり得る事業分野として「電気通信事業」「放送事業」「郵便事業」が挙げられており、今後同制度が実効的に運用されるよう、着実に取り組むこととしている。今後も国際社会とも連携しつつ、強靱なICTインフラの構築、サイバーセキュリティやサプライチェーンの強化などに取り組んでいく必要がある。

　また、気候変動問題が深刻化する中、我が国は、2020年（令和2年）10月、2050年までに温室効果ガスの排出を全体としてゼロにする、カーボンニュートラルの実現を目指すことを宣言しており、その後2021年（令和3年）6月に策定された「成長戦略実行計画」において、情報通信産業のグリーン化について①デジタル化によるエネルギー需要の効率化・省$CO_2$化の促進（グリー

ン by ICT）と、②デジタル機器・情報通信産業自身の省エネ・グリーン化（グリーン of ICT）の二つのアプローチを両輪として推進するとされている。

我が国のインターネットトラヒック[*1]は、新型コロナウイルス感染症の感染拡大前（2019年（令和元年）11月）と比較して、2023年（令和5年）11月時点で約2.7倍に急増している。今後もトラヒック増大が見込まれるなか、ICT関連機器などの消費電力も増加傾向にあり、ICT自身のグリーン化が求められている。

## ② 総合的なICT政策の推進のための取組

### ❶ デジタル田園都市国家構想の実現に向けた取組の推進

地方からデジタルの実装を進め、新たな変革の波を起こし、地方と都市の差を縮めていくことで、世界とつながる「デジタル田園都市国家構想」の実現に向け、構想の具体化を図るとともに、デジタル実装を通じた地方活性化を推進するため、2021年（令和3年）11月に内閣総理大臣を議長とする「デジタル田園都市国家構想実現会議」が設置された。同会議の議論を踏まえて、2022（令和4年）6月に「デジタル田園都市国家構想基本方針」、同年12月に構想の中長期的な基本的方向を提示する2023年度（令和5年度）から2027年度（令和9年度）までの5か年の「デジタル田園都市国家構想総合戦略」が閣議決定された。さらに、2023年（令和5年）12月にはデジタル行財政改革の動きなどを踏まえ、「デジタル田園都市国家構想総合戦略（2023改訂版）」が閣議決定された。

特に、光ファイバ、5G等のデジタル基盤整備については、2022年（令和4年）3月に「デジタル田園都市国家インフラ整備計画」を総務省において策定[*2]し、本計画に沿って取組を強力に進めているところである。

●
**関連データ**　デジタル田園都市国家構想実現会議
URL：https://www.cas.go.jp/jp/seisaku/digital_denen/index.html

---

## 第2節　電気通信事業政策の動向

### ① 概要

#### ❶ これまでの取組

　1985年（昭和60年）の通信自由化及び電気通信事業法（昭和59年法律第86号）の施行以降、これまで35年余りの間に多くの新規事業者が参入し、競争原理の下で、IP・デジタル化、モバイル・ブロードバンドなど様々な通信技術の進展と導入が行われ、料金の低廉化・サービスの多様化・高度化がめざましく進展してきた。これまで、総務省では、こうした電気通信サービスのイノベーションやダイナミズムを維持しながら、信頼できる電気通信サービスの提供を確保する観点から、様々な政策や制度についての不断の見直しを行ってきた。

　例えば、近年、我が国の電気通信市場では、携帯電話やブロードバンドの普及、移動系通信事業者を主としたグループ単位での競争の進展などの大きな環境変化が起きており、そうした環境変化も踏まえた上で公正な競争環境を引き続き確保していくための制度整備や、今や生活必需品となっている携帯電話について、料金が諸外国と比較して高い、各社の料金プランが複雑で分かりづらいなどの課題があったことから、その課題を解決し、国民が低廉で多様な携帯電話サービスを利用できるよう、公正な競争環境の整備に向けた取組などを実施してきた。

　また、利用者と事業者との間の情報格差や事業者の不適切な勧誘などによる電気通信サービスの利用を巡る様々なトラブルの増大やサイバー攻撃の複雑化・巧妙化などのグローバルリスクの深刻化などに対応するための制度整備なども実施してきた。

#### ❷ 今後の課題と方向性

　電気通信事業は、国民生活や社会経済活動に必要不可欠な電気通信サービスを提供する事業である。我が国の社会構造が「人口急減・超高齢化」へ向かう中で、地域の産業基盤の強化や地方移住の促進など、地方の創生のためにICTが果たすべき役割が今後増大していくことが見込まれるとともに、新事業の創出や生産性の向上など経済活動の活性化や、安心・安全な社会の実現、医療・教育・行政などの各分野における社会的課題の解決に当たり、ICTが果たすべき役割も増大していくと考えられ、電気通信サービスの重要性は、一層高まってきている。

　このような中で、電気通信サービスの利用者利益を確保するとともに、我が国の社会全体のイノベーション促進、デジタル化・DX推進を支える基盤としてのデジタルインフラの整備は、一人ひとりの個人や我が国の社会経済にとって、極めて重要である。

　今後、電気通信市場のみならず、我が国の社会構造が更に激変し、我々がこれまで前提としてきた社会・経済モデルが通用しない時代が到来することが予想される中で、先進的な情報通信技術を用いて社会的課題の解決や価値創造を図る必要性が高まっている。

　また、電気通信サービスが国民生活や社会経済活動に必要不可欠となっており、自然災害や通信障害等の非常時においても継続的にサービスを提供することが求められている。

　このため、我が国のありとあらゆる主体が安心・安全かつ確実な情報通信を活用していく環境の整備を図っていくことが必要である。

第2章
総務省におけるICT政策の取組状況

## ② 市場環境の変化に対応した通信政策の在り方の検討

　市場環境の変化に迅速かつ柔軟に対応し、国民生活の向上や経済活性化を図るため、総務省は2023年（令和5年）8月、情報通信審議会に対し、「市場環境の変化に対応した通信政策の在り方」を諮問した。同審議会の下に設置された通信政策特別委員会での議論を経て、2024年（令和6年）2月に取りまとめられた第一次答申では、これまでの議論が2つに整理され、研究に関する責務の見直しなど喫緊の課題である国際競争力の強化の観点から必要な事項は「速やかに実施すべき事項」として提言され、ユニバーサルサービス、公正競争、経済安全保障など、国民・利用者や電気通信事業者等に大きな影響を与え得る事項は「今後更に検討を深めていくべき事項」として整理された。総務省は、「速やかに実施すべき事項」と提言された内容を盛り込んだ「日本電信電話株式会社等に関する法律の一部を改正する法律案」を同年3月に国会に提出し、同法律案は、同年4月に成立、施行された。第一次答申で「今後更に検討を深めていくべき事項」と提言されたものについては、情報通信審議会において引き続き検討が進められている。特に、電気通信事業分野におけるユニバーサルサービス、公正競争及び経済安全保障の確保の在り方については、ワーキンググループにおいて本年夏頃の取りまとめに向け、専門的な議論が行われているところである。

## ③ 公正な競争環境の整備

### ❶ 電気通信市場の分析・検証

#### ア　電気通信市場の検証

　総務省では、2016年度（平成28年度）から、市場動向の分析・検証及び電気通信事業者の業務の適正性などの確認を一体的に行う市場検証の取組を実施しており、客観的かつ専門的な見地から助言を得ることを目的として、学識経験者などで構成する「電気通信市場検証会議」を開催している。また、2023年度（令和5年度）検証からは、デジタル化の進展に伴い、電気通信に対する国民生活や社会経済の依存度が高まる中、市場環境の急速な変化やサービスの多様化を踏まえ、非常時の対応だけでなく、平時から、各事業者の抱える電気通信サービスを提供する上でのリスクの状況を踏まえて、ヒアリング等を通じた主要な電気通信事業者に対するモニタリングを実施することとしている。当該モニタリングも含めた方針として「電気通信事業分野における市場検証に関する基本方針」を2023年（令和5年）8月に策定した。この基本方針に基づいた市場検証を実施している。

#### イ　モバイル市場における公正な競争環境の整備など

　総務省では、事業者間の活発な競争を通じて低廉で多様なサービスの実現を図るべく、モバイル市場における公正な競争環境を整備するための取組を進めている。2019年（令和元年）には、通信料金と端末代金の分離や行き過ぎた囲い込みの禁止などを目的とした電気通信事業法の改正を行っており、この改正により講じた措置の効果やモバイル市場に与えた影響などについて、「電気通信市場検証会議」の下に立ち上げられた「競争ルールの検証に関するWG」において、2020年（令和2年）以降、継続的な検証を行っている。同WGにおいては、2023年（令和5年）9月に、2019年（令和元年）電気通信事業法改正法附則第6条（検討条項）に基づく検討結果を「競争ルールの検証に関する報告書2023」に取りまとめ、その内容を踏まえた制度の見直しを2023年

（令和5年）12月に実施した。

　これまでの取組として、総務省では、2020年（令和2年）10月に、モバイル市場の公正な競争環境の整備に向けた具体的な取組をまとめた「モバイル市場の公正な競争環境の整備に向けたアクション・プラン」を公表した。また、「競争ルールの検証に関するWG」における検討や同アクション・プランを踏まえ、SIMロックの原則禁止（2021年（令和3年）8月）や既往契約の早期解消に向けた制度整備（2022年（令和4年）1月）などを行った。さらに、携帯電話事業者各社においても、違約金の撤廃、キャリアメール持ち運びサービスの開始、eSIMの導入等の取組が進展するなど、モバイル市場における公正な競争環境の整備が進んだ。2023年（令和5年）11月には、料金・サービス本位の競争につながる環境整備を一層進めるため、今後、総務省が速やかに取り組む対策を取りまとめた「日々の生活をより豊かにするためのモバイル市場競争促進プラン」を公表した。

　また、総務省では、利用者側の理解の促進に向けて消費者団体等を通じた周知広報に努めているほか、2020年（令和2年）12月から、利用者が自身に合ったプランを選択する一助となるよう中立的な情報を掲載した「携帯電話ポータルサイト」を総務省HPに開設し、消費者の一層の理解促進を図っている。

> ● **関連データ**　携帯電話ポータルサイト
> URL：https://www.soumu.go.jp/menu_seisaku/ictseisaku/keitai_portal/

## ❷ 接続ルールなどの整備

### ア　音声通信における状況変化を踏まえた見直し

　電話等の音声サービスに係る接続（音声接続）においては、音声通話の双方向性に応じて、接続する事業者同士が相互に接続料を支払い合う形態が典型的であったところ、固定電話網のIP網への移行（2025年（令和7年）1月完了予定）等の環境変化を踏まえて、制度・ルールの在り方についても様々な議論が行われてきた。

　その中で、総務省では、音声接続において、事業者同士が相互に接続料を支払わないこととする「ビル＆キープ方式」等の音声接続の見直しについて、2023年（令和5年）以降、「接続料の算定等に関する研究会」で議論を進めた。この議論の結果を踏まえ、2024年（令和6年）3月、MNO等の指定電気通信設備設置事業者も含め、接続当事者間の合意に基づき「ビル＆キープ方式」を選択可能とするための制度整備を行った（電気通信事業法施行規則等の一部改正（令和6年総務省令第14号））。

　また、固定電話網のIP網への移行後にNTT東日本・西日本が提供する「メタルIP電話」等に適用される接続料の具体的な算定方法について、2023年（令和5年）10月に情報通信審議会に諮問し、2024年（令和6年）6月に答申を受けた。今後、これを踏まえて、具体的な算定方法等を省令に規定する予定である。

### イ　モバイル接続料等の算定方法の見直し

　電気通信事業法では、主要なネットワークを設置する特定の事業者に対して、接続料・接続条件の公平性・透明性、接続の迅速性を確保するための規律（指定電気通信設備制度）を課していると

ころ、総務省では、指定電気通信設備の接続料について、認可・届出等の行政手続の中で適正性を確保するとともに、「接続料の算定等に関する研究会」における議論等により、その算定方法の適正性の向上を図っている。

　移動通信におけるMNOのネットワークに関する接続料（モバイル接続料）については、2023年（令和5年）9月の「接続料の算定等に関する研究会　第七次報告書」において、音声通信に関する接続料とデータ通信に関する接続料の双方を算定する際の考え方（費用・資産の配賦基準）がMNO各社で異なることが指摘された。総務省では、同報告書を踏まえて第二種指定電気通信設備接続会計規則を改正（電気通信事業法施行規則等の一部を改正する省令（令和5年総務省令第99号））するとともに、同研究会の下で「モバイル接続料費用配賦ワーキンググループ」を開催し、統一的な配賦基準の考え方等を整理した。

　固定通信におけるNTT東日本・西日本のネットワークに関する接続料についても、同研究会において、報酬額（適正利潤）の算定方法や加入光ファイバの「残置回線」の取扱いの見直し等、所要の整理を進めた。

### ウ　卸電気通信役務に係る制度の見直し

　指定電気通信設備を用いて提供される卸電気通信役務については、卸元事業者の交渉上の優位性等を是正し、卸元事業者・卸先事業者間の協議の適正性を確保するため、電気通信事業法の一部を改正する法律（令和4年法律第70号）により、そのうち事業者間の適正な競争関係に及ぼす影響が少なくないものの役務提供義務や協議における情報提示義務が課されることとなった。

　総務省では、「接続料の算定等に関する研究会」等において、改正法施行後の協議状況・制度の運用状況を確認するとともに、卸電気通信役務と接続機能の代替性に着目した卸料金の検証に関する議論を行うなど、卸電気通信役務の提供に関する協議が活発・実質的に行われること等により、第一種指定電気通信設備及び第二種指定電気通信設備の利用において「接続」と「卸電気通信役務」の利用形態を適正に並立させるための取組を引き続き行っている。

## ④　デジタルインフラの整備・維持

### ❶ 光ファイバ整備の推進

　光ファイバによるデジタルインフラについては、地域が抱える課題解決のために、テレワーク、遠隔教育、遠隔診療などを含むデジタル技術の利活用が強く期待されている中で、過疎地域や離島などの地理的に条件不利な地域では人口に比して財政的負担が大きいことから整備が遅れている[*1]。

　こうした背景を踏まえ、総務省では、条件不利地域において、地方自治体や電気通信事業者などが5Gなどの高速・大容量無線通信の前提となる光ファイバを整備する場合に、その事業費の一部を補助する「高度無線環境整備推進事業」を実施しており、この事業において、地方自治体が行う離島地域の光ファイバなどの維持管理に要する経費についても補助対象としている。また、「デジタル田園都市国家インフラ整備計画」（令和4年3月策定、令和5年4月改訂）に基づき、2023年（令和5年）3月末に99.8％となっている光ファイバの整備率（世帯カバー率）を2028年（令和10年）3月末までに99.9％とすることを目標として取り組むこととしている。

---

\*1　第II部第1章第2節「電気通信分野の動向」参照

特に、海底ケーブルの敷設等に多額の費用が生じることが多い離島における整備を加速するため、令和5年度補正予算並びに令和6年度予算においては離島地域への補助率の嵩上げなど支援内容を大幅に拡充したところであり、離島地域をはじめ条件不利地域における光ファイバ整備を引き続き推進していく。加えて、地方自治体の要望を踏まえ、公設設備の民設移行を早期かつ円滑に進めることとしている。

## ❷ データセンター、海底ケーブルなどの地方分散

インターネットの通信量の増加、DXの進展に伴うクラウドやAIの利用の進展等を背景とし、データセンターや海底ケーブルの需要は世界的に増加しており、これらのデジタルインフラは社会生活や経済活動を支えるものとして必要不可欠なものとなっている。我が国におけるデータセンターの立地状況を見ると、近年は大阪圏への投資が増加しているものの、6割程度が東京圏に集中しており、今後もこの状況が続くと見込まれている。海底ケーブルについては、国際海底ケーブルの終端である陸揚局が房総半島及びその周辺に集中するとともに、国内海底ケーブルについては日本海側がミッシングリンクとなっている。このような状況では、大震災等で東京圏・大阪圏が被災した場合に通信サービスに全国規模の影響が生じる可能性があり、我が国のデジタルインフラの強靱化の観点からは、データセンターの分散立地や日本海側の海底ケーブルの整備等を推進する必要がある。また、我が国は北米・欧州とアジア・太平洋地域の中継点に位置していることから、我が国への国際海底ケーブルの敷設を一層促進し、国際的なデータ流通のハブとしての地位を確立し、自律的なデジタルインフラを構築していくことも必要である。更に、我が国を取り巻く安全保障環境等の複雑化など昨今の国際情勢の変化等に鑑み、国際海底ケーブルや陸揚局の安全対策を強化することも必要である。

総務省においては、令和3年度補正予算事業として、データセンターや海底ケーブル等の整備を行う民間事業者を支援するための基金を造成し、東京圏以外に立地するデータセンターの整備事業に対する支援を行っている。また、令和5年度補正予算事業として、当該基金を増額し、国際海底ケーブルの分岐支線や分岐装置等を新たな支援対象として加え、国際海底ケーブルの多ルート化に取り組んでいるところである。

また、「デジタル田園都市国家インフラ整備計画」（令和4年3月策定、令和5年4月改訂）においては、（1）データセンターについては当面は東京・大阪を補完・代替する第3・第4の中核拠点の整備を促進するとともに、経済産業省等関係省庁と連携してデータセンター等の更なる分散立地の在り方や拠点整備等に必要な支援の検討を進めることとし、（2）海底ケーブルについては、現状ミッシングリンクとなっている日本海側の国内海底ケーブルの整備に取り組み、日本を周回する海底ケーブル（デジタル田園都市スーパーハイウェイ）を完成させるとともに、データセンターの分散立地に向けた取組と連動し、我が国の国際的なデータ流通のハブとしての機能強化に向けた海底ケーブル等の整備を促進することとしている。更に、国際海底ケーブルや陸揚局の安全対策の強化のため、国際海底ケーブルの断線等に備えた多ルート化の促進、国際海底ケーブルや陸揚局の防護、国際海底ケーブルの敷設・保守体制の強化に向けた取組を進めることとしている。

## ❸ ブロードバンドサービスの提供確保

総務省では、テレワーク、遠隔教育、遠隔医療等のサービスを利用する上で不可欠なブロードバンドサービスを、新たに電気通信事業法上の第二号基礎的電気通信役務（ユニバーサルサービス）に

位置付け、その適切、公平かつ安定的な提供を確保するため、当該役務を提供する電気通信事業者に対して、契約約款の届出等の事業者規律を課すとともに、全国のブロードバンドサービスを提供する電気通信事業者からの負担金を原資とする交付金制度（ブロードバンドサービスに関するユニバーサルサービス制度）を新設する制度改正を行った（電気通信事業法の一部を改正する法律（令和4年法律第70号）。以下「令和4年改正電気通信事業法」という。）。2023年（令和5年）6月に令和4年改正電気通信事業法及び第二号基礎的電気通信役務の範囲[*2]等を定めた政省令が施行された。

　本制度における交付金の具体的な算定方法等については、2023年（令和5年）7月に情報通信審議会に「ブロードバンドサービスに係る基礎的電気通信役務制度等の在り方」を諮問し、同年9月から情報通信審議会電気通信事業政策部会ユニバーサルサービス政策委員会の下に「ユニバーサルサービス政策委員会ブロードバンドサービスに関するユニバーサルサービス制度における交付金・負担金の算定等に関するワーキンググループ」を開催し、交付金・負担金の算定等について詳細な検討を進めた。また並行して、町字別のコスト算定のために実際に支援区域の指定や交付金算定に使用する標準的な判定式の構築の検討及び検証を行うため、2023年（令和5年）9月から「ブロードバンドサービスに関するユニバーサル制度におけるコスト算定に関する研究会」を開催し、議論を深めた。2024年（令和6年）3月に、これら審議会等の議論を取りまとめた。

## ⑤ 電気通信インフラの安全・信頼性の確保

### ❶ 電気通信整備の技術基準などに関する制度整備

　通信ネットワークへの仮想化技術の導入やクラウドサービスの活用が進み、通信サービスの提供構造の多様化・複雑化等が進んでいる状況を踏まえ、2022年（令和4年）4月から2023年（令和5年）2月までの間、情報通信審議会情報通信技術分科会IPネットワーク設備委員会において、「仮想化技術等の進展に伴うネットワークの多様化・複雑化に対応した電気通信設備に係る技術的条件」について検討を行った。

　2022年（令和4年）9月に取りまとめられた第一次報告に基づく情報通信審議会の一部答申[*3]においては、音声伝送携帯電話番号の指定を受けることとなるMVNO等について、現在MNOの携帯電話用設備に課せられている技術基準と同等の基準を課すことが適当との方向性が示された。その後、情報通信行政・郵政行政審議会答申[*4]を経て、2023年（令和5年）2月に、音声伝送携帯電話番号の指定条件を緩和するための電気通信事業法施行規則等の一部を改正する省令等が施行された。

　また、同委員会では、「仮想化技術等の進展を踏まえた電気通信設備に係る技術的条件」及び「重大な事故が生ずるおそれがあると認められる事態に係る技術的条件」について検討を行い、2023年（令和5年）2月に第二次報告として取りまとめた。当該報告に基づく情報通信審議会の一部答申[*5]を踏まえ、「重大な事故が生ずるおそれがあると認められる事態に係る技術的条件」に基づく改正を行った電気通信事業法施行規則等は2023年（令和5年）6月、「仮想化技術等の進展

---

*2 FTTHアクセスサービス、CATVアクセスサービス（HFC方式）及びワイヤレス固定ブロードバンドアクセスサービス（専用型）
*3 「仮想化技術等の進展に伴うネットワークの多様化・複雑化に対応した電気通信設備に係る技術的条件」に関する情報通信審議会からの一部答申（2022年（令和4年）9月16日）：https://www.soumu.go.jp/menu_news/s-news/01kiban05_02000253.html
*4 電気通信事業法施行規則等の一部改正に関する意見募集の結果及び情報通信行政・郵政行政審議会からの答申（2023年（令和5年）1月20日）：https://www.soumu.go.jp/menu_news/s-news/01kiban06_02000100.html
*5 「仮想化技術等の進展に伴うネットワークの多様化・複雑化に対応した電気通信設備に係る技術的条件」に関する情報通信審議会からの一部答申（2023年（令和5年）2月24日）：https://www.soumu.go.jp/menu_news/s-news/01kiban05_02000283.html

を踏まえた電気通信設備に係る技術的条件」に基づく改正を行った同規則等は2024年（令和6年）1月に施行された。

## ❷ 非常時における通信サービスの確保

### ア　電気通信事業者が実施すべき対策の基準策定等の取組

　近年、我が国では、地震、台風、大雨、大雪、洪水、土砂災害、火山噴火などの自然災害が頻発しており、停電、通信設備の故障、ケーブル断などにより通信サービスにも支障が生じている。

　総務省では、電気通信事業者が実施すべき耐震対策、停電対策、防火対策等を規定した「情報通信ネットワーク安全・信頼性基準」（昭和62年郵政省告示第73号）を改定し、災害時における通信サービスの確保を図っている。

　また、2018年（平成30年）10月から「災害時における通信サービスの確保に関する連絡会」を開催し、累次の災害対応の振り返りを行うとともに、即応連携・協力に関する体制、被害状況の迅速な把握、復旧を進めるに当たっての課題などに関する情報共有や意見交換を行っている。このほか、こうした機会に得られた情報も踏まえ、電気通信事業者と電力、燃料、倒木処理に関係する機関等との間の連絡体制の構築や初動対応の訓練等の連携を推進している。

### イ　「総務省・災害時テレコム支援チーム（MIC-TEAM）」の取組

　総務省は、情報通信手段の確保に向けた災害対応支援を行うため、「総務省・災害時テレコム支援チーム（MIC-TEAM）」を2020年（令和2年）6月に立ち上げた。MIC-TEAMは、大規模災害が発生し又は発生するおそれがある場合に、被災地の地方自治体に派遣され、情報通信サービスに関する被災状況の把握、関係行政機関・事業者等との連絡調整を行うほか、地方自治体に対する技術的助言や移動電源車の貸与等の支援を行っている。2023年（令和5年）夏の大雨に際して、福岡県庁及び秋田県庁に派遣されたほか、2024年（令和6年）1月に発生した能登半島地震においては、延べ約133名（2024年5月末時点）の職員が石川県庁に派遣された。

### ウ　携帯電話事業者間のネットワークの相互利用等に関する検討

　携帯電話サービスは、国民生活や経済活動に不可欠なライフラインであり、自然災害や通信障害等の非常時においても、携帯電話利用者が臨時に他の事業者のネットワークを利用する「事業者間ローミング」等により、継続に通信サービスを利用できる環境を整備することが課題となっている。これを踏まえ、総務省では、2022年（令和4年）9月から、「非常時における事業者間ローミング等に関する検討会」を開催し、非常時においても緊急通報をはじめ一般の通話やデータ通信、緊急通報受理機関からの呼び返しが可能なフルローミング方式による事業者間ローミングを、できる限り早期に導入することを基本方針とした第1次報告書を同年12月に取りまとめ、公表した。

　また、緊急通報受理機関からの呼び返しに必要なコアネットワークの利用者認証に障害が発生した場合においても緊急通報の発信ができるローミング方式をフルローミング方式と併せて導入する方針を2023年（令和5年）6月に第2次報告書として取りまとめた。2024年（令和6年）5月には、事業者間ローミングの基本的な考え方及び両方式ともに2025年度（令和7年度）末頃までの導入を目指すスケジュールについて第3次報告書に取りまとめた。

　今後、「事業者間ローミング」の実現に向け、技術的な検討・検証等の推進や基地局・端末間の相互接続性の確保等の取組を進めていく。

### ❸ 電気通信事故の分析・検証

　電気通信事故を抑止し、その影響を小さくするためには、事前の対策に加え、事故発生時及び事故発生後の適切な措置が必要である。総務省は、2015年（平成27年）から「電気通信事故検証会議」を開催し、主に電気通信事業法に定める「重大な事故」及び「重大な事故が生ずるおそれがあると認められる事態」並びに電気通信事業報告規則に定める「四半期報告事故」に係る報告の分析・検証を実施している。同会議では、2022年度（令和4年度）に発生した電気通信事故の検証結果等を取りまとめ、2023年（令和5年）8月に「令和4年度電気通信事故に関する検証報告」を公表するとともに、2023年度（令和5年度）に発生した電気通信事故については継続的に検証を行った。総務省はこうした事故の発生を踏まえ、再発防止の観点から必要な措置について行政指導を行った。

　電気通信事故が多発する背景には、リスクの洗い出しや評価、ヒューマンエラー防止や訓練、保守運用態勢等、共通する課題が多いと考えられる。このため、個別の事故の背景にある組織・態勢面等の構造的問題及び構造的問題の検証を踏まえた技術基準や管理規程等の規律の見直し、安全対策に係る保守運用態勢に対するガバナンス強化の在り方等について、2022年（令和4年）12月から電気通信事故検証会議において検討を行い、2023年（令和5年）3月に「電気通信事故に係る構造的な問題の検証に関する報告書」を取りまとめた。本報告書の内容を踏まえ、電気通信事業者自身による各種取組に加え、行政により、電気通信役務の安全・信頼性の確保に係る法令遵守状況等のモニタリングを併せて実施することを目的として、同年7月に「電気通信役務の安全・信頼性の確保に係るモニタリングの基本方針」を策定し、8月に初年度の検証を開始した。また、9月に電気通信事業法施行規則等を改正し、電気通信事業者が管理規程の遵守状況等について自ら行う点検及び評価に関すること等を管理規程の届出事項に追加する等の制度整備を行った。

## ❻ 電気通信サービスにおける安心・安全な利用環境の整備

### ❶ 電気通信事業分野におけるガバナンスの確保

　電気通信事業は、情報通信分野をはじめ様々な分野における革新的なイノベーションを促進するための不可欠な事業であり、デジタル技術の導入による革新的なサービスの提供や社会のDXを促進する観点から、利用者が安心でき、信頼性の高い電気通信サービスの提供を確保していくことが求められている。

　総務省では、デジタル時代における安心・安全で信頼できる通信サービス・ネットワークの確保に向けて、電気通信事業者におけるサイバーセキュリティ対策とデータの取扱いなどに係るガバナンス確保の在り方を検証し、今後の対策の検討を行うため、2021年（令和3年）5月から「電気通信事業ガバナンス検討会」を開催した。同検討会の提言を踏まえ、大量の情報を取得・管理などする電気通信事業者を中心に、諸外国における規制などとの整合を図りつつ、利用者に関する情報の適正な取扱いを促進するため、情報取扱規程の策定・届出の義務付けなどの新たな規律を設けるほか、事業者間連携によるサイバー攻撃対策や事故報告制度等の電気通信役務の円滑な提供の確保を目的とした規律を整備することなどを内容とする電気通信事業法の一部を改正する法律が2022年（令和4年）6月に成立した。総務省では、その後、同年6月から9月まで「特定利用者情報の適正な取扱いに関するワーキンググループ」を開催し、特定利用者情報の取扱いに関する規律の詳細について検討を行い、電気通信事業法施行規則を改正して①情報取扱規程の項目、②情報取扱方

針の項目、③特定利用者情報の取扱状況の評価項目、④特定利用者情報統括管理者の要件、⑤特定利用者情報の漏えい時の報告内容等について定めた。同法及び改正電気通信事業法施行規則は、2023年（令和5年）6月に施行された。また、特定利用者情報の取扱いに関する規律に基づき、2023年（令和5年）12月に特定利用者情報を適正に取り扱うべき電気通信事業者を告示により指定し、2024年（令和6年）1月より指定が適用された。

## ❷ 電気通信事業分野における消費者保護ルールの整備

### ア　概要

　電気通信サービスの高度化・多様化により、多くの利用者に利便性の向上や選択肢の増加がもたらされる一方で、利用者と事業者の間の情報格差や事業者の不適切な勧誘などにより、トラブルも生じている。こうしたトラブルを防止し、消費者が電気通信サービスの高度化・多様化の恩恵を享受できるようにするため、総務省では、電気通信サービスに係る消費者保護ルールを整備し、これを適切に執行するとともに、必要に応じてその見直しを行っている。

### イ　消費者保護ルールの実効性確保

#### （ア）苦情・相談などの受付や関係者との連携、行政指導などの実施

　総務省では、「総務省電気通信消費者相談センター」を設置し、消費者からの情報提供を受け付けている[*6]。また、電気通信消費者支援連絡会[*7]を全国各地域で毎年2回ずつ開催し、関係者の間で情報共有・意見交換を実施している。このような取組を通じて得られた情報を踏まえ、必要に応じて行政指導や消費者庁と連携した対応などにより、電気通信サービスに係る消費者保護ルールの実効性の確保を図っている。

　このほか、関係団体における消費者保護ルールの遵守に向けた自主的取組の促進も図っている。

#### （イ）モニタリングの実施

　総務省では、「電気通信事業の利用者保護規律に関する監督の基本方針」を策定し、消費者保護ルールの運用状況についてモニタリングするとともに、有識者や関係の事業者団体が参加し、関係者の間で共有・評価などする「消費者保護ルール実施状況のモニタリング定期会合[*8]」を年2回開催している。

　この会合では、電気通信事業分野の苦情・相談などについて、全体的な傾向だけでなくMNO、MVNO、FTTHといったサービス種別ごとの傾向についても分析している。また、個別のテーマ[*9]についての分析、実地調査（覆面調査）、個別事案の随時調査、さらには事業者団体[*10]が受け付けた苦情・相談などの分析の結果をまとめ、消費者保護ルールの実施状況について評価・総括を行っている。また、事業者などによる改善に向けた取組の状況のフォローアップも実施している。

　総務省では、この会合における評価を踏まえ、実地調査の対象となった電気通信事業者に対し、改善すべき点を指導するとともに、事業者団体などに対し、業界としての取組や会員への周知など

---

[*6] 電話及びウェブにより13,348件（2023年度（令和5年度））の苦情相談などを受け付けている。
[*7] 各地の消費生活センターや電気通信事業者団体などを構成員として、電気通信サービスに係る消費者支援の在り方についての意見交換を行う総務省主催の連絡会。
[*8] 消費者保護ルール実施状況のモニタリング定期会合：
https://www.soumu.go.jp/main_sosiki/kenkyu/shouhisha_hogorule/index.html
[*9] 2023年（令和5年）7月に開催された第15回会合においては、①通信速度等に関する苦情相談、②高齢者の苦情相談、③FTTHの電話勧誘に関する苦情相談、④出張販売に関する苦情相談を扱った。
[*10] 一般社団法人電気通信事業者協会及び一般社団法人全国携帯電話販売代理店協会

の対応を要請している。また、この会合における分析結果や評価については、消費者保護ルールの見直しの検討や事業者の自主的な取組の推進に活用されている。

### ウ　消費者保護ルールの見直し

　総務省では、電気通信市場の変化や消費者トラブルの状況を踏まえ、消費者保護ルールを累次にわたり見直し、その拡充を図ってきた。2020年（令和2年）6月から、「消費者保護ルールの在り方に関する検討会」において制度の見直しについて集中的に検討が行われ、2021年（令和3年）9月に「消費者保護ルールの在り方に関する検討会報告書2021」が取りまとめられた。総務省では、同報告書を踏まえ2022年（令和4年）2月、電気通信事業法施行規則を改正し、①電話勧誘における説明書面を用いた提供条件説明の義務化、②利用者が遅滞なく解約できるようにするための措置を講じることの義務化、③解約に伴い請求できる金額の制限について制度化した（同年7月1日施行）。

　また、「消費者保護ルールの在り方に関する検討会」において、令和元年改正電気通信事業法の施行状況の確認・評価や、2022年（令和4年）7月に取りまとめられた「『消費者保護ルールの在り方に関する検討会報告書2021』を踏まえた取組に関する提言」への対応状況についてフォローアップ等を行い、2023年（令和5年）8月に「消費者保護ルールの在り方に関する検討会報告書2023」を取りまとめた。同報告書を踏まえ、電気通信事業法施行規則を改正し、電気通信事業者に課している指導等措置義務に関し、販売代理店に求められる必要な能力や体制の明確化等を図るとともに、「電気通信事業法の消費者保護ルールに関するガイドライン」を改正し、適合性の原則に反する不適切な業務運営が広汎に認められる場合には、委託元である電気通信事業者による指導等の措置が適切に果たされているかが問題となり得る旨を明らかにした。引き続き、モニタリングなどの取組を進め、消費者保護の充実を図っていくこととしている。

## ❸ 通信の秘密・利用者情報の保護

### ア　概要

　スマートフォンやIoTなどを通じて、様々なヒト・モノ・組織がインターネットにつながり、大量のデジタルデータの生成・集積が飛躍的に進展するとともに、AIによるデータ解析などを駆使した結果が現実社会にフィードバックされ、様々な社会的課題を解決するSociety 5.0の実現が指向されている。

　この中で、様々なサービスを無料で提供するプラットフォーム事業者の存在感が高まっており、利用者情報が取得・集積される傾向が強まっている。また、生活のために必要なサービスがスマートフォンなど経由でプラットフォーム事業者により提供され、人々の日常生活におけるプラットフォーム事業者の重要性が高まる中で、より機微性の高い情報についても取得・蓄積されるようになってきている。

　利用者の利便性と通信の秘密やプライバシー保護とのバランスを確保し、プラットフォーム機能が十分に発揮されるようにするためにも、プラットフォーム事業者がサービスの魅力を高め、利用者が安心してサービスが利用できるよう、利用者情報の適切な取扱いを確保していくことが重要である。

### イ　利用者情報の更なる保護に向けた検討

　総務省で開催する「プラットフォームサービスに関する研究会」で、「プラットフォームサービスに係る利用者情報の取扱いに関するワーキンググループ」を設置して議論を行った結果を踏まえて取りまとめられた「中間とりまとめ」（2021年（令和3年）9月）では、電気通信事業法などにおける規律の内容・範囲などについて、EUにおけるeプライバシー規則（案）の議論も参考にしつつ、Cookieや位置情報などを含む利用者情報の取扱いについて具体的な制度化に向けた検討を進めることが適当であると考えられるとされた。本取りまとめを踏まえ、電気通信事業者が利用者に電気通信サービスを提供する際に、情報を外部送信する指令を与える電気通信を送信する場合に利用者に通知・公表といった確認の機会を付与することの義務付けなど（以下「外部送信規律」という。）を内容とする電気通信事業法の一部を改正する法律が2022年（令和4年）6月に成立した。総務省では、その後、同年6月から9月まで同ワーキンググループを開催し、外部送信規律の詳細について検討を行い、電気通信事業法施行規則を改正し、規律対象者、通知・公表すべき事項、通知・公表の方法等について定めた。同法及び改正電気通信事業法施行規則は2023年（令和5年）6月に施行された。

　2024年（令和6年）2月からは、総務省で開催する「ICTサービスの利用環境の整備に関する研究会」及び同研究会のもとに設置された「利用者情報に関するワーキンググループ」において、スマートフォン上のプライバシー対策の国内外の情勢変化、各種事案を踏まえ、利用者情報の更なる保護に向けて議論を行っている。

## ❹ 違法・有害情報への対応

### ア　概要

　インターネット上の違法・有害情報の流通は引き続き深刻な状況であり、総務省では、関係者と連携しつつ、誹謗中傷、海賊版などの様々な違法・有害情報に対する対策を継続的に実施してきている。

### イ　インターネット上の誹謗中傷への対応

　総務省では、インターネット、特にソーシャル・ネットワーキング・サービス（SNS）をはじめとするプラットフォームサービス上における誹謗中傷に関する問題が深刻化していることを踏まえ、2020年（令和2年）9月に取りまとめ、公表した「インターネット上の誹謗中傷への対応に関する政策パッケージ」に基づき、関係団体などと連携しつつ、次のような取組を実施している。

①　ユーザーに対する情報モラル及びICTリテラシー向上のための啓発活動

②　プラットフォーム事業者の自主的な取組の支援及び透明性・アカウンタビリティの向上（プラットフォーム事業者に対する継続的なモニタリングの実施）

③　発信者情報開示に関する取組（令和3年改正プロバイダ責任制限法[11]の円滑な運用）

④　相談対応の充実（違法・有害情報相談センターの体制強化、複数の相談機関における連携強化及び複数相談窓口の案内図の周知）

　特に、①の取組の一環として、総務省においては、誹謗中傷等の被害に遭われたときの対処法について改めて周知するため、VTuberとの啓発動画を作成し、2023年（令和5年）9月下旬に公開

---

*11　特定電気通信役務提供者の損害賠償責任の制限及び発信者情報の開示に関する法律の一部を改正する法律（令和3年法律第27号）

した。

　また、「プラットフォームサービスに関する研究会」において、プラットフォーム事業者へのヒアリング等を行い、2022年（令和4年）8月、違法・有害情報への対応について今後の方向性などを取りまとめた「第二次とりまとめ」を公表した。

　これを踏まえ、①プラットフォーム事業者による削除等の透明性・アカウンタビリティ確保のあり方、②違法・有害情報の流通を実効的に抑止する観点からのプラットフォーム事業者が果たすべき役割のあり方をはじめとした誹謗中傷等の違法・有害情報への対策を主な論点とした上で、専門的・集中的に検討するための有識者会合として、2022年（令和4年）12月から「誹謗中傷等の違法・有害情報への対策に関するワーキンググループ」を開催した。本ワーキンググループでの議論の結果、誹謗中傷等の違法・有害情報の削除等について、法制上の手当てを含め、①一定期間内の応答義務等を課すことによる対応の迅速化、②基準の策定や運用状況の公表等による透明化等を、不特定者間の交流を目的とするサービスのうち、一定規模以上等の事業者に求めることが適当と取りまとめられた。本ワーキンググループの取りまとめを受け、2024年（令和6年）2月、「プラットフォームサービスに関する研究会　第三次とりまとめ」が公表されるとともに、本報告書を踏まえ、2024年（令和6年）5月、プロバイダ責任制限法の一部改正法が成立した。なお、本改正法により、プロバイダ責任制限法の題名は「特定電気通信による情報の流通によって発生する権利侵害等への対処に関する法律」（略称：情報流通プラットフォーム対処法）に改められた。

**ウ　インターネット上の海賊版への対策**

　総務省では、「インターネット上の海賊版対策に係る総務省の政策メニュー」（2020年（令和2年）12月）に基づき、ユーザーに対する情報モラル及びICTリテラシーの向上のための啓発活動、セキュリティ対策ソフトによるアクセス抑止機能の導入の促進、発信者情報開示制度の見直し、ICANNなどの国際的な場における議論を通じた国際連携の推進に取り組んでいる。

　また、「インターネット上の海賊版サイトへのアクセス抑止に関する検討会」による「現状とりまとめ」（2022年（令和4年）9月）を踏まえ、総務省の政策メニューや関係事業者等における取組の進捗を確認している。

## ⑦ 電気通信紛争処理委員会によるあっせん・仲裁など

### ❶ 電気通信紛争処理委員会の機能

　電気通信紛争処理委員会（以下「委員会」という。）は、技術革新と競争環境の進展が著しい電気通信分野において多様化する紛争事案を迅速・公正に処理するために設置された専門組織であり、現在、総務大臣により任命された委員5名及び特別委員8名が紛争処理にあたっている。

　委員会は、①あっせん・仲裁、②総務大臣からの諮問に対する審議・答申、③総務大臣に対する勧告という3つの機能を有している。

　また、委員会事務局では通信・放送事業者等のための相談専用電話や相談専用メールによる相談窓口を設けており、電気通信事業者等の間の紛争に関する問合せ・相談などに対応しているほか、委員会専用ウェブサイトを開設し、円滑な紛争解決に資するよう上記①、②、③の各手続の解説や紛争事例を集成した「電気通信紛争処理マニュアル」やパンフレットなどを公開している。

### ア　あっせん・仲裁

あっせんは、電気通信事業者間、放送事業者間などで紛争が生じた場合において、委員会が委員・特別委員の中から「あっせん委員」を指名し、あっせん委員が両当事者の歩み寄りを促すことにより紛争の迅速・公正な解決を図る手続である。必要に応じて、あっせん委員があっせん案を提示する。両当事者の合意により進められる手続のため、強制されることはないが、あっせん手続を経た上で両当事者の合意が成立した場合には、民法上の和解が成立したことになる。

仲裁は、原則として、両当事者の合意に基づき委員会が委員・特別委員の中から3名を「仲裁委員」として指名し、仲裁委員（仲裁廷）による仲裁判断に従うことを合意した上で行われる手続であり、仲裁判断には当事者間において、仲裁法の準用により確定判決と同一の効力が発生する。

### イ　総務大臣からの諮問に対する審議・答申

電気通信事業者間、放送事業者間での協議が不調になった場合などに、電気通信事業法又は放送法の規定に基づき、当事者は総務大臣に対して協議命令の申立て、裁定の申請などを行うことができる。

総務大臣は、これらの協議命令、裁定などを行う際には、委員会に諮問しなければならないこととされており、委員会は、総務大臣から諮問を受け、これらの事案について審議・答申を行う。

### ウ　総務大臣への勧告

あっせん・仲裁、諮問に対する審議・答申を通じて明らかになった競争ルールの改善点などについて、委員会は、総務大臣に対し勧告することができる。なお、総務大臣は、委員会の勧告を受けたときは、その内容を公表することになっている。

## ❷　委員会の活動の状況

2023年度（令和5年度）は、あっせん・仲裁についての申請はなかったが、接続協定等に関する細目に係る裁定について総務大臣から委員会に諮問がなされ、委員会において審議中である。また、相談窓口において、10件の相談対応を行った。

なお、2001年（平成13年）11月の委員会設立から2024年（令和6年）3月末までに、あっせん72件、仲裁3件の申請を処理し、総務大臣からの諮問に対する答申11件、総務大臣への勧告3件を実施している。

# 第3節　電波政策の動向

## ① 概要

### ❶ これまでの取組

　電波は、携帯電話や警察、消防など、国民生活にとって不可欠なサービスの提供などに幅広く利用されている有限・希少な資源であり、国民共有の財産であることから、公平かつ能率的な利用を確保することが必要である。具体的には、電波は、同一の地域で、同一の周波数を利用すると混信が生じる性質があるため、無秩序に利用することはできず、適正な利用を確保するための仕組が必要であるほか、周波数帯によって電波の伝わり方や伝送できる情報量などが異なるため、周波数帯ごとに適した用途で利用することが必要となる。さらに、その出力などによっては国境を越えて伝搬する性質を持つことから、電波利用にあたっては条約などの国際的な取決めや調整を行うことが必要である。

　「無線電信及無線電話ハ政府之ヲ管掌ス」とされた旧無線電信法に代わり電波の公平かつ能率的な利用を確保することによって、公共の福祉を増進することを目的とする電波法が1950年（昭和25年）に制定されて以降、我が国では、国民共有の財産である電波の民間活用を推進してきており、今や電波は国民生活にとって不可欠なものになっている。

　総務省では、国際協調の下での周波数の割当て、無線局の免許を行うとともに、混信・妨害や電波障害のない良好な電波利用環境のための電波監理、電波資源拡大のための研究開発や電波有効利用技術についての技術試験事務などの取組を行ってきている。

### ❷ 今後の課題と方向性

　IoT、ビッグデータ、AIをはじめとした先端技術や「新たな日常」に必要なデジタル技術をあらゆる産業や生活分野に取り入れることにより、我が国の課題解決や一層の経済成長を目指すデジタル変革時代において、電波は必要不可欠なインフラである。

　そのようなデジタル変革時代においては、電波利用産業が更に発展し、電波利用のニーズが飛躍的に拡大すると見込まれる一方、電波は有限希少な国民共有の財産であることに鑑みれば、今後、より一層電波の公平かつ能率的な利用の促進が求められる。

　また、携帯電話をはじめとする陸上移動局の無線局のトラヒックの増加傾向が続いており、携帯電話などの電波利用環境を快適に維持するため、現在利用されている周波数の一層の有効利用に加えて、他の用途で使用されている周波数の共用化や、テラヘルツなどの未利用周波数の開拓など周波数の確保が大きな課題となっている。

　さらに、電波利用をとりまく状況の変化に対応しつつ、良好な電波利用環境を維持していくことが重要である。そのためにも、新たな電波利用や無線設備の流通の変化などに対応した電波監視や無線設備試買テストなどの取組を進めることが必要である。

## ② デジタルビジネス拡大に向けた電波政策

### ❶ デジタルビジネス拡大に向けた電波の有効利用の促進に関する検討

　電波の利用が、技術の進展に伴い、陸・海・空・宇宙などあらゆる空間・あらゆる社会経済活動において普及・進化しており、イノベーション創出の源泉となっている。そのため、電波をデジタル社会の成長基盤として、ビジネスチャンスの一層の拡大に繋げることが重要である。

　これらを踏まえ、総務省は、2023年（令和5年）11月から、デジタルビジネス拡大に向け、電波利用の将来像についての検討や電波有効利用に向けた新たな目標設定と実現方策についての検討などを行う「デジタルビジネス拡大に向けた電波政策懇談会」を開催している。本懇談会においては、目指すべき未来像として"世界に広がる進化したビジネス""真に豊かでワクワクできる暮らし""想定外リスクがない信頼できる社会"などを検討しつつ、この未来像に到達するための主な視点として①NTNをはじめ陸・海・空・宇宙といったあらゆる空間における電波利用の拡大への対応、②周波数ひっ迫の中で需要が急増する電波の柔軟な利用のための移行・再編・共用、③インフラとしてのワイヤレスネットワークを安心・安全に、安定して利用できる環境の整備、④デジタルビジネス拡大の源泉となる電波の適正な利用を確保するための電波利用料制度についての検討を行っている。（図表Ⅱ-2-3-1）本懇談会は2024年（令和6年）夏頃を目途に取りまとめを行う予定であり、総務省としては、本取りまとめを受け、必要な制度整備等を行っていくこととしている。

**図表Ⅱ-2-3-1**　「デジタルビジネス拡大に向けた電波政策懇談会」で議論されている未来像

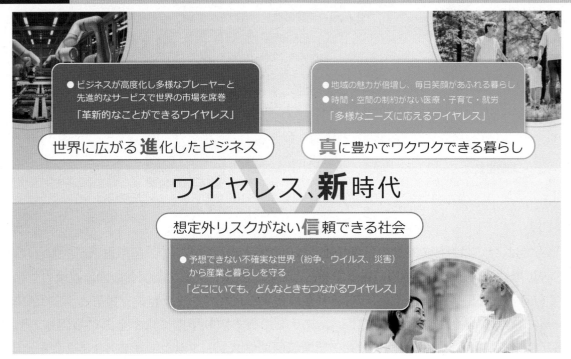

## ③ 5G・B5Gの普及・展開

### ❶ デジタル田園都市国家インフラ整備計画に基づく5Gの普及・展開

#### ア　「ICTインフラ地域展開マスタープラン」の策定等

　5Gでは、4Gを発展させた「超高速」だけでなく、遠隔地でもロボットなどの操作をスムーズに行うことができる「超低遅延」、多数の機器が同時にネットワークにつながる「多数同時接続」などの特長を持つ通信が可能となる（**図表Ⅱ-2-3-2**）。そのため、5Gは、あらゆる「モノ」がインターネットにつながるIoT社会を実現する上で不可欠なインフラとして大きな期待が寄せられている。実際に、トラクターの自動運転、AIを利用した画像解析による製品の検査、建設機械の遠隔制御など、様々な地域・分野において、5Gを活用した具体的な取組が進められているところである。

---

**図表Ⅱ-2-3-2**　5Gの特長

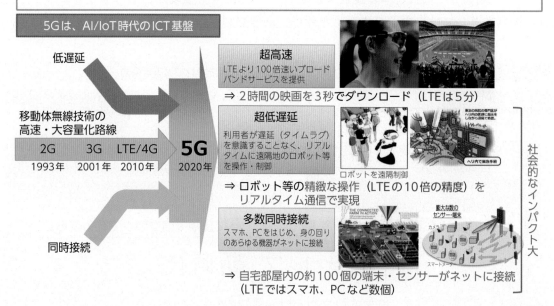

```
<5Gの主要性能>    超高速        →    最高伝送速度 10Gbps
                 超低遅延             1ミリ秒程度の遅延
                 多数同時接続          100万台/km²の接続機器数
```

5Gは、AI/IoT時代のICT基盤

低遅延

移動体無線技術の
高速・大容量化路線

| 2G | 3G | LTE/4G | 5G |
| 1993年 | 2001年 | 2010年 | 2020年 |

同時接続

**超高速**
LTEより100倍速いブロードバンドサービスを提供
⇒ 2時間の映画を3秒でダウンロード（LTEは5分）

**超低遅延**
利用者が遅延（タイムラグ）を意識することなく、リアルタイムに遠隔地のロボット等を操作・制御
ロボットを遠隔制御
⇒ ロボット等の精緻な操作（LTEの10倍の精度）をリアルタイム通信で実現

**多数同時接続**
スマホ、PCをはじめ、身の回りのあらゆる機器がネットに接続
⇒ 自宅部屋内の約100個の端末・センサーがネットに接続（LTEではスマホ、PCなど数個）

社会的なインパクト大

---

　総務省では、5Gは経済や社会の世界共通基盤になるとの認識の下で、国際電気通信連合（ITU）の5Gの国際標準化活動に積極的に貢献するとともに、欧米やアジア諸国との国際連携の強化にも努めている（**図表Ⅱ-2-3-3**）。また、5GをはじめとするICTインフラ整備支援策と5G利活用促進策を一体的かつ効果的に活用し、ICTインフラをできる限り早期に日本全国に展開するため、2023年度末を視野に入れた「ICTインフラ地域展開マスタープラン」を2019年（令和元年）6月に策定した（2020年（令和2年）7月及び12月にそれぞれ改定）。

**図表Ⅱ-2-3-3　各国・地域の5G推進団体**

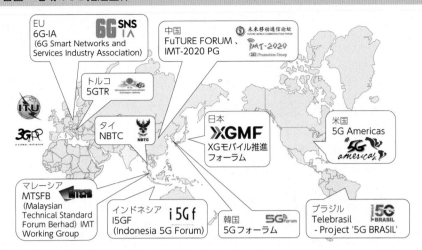

## イ　「デジタル田園都市国家インフラ整備計画」の策定

　2021年（令和3年）12月に岸田総理大臣がデジタル田園都市国家構想の実現に向けて5Gの人口カバー率を2023年度に9割に引き上げると表明したことを踏まえ、総務省では、同月末に、携帯電話事業者各社に対して、5G基地局の更なる積極的整備や5G基地局数・5G人口カバー率などの2025年度までの計画の作成・提出などを要請し、2022年（令和4年）3月29日に、各社から提出された計画などを踏まえ、「ICTインフラ地域展開マスタープラン」に続くものとして、「デジタル田園都市国家インフラ整備計画」を策定・公表した（同整備計画は、その後の社会情勢の変化などを勘案し、2023年（令和5年）4月25日に改訂）。

　このインフラ整備計画では、5Gの整備方針として、5G基盤（4G・5G親局）を全国整備する第1フェーズ、子局を地方展開しエリアカバーを全国で拡大する第2フェーズの2段階戦略で、世界最高水準の5G環境の実現を目指すこととしている（**図表Ⅱ-2-3-4**）。具体的には、第1フェーズで、すべての居住地で4Gを利用可能な状態を実現するとともに、ニーズのあるほぼすべてのエリアに5G展開の基盤となる親局の全国展開を実現することとし、第2フェーズでは、5Gの人口カバー率について、2023年度末までに全国95％、全市区町村に5G基地局を整備、2025年度末までに全国97％、各都道府県90％程度以上を目指すこととしている。2022年度末実績は全国96.6％となっており、目標を1年前倒しで達成した。加えて、非居住地域の整備目標として、4G・5Gによる道路（高速道路・国道）カバー率を設定し、2030年度末までに99％（高速道路については100％）を目指すこととしている。また、この目標を達成するための具体的な施策として、2.3GHz帯等の新たな5G用周波数の割当て、条件不利地域での5G基地局整備に対する「携帯電話等エリア整備事業」の補助金による支援、税制措置による後押し、インフラシェアリング推進などに取り組んできている（**図表Ⅱ-2-3-5**）。

　さらに、地域のニーズに応じたワイヤレス・IoTソリューションを住民がその利便性を実感できる形で社会に実装させていくため、ローカル5Gをはじめとする様々なワイヤレスシステムを柔軟に組み合わせた地域のデジタル基盤の整備と、そのデジタル基盤を活用する先進的なソリューションの実用化を一体的に推進することとしている。具体的施策として、デジタルライフライン全国総合整備実現会議の中間取りまとめに掲げられているアーリーハーベストプロジェクトの実現のため、関係省庁や地方自治体等と連携し、自動運転やドローンの社会実装に向けたデジタルインフラの整備を推進することとしている。

**図表Ⅱ-2-3-4　5G整備のイメージ**

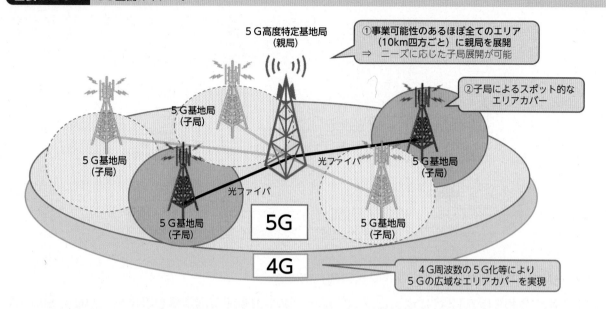

① 事業可能性のあるほぼ全てのエリア（10km四方ごと）に親局を展開
⇒　ニーズに応じた子局展開が可能

② 子局によるスポット的なエリアカバー

5G高度特定基地局（親局）

5G基地局（子局）

光ファイバ

5G

4G

4G周波数の5G化等により5Gの広域なエリアカバーを実現

**図表Ⅱ-2-3-5　デジタル田園都市国家インフラ整備（ロードマップ）**

| | 2023年度 | 2024年度 | 2025年度 | 2026年度 | 2027年度 | 2030年度 |
|---|---|---|---|---|---|---|
| 総合的な取組 | 通信事業者、地方自治体、社会実装関係者等からなる「地域協議会」を開催し、地域のニーズを踏まえた光ファイバ・基地局整備を推進 | | | | | |
| （1）固定ブロードバンド（光ファイバ等） | （2021年度末：99.72%）　世帯カバー率：99.85% | | | 99.90%（※） | | 光ファイバ網の維持 |
| | 補助金による整備支援、交付金制度による維持管理費の支援 | | | | | |
| | 「GIGAスクール構想」に資する通信環境の整備 | | 通信状況に応じ、更なる通信環境の整備を目指す | | | |
| | 公設設備の民設移行の促進 | | | | | |
| （2）ワイヤレス・IoTインフラ（5G等） | 全ての居住地に4Gが利用可能な状態を実現 | | ※更に、必要とする全地域の整備を目指す | | | |
| | ニーズのあるほぼ全エリアに5G親局整備完了（基盤展開率：98%） | | 5G基盤の維持 | | | |
| | 人口カバー率：全国95%、全市区町村に5G基地局整備 | 全国97%、各都道府県90%程度以上 | | 全国・各都道府県99%（※） | | |
| | 基地局数：28万局 | 30万局 | | 60万局（※） | | |
| | 道路カバー率（高速道路・国道）：99%（※）、高速道路については100% | | | | | |
| | ローカル5Gをはじめとする様々なワイヤレスシステムを柔軟に組み合わせた地域のデジタル基盤の整備と、その基盤を活用する先進的なソリューションの実用化を一体的に推進 | | | | | |
| | 携帯電話用周波数を2021年度に比べ＋6GHz（3GHz幅 ⇒ 9GHz幅） | | | | | |
| | 5G中継用基地局等の制度整備検討　検討結果に基づく所要の措置 | | | | | |
| | 補助金（インフラシェアリング）や税制による整備支援 | | | | | |
| | ローカル5G開発実証の成果を踏まえた制度化方針検討　検討結果に基づく所要の措置 | | | | | |
| | ローカル5Gの柔軟化に向けた所要の措置　海上利用について更なる検討 | | | | | |
| | 非居住地域のエリア化及び鉄道・道路トンネルの電波遮へい対策について、補助金を活用しつつ整備促進 | | | | | |
| | 非常時における事業者間ローミングについて、導入スケジュール等を検討し、検討結果を踏まえ必要な措置 | | 運用開始 | | | |
| | 地域のデジタル基盤の整備促進、先進的ソリューションの社会実装の推進 | | | | | |
| | 限定地域レベル4自動運転の社会実装の推進 | | | | | |
| | 携帯電話や無線LANの上空利用拡大に向けた検討　順次方向性を取りまとめ　検討結果に基づく所要の措置 | | | | | |
| （3）データセンター／海底ケーブル等 | データセンターの分散立地の推進（総務省・経産省） | | | | | |
| | 東京・大阪を補完・代替する第3・第4の中核拠点の整備（総務省・経産省）　※補助金による整備支援 | | | 運用開始 | | |
| | グリーン化やMECとの連携等を注視しつつ、更なる分散立地の在り方や拠点整備等に必要な支援を検討（総務省・経産省） | | | | | |
| | 日本海ケーブルの整備　※補助金による整備支援 | | | 運用開始（2026年度中） | | |
| | 我が国間の国際的なデータ流通のハブとしての機能強化に向けた海底ケーブル等の整備促進、安全対策の強化に向けた国際海底ケーブルの多ルート化の促進、国際海底ケーブルや陸揚局の防護、国際海底ケーブルの救済・保守体制の強化に向けた取組などの推進 | | | | | |
| （4）非地上系ネットワーク（NTN） | HAPSの大阪・関西万博での実証・デモンストレーションに向けた準備等 | | | HAPSの順次国内展開、高度化等 | | |
| | 衛星通信の周波数確保、制度整備、我が国独自の衛星通信コンステレーション構築に向けた検討等 | | | | | |
| （5）Beyond5G（6G） | 革新的情報通信技術（Beyond 5G（6G））基金事業により、重点技術分野を中心として、社会実装・海外展開を目指した研究開発を重点的に支援、関連技術を確立 | | | | | B5Gの運用開始 |
| | 国際標準化の推進や国際的なコンセンサス作り・ルール作り等の環境整備 | | | | | |
| | 大阪・関西万博での成果発信とともに、順次ネットワークに実装 | | | | | |

## ❷ Beyond 5G

　5Gの次の世代の情報通信インフラ「Beyond 5G（6G）」は、2030年代（令和12年）のあらゆる産業や社会活動の基盤となることが見込まれている。総務省では、2020年（令和2年）6月に、「Beyond 5G推進戦略 －6Gへのロードマップ－」を取りまとめ、関係府省と連携しながら、

本戦略を推進している[1]。

## ④ 先進的な電波利用システムの推進

### 1 無線LANの高度化

　無線LANは、IEEE（米国電気電子学会）において策定された標準規格が、スマートフォンやタブレット端末等に組み込まれ世界的に使用されている。駅・空港・観光スポット・商業施設・学校等の公共の場にアクセスポイントが設置され、オフィスや家庭のみならず、屋外のサービスや学校教育での利用、災害被災地での通信確保等、社会インフラとして国民の重要な通信インフラの一つになっている。

　総務省では、諸外国での導入状況や国内のニーズ等を踏まえ、無線LANの高度化に係る検討を継続的に行っている。近年では世界的に無線LANに利用可能な周波数帯の拡張が進められる等、非常に利用密度が高い輻輳環境であっても安定して高速大容量通信ができるように、新たな技術の検討や導入が進められている。このような状況を受け、2022年（令和4年）には、2.4GHz帯や5GHz帯に加えて6GHz帯を利用可能とする制度整備を実施した。また、低遅延かつ超高速通信が可能となる次世代の無線LAN規格（IEEE 802.11be）の我が国での導入のための技術的条件について審議し、2023年（令和5年）12月に無線設備規則（昭和25年電波監理委員会規則第18号）等の改正を行った。これら6GHz帯への利用拡大や最新技術となるIEEE 802.11beの実現により、今後、AR（拡張現実）/VR（仮想現実）/MR（複合現実）を使ったサービスやeスポーツ、工場内のロボットアーム制御といったリアルタイムの動作が要求される利用シーンにおいて、新たなサービスやアプリケーションの創出をもたらすことが期待される（図表Ⅱ-2-3-6）。

　また、無線LANの技術を活用したドローン等の利用拡大により、無線LANを組み込んだ機器の屋外・上空利用のニーズが増えている。その一方で、屋外等で使用できる周波数チャネルの数が不足しているため、2023年（令和5年）から5GHz帯の屋外等での利用拡大に向けた検討を行っており、2024年度（令和6年度）にかけて、順次制度化に向けた検討を進めている。

　さらに、将来のモバイル通信のトラヒック増や多様な利用ニーズに対応可能な無線LANシステムの実現に向けて、6GHz帯の更なる周波数拡張を目標に、屋外での利用も含め他の無線システムとの共用検討を進めている。

**図表Ⅱ-2-3-6　高度化された無線LANで想定される新たなアプリケーションの例**

AR/VR/MR
(Augmented Reality / Virtual Reality /Mixed Reality)

eスポーツなど
没入型ゲーム

ロボットアーム制御など
産業用途

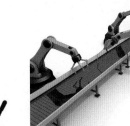

---

*1　Beyond 5Gに関する取組の詳細については、第Ⅱ部第2章第7節「ICT技術政策の動向」を参照。

## ❷ 非地上系ネットワーク

　HAPS、衛星通信等の非地上系ネットワーク（NTN, Non-Terrestrial Network）は、移動通信ネットワークについて、地上に限定せず、海や空、宇宙に至る全てを多層的につなげるものであり、離島、海上、山間部等の効率的なカバーや、自然災害をはじめとする非常時等に備えた通信手段として地上系ネットワークの冗長性の確保に有用である。

　総務省では、「デジタル田園都市国家インフラ整備計画」（令和4年3月策定、令和5年4月改訂）に基づき、NTNの早期国内展開等に向け、関連する制度整備を進めるなど、サービス導入促進のための取組を推進している。

　具体的には、HAPSについては、研究開発支援のほか、技術実証の実施を通じて国内制度の整備等を進めるとともに、社会実装に向けて関係府省庁との連携や、2025年（令和7年）の大阪・関西万博での実証・デモンストレーション等を通じて海外展開に取り組んでいくこととしている。また、HAPSで利用可能な周波数を拡大するため、周波数の確保にも取り組んでおり、2023年（令和5年）11月から12月にかけて開催された世界無線通信会議（WRC-23）では、我が国が議論をリードし、1.7GHz帯、2GHz帯及び2.6GHz帯は、全世界で、700MHz帯は、第1地域（欧州、アフリカ）・第2地域（北南米）では地域全体で、第3地域（アジア）では我が国を含む14カ国で、HAPSの携帯電話用基地局としての利用が可能となる決定が行われた。

　また、衛星通信については、これまで、多数の非静止衛星を一体的に運用して高速大容量の通信サービスを提供する衛星コンステレーションの導入に必要な制度整備を行ってきたところ、携帯電話端末による衛星との直接通信サービスの実現等、引き続き周波数の確保、必要な制度整備等を推進していく。

## ❸ 高度道路交通システム

　情報通信技術を用いて人や道路、車などをつなぐITS（Intelligent Transport Systems：高度道路交通システム）は、交通事故削減や渋滞緩和などにより、人やモノの安全で快適な移動の実現に寄与するものである。

　総務省では、これまでVICS（Vehicle Information and Communication System：道路交通情報通信システム）やETC（Electronic Toll Collection System：電子料金収受システム）、車載レーダーシステム、700MHz帯高度道路交通システムなどで利用される周波数の割当てや技術基準などの策定を行うとともに、これらシステムの普及促進を図ってきた。

　現在、欧州・米国などを中心として、世界的に自動運転の実現に向けた実証・実装が進められているところ、分合流支援などの高度な自動運転の実現には、カメラやレーダー等の車載センサーに加えて、周囲の車や路側インフラ等と情報交換するV2X（vehicle to everything）通信が重要な役割を担うことが見込まれている（**図表Ⅱ-2-3-7**）。

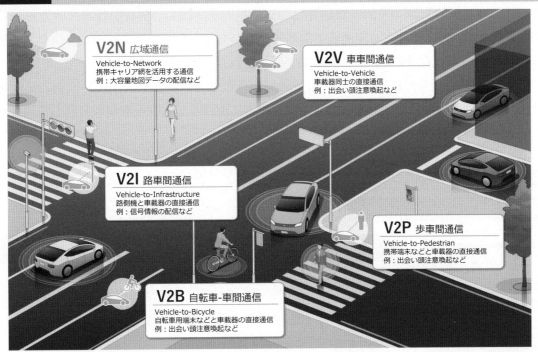

**図表Ⅱ-2-3-7　V2X通信のイメージ**

我が国では、V2X通信システムとして、世界に先んじて2015年に700MHz帯高度道路交通システムの実用化を進めてきた一方で、世界的には5.9GHz帯を活用したV2X通信システムの実証・実装が進められている。そのため、5.9GHz帯のV2X通信への追加割当てに向けて、2023年（令和5年）2月に「自動運転時代の"次世代のITS通信"研究会」を立ち上げ、同年8月、「国際的な周波数調和や既存無線局との干渉などを勘案し、5,895MHz-5,925MHzの最大30MHz幅を目途にV2X通信向けの割当を検討する」旨の中間取りまとめを行った。当該中間取りまとめを踏まえ、5.9GHz帯V2X通信の早期導入に向けた環境整備等のために、「自動運転の社会実装に向けたデジタルインフラ整備の推進」として、令和5年度補正予算に205億円を計上し、今後、関係省庁と連携して、新東名高速道路等における自動運転トラック実証等に取り組んでいく。

その他、我が国ITS技術の国際標準化・海外展開に資するため、国際電気通信連合無線通信部門（ITU-R）の報告・勧告案への寄書入力や、ITS世界会議等の国際会議における情報発信、インドをはじめとするアジア地域における我が国技術の普及展開などに取り組んでいる。

## ❹　公共安全モバイルシステム（旧：公共安全LTE）

我が国の主な公共機関は、各々の業務に特化した無線システムを個別に整備、運用しているため、機関の枠組を超えた相互通信が容易ではない。また、そのシステムは割当可能な周波数や整備費用の制約などから、音声を中心としたものとなっている。

米国、英国などの諸外国では、消防、警察など公共安全業務を担う機関において、携帯電話で使用されている通信技術を利用し、音声のほか、画像・映像伝送などの高速データ通信を可能とする共同利用型の移動体通信ネットワークの導入が進められている。このような携帯電話技術を用いた公共安全（Public Safety）のためのネットワークは、テロや大災害時に、公共安全機関の相互の通信を確保し、より円滑な救助活動に資すると期待されており、また、世界的に標準化された技術を利用することから、機器の低コスト化が可能となるなどのメリットがあるとされている。

　総務省では、2019年度（令和元年度）以降、関係機関と連携し、我が国で実現すべき公共安全のためのネットワークに求められる機能等について検討を実施し、実証を行ってきたところである。実証期間中に発生した令和6年能登半島地震においては、公共安全モバイルシステムの実証端末が被災地においても活用され、その有用性が確認された。

　2024年（令和6年）4月には、一部の電気通信事業者が公共安全モバイルシステムに対応する通信サービスの提供を開始しており、今後、災害時等における公共安全機関の有効な情報共有手段のひとつとなることが期待される（**図表Ⅱ-2-3-8**）。

**図表Ⅱ-2-3-8**　公共安全モバイルシステムの主な機能

**公共安全モバイルシステムの主な機能**

✓ Android又はiOS端末
✓ デュアルSIM対応端末※
※デュアルSIM端末は、複数の通信事業者のSIMの使用が可能なスマートフォン端末

端末イメージ

| 機能項目 | 公共安全モバイルシステムの主な機能 |
|---|---|
| 通信回線 | **マルチキャリア回線**（2つの通信事業者回線が使用可能）<br>一般携帯電話網と比して、**つながりやすい通信回線であること** |
| 通話機能 | **070,080,090番号を使用する音声電話**（緊急通報可） |
| 優先接続 | **災害時優先電話を利用可能**※<br>※提供可能数に制約あり。 |
| アプリ | **市販アプリをユーザ機関自ら選択・導入** |
| その他 | 一般携帯電話と同様、インターネット、メール等の利用が可能 |

### ⑤ 空間伝送型ワイヤレス電力伝送システム

　空間伝送型ワイヤレス電力伝送システムは、電波の送受信により数メートル程度の距離を有線で接続することなく電力伝送するものであり、工場内で利用されるセンサー機器への給電等に利用が見込まれている。本システムにより、充電ケーブルの接続や電池の交換を行うことなく、小電力の給電が可能となることから、利便性の向上とともに、センサー機器の柔軟な設置が可能となり、IoT活用によるSociety 5.0の実現に向けた寄与が期待されている。

　総務省では、これまで、本システムの実用化に向けて、他の無線システムとの周波数の共用や電波の安全性、技術的条件、円滑な運用調整の仕組の構築等について検討を行ってきており、こうした検討を踏まえ、一定の要件を満たす屋内での利用について、920MHz帯、2.4GHz帯、5.7GHz帯の3周波数帯の構内無線局として、2022年（令和4年）5月に制度整備を行った。

### ⑤ 電波システムの海外展開の推進

　電波の安心・安全な利用を確保するため、電波監視システムをはじめとした技術やシステムの役割が大きくなっており、その重要性は、電波の利用が急速に拡大しつつある東南アジア諸国をはじめ、諸外国においても認識されている。そのため、我が国が優れた技術を有する電波システムを海外に展開することを通じ、国際貢献を行うとともに、我が国の無線インフラ・サービスを国際競争力のある有望なビジネスに育てあげ、国内経済の更なる成長につなげることが重要な課題となっている。

　このような観点から、我が国が強みを有する分野の電波システムについて、アジア諸国を中心としてグローバルに展開するため、官民が協力して戦略的な取組を推進している。具体的には、我が

国の周波数事情に合う周波数利用効率の高い技術が国際標準として策定されるよう、電波システムの海外展開を通じて当該技術の国際的な優位性を確保することを目的に「周波数の国際協調利用促進事業」を実施し、国内外における実証実験、技術のユーザーレベルでの人的交流等を行っている。また、安全・安心で信頼性の高いICTインフラに対する世界的な需要の高まりを踏まえ、総務省では、Open RAN、vRANによる我が国企業の5Gネットワーク・ソリューションの海外展開を今後3年間で集中的に実施することを予定しており、ローカル5Gを含む国内の5G展開の成果を活かし、ニーズに応じた5Gモデルの提案など、5Gのオープン化を進めている。

また、海外展開を見据えた我が国におけるOpen RANエコシステムの促進を図る観点から、2022年（令和4年）12月に、国内の複数の通信事業者等により、O-RANアライアンスの規格に準拠した試験・認証を行う拠点「Japan OTIC」が横須賀テレコムリサーチパーク内に設置され、2023年（令和5年）6月には第1号となる認証が発行されたほか、Japan OTICの利用促進に向けた各種講習会が定期開催されている。

さらに、総務省では2024年度（令和6年度）より、国内外の複数通信事業者のネットワークを模擬可能な相互接続性検証環境に関する技術試験を実施中である。

## ⑥ 電波利用環境の整備

### ❶ 生体電磁環境対策の推進

総務省では、安心・安全に電波を利用できる環境の整備を推進している。

具体的には、電波が人体の健康に好ましくない影響を及ぼさないようにするため、「電波防護指針[2]」を策定するとともに、その一部を電波法令における電波の強さなどに関する安全基準として定めている。それらの内容には、電波の安全性に関する長年の調査結果[3]が反映されている。また、国際的なガイドラインとも同等性の担保を図っている。なお、これまでの調査・研究では、この安全基準を下回るレベルの電波と健康への影響との因果関係は確認されていない。総務省では、電波の安全性について、電話相談、説明会の開催やリーフレットの配布などを通じて国民への周知啓発を継続的に行っている[4]。

また、電波利用機器の電波が医療機器へ及ぼす影響を防止するため、「電波の医療機器等への影響の調査研究[5]」を毎年行っている。2023年度（令和5年度）は、植込み型医療機器（ペースメーカ、除細動器等）への2.3GHz帯及び3.4GHz-3.5GHz帯の携帯電話端末並びに6GHz帯の無線LANによる電波の影響調査、並びに院内医療機器（汎用輸液ポンプ等）・在宅医療機器（個人用透析装置等）への3.7GHz帯、4.5GHz帯及び28GHz帯の携帯電話端末による電波の影響調査を行った。これまでの調査の結果により得られた知見については、「各種電波利用機器の電波が植込み型医療機器等へ及ぼす影響を防止するための指針[6]」として取りまとめている。さらに、医療機関での電波利用が進む中で、安心・安全な電波利用に向けて、医用テレメータ、携帯電話、無線LANなどの注意点や電波管理の在り方について、説明会をオンデマンドで配信し、医療従事者などへの周知活動を行っている。これらに関連した取組として、2017年度（平成29年度）から「無線シ

---

*2　電波防護指針：https://www.tele.soumu.go.jp/j/sys/ele/medical/protect/
*3　総務省における電波の安全性に関する研究：https://www.tele.soumu.go.jp/j/sys/ele/seitai/index.htm
*4　電波の安全性に関する取組：https://www.tele.soumu.go.jp/j/sys/ele/index.htm
*5　電波の医療機器等への影響の調査研究：https://www.tele.soumu.go.jp/j/sys/ele/seitai/chis/index.htm
*6　各種電波利用機器の電波が植込み型医療機器等へ及ぼす影響を防止するための指針：
　　https://www.tele.soumu.go.jp/resource/j/ele/medical/guide.pdf

ステム普及支援事業費等補助金」により医療施設向けに電波遮へい対策事業を実施しており、医療施設において携帯電話が安心・安全に利用できる環境を整備している。

## ❷ 電磁障害対策の推進

各種電気・電子機器などの普及に伴い、各種機器・設備から発せられる不要電波から無線利用を守る対策が重要となっている。このため、情報通信審議会情報通信技術分科会に設置された「電波利用環境委員会[*7]」において電磁障害対策に関する調査・検討を行い、国際無線障害特別委員会（CISPR：Comité International Spécial des Perturbations Radioélectriques）における国際規格の審議に寄与している。総務省では、情報通信審議会の答申を受けて、国内における規格化の推進などを通じて、不要電波による無線設備への妨害の排除や電気・電子機器への障害の防止などを図っている。

CISPRに関する国際的な活動として、電気自動車（EV）、マルチメディア機器及び家電などで使用するワイヤレス電力伝送システムに関する国際規格の検討が本格化している中で、電気自動車用ワイヤレス電力伝送システムから発せられる漏えい電波が、既存の無線局などに混信を与えないようにするための技術の検討について、我が国が主体となって精力的に行っている。

また、「規制改革実施計画（2023年（令和5年）6月16日閣議決定）」を受け、一般送配電事業者が維持・運用する電線路に接続された電力線のみとなっている広帯域の電力線搬送通信設備（PLC：Power Line Communication）の設置要件の緩和のため、2023年（令和5年）12月に制度整備を行った。併せて、利用が広がる高出力なIH調理器の型式確認対象の拡大を図るため、2023年（令和5年）12月に制度整備を行った。

## ❸ 電波の混信・妨害の予防

第5世代携帯電話（5G）等の新たな電波利用が拡大する中で、混信を排除し良好な電波利用環境を維持していくため、総務省では電波の監視を行い、混信を排除するとともに、それらの原因となり得る技術基準に適合しない無線設備（基準不適合設備）の対応の強化に取り組んでいる。

具体的には、一般消費者が基準不適合設備を購入・使用することにより、電波法違反（無線局の不法開設）となることや運用を著しく阻害するような混信その他の妨害を与えることを未然に防止するため、総務省においてインターネットの通信販売等、市場で広く販売されている無線設備を購入し、それらの電波の強さが電波法に定める「微弱無線設備」[*8]の基準に適合しているかどうかの測定を行い、結果を一般消費者の保護のための情報提供として毎年公表する「無線設備試買テスト」[*9]の取組が挙げられる。

無線設備試買テストの結果、不適合と判定して公表した無線設備の販売業者に対しては、技術基準に適合した無線設備のみを取り扱うことの徹底や、基準不適合設備の販売の自粛などを要請している。さらに2020年度（令和2年度）には、「技術基準不適合無線機器の流通抑止のためのガイドライン」を策定し、その中で、無線設備の製造業者、輸入業者及び販売業者が果たすべき努力義務や、インターネットショッピングモール運営者による自主的な取組を明らかにすることにより、基準不適合設備の流通抑止に向けた取組を推進している。

---

[*7]　電波利用環境委員会：https://www.soumu.go.jp/main_sosiki/joho_tsusin/policyreports/joho_tsusin/denpa_kankyou/index.html
[*8]　微弱無線設備：https://www.tele.soumu.go.jp/j/ref/material/rule/
[*9]　2013年度（平成25年度）より実施。無線設備試買テストの結果：https://www.tele.soumu.go.jp/j/adm/monitoring/illegal/result/

## 第4節　放送政策の動向

### ① 概要

#### ❶ これまでの取組

　放送は、民主主義の基盤であり、災害情報や地域情報などの社会の基本情報の共有というソーシャル・キャピタルとしての役割を果たしてきた。

　従来アナログで行われていたテレビ放送は、2012年（平成24年）3月末をもって完全デジタル化し、ハイビジョン画像の映像、データ放送の実現など、放送サービスの高度化が進展した。総務省では、ハイビジョンより高精細・高画質な4K・8K放送サービスを促進するため、放送事業者・メーカー等との連携の下、4K8K衛星放送の受信方法や4K・8Kコンテンツに関する周知広報を行うとともに、4K放送を行う事業者の認定を行うなど、全国の多くの方々に4K・8Kの躍動感と迫力のある映像で楽しんでいただけるように必要な取組を進めてきた。

　また、コンテンツの海外展開は、コンテンツを通じて我が国の魅力が海外に発信されることにより、訪日外国人観光客の増加や農林水産品・地場産品などの輸出拡大といった大きな波及効果が期待できるものである。総務省では、関係省庁・機関とも連携しながら、放送コンテンツの海外展開の取組を推進してきた。

　さらに、震災時に特に有用性が認識されたラジオを中心に、今後とも放送が災害情報などを国民に適切に提供できるよう、ラジオの難聴対策、送信設備の防災対策などの放送ネットワークの強靱化に資する取組を推進してきたほか、放送を通じた情報アクセス機会の均等化を実現するため、民間放送事業者等における字幕番組、解説番組、手話番組等の制作費及び生放送番組への字幕付与設備の整備費に対する助成や放送事業者の字幕放送等の普及目標値を定める「放送分野における情報アクセシビリティに関する指針」の策定等の取組により、視聴覚障害者等向け放送の普及を促進してきたところである。

　このほか、放送については、放送番組の「送り手」だけでなく「受け手」の存在も重要であることから、総務省では、特に小・中学生及び高校生を対象に放送メディアに対するリテラシーの向上に取り組んでおり、教材や教員向け授業実践パッケージ等の提供を行っている。

#### ❷ 今後の課題と方向性

　ブロードバンドの普及やインターネット動画配信サービスの伸長、視聴デバイスの多様化などを背景に、視聴者の視聴スタイルが変化しテレビ離れが加速するなど、放送を取り巻く環境は大きく変化している。視聴者は情報を放送からのみならずインターネットから得ることが増え、地上テレビジョン放送の広告費は長期的には低下傾向が続く可能性があり、構造的な変化が迫られている。他方、インターネット空間においてはフェイクニュース等の問題も顕在化しており、インフォメーション・ヘルスの確保が課題となっているところ、放送は信頼性の高い情報発信、「知る自由」の保障、「社会の基本情報」の共有や多様な価値観に対する相互理解の促進といった役割を果たしており、むしろこのデジタル時代においてこそ、その役割に対する期待が増大している。

　このような状況の変化に対応して、放送の将来像や放送制度の在り方について中長期的な視点で検討するとともに、放送事業の基盤強化、放送コンテンツの流通の促進、放送ネットワークの強靱

第2章　総務省におけるICT政策の取組状況

化・耐災害性の強化等の課題に取り組む必要がある。

## ② デジタル時代における放送制度の在り方に関する検討

　総務省では、デジタル化が社会全体で急速に進展する中で、放送の将来像や放送制度の在り方について、中長期的な視点から検討するため、2021年（令和3年）11月から「デジタル時代における放送制度の在り方に関する検討会」（以下「放送制度検討会」という。）を開催している。

　2022年（令和4年）8月に公表された放送制度検討会の「デジタル時代における放送の将来像と制度の在り方に関する取りまとめ」（以下「第1次取りまとめ」という。）では、インターネットを含め情報空間が放送以外にも広がる中で、放送が、その社会的役割に対する視聴者の期待に今後も応えていくために、どのような取組を進めていくべきかという観点に基づき、検討結果が取りまとめられた[*1]。総務省では、第1次取りまとめを踏まえて、マスメディア集中排除原則[*2]を緩和するための省令改正[*3]を行ったほか、一の放送対象地域において複数の特定地上基幹放送事業者が中継局設備を共同で利用することを可能とすることなどの措置を講ずることを内容とする放送法・電波法の一部改正（令和5年法律第40号）を行った。

　中継局設備の共同利用については、その実現に向け、2023年（令和5年）12月に全国協議会の発足を始めとして全国各地においても地域協議会の立ち上げを進め、共同利用実現に向けたロードマップの作成、関係者の役割分担、各地域での中継局更新計画の策定・実行の在り方の3点について検討を進めている。

　また、2023年（令和5年）10月には放送制度検討会で「デジタル時代における放送の将来像と制度の在り方に関する取りまとめ（第2次）」（以下「第2次取りまとめ」という。）を公表した。第2次取りまとめは、「衛星放送及びケーブルテレビ」、「放送用の周波数の有効利用」、「放送の真実性の確保」、「民間事業者の情報開示の在り方」等の課題についての提言に加えて、①小規模中継局等のブロードバンド等（ケーブルテレビ、光ファイバ等）による代替可能性、②NHKのインターネット配信の在り方、③放送コンテンツの制作・流通を促進するための方策の在り方及び④NHKの「放送業界に係るプラットフォーム」としての役割について専門的な検討を行った成果を取りまとめたものとなっている[*4]。

## ③ 公共放送の在り方

　総務省では、放送制度検討会の第1次取りまとめを踏まえ、2022年（令和4年）9月から放送制度検討会の下で「公共放送ワーキンググループ」を開催し、NHKのインターネット配信の在り方等について検討を行っている。2023年（令和5年）10月及び2024年（令和6年）2月に公表された二度の「取りまとめ」[*5]においては、NHKが放送の二元体制の枠組みの下で、インターネッ

---

*1 「デジタル時代における放送の将来像と制度の在り方に関する取りまとめ」（2022年（令和4年）8月5日）：https://www.soumu.go.jp/menu_news/s-news/01ryutsu07_02000236.html
*2 放送をすることができる機会をできるだけ多くの者に対し確保することにより、放送による表現の自由ができるだけ多くの者によって享有されるようにするための指針であり、一の者が保有又は支配関係を有する基幹放送の数が制限されている。
*3 基幹放送の業務に係る特定役員及び支配関係の定義並びに表現の自由享有基準の特例に関する省令の一部を改正する省令（令和5年総務省令第13号）
*4 「デジタル時代における放送の将来像と制度の在り方に関する取りまとめ（第2次）」（2023年（令和5年）10月18日）：https://www.soumu.go.jp/menu_news/s-news/01ryutsu07_02000269.html
*5 「公共放送ワーキンググループ取りまとめ」（2023年（令和5年）10月18日）：https://www.soumu.go.jp/main_content/000907572.pdf
　「公共放送ワーキンググループ取りまとめ（第2次）」（2024年（令和6年）2月28日）：https://www.soumu.go.jp/main_content/000931107.pdf

トを通じて放送番組を視聴者に提供するという役割を果たすべく、原則として全ての放送のインターネット配信を必須業務化することが適当との結論が出された。

　これらの取りまとめの結論等を踏まえ、インターネットを通じて放送番組等の配信を行う業務をNHKの必須業務とするとともに、民間放送事業者が行う中継局設備の共同利用等の難視聴解消措置に対するNHKの協力義務を強化すること等を内容とする放送法の一部を改正する法律が2024年（令和6年）5月に成立した（令和6年法律第36号。以下「改正放送法」という。）。

　なお、改正放送法は、NHKがインターネットを通じた番組関連情報[*6]の配信を自らの判断と責任において行うため、自ら業務規程を定める仕組みとなっており、その内容については、公正な競争の確保に支障が生じないことが確保されたものであることなどに適合することを求めている。総務省では、公正な競争を担保する措置として実施する予定の競争評価の枠組みが円滑に機能するよう、2023年（令和5年）11月より「日本放送協会のインターネット活用業務の競争評価に関する準備会合」を開催し、競争評価の枠組み等についての検討を進めている。

　総務省では、引き続き、時代の要請に応じた公共放送の在り方について検討を行っていく。

### ④　放送事業の基盤強化

#### ❶　AMラジオ放送に係る取組

　民間AMラジオ放送事業者が使用しているAM送信設備には設置後50年以上が経過しているものが多く、老朽化が深刻な状況となっている。こうした中、民間AMラジオ放送事業者においては、AMラジオ放送の難聴を解消することなどを目的として導入されたFM補完放送の開始によってAMとFMの両方の設備に係るコスト負担が発生しているほか、事業収入が減少傾向にあるため、AMラジオ放送設備の更新費用が経営上の課題となっている。

　このような厳しい経営状況を踏まえ、民間AMラジオ放送事業者が、経営判断としてAM放送からFM放送への変更（FM転換）やFM転換を伴わないAM放送を行う中継局の廃止を行った場合の影響を検証するため、総務省では、6か月以上の期間AM局の運用休止を行うことを可能とする特例措置を設けることとし、その内容や要件、手続きについて示す「AM局の運用休止に係る特例措置に関する基本方針（2023年（令和5年）3月）」を公表した。2023年（令和5年）11月に行われた放送事業者の一斉再免許の際に、特例措置の申請を受け付け、その適用が認められたAM局において、2024年（令和6年）2月以降、順次運用休止が実施されているところであり、総務省では、当該運用休止の結果を踏まえ、住民や地方自治体への影響等の検証を行う予定である。

#### ❷　衛星放送における諸課題への対応

##### ア　持続可能な衛星放送の将来像に係る検討

　総務省は、2023年（令和5年）10月に公表された第2次取りまとめを踏まえ、衛星放送を取り巻く環境が変化する中で、衛星放送における課題を解決し、持続可能な衛星放送の将来像を描くべく、2023年（令和5年）11月、放送制度検討会の下に、新たに「衛星放送ワーキンググループ」を開催した。

　「衛星放送ワーキンググループ」では、「衛星放送に係るインフラコストの低減」、「地上波代替に

---

*6　NHKが放送する又は放送した放送番組の内容と密接な関連を有する情報であって、当該放送番組の編集上必要な資料により構成されるもの（当該放送番組を除き、当該放送番組を編集したものを含む）をいう。

おける衛星放送の活用」、「右旋帯域の有効利用」、「衛星基幹放送の認定における通販番組の扱い」及び「災害発生時における衛星放送の活用」について、具体的・専門的な議論を行っている。

### イ　4K8K衛星放送の普及に向けた取組

　2018年（平成30年）12月にBS放送及び東経110度CS放送で始まった4K8K衛星放送については、2023年（令和5年）11月、総務省が新たにBS放送の右旋帯域で4K放送を行う衛星基幹放送事業者3者を認定するなど、拡充に向けた取組が進められている。

　また、4K8K衛星放送を視聴することが可能な受信機等は、2024年（令和6年）3月末には累計出荷台数が約1,921万台に達しており、総務省では、更なる普及に向けて、その特徴である超高精細映像の魅力の訴求や受信環境整備の促進に放送事業者、メーカー、関係団体等との連携の下、取り組んでいる。

　今後は、「衛星放送ワーキンググループ」における右旋帯域の有効利用（4K放送の普及）の議論を通じて、映像符号化方式の高度化に対応することも念頭に、4K放送の充実に向けた帯域の有効活用の在り方について検討を行うなど、引き続き、より一層の4K8K衛星放送の拡充・普及に向けて取り組むこととしている。

## ⑤　放送コンテンツ制作・流通の促進

### ❶　放送コンテンツの制作・流通の促進

#### ア　放送コンテンツなどの効果的なネット配信に関する取組

　放送制度検討会の第1次取りまとめにおいて、ローカル局をはじめとする放送事業者の設備負担を軽減し、コンテンツ制作に注力できる環境を整備していくことが重要であると言及されている。

　こうした環境を整備する観点からは、放送事業者によるコンテンツの制作の促進に加え、そうしたコンテンツがより幅広く視聴されるよう、放送やインターネット上における流通の一層の促進が重要となると考えられる。特に、地域情報の発信において、今後ローカル放送局には大きな役割が期待されている。

　インターネット動画配信サービスの伸長や視聴スタイルの多様化など放送を取り巻く環境が変化する中、放送がこれまで果たしてきた社会基盤としての役割を引き続き果たし続けるためには、放送波に限らず、インターネットにおける多様なプラットフォームの活用促進によって、我が国の放送コンテンツが国内外で広く流通することが重要であると考えられる。

　このような考えの下、放送制度検討会の下に開催される会合として、「放送コンテンツの制作・流通の促進に関するワーキンググループ」を2022年（令和4年）12月より開催し、インターネット時代における、放送コンテンツの制作・流通を促進するための方策の在り方について、関係事業者等の協力を得つつ検討を行っている。

　検討の第1次取りまとめにおいては、「視聴者がインターネット経由で放送コンテンツを容易に視聴できる環境の早期実現のため、まずは、インターネットに接続するテレビ受信機において、複数のインターネット配信プラットフォームが連携し、当該プラットフォームが配信する放送コンテンツの一覧性が確保される入口（仮想的なプラットフォーム）からの適切な導線の実現に向けて、視聴者にとっての利便性という観点からも、容易に放送コンテンツを視聴できる表示・操作性について、放送事業者や様々な関係者共同による枠組みにおける検討・検証を官民が連携して行うこと

が必要である。その際、視聴者の視点（視聴実態、視聴の仕方や上記取組みに対する理解など）に留意し、また、ローカル局が提供する地域情報等の放送コンテンツに地域の視聴者等が到達しやすい仕組みに配意する必要がある。」と一定の結論を得たところである。

### イ　放送分野の視聴データ活用とプライバシー保護の在り方

インターネットに接続されたテレビ受信機などから放送番組の視聴履歴などを収集・分析すれば、例えば、地域ごとの視聴者のきめ細かい視聴ニーズに寄り添った番組制作や災害情報の提供などに有効に活用することが可能となる一方で、個々の視聴者の政治信条や病歴のようなセンシティブな個人情報を推知することなども技術的には可能となってしまうという課題がある。

総務省では、放送分野の個人情報保護について、放送の公共性に鑑み、動画共有サイトの閲覧履歴などにも適用される個人情報保護法令上の最低限のルールに加え、放送受信者等の個人情報を取り扱うすべての者が遵守するべき放送分野固有のルールを「放送受信者等の個人情報保護に関するガイドライン」で定め、累次の改正を行ってきた（直近の改正は2024年（令和6年）4月の改正個人情報保護法施行規則の施行を踏まえたもの）。また、2021年（令和3年）4月から「放送分野の視聴データの活用とプライバシー保護の在り方に関する検討会」を開催し、データ利活用とプライバシー保護のバランスのとれたルール形成の観点から、放送に伴い収集される視聴履歴などの取扱いに関するルールの在り方に加えて、放送コンテンツのネット配信における配信履歴などの取扱いに関するルールの在り方についても検討を行っている。

### ウ　放送番組の同時配信等に係る権利処理の円滑化

スマートデバイスの普及などに伴う視聴環境の変化を踏まえ、放送事業者は、放送番組のインターネットでの同時配信等（同時配信、追っかけ配信及び見逃し配信をいう。以下同じ。）の取組を進めている。これは、高品質なコンテンツの視聴機会を拡大させるものであり、視聴者の利便性向上やコンテンツ産業の振興・国際競争力の確保などの観点から重要な取組となっている。一方で、放送番組には多様かつ大量の著作物等が利用されており、同時配信等にあたって著作権等の処理ができないことにより「フタかぶせ」が生じる場合があるなど、権利処理上の課題が存在しており、同時配信等を推進するに当たっては、著作物等をより迅速かつ円滑に利用できる環境を整備する必要があった。

そこで、総務省において、同時配信等に係る権利処理の円滑化に向け、著作権法（昭和45年法律第48号）を所管する文化庁とともに関係者から意見を聴取するなど、制度改正の方向性を検討した結果、令和3年通常国会で著作権法の一部を改正する法律（令和3年法律第52号）が成立し、当該円滑化に関する措置が講じられた。改正後、2022年（令和4年）4月には民放5系列揃っての同時配信が実現するなど、本格化しつつある同時配信等について、権利処理の動向を注視しながら、更なる円滑化に向けた検討を行っている。

### エ　放送コンテンツの適正な製作取引の推進

総務省では、放送コンテンツ分野における製作環境の改善及び製作意欲の向上などを図る観点から、有識者などで構成される「放送コンテンツの適正な製作取引の推進に関する検証・検討会議」を開催し、同会議での議論などに基づき、「放送コンテンツの製作取引適正化に関するガイドライン」（第7版）（以下「ガイドライン」という。）を策定し、放送事業者及び番組製作会社に対して、

放送コンテンツの製作取引の適正化を促す取組を進めている。

　具体的には、放送コンテンツの製作取引の状況を把握するため、定期的にアンケート調査を実施するとともに、ガイドラインの遵守状況について放送事業者及び番組製作会社に対してヒアリングを行うなどの実態把握を進め、発覚した問題点について下請中小企業振興法（昭和45年法律第145号）第4条に基づく指導などを行うほか、ガイドラインの周知・啓発のための講習会を開催し、製作取引に関する個別具体的な問題について弁護士に無料で相談できる窓口「放送コンテンツ製作取引・法律相談ホットライン」を開設している。

## ❷ 放送コンテンツの海外展開

　動画配信サービスの伸張等によって国境を越えたコンテンツの流通が進んでおり、我が国でも海外のコンテンツの存在感が高まりつつある。このような状況の中、我が国のコンテンツ産業が発展していくためには、世界を視野に入れて質の高いコンテンツを制作し、海外展開を積極的に図ることで拡大する市場の成長を取り込んでいく必要がある。

　また、コンテンツの海外展開は、日本の魅力を海外に伝え、我が国の自然・文化への関心を高めることにつながり、訪日外国人観光客の増加や農林水産品・地場産品の販路拡大などの経済的な効果が見込まれるだけでなく、我が国に対するイメージ向上にも寄与し、ソフトパワーの強化が期待されるなど、外交的な観点からも極めて重要である。

　総務省では、放送コンテンツの海外展開を推進する「一般社団法人放送コンテンツ海外展開促進機構」（BEAJ（ビージェイ））や関係省庁・機関などとも連携しながら、日本の放送事業者等が地方自治体等と連携し、日本の地域の魅力を発信する放送コンテンツを制作して海外の放送局等を通じて発信する取組を継続的に支援している。また、2023年（令和5年）10月のMIPCOM（フランス・カンヌ）及びTIFFCOM（東京）、同年12月のATF（シンガポール）などのコンテンツ国際見本市においては、我が国のコンテンツを広く海外展開していく契機とするため、官民が連携してセミナーを開催するなどのPR活動を実施したところである。2023年度（令和5年度）からは、海外展開に積極的に取り組む放送事業者や制作会社等との連携の下、海外事業者に対して日本の放送コンテンツの情報を発信するオンライン共通基盤の構築を実施し、運用・改修を進めている。

　こうした取組等も含め、2025年度（令和7年度）までに海外売上高を1.5倍（対2020年度（令和2年度）比）に増加させることを目標に、コンテンツの海外展開を引き続き推進していく（**図表Ⅱ-2-4-1**）。

---

**図表Ⅱ-2-4-1**　放送コンテンツの海外展開の推進

**（1）放送コンテンツによる情報発信力の強化**

- 地域の魅力を伝える放送コンテンツを制作し、海外において発信する取組を支援

**（2）放送コンテンツの国際競争力の強化**

- 動画配信サービスの伸長等の環境の変化に対応する手法の習得支援等に係る調査や情報発信基盤の整備を実施

**放送コンテンツによる情報発信を通じた地域経済の活性化**
**日本のソフトパワーや情報発信力の強化**

**地域経済の活性化**
- 日本の各地域の魅力（自然、文化、農産品・地場産品等）への関心・需要の喚起　等

**ソフトパワーの強化**
- 日本文化・日本語の普及
- 国際的なイメージの向上　等

---

## ⑥ 視聴覚障害者等向け放送の普及促進

　視聴覚障害者等がテレビジョン放送を通じて円滑に情報を入手することを可能にするため、総務省は字幕放送、解説放送及び手話放送の普及目標を定める「放送分野における情報アクセシビリティに関する指針」を2018年（平成30年）2月に策定し、放送事業者の自主的な取組を促している。また、2022年（令和4年）11月から有識者、障害者団体、放送事業者等から構成される「視聴覚障害者等向け放送の充実に関する研究会」において、直近の字幕放送等の実績や技術動向等を踏まえ、この指針の見直しをはじめ、視聴覚障害者等向け放送の充実に関する施策について議論が行われ、2023年（令和5年）8月に報告書が取りまとめられた。当該報告書を基に、2023年（令和5年）10月に同指針を改定した。現在はこの指針に基づき、各放送事業者において取組が進められている。

　また、身体障害者の利便の増進に資する通信・放送身体障害者利用円滑化事業の推進に関する法律（平成5年法律第54号）に基づき、字幕番組、解説番組、手話番組等の制作費に対する助成を行っている。また、生放送番組への字幕付与には多くの人手とコストがかかることに加え、特殊な技能を有する人材等を必要とすることから、2020年度（令和2年度）からは、最先端のICTを活用したシステムを含む生放送番組への字幕付与に係る機器の整備費に対する助成も行っている。

## ⑦ 放送ネットワークの強靱化、耐災害性の強化

### ❶ ケーブルネットワーク等の光化

　総務省では、災害時に放送による確実かつ安定的な情報伝達の確保を図る観点からケーブルテレビネットワーク及び辺地共聴施設の光化等に対する支援として、2023年度（令和5年度）補正予算及び2024年度（令和6年度）当初予算において、「ケーブルテレビネットワーク光化等による耐災害性強化事業」を実施している（**図表Ⅱ-2-4-2**）。令和5年度補正予算より、新たに財政力指

第2章　総務省におけるICT政策の取組状況

数要件を緩和したほか、ケーブルテレビ事業者による共聴施設のサービスエリア化や共聴施設単独の光化、民間事業者等である「承継事業者」が市町村の所有する既に光化されているケーブルテレビネットワークの譲渡を受けて整備を行う場合について支援できるように措置を行っている。また、2024年（令和6年）1月に発生した能登半島地震により被害を受けたケーブルテレビの復旧について、災害復旧事業の補助率を引き上げるなどの支援を行っている。

**図表Ⅱ-2-4-2　ケーブルテレビネットワーク光化等による耐災害性強化事業**

事業イメージ

○事業主体
　市町村、市町村の連携主体又は第三セクター
　（これらの者から施設の譲渡を受ける等により、ケーブルテレビの
　業務提供に係る役割を継続して果たす者（承継事業者）を含む。）

○補助対象地域
　以下の①～③のいずれも満たす地域
　　①ケーブルテレビが地域防災計画に位置付けられている市町村
　　②条件不利地域
　　③財政力指数が0.8以下の市町村その他特に必要と認める地域

○補助率
　⑴市町村及び市町村の連携主体（承継事業者）：1/2
　　※財政力指数0.5超0.8以下の自治体は1/3
　　※光化された公設ネットワークの民設移行に伴う承継事業者による整備は1/3
　⑵第三セクター（承継事業者）：1/3

○補助対象経費（下図の赤点線部分）
　光ファイバケーブル、送受信設備、アンテナ　等
　※光化と同時に行う辺地共聴施設（同軸ケーブル）のケーブルテレビエリア化に必要な伝送路設備等を含む。

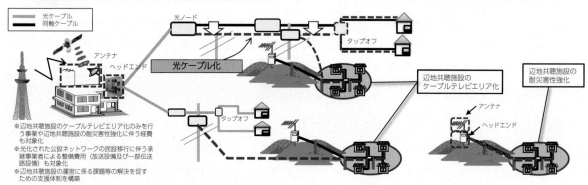

## ❷ 放送事業者などの取組の支援

　総務省では、放送ネットワークの強靱化に向けた放送事業者や地方自治体などの取組を支援するため、2024年度（令和6年度）当初予算において、「放送ネットワーク整備支援事業（地上基幹放送ネットワーク整備事業及び地域ケーブルテレビネットワーク整備事業）」（図表Ⅱ-2-4-3）や、「民放ラジオ難聴解消支援事業」及び「地上基幹放送等に関する耐災害性強化支援事業」を実施している。

**図表Ⅱ-2-4-3　放送ネットワーク整備支援事業**

● 放送ネットワーク整備支援事業は、被災情報や避難情報など、国民の生命・財産の確保に不可欠な情報を確実に提供するため、以下の整備費用の一部を補助することにより、<u>災害発生時に地域において重要な情報伝達手段となる放送ネットワークの強靱化</u>を実現するもの。
　① ラジオ・テレビの新規整備に係る予備送信所設備、災害対策補完送信所等、緊急地震速報設備等
　② ケーブルテレビ幹線の2ルート化等

補助率

- ■ 地方公共団体（※）：1／2
- ■ 第三セクター（※）、民間放送事業者等（①に限る）：1／3
　※②についてはこれらの者から施設の譲渡を受ける等により、ケーブルテレビの業務提供に係る役割を継続して果たす者（承継事業者）を含む。

事業名称・イメージ

**①地上基幹放送ネットワーク整備事業**

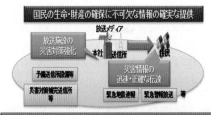

**②地域ケーブルテレビネットワーク整備事業**

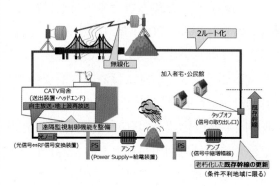

## 第5節　サイバーセキュリティ政策の動向

### ① 概要

### ❶ これまでの取組

　世界的規模で深刻化するサイバーセキュリティ上の脅威の増大を背景として制定された、我が国におけるサイバーセキュリティ政策の基本理念等を定めたサイバーセキュリティ基本法（平成26年法律第104号）により、2015年（平成27年）、内閣の下にサイバーセキュリティ戦略本部が設置された。それ以降、経済社会の変化やサイバーセキュリティ上の脅威の増大などの状況変化も踏まえつつ、諸施策の目標及び実施方針を定める「サイバーセキュリティ戦略」が3年ごとに累次決定されており、現在、2021年（令和3年）9月に閣議決定された「サイバーセキュリティ戦略[*1]」に基づきサイバーセキュリティ政策が推進されてきている。

　また、重要インフラ防護に係る基本的な枠組を定めた「重要インフラのサイバーセキュリティに係る行動計画[*2]」（2022年（令和4年）6月サイバーセキュリティ戦略本部決定。2024年（令和6年）3月同本部改定。）において、情報通信分野（電気通信、放送及びケーブルテレビ）は、その機能が停止、又は利用不可能となった場合に国民生活・社会経済活動に多大なる影響を及ぼしかねないものとして重要インフラ15分野の一つに指定されている。重要インフラ所管省庁として、総務省において、引き続き情報通信ネットワークの安全性・信頼性の確保に向けた取組を推進することが必要とされている。

　さらに、2022年（令和4年）12月に閣議決定された国家安全保障戦略においては、「国や重要インフラ等の安全等を確保するために、サイバー安全保障分野での対応能力を欧米主要国と同等以上に向上させる」ことが掲げられており、同戦略に基づく取組の実現に向けた検討が政府全体で進められている。

　総務省では、2017年（平成29年）から、セキュリティ分野の有識者で構成される「サイバーセキュリティタスクフォース」を開催し、これまで、様々な状況変化や東京オリンピック・パラリンピック競技大会、新型コロナウイルス感染症への対応等も踏まえつつ、総務省として取り組むべき課題や施策を累次取りまとめてきた。直近では、IoT機器を狙ったサイバー攻撃が多く発生している状況等に対応するため、2023年（令和5年）1月から同タスクフォースの下で開催した「情報通信ネットワークにおけるサイバーセキュリティ対策分科会」での議論も踏まえ、総合的なIoTボットネット対策の推進をはじめとした情報通信ネットワークの安全性・信頼性の確保やサイバー攻撃への自律的な対処能力の向上に向けた対策等を盛り込んだ「ICTサイバーセキュリティ総合対策2023[*3]」を2023年（令和5年）8月に策定した。また、生成AIなどの新たな技術・サービスの急速な普及やサプライチェーンの多様化・複雑化などにより、今後ますます大きく変化していくサイバーセキュリティを巡る環境の変化を見込み、2024年（令和6年）2月からは、「ICTサイバーセキュリティ政策分科会」を開催し、総務省が中長期的に取り組むべきサイバーセキュリティ施策の方向性について検討を行っている。

---

*1　サイバーセキュリティ戦略：https://www.nisc.go.jp/active/kihon/pdf/cs-senryaku2021.pdf
*2　重要インフラのサイバーセキュリティに係る行動計画：https://www.nisc.go.jp/pdf/policy/infra/cip_policy_2024.pdf
*3　ICTサイバーセキュリティ総合対策2023：https://www.soumu.go.jp/main_content/000895981.pdf

## ❷ 今後の課題と方向性

　社会全体のデジタル・トランスフォーメーション（DX）の推進により、サイバー空間は誰もが日常的に利用するようになってきている一方で、フィッシング詐欺やランサムウェア被害の報告件数が年々深刻化するなど、サイバー空間を取り巻くリスクは時代や環境とともに変化してきている。

　特に、近年、サイバー空間は、厳しい安全保障環境や地政学的緊張も反映しつつ国家間の争いの場となっており、各国では政府機関や重要インフラを狙ったサイバー攻撃が多く発生しているほか、我が国でも港湾や医療機関、政府機関等を狙った深刻なサイバー事案が発生している状況にある。さらに、生成AI等の新しい技術が登場し、利便性が増す一方で、それらの悪用によるリスクの拡大も指摘されている。

　サイバー空間が公共空間化する中で、これらの情勢変化を認識しつつ、その基盤となるIoTや5Gを含むICT（情報通信技術）を国民一人ひとりが安心して活用できるよう、サイバーセキュリティを確保することがますます重要になっている。

　これらを踏まえ、以下で述べるとおり、情報通信ネットワークの安全性・信頼性の確保、サイバー攻撃への自律的な対処能力の向上、国際連携の推進、普及啓発の推進を行う必要がある。

## ② 情報通信ネットワークの安全性・信頼性の確保

### ❶ 総合的なIoTボットネット対策の推進

　サイバー空間を支える情報通信ネットワークの安全性・信頼性を確保する上で、DDoS攻撃のように情報通信ネットワークの機能に支障を生じさせるような大規模サイバー攻撃による影響も懸念される。大規模サイバー攻撃の典型例であるDDoS攻撃では、①多数のIoT機器にマルウェアを感染させ攻撃者の支配下に置く段階（攻撃インフラの拡大）と、②これらの攻撃インフラを利用しネットワークを通じた攻撃を実行する段階の2つの段階が存在する。実際に、IoT機器の数の増加や機能向上に伴い、IoT機器を悪用したサイバー攻撃も件数・規模は増加傾向にあり、NICTが運用するサイバー攻撃観測網（NICTER）が2023年（令和5年）に観測したサイバー攻撃関連通信についても、依然としてIoT機器（特にDVR/NVR）を狙ったものが最も多かったという結果が示されている。

　こうした大規模なサイバー攻撃に対応していくためには、攻撃インフラの拡大を防ぐ端末側（IoT機器）の対策、攻撃インフラに対して指令を出すC&C（Command and Control）サーバに対処するネットワーク側の対策の双方から、総合的なIoTボットネット対策を推進することが必要となる。

　端末側の対策としては、総務省及びNICTにおいて、インターネット・サービス・プロバイダ（ISP）と連携し、2019年（平成31年）2月から「NOTICE（National Operation Towards IoT Clean Environment）」と呼ばれる取組を実施してきた。この取組では、国立研究開発法人情報通信研究機構法（以下「NICT法」という。）に基づき、令和5年度までのNICTの時限的な業務として、インターネット上のIoT機器に対して、「password」や「123456」等の容易に推測されるパスワードを設定している機器やマルウェア感染を原因とする通信をおこなっている機器を調査し、これらがサイバー攻撃に悪用されないよう、機器の利用者への注意喚起等の対処を推進し、一定の成果をあげている。

　しかしながら、最近では、IoT機器のソフトウェアの脆弱性を狙ったサイバー攻撃も増加している等、IoT機器を悪用したサイバー攻撃のリスクは引き続き高い状況にあり、依然としてIoT機器を悪用したサイバー攻撃が発生している。これを踏まえ、2023年（令和5年）の第212回国会（臨時国会）において、NICT法の改正を行い、ID・パスワードの設定に脆弱性があるIoT機器の調査を2024年度（令和6年度）以降も継続して実施するとともに、新たにソフトウェア等の脆弱性を有するIoT機器やすでにマルウェアに感染しているIoT機器にも調査対象を拡充した。また、これまでのIoT機器管理者への注意喚起に加え、メーカーやシステムベンダーなどと連携したIoT機器のセキュリティ対策の推進や、動画配信やネット広告などを活用したIoT機器のセキュリティ対策の意識啓発も行うことで、総合的な対処を推進することとしている。

　また、ネットワーク側の対策としては、2022年度（令和4年度）から、電気通信事業者において通信トラヒックに係るフロー情報（IPアドレス、ポート番号、タイムスタンプ等）を分析し、サイバー攻撃の指令元であるC&Cサーバを検知する技術の有効性の検証や、検知したC&Cサーバリストの事業者間の情報共有や利活用の在り方の検討などを実施している。これまでの取組の成果として、一定数のC&Cサーバの検知に成功するなど、フロー情報分析の有効性は確認されており、2024年度（令和6年度）からは、フロー情報分析を行う電気通信事業者の拡大、検知されたC&Cサーバに対する能動的分析の実施等により、更なる検知精度の向上に取り組んでいく。

**関連データ**　動画配信を活用したIoTセキュリティ対策の意識啓発
URL：https://www.soumu.go.jp/johotsusintokei/whitepaper/ja/r06/html/datashu.html#f00399
（データ集）

## ❷ 電気通信事業者による積極的サイバーセキュリティ対策の推進

　IoT機器のセキュリティ対策をより実効的なものにするためには、前述の総合的なIoTボットネット対策に加え、通信トラヒックが通過するネットワーク側におけるより機動的な対処を行う環境整備が必要と考えられる[*4]。

　2023年度（令和5年度）は、2022年度（令和4年度）に引き続き、大規模化・巧妙化・複雑化するサイバー攻撃に電気通信事業者がより効率的・積極的に対処できるようにするためのサイバーセキュリティ対策に関する総合実証を実施した。「フィッシングサイト等の悪性Webサイトの検知技術・共有手法の実証」においては、Webサービス提供者向けのフィッシング対応実務リファレンスを作成するとともに一般国民向けの普及啓発を実施した。「ネットワークセキュリティ対策手法の導入に係る実証」においては、国際的にも実装が進みつつあるにも関わらず、我が国では普及が進んでいないRPKI[*5]、DNSSEC[*6]、DMARC[*7]等のネットワークセキュリティ技術について、技術実証等を通じて得られた知見を踏まえて導入・運用に係るガイドライン案を作成[*8]し、2024

---

[*4]　2021年（令和3年）に策定した「ICTサイバーセキュリティ総合対策2021」では、「サイバー攻撃に対する電気通信事業者の積極的な対策の実現」として、「インターネット上でISPが管理する情報通信ネットワークにおいても高度かつ機動的な対処を実現するための方策の検討が必要」としている。https://www.soumu.go.jp/menu_news/s-news/02cyber01_04000001_00192.html

[*5]　Resource Public-Key Infrastructureの略。自律ネットワークのIPアドレスやAS番号を電子証明書で検証し、通信経路の乗っ取り等を防止する技術。

[*6]　DNS Security Extensionsの略。ドメインネームとIPアドレスの紐付けを電子証明書で検証し、サーバのなりすまし等を防止する技術。

[*7]　Domain-based Message Authentication Reporting and Conformanceの略。電子メールの送信元ドメインの正しさを検証し、なりすまし等の場合は自動的に処理する技術。

[*8]　第5回ICTサイバーセキュリティ政策分科会参考資料2～4（①RPKIのROAを使ったインターネットにおける不正経路への対策ガイドライン案、②DNSSECによるDNS応答の認証技術ガイドライン案、③電子メールのなりすまし対策、迷惑メール対策技術であるDMARC等（SPF、DKIMを含む）のメール認証技術ガイドライン案）https://www.soumu.go.jp/main_sosiki/kenkyu/cybersecurity_taskforce/02cyber01_04000001_00286.html

年度（令和6年度）においても継続的に普及促進に向けた取組を推進している。

### ❸ サプライチェーンリスク対策に関する取組

　総務省では、2019年度（平成31年度）から2021年度（令和3年度）にかけて仮想化基盤・管理系を含む5Gネットワーク全体を考慮した技術的検証を行い、2022年（令和4年）4月、オペレータが留意すべきセキュリティ課題やその対策を整理した「5Gセキュリティガイドライン第1版[*9]」を公表した。同ガイドラインは、2022年（令和4年）9月、ITU-T SG17において標準化のための新規作業項目として承認され、現在、専門機関と連携して国際標準化に向けた取組を推進している。

　また、通信分野においては、システムに求められる機能の高度化、多様化に伴いシステムの構成が複雑化しており、多様な商用ソフトウェアやオープンソースソフトウェア（OSS）[*10]がソフトウェア部品として利用されるようになっている。このようなソフトウェア・サプライチェーンの変化に伴い、ソフトウェア部品への悪意のあるコードの混入やソフトウェア部品の脆弱性を標的としたサイバー攻撃が発生しているが、システム内のソフトウェア部品の構成を把握できていない場合、攻撃に対して迅速に対応することが困難となる。

　このような状況を踏まえ、総務省では、SBOM[*11]を活用したソフトウェア・サプライチェーンの把握によるサイバーセキュリティの強化に資するように、2023年度（令和5年度）から、通信分野におけるSBOMの導入に向けた実証事業を実施している。

　さらに、2023年度（令和5年度）からは、スマートフォンが広く普及している一方で、スマートフォンアプリがユーザーの意図に反してユーザー情報を送信しているのではないかなどの懸念が生じた場合にその実態を確認する手法が限られている現状を踏まえ、第三者によるアプリの技術的解析等を通じたアプリ挙動の実態把握に係る実証事業を実施している。

### ❹ クラウドサービスの安全性確保に関する取組
#### ア　政府情報システムにおけるクラウドサービスの安全性評価

　政府では、クラウド・バイ・デフォルト原則の下、クラウドサービスの安全性評価について、「クラウドサービスの安全性評価に関する検討会」で検討を行い、「政府情報システムにおけるクラウドサービスのセキュリティ評価制度の基本的枠組みについて」（令和2年1月30日サイバーセキュリティ戦略本部決定）で、制度の①基本的枠組、②各政府機関等における利用の考え方、③所管と運用体制が決定された。

　基本的枠組を受け、2020年（令和2年）6月、有識者と制度所管省庁（内閣サイバーセキュリティセンター・デジタル庁・総務省・経済産業省）を構成員とするISMAP運営委員会で決定した各種規程等に基づき、「政府情報システムのためのセキュリティ評価制度」（英語名：Information system Security Management and Assessment Program（ISMAP））が立ち上げられた。2021年（令和3年）3月から、この制度で定められた基準に基づいたセキュリティ対策を実施していることが確認されたクラウドサービスの登録が始まり、2024年（令和6年）5月1日現在、合計68サービスがISMAPクラウドサービスリスト[*12]として公開されている。

---

＊9　5Gセキュリティガイドライン第1版：https://www.soumu.go.jp/main_content/000812253.pdf
＊10　ソースコードが無償で公開され、誰でも利用や改良、再配布が可能なソフトウェア。
＊11　Software Bill of Materials. ソフトウェア部品構成表。
＊12　ISMAPクラウドサービスリスト：https://www.ismap.go.jp/csm?id=cloud_service_list

第2章　総務省におけるICT政策の取組状況

　2022年（令和4年）11月には、主に機密性2情報を扱うSaaSのうち、セキュリティ上のリスクの小さな業務・情報の処理に用いるものに対する仕組として、ISMAP for Low-Impact Use（通称：ISMAP-LIU）の運用を開始した。ISMAP-LIUは、SaaSのうち用途や機能が極めて限定的なサービスや、比較的重要度が低い情報のみを取り扱うサービスについて、監査全体として現行ISMAPよりも緩やかな設計とした仕組みである。

　また、ISMAPの信頼性・安定性の保持を前提としつつ、制度運用を合理化・明確化するため、2022年（令和4年）10月より「ISMAP制度改善の取組み」を継続して実施している。その一環として、2023年（令和5年）10月より、「外部監査の負担軽減」や「審査の迅速化・効率化」などについて改善した枠組みによる本格運用を開始した。今後も制度改善の取組等を通じてクラウド・バイ・デフォルトの更なる拡大を推進していく。

### イ　クラウドセキュリティに関するガイドラインの策定

　総務省では、安全・安心なクラウドサービスの利活用推進のための取組として、クラウドサービス事業者における情報セキュリティ対策を取りまとめた「クラウドサービス提供における情報セキュリティ対策ガイドライン」を策定しており、2021年（令和3年）9月には、クラウドサービスの提供・利用実態等を踏まえた改定版（第3版）を公表している。また、昨今では、クラウドサービス利用者が適切にクラウドサービスを利用できていないことに起因し、結果的に情報流出のおそれに至る事案も発生していることから、利用者の適切なクラウドサービスの利用促進について、提供者・利用者を含む幅広い主体で検討した上で、2022年（令和4年）10月、「クラウドサービス利用・提供における適切な設定のためのガイドライン」として策定し、2024年（令和6年）4月には、クラウドサービス利用者向けに、ガイドラインの内容をわかりやすく解説するための「クラウドの設定ミス対策ガイドブック」を公表した。

## ❺ トラストサービスに関する取組

　Society5.0においては、実空間とサイバー空間が高度に融合することから、実空間における様々なやりとりをサイバー空間においても円滑に実現することが求められる。その実現のためには、データを安全・安心に流通できる基盤の構築が不可欠であり、データの改ざんや送信元のなりすまし等を防止する仕組であるトラストサービス（**図表Ⅱ-2-5-1**）の重要性が高まっている。

　政府全体としては、デジタル社会推進会議令（令和3年政令第193号）に基づく「データ戦略推進ワーキンググループ」の下で、官民の様々な手続や取引についてデジタル化のニーズや必要なアシュアランスレベルの検討を行う「トラストを確保したDX推進サブワーキンググループ」が2021年（令和3年）11月に立ち上げられ、2022年（令和4年）7月に「トラストを確保したDX推進サブワーキンググループ報告書[13]」を公表した。

　総務省においては、「デジタル社会の実現に向けた重点計画」（2023年（令和5年）6月9日閣議決定）[14]を踏まえ、タイムスタンプの的確な制度運用とeシールの民間サービスの信頼性を評価する基準策定及び適合性評価の実現に向けた検討等を進めている。

---

[13] トラストを確保したDX推進サブワーキンググループ報告書：https://www.digital.go.jp/councils/trust-dx-sub-wg/
[14] デジタル社会の実現に向けた重点計画：https://www.digital.go.jp/assets/contents/node/basic_page/field_ref_resources/5ecac8cc-50f1-4168-b989-2bcaabffe870/b24ac613/20230609_policies_priority_outline_05.pdf

## ア　国によるタイムスタンプ認定制度の整備

　タイムスタンプについては、2020年（令和2年）3月に立ち上げた「タイムスタンプ認定制度に関する検討会」で更なる検討を行い、2021年（令和3年）4月に、時刻認証業務の認定に関する規程（令和3年総務省告示第146号）を制定し、国（総務大臣）による認定制度を整備した。さらに、2022年度（令和4年度）の税制改正により、税務関係書類に係るスキャナ保存制度等について、民間（一般財団法人日本データ通信協会）による認定制度に基づくタイムスタンプに代わり、国による認定制度に基づくタイムスタンプを位置付けることとされた。その後、2023年（令和5年）2月、初めての国による時刻認証業務の認定を行った。今後も引き続き、国による認定制度を適切かつ確実に運用するとともに、タイムスタンプの利用の一層の拡大に向け、必要な取組を行う。

## イ　eシールの制度化に向けた取組

　eシールについては、2020年（令和2年）4月に立ち上げた「組織が発行するデータの信頼性を確保する制度に関する検討会」において、我が国におけるeシールの在り方などについて検討を行い、2021年（令和3年）6月に、我が国におけるeシールに係る技術や運用等に関する一定の基準を示した「eシールに係る指針」を策定した。さらに、2023年（令和5年）9月に「eシールに係る検討会」を立ち上げ、eシールの民間サービスの信頼性を評価する基準策定及び適合性評価の実現に向けた検討を行い、2024年（令和6年）4月に検討会の最終取りまとめ[15]とともに、「eシールに係る指針（第2版）[16]」を公表した。これらの検討結果を踏まえながら、国によるeシールに係る認定制度の運用開始に向けた取組を行う。

### 図表Ⅱ-2-5-1　トラストサービスのイメージ

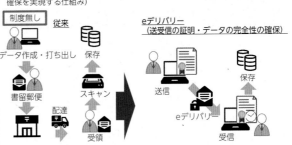

---

*15 eシールに係る検討会　最終取りまとめ：https://www.soumu.go.jp/main_content/000942601.pdf
*16 eシールに係る指針（第2版）：https://www.soumu.go.jp/main_content/000942602.pdf

## ③ サイバー攻撃への自律的な対処能力の向上

### ❶ セキュリティ人材の育成に関する取組

　サイバー攻撃が巧妙化・複雑化している一方で、我が国のサイバーセキュリティ人材は質的にも量的にも不足しており、その育成は喫緊の課題である。このため、総務省では、NICTの「ナショナルサイバートレーニングセンター」を通じて、サイバーセキュリティ人材育成の取組（CYDER、CIDLE及びSecHack365）を積極的に推進している。

#### ア　情報システム担当者等を対象とした実践的サイバー防御演習（CYDER）

　CYDERは、国の機関、地方公共団体、独立行政法人及び重要インフラ事業者などの情報システム担当者等を対象とした実践的サイバー防御演習である。受講者は、チーム単位で演習に参加し、組織のネットワーク環境を模した大規模仮想LAN環境下で、実機の操作を伴って、インシデントの検知から対応、報告、回復まで、サイバー攻撃への一連の対処方法を体験する（**図表Ⅱ-2-5-2**）。

　2023年度（令和5年度）は、従来から実施している初級・中級・準上級の集合演習コース及びオンライン入門コースに加え、サイバー攻撃の仕組みやトレンド、インシデントハンドリングの基礎を学べる「プレCYDER」を試行実施した（**図表Ⅱ-2-5-3**）。

　CYDER集合演習の受講者は、2023年度（令和5年度）は3,742人で、2017年度（平成29年度）からの合計で2万人超となった。

**図表Ⅱ-2-5-2**　実践的サイバー防御演習（CYDER：CYber Defense Exercise with Recurrence）

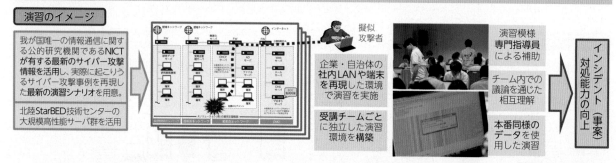

**図表Ⅱ-2-5-3**　2023年度CYDER実施状況

| コース名 | 演習方法 | レベル | 受講想定者（習得内容） | 受講想定組織 | 開催地 | 開催回数 | 実施時期 |
|---|---|---|---|---|---|---|---|
| A | 集合演習 | 初級 | システムに携わり始めた者（事案発生時の対応の流れ） | 全組織共通 | 47都道府県 | 68回 | 7月～翌年1月 |
| B-1 | 集合演習 | 中級 | システム管理者・運用者（主体的な事案対応・セキュリティ管理） | 地方公共団体 | 全国11地域 | 21回 | 10月～翌年1月 |
| B-2 |  | 中級 |  | 地方公共団体以外 | 東京・大阪・名古屋 | 13回 | 翌年1月 |
| C |  | 準上級 | セキュリティ専門担当者（高度なセキュリティ技術） | 全組織共通 | 東京 | 4回 | 11月～翌年1月 |
| オンライン入門 | オンライン演習 | 入門 | システムに携わり始めた者（事案発生時の対応の流れ） | 全組織共通 | （受講者職場等） | 随時 | 5月～7月 |
| プレCYDER |  | ― | システムに携わり始めたばかりの者（前提知識、基礎的な事項） | 国の機関等、地方公共団体 |  |  | 12月～翌年1月 |

#### イ　万博向けサイバー防御講習（CIDLE）

　CIDLEは、2025年日本国際博覧会（大阪・関西万博）に向けて万全のセキュリティ体制を確保することを目的とした、大阪・関西万博関連組織の情報システム担当者等対象のサイバー防御講習

である。東京2020オリンピック・パラリンピック競技大会のレガシーを活用し、2023年度（令和5年度）から講義・演習プログラムを提供している。

### ウ　若手セキュリティ人材の育成プログラム（SecHack365）

SecHack365は、日本国内に居住する25歳以下の若手ICT人材を対象として、新たなセキュリティ対処技術を生み出しうる最先端のセキュリティ人材（セキュリティイノベーター）を育成するプログラムである。NICTの持つ実際のサイバー攻撃関連データを活用しつつ、第一線で活躍する研究者・技術者が、セキュリティ技術の研究・開発などを1年かけて継続的かつ本格的に指導する。2023年度（令和5年度）は38名が修了し、2017年度（平成29年度）からの合計で289名が修了している。

### ❷ サイバーセキュリティ統合知的・人材育成基盤の構築（CYNEX）

我が国のセキュリティ事業者は、海外のセキュリティ製品を導入・運用する形態が主流である。このため、我が国のサイバーセキュリティ対策は、海外製品や海外由来の情報に大きく依存しており、国内のサイバー攻撃情報などの収集・分析などが十分にできていない。また、海外のセキュリティ製品を使用することで、国内のデータが海外事業者に流れ、我が国のセキュリティ関連の情報が海外で分析される一方で、分析の結果として得られる脅威情報を海外事業者から購入する状況が継続している。

その結果、国内のセキュリティ事業者では、コア部分のノウハウや知見の蓄積ができず、また、グローバルレベルの情報共有における貢献や国際的に通用するエンジニアの育成を効果的に実施することが難しくなっている。利用者側企業でも、セキュリティ製品やセキュリティ情報を適切に取り扱える人材が不足している。サイバーセキュリティ人材の育成を含めて我が国のサイバー攻撃への自律的な対処能力を高めるためには、国内でのサイバーセキュリティ情報生成や人材育成を加速するエコシステムの構築が必要である。

総務省では、サイバーセキュリティに関する国内トップレベルの研究開発を実施しているNICTと連携し、NICTが培ってきた技術・ノウハウを中核として、サイバーセキュリティに関する産学官の巨大な結節点となる先端的基盤「サイバーセキュリティ統合知的・人材育成基盤」の構築・運用を行うことで、我が国のサイバーセキュリティ対応能力を向上させる取組であるCYNEXを推進している。2023年（令和5年）10月には、CYNEXに参画する産学官の組織で構成する「CYNEXアライアンス」を発足させ、CYNEXの本格展開を開始した。2024年度（令和6年度）も引き続き、民間企業や教育機関等との連携を拡大しながら、我が国のサイバーセキュリティ情報を幅広く収集・分析し、更にその情報を活用して国産セキュリティ製品の開発を推進するとともに、高度なセキュリティ人材の育成や民間企業・教育機関等での人材育成支援を行うことで、我が国におけるサイバーセキュリティ対応能力のより一層の強化を目指す。

● **関連データ**　サイバーセキュリティ統合知的・人材育成基盤の構築（CYNEX）
URL：https://www.soumu.go.jp/johotsusintokei/whitepaper/ja/r06/html/datashu.html#f00403
（データ集）

また2023年度（令和5年度）より、「政府端末情報を活用したサイバーセキュリティ情報の収集・分析に係る実証事業（CYXROSS）」について、一部の府省庁に安全性・透明性を検証可能な

センサーを導入し、得られたサイバーセキュリティ情報をNICTのCYNEXへ集約し分析することで、我が国のセキュリティ対策を強化する取組を開始した。2024年度（令和6年度）は、引き続きサイバーセキュリティ情報の集約・分析を拡充するとともに、センサー導入府省庁を拡大することで、我が国独自のサイバー攻撃分析能力を強化する。

**関連データ** 政府端末情報を活用したサイバーセキュリティ情報の収集・分析に係る実証事業（CYXROSS）
URL：https://www.soumu.go.jp/johotsusintokei/whitepaper/ja/r06/html/datashu.html#f00404
（データ集）

## ④ 国際連携の推進

　サイバー空間はグローバルな広がりをもつことから、サイバーセキュリティの確立のためには諸外国との連携が不可欠である。このため、総務省では、サイバーセキュリティに関する国際的合意形成への寄与を目的として、各種国際会議やサイバー協議などでの議論や情報発信・情報収集を積極的に実施している。

　また、世界全体のサイバーセキュリティのリスクを減らすためには、開発途上国に対するサイバーセキュリティ分野における能力構築支援の取組も重要である。総務省では、ASEAN地域において、日ASEANサイバーセキュリティ能力構築センター（AJCCBC：ASEAN Japan Cybersecurity Capacity Building Centre）を通じた人材育成プロジェクトを推進するなど、ASEAN地域を中心に、サイバーセキュリティ能力の向上に資する取組を行っている[17]。2023年度（令和5年度）には、AJCCBCの活動で培ったノウハウ等を活用して、大洋州の島しょ国向けに新たに能力構築支援の試行的な演習を実施するなど、能力構築支援の活動地域の拡大を図っている。

　加えて、通信事業者などによる民間レベルでの国際的なサイバーセキュリティに関する情報共有を推進するために、ASEAN各国のISPが参加するワークショップ、日米・日EU間でのISAC（Information Sharing and Analysis Center）との意見交換会などを開催している。

## ⑤ 普及啓発の推進

### ❶ テレワークのセキュリティに関する取組

　テレワーク導入企業に対して実施したアンケート[18]では、セキュリティ確保がテレワーク導入に当たっての最大の課題とされており、総務省では、こうしたセキュリティ上の不安を払拭し、企業が安心してテレワークを導入・活用できるようにするため、2004年（平成16年）から「テレワークセキュリティガイドライン」を策定・公表している。

　新型コロナウイルス感染症の感染拡大を契機として広がり、働き方改革の中心にも据えられているテレワークについて、クラウド活用の進展やサイバー攻撃の高度化などセキュリティ動向の変化を踏まえ、2021年（令和3年）5月に、実施すべきセキュリティ対策や具体的なトラブル事例などを全面的に見直すガイドラインの改定を行った。

---

[17] 日ASEANサイバーセキュリティ能力構築センターでの取組については、第Ⅱ部第2章第8節「ICT国際戦略の推進」も参照
[18] テレワークセキュリティに係る実態調査：https://www.soumu.go.jp/main_sosiki/cybersecurity/telework/

併せて、中小企業などではセキュリティの専任担当がいない場合や、セキュリティ対策の担当者が専門的な仕組を理解していない場合も想定されるため、最低限のセキュリティを確実に確保することに焦点を絞った「中小企業など担当者向けテレワークセキュリティの手引き（チェックリスト）」を2020年（令和2年）から策定・公表している。2022年（令和4年）5月に、ユニバーサルデザインを意識して読みやすいデザイン・文言となるようチェックリストの改定を行うとともに、従業員が実際に活用可能な「従業員向けハンドブック」等を付録として新たに作成した。また、チェックリストに従ってセキュリティ対策を実施するにあたり、テレワークで使用される製品をどのように設定すべきか解説した「設定解説資料」も公表。2023年（令和5年）10月には「設定解説資料」の対象製品を拡充するとともに公開済みの製品についても内容の更新を行った。

### ❷ 地域に根付いたセキュリティコミュニティ（地域SECUNITY）の形成促進

我が国の安全・安心なサイバー空間の確保の観点からは、地域におけるサイバーセキュリティの確保も重要な課題である。他方、地域の企業や地方自治体では、首都圏や全国規模で展開する企業と比較してサイバーセキュリティに関する情報格差が存在するほか、人材等の経営リソースの不足などの理由により、単独で十分なセキュリティ対策を取ることが難しかったり、セキュリティ対策の必要性を認識するに至らなかったりするおそれがある。

総務省では、地域における関係者間での「共助」の関係を基本としたセキュリティ分野におけるコミュニティ（「地域SECUNITY」）の形成を促進しており、2022年度（令和4年度）までに、総合通信局等の管区を基準とした全11地域での設立を完了した。2023年度（令和5年度）にはセミナー等16件、インシデント対応演習10件、若年層向けCTF（Capture The Flag）7件を実施した他、大規模な地域横断的なイベントも開催した。地域SECUNITYの取組拡大に向けて、2024年度（令和6年度）も引き続き、イベント開催などの支援を実施していく[19]。

**関連データ**　各地域におけるセキュリティコミュニティ
URL：https://www.soumu.go.jp/johotsusintokei/whitepaper/ja/r06/html/datashu.html#f00405
（データ集）

### ❸ サイバー攻撃被害に係る情報の共有・公表の適切な推進

サイバー攻撃の脅威が高まる中、サイバー攻撃の被害を受けた組織がサイバーセキュリティ関係組織と被害に係る情報を共有・公表することは、攻撃の全容解明や対策強化を図る上で、被害組織・社会全体の双方にとって有益である一方、自組織に対する評判等の懸念から、被害組織は、情報の共有・公表に慎重であるケースが多い。

そこで、2022年（令和4年）4月、官民の多様な主体が連携する協議体である「サイバーセキュリティ協議会」の運営委員会の下に「サイバー攻撃被害に係る情報の共有・公表ガイダンス検討会」を開催し、サイバー攻撃被害を受けた組織において実務上の参考となる「サイバー攻撃被害に係る情報の共有・公表ガイダンス」2023年（令和5年）3月に取りまとめ、公表した[20]。

今後、関係省庁が連携して同ガイダンスの普及啓発に努めるとともに、サイバー攻撃の被害を受

---

[19] 最新のイベントの詳細等は以下のURLに掲載している
https://www.soumu.go.jp/main_sosiki/cybersecurity/localsecurity/index.html
[20] サイバー攻撃被害に係る情報の共有・公表ガイダンス（令和5年3月8日策定）：
https://www.soumu.go.jp/menu_news/s-news/01cyber01_02000001_00160.html

けた組織が同ガイダンスを活用した際のフィードバック等を踏まえ、同ガイダンスの改定の必要性等について検討していく。

### ❹ 無線LANセキュリティに関する取組

　無線LANは、自宅や職場での利用に加え、街なかの公衆無線LANサービスなど幅広く利用が進んでいるが、適切なセキュリティ対策をとらなければ、無線LAN機器を踏み台とした攻撃や情報窃取などが行われるおそれがある。このため、総務省では、無線LANのセキュリティ対策に関して、利用者・提供者のそれぞれに向けたガイドラインを策定している[21]。

　2024年（令和6年）3月には、無線LANの利用者に向けた「Wi-Fi利用者向け 簡易マニュアル」の内容について更新を行うとともに細分化し、「公衆Wi-Fi利用者向け 簡易マニュアル」と、自宅に無線LANを設置する者に向けた「自宅Wi-Fi利用者向け 簡易マニュアル」に分けた。これにより、利用者が無線LANを使う状況に応じて適切な内容を確認できるようになった。

　飲食店や小売店をはじめとする幅広い無線LANの提供者に向けた「Wi-Fi提供者向け セキュリティ対策の手引き」についても、記載内容の更新を行い、2024年（令和6年）3月に更新版を公開した。

　また、無線LANのセキュリティ対策に関する周知啓発を目的として、サイバーセキュリティ月間（2/1～3/18）に合わせて、無線LANに関する最新のセキュリティ対策等を学ぶことが出来る無料のオンライン講座を、毎年度開講している。2023年度（令和5年度）は、2024年（令和6年）3月1日から同年3月24日までオンライン講座「今すぐ学ぼう Wi-Fiセキュリティ対策」を開講した。

---

*21 無線LAN（Wi-Fi）のセキュリティに関するガイドライン：https://www.soumu.go.jp/main_sosiki/cybersecurity/wi-fi/index.html

## 第6節　ICT利活用の推進

 **概要**

### ❶ これまでの取組

　2000年（平成12年）に情報通信技術戦略本部が設置され、高度情報通信ネットワーク社会形成基本法（平成12年法律第144号）[*1]が制定されて以降、我が国では、e-Japan戦略やデジタル田園都市国家構想総合戦略など様々な国家戦略を掲げ、ICTの利活用を推進してきた。これらの方針を踏まえ、総務省では、少子高齢化とそれに伴う労働力の不足、医療・介護費の増大、自然災害の激甚化など、我が国が抱える社会・経済問題やデジタル空間の進展に伴う新たな課題等の解決に向け、地域社会のDX化や新たな情報通信技術、データ流通による社会活性化、情報の利用環境など様々な分野におけるICTの利活用を推進してきた。

### ❷ 今後の課題と方向性

　我が国は、少子高齢化による労働人口の減少や国内市場も縮小が見込まれるなど、厳しい経済環境である。また、災害の激甚・頻発化への対処や、50年以上経過する公共インフラの老朽化対応など、課題が山積している。

　また、スマートフォンの普及等をはじめとして社会のデジタル化が進展し、ネットワークの高度化等も背景に、国民生活や経済活動における情報通信の果たす役割が増大していることもあり、デジタルは、地域社会の生産性や利便性を飛躍的に高め、産業や生活の質を大きく向上させ、地域の魅力を高める力を持っている。さらには、SNSや検索などのプラットフォーマーが提供するサービスは生活の利便性向上に貢献している。

　一方、インターネット上で流通する情報には、誹謗中傷や偽・誤情報も含まれるといった問題も顕在化している。さらに、生成AIやメタバースといった新たな情報通信技術の登場により、デジタル空間が大きく変容している。

　そして、政府としても「デジタル田園都市国家構想」の旗を掲げ、デジタルインフラを急速に整備し、官民双方で地方におけるデジタルトランスフォーメーション（DX）を積極的に推進することとしている。

　こうした課題やデジタルの持つ力を踏まえると、地方が直面する社会課題の解決の切り札としてのデジタル実装を推進することにより、地域社会及び経済の活性化に貢献し、さらには偽・誤情報の流通や生成AIやメタバースの普及といった、デジタル空間の進展に伴う新たな課題に対して総合的な取組を推進することが重要である。

　また、日本社会全体の活性化や我が国が抱える課題の解決に向けて、データ等を活用した様々なデジタルサービスの恩恵を誰もが享受できる社会の実現を推進するとともに、利用者が安全・安心に情報を利活用出来る環境の整備などを推進することが重要である。

---

*1　同法は、デジタル社会形成基本法（令和3年法律第35号）により廃止された。

## ② 地域社会・経済の活性化に資するDX化の推進

### ❶ 活力ある地域社会の実現に向けた検討

　総務省では、「デジタル田園都市国家構想」や「デジタル行財政改革」に資する取組を実施してきた。一方で必ずしも、各種取組が地域課題の解決に結びついていない、という指摘がある。

　このような背景のもと、総務省では、地域住民の生活の質を向上させ、活力ある多様な地域社会を実現するために必要な情報通信基盤とその利活用に関する政策の方向性を検討するため、2023年（令和5年）12月から「活力ある地域社会の実現に向けた情報通信基盤と利活用の在り方に関する懇談会」[*2] を開催している。本懇談会では、地域におけるエンド・ツー・エンドを含めた通信・放送サービスの利用実態を踏まえた利用環境整備の方向性、地域で育成されたデジタル人材が活躍できる環境づくり、地域に整備されたデジタル基盤を活用した産業振興やデジタル技術を活用した人手不足等の社会課題への対応、地域DX推進に向けた関係者の連携体制の構築・強化等について課題を整理し、活力ある多様な地域社会の実現に必要な政策の方向性を検討している。

#### ア　地域のデジタル基盤を活用した課題解決

#### （ア）ローカル5Gの推進

　2019年（令和元年）に制度化されたローカル5Gは、携帯電話事業者による5Gの全国サービスと異なり、地域や産業の個別ニーズに応じて、地域の企業や地方自治体などの様々な主体が自らの建物内や敷地内でスポット的に柔軟に構築できる5Gシステムである。

　ローカル5G普及のための取組として、総務省では、2020年度（令和2年度）から2022年度（令和4年度）までの間、現実の様々な利用場面を想定した多種多様な利用環境下で電波伝搬などに関する技術的検討を実施するとともにローカル5G等を活用したソリューションを創出する「課題解決型ローカル5G等の実現に向けた開発実証」を行ってきた。

　さらに、安全で信頼できる5Gの導入を促進し、5Gを活用して地域が抱える様々な社会課題の解決を図るとともに、我が国経済の国際競争力を強化することを目的として2020年度（令和2年度）に5Gの導入を促進する税制が創設され、令和4年度税制改正では、「デジタル田園都市国家構想」の実現に向け、地方での基地局整備促進に向けた見直しが行われた。法人税・所得税の税額控除又は特別償却と固定資産税の特例措置とがあり、いずれも2024年度（令和6年度）末まで適用期限が延長されている。

#### （イ）地域のデジタル基盤を活用した先進的なデジタル技術の実装

　「デジタル田園都市国家構想」の実現に向け、地域のニーズに応じたデジタル技術を住民がその利便性を実感できる形で社会に実装させていくためには、地域のデジタル基盤の整備と、そのデジタル基盤を活用する先進的ソリューションの実用化を一体的に推進することが重要であることから、地方公共団体等によるデジタル技術を活用した地域課題解決の取組を総合的に支援するため、2023年度（令和5年度）から「地域デジタル基盤活用推進事業」を開始した。本事業では、①デジタル技術の導入計画の策定支援、②先進的なソリューションの実用化支援（実証事業）、③地域のデジタル基盤の整備支援（補助事業）を通じて、地方公共団体等によるデジタル技術を活用した

---

*2　活力ある地域社会の実現に向けた情報通信基盤と利活用の在り方に関する懇談会
　　https://www.soumu.go.jp/main_sosiki/kenkyu/chiikikon/index.html

地域課題解決の取組を総合的に支援している。さらに、2024年度（令和6年度）からは、デジタル行財政改革が目指す社会課題解決に資するため、市町村等の連携によるDX推進体制の構築や、安全な自動運転のために必要な通信の信頼性確保等の検証にも取り組んでいる。

### （ウ）スマートシティの推進

　総務省では、2017年度（平成29年度）から、デジタル技術やデータの活用によって地域課題を解決し、地域活性化につながる新たな価値を創出するスマートシティを推進している。都市OSの導入やサービスアセットの整備等に取り組む地方公共団体等を支援する「地域課題解決のためのスマートシティ推進事業」を内閣府等の関係府省と連携して実施しており、2023年度（令和5年度）は8団体の事業を支援した。

　2023年度（令和5年度）には、「スマートシティリファレンスアーキテクチャ（ホワイトペーパー）及びスマートシティガイドブック」[*3]を関係省庁とともに改訂し、それぞれ第2版として公開、また、スマートシティのさらなる発展と実装を目指し、2030年以降を見据えた「スマートシティ施策のロードマップ」を策定した。また、2024年（令和6年）には、こうした動向も踏まえて、「スマートシティセキュリティガイドライン」の改訂を行った。

### （エ）情報銀行の社会実装

　個人情報を含むパーソナルデータの適切な利活用を推進する観点から、総務省及び経済産業省は、情報信託機能の認定スキームの在り方に関する検討会を立ち上げ、2018年（平成30年）6月に、民間団体などによる情報銀行の任意の認定の仕組に関する「情報信託機能の認定に係る指針ver1.0」を取りまとめた。この指針は、利用者個人を起点としたデータの利活用に主眼を置いて作成されており、①認定基準、②モデル約款の記載事項、③認定スキームから構成されている。この指針に基づき、認定団体である一般社団法人日本IT団体連盟が、2018年（平成30年）6月に第一弾となる「情報銀行」認定を決定し、2024年（令和6年）3月時点で、2社が「情報銀行」認定を受けている。

　継続的に指針の見直しや情報銀行の活用に向けた検討を行っており、2023年（令和5年）7月には、情報銀行が健康・医療分野の要配慮個人情報を取り扱うに当たっての要件等を定めた「情報信託機能の認定に係る指針Ver3.0」を公表した。2024年度（令和6年度）は、スマートシティでのデータ連携に情報銀行が関与することにより、健康・医療分野の要配慮個人情報を安全・安心に流通させることで地域課題の解決を実現するユースケースを実証し、認定指針の課題を検証している。

### イ　地域社会のDXを支える人材確保・育成

### （ア）外部人材確保支援事業

　総務省では、2022年（令和4年）9月、自治体が外部人材を確保する際の参考となるよう、外部人材が備えておくことが望ましいスキルや経験を類型化した「自治体DX推進のための外部人材スキル標準」を策定した。また、同スキル標準に基づき、一定のスキルや経験を有する民間等の人

---

*3　スマートシティリファレンスアーキテクチャ（ホワイトペーパー）及びスマートシティガイドブック等の改訂版の公開
　　https://www8.cao.go.jp/cstp/stmain/20230810smartcity.html
　　事例紹介動画・インタビュー記事　https://www.mlit.go.jp/scpf/efforts/index.html
　　スマートシティサービスの事例集　https://www.soumu.go.jp/main_content/000808085.pdf

材を公募し、有識者による評価を経て選定した民間等の人材が自治体において活躍できるよう、自治体の業務や情報システム等について研修を実施した上で、研修受講まで修了した者に関する情報をとりまとめ、「外部人材リスト」として、自治体に情報提供を2023年（令和5年）6月から実施している。

### （イ）地域情報化アドバイザー派遣制度

　総務省では、2007年度（平成19年度）から、ICTを地域の課題解決に活用する取組に対して、自治体等からの求めに応じて、ICTの知見、ノウハウを有する専門家（「地域情報化アドバイザー」）を派遣し、助言・提言・情報提供等を行うことにより、地域におけるICT利活用を促進し、活力と魅力ある地域づくりに寄与するとともに、地域の中核を担える人材の育成を図っている。

　「地域情報化アドバイザー」は、2023年度（令和5年度）、大学での研究活動や地域における企業活動、NPO活動等を通じた地域情報化に知見・ノウハウを持つ民間有識者等196名に委嘱しており、2023年度（令和5年度）には363件の派遣を行った。

### ❷ ICTスタートアップの発掘・育成

　我が国では、2022年（令和4年）をスタートアップ創出元年と位置付け、スタートアップへの投資額を5年10倍増とする目標を掲げる「スタートアップ育成5か年計画」（2022年（令和4年）11月新しい資本主義実現会議決定）を決定し、スタートアップを産み育てるエコシステムの創出に取り組んでいる。

　総務省及びNICTでは、地域発ICTスタートアップの創出による地域課題の解決や経済の活性化を目的に、起業を目指す学生やスタートアップ企業による優れたビジネスプランを表彰・支援する「起業家甲子園」及び「起業家万博」を開催している。

### ❸ テレワークの推進

#### ア　テレワークの概要

　テレワークは、ICTを利用し、時間や場所を有効に活用できる柔軟な働き方であり、子育て世代やシニア世代、障害のある方も含め、一人ひとりのライフステージや生活スタイルに合った多様な働き方を実現するとともに、災害や感染症の発生時における業務継続性を確保するためにも有効である。また、収入を維持しながら、住みたい地域で働くことが可能となるため、都市部から地方への人の流れの創出など、社会全体に対しても様々なメリットをもたらし得る働き方である。2020年（令和2年）以降、新型コロナウイルス感染症の拡大に伴い、出勤抑制の手段として、テレワークは都市部を中心に広く利用されるようになったものの、感染拡大防止のイメージが浸透している。なお、2023年（令和5年）5月に新型コロナウイルスが5類感染症に移行したことに伴い、同年7月にパーソル総合研究所が全国の就業者を対象に実施した調査では、従業員のテレワーク実施率は2020年（令和2年）4月以降最低の値[4]となっており、出社回帰の傾向も見られる。

　このような状況の中、総務省では、テレワークの更なる拡大や確実な定着に向け、2021年（令和3年）4月に、「『ポストコロナ』時代におけるテレワークの在り方検討タスクフォース」を立ち上げ、今後日本が目指していくべきテレワークの在り方について、専門家の意見を聞きながら検討

---

[4]　「第八回・テレワークに関する調査／就業時マスク調査」（パーソル総合研究所）
　　https://rc.persol-group.co.jp/thinktank/assets/telework-survey8.pdf

を行った。同年8月に出した提言書では、日本の雇用慣行、業務スタイルの良さを維持しながらも、ICTツールの活用等によりコミュニケーションを充実させるなどといった「日本型テレワーク」こそ、今後の日本が目指していく姿であるべきだとしている。

テレワークに関する機運醸成の観点から、テレワーク月間実行委員会（内閣官房内閣人事局、内閣府地方創生推進室、デジタル庁、総務省、厚生労働省、経済産業省、国土交通省、観光庁、一般社団法人日本テレワーク協会、日本テレワーク学会）の主唱により、毎年11月をテレワークの集中取組期間である「テレワーク月間」として、テレワークの実施に際しての効果測定（働き方改革寄与、業務効率化等）の調査や、関係府省庁等によるイベントやセミナーを開催している。また、先進事例の選定・公表を通じて企業などのテレワーク導入のインセンティブを高め、テレワークの導入を検討する企業にとっての参考事例の蓄積にもつなげるため、総務省では、2015年（平成27年）から、テレワークの十分な利用実績が認められる企業の表彰を行っている。

2023年（令和5年）には、テレワークの活用が一定程度広がった現状を踏まえ、テレワークの制度導入や十分な活用実績に留まらず、テレワークの活用による経営効果の発揮やテレワーク時のコミュニケーション面の課題解決、地域産業の活性化や地域情報化の推進等の地域課題解決への寄与につながる取組を実施しており、その内容が優れている企業・団体を「テレワークトップランナー2023」として選定・公表し、特に優れた取組を行っている企業には「総務大臣賞」を授与した。

**イ　テレワーク普及に対する支援**

総務省では、実施率が依然低水準な中小企業や地方でのテレワーク導入を支援するため、地域の商工会議所や地方自治体と連携し、テレワークに係る地域相談窓口を全国的に整備し、相談受付等を実施している。さらに、テレワークの導入や改善を検討している企業などを対象として、専門家（テレワークマネージャー）による無料の個別コンサルティングも実施し、効果的なテレワーク活用の普及に向けて取り組んでいる。これらの支援は、2022年度（令和4年度）からは厚生労働省の労務系のテレワーク相談事業と一体的に運用し、「テレワーク・ワンストップ・サポート事業」として共同で実施している。

そのほか、総務省では、テレワーク導入の課題として多く挙げられる情報セキュリティ上の不安を取り除くため、企業などがテレワークを実施する際に参照できるよう、「テレワークセキュリティガイドライン」や「中小企業など担当者向けテレワークセキュリティの手引き（チェックリスト）」を策定している。

## ③ デジタル空間の進展に伴う新たな課題の解決に向けた対応

### ❶ AIの普及促進とリスクへの対応

最近ではAIに関する報道を目にしない日がないほど、AIの技術開発と普及が目まぐるしく進展している。今後、AIシステムがインターネット等を通じて他のAIシステム等と接続し連携する「AIネットワーク化」により、個人、地域社会、各国、国際社会の抱える様々な課題の解決が促されるなど、人間及びその社会や経済に多大な便益が広範にもたらされることが期待される中、2022年（令和4年）11月に提供を開始したOpenAI社のChatGPTを端緒に、そのリスクも含めて、世界でAIの可能性に向ける注目が格段に高まっている。

こうした中、2023年（令和5年）4月に日本で開催されたG7群馬高崎デジタル・技術大臣会合において、議長国である日本主導のもと、「責任あるAIとAIガバナンスの推進」を含む6つのテーマについて議論が行われ、その成果としてG7デジタル・技術閣僚宣言を採択した。また、同年5月にはG7広島サミットの結果を踏まえ、生成AIについて議論するために「広島AIプロセス」を立ち上げ、同年12月の閣僚級会合において「広島AIプロセス包括的政策枠組み」をとりまとめ、G7首脳で承認を行った。広島AIプロセスについては、引き続き「広島AIプロセスを前進させるための作業計画」のもとG7各国が中心となり、OECDやGPAI及び国連等の多国間の場における協調と協力も得て更なる前進を図ることとしている[5]。

一方、国内ではAI技術の急激な変化や国際的な議論を踏まえ、政府の司令塔としてAI戦略会議を立ち上げ、様々な課題に関して幅広い知見を有する有識者のもと集中的に議論を行っている。総務省及び経済産業省ではAI戦略会議でとりまとめられた「AIに関する暫定的な論点整理」（令和5年5月）を踏まえ、既存のガイドライン[6][7][8]を統合・アップデートし、AIに関する懸念やリスクに適切に対応するための方針として、AI事業者向けの統一的で分かりやすいガイドラインの検討を進め、両省において「AIネットワーク社会推進会議」、「AI事業者ガイドライン検討会」を開催し、両会議での検討を踏まえ「AI事業者ガイドライン」第1.0版として2024年（令和6年）4月に策定・公表を行った。なお、AI事業者ガイドラインは策定後においてもAIを巡る動向や課題、国際的な議論等を踏まえ、Living Documentとして適宜更新を行うこととしている。

## ❷ メタバース等の利活用に関する課題整理

総務省では、安全・安心なサイバー空間の確保に向けた対応を進めることが必要であるという認識の下、将来的にメタバースがより一般に普及することを見据え、サイバー空間に関する新たな課題について把握・整理すべく、2022年（令和4年）8月から2023年（令和5年）7月まで「Web3時代に向けたメタバース等の利活用に関する研究会[9]」を開催した。

同研究会では、メタバース等の仮想空間の利活用に関して、利用者利便の向上、その適切かつ円滑な提供及びイノベーションの創出に向け、ユーザーの理解やデジタルインフラ環境などの観点から、様々なユースケースを念頭に置きつつ情報通信行政に係る課題の整理に取り組み、2023年（令和5年）7月に報告書[10]を取りまとめた。

報告書では、メタバース等の発展に向けたアバターに係る課題を始めとした6つの論点と課題、メタバースの理念に関する国際的な共通認識の形成等の課題解決の方向性が示された。報告書の内容を受け、ユーザーにとって安心・安全なメタバースの実現に向けて、メタバースの民主的価値に基づく原則等の検討やメタバースに係る技術動向等のフォローアップを行うとともに、国際的なメタバースの議論にも貢献することを目的として2023年（令和5年）10月から新たに「安心・安全なメタバースの実現に関する研究会[11]」を開催し、2024年（令和6年）3月にメタバースの原則（1次案）を示しており、同年夏頃を目処に報告書の公表を予定している。

---

[5] G7における議論については、第Ⅱ部第2章第8節「ICT国際戦略の推進」も参照。
[6] 国際的な議論のためのAI開発ガイドライン　https://www.soumu.go.jp/main_content/000499625.pdf
[7] AI利用ガイドライン　https://www.soumu.go.jp/main_content/000809595.pdf
[8] AI原則実践のためのガバナンス・ガイドラインVer.1.1
　　https://www.meti.go.jp/shingikai/mono_info_service/ai_shakai_jisso/pdf/20220128_1.pdf
[9] 「Web3時代に向けたメタバース等の利活用に関する研究会」の開催（報道資料）
　　https://www.soumu.go.jp/menu_news/s-news/01iicp01_02000109.html
[10] https://www.soumu.go.jp/main_content/000892205.pdf
[11] 「安心・安全なメタバースの実現に関する研究会」の開催（報道資料）
　　https://www.soumu.go.jp/menu_news/s-news/01iicp01_02000121.html

## ❸　インターネット上の偽・誤情報に対する総合的な対策の推進

### ア　令和6年能登半島地震への対応

　2024年（令和6年）1月に発生した能登半島地震においては、迅速な救命・救助活動や円滑な復旧・復興活動を妨げるような偽・誤情報が流通したと指摘されている。

　総務省では、発災翌日の1月2日に、SNSを通じてインターネット上の偽・誤情報に対する注意喚起を行うとともに、主要なSNS等のプラットフォーム事業者に対して、利用規約等を踏まえた適正な対応を取るよう要請した。その後も、被災地向けを中心に、様々な広報手段を複層的に組み合わせた注意喚起を実施している。

　2024年（令和6年）1月25日に公表された「被災者の生活と生業（なりわい）支援のためのパッケージ*12」においても、インターネット上で流通する偽・誤情報への対策を盛り込んでおり、プラットフォーム事業者への要請に関する対応状況のフォローアップを継続的に実施することや、令和5年度補正予算を活用して、インターネット上に流通するディープフェイク動画を判別するための対策技術の開発・実証を行うこととしている。

### イ　デジタル空間における情報流通の健全性確保の在り方に関する検討

　デジタル空間を活用した様々なサービスが社会に普及し、生成AIをはじめとする新たな技術が進展する中で、偽・誤情報の流通・拡散といった新たな課題も顕在化し、社会に与える影響も益々拡大している。国際的な動向も踏まえつつ、偽・誤情報の流通・拡散への対応について、制度面も含めた総合的な対策の検討を進めるため、2023年（令和5年）11月から新たに「デジタル空間における情報流通の健全性確保の在り方に関する検討会*13」を開催している。同検討会ではデジタル空間における情報流通の健全性確保に向けた基本理念、各ステークホルダーに期待される役割・責務の在り方や具体的な方策について議論を進めており、2024年（令和6年）5月には、インターネット上の偽・誤情報対策について、民産学官の幅広いステークホルダー間で参照しやすくするとともに、国内外における連携・協力を推進することを目的に、「インターネット上の偽・誤情報対策に係るマルチステークホルダーによる取組集」をとりまとめ、公表した。今後、能登半島地震におけるプラットフォーム事業者への要請に関する対応状況のフォローアップを含むプラットフォーム事業者ヒアリングや広告関係団体ヒアリング等を踏まえつつ、プラットフォーム事業者の取組の透明性・アカウンタビリティの確保、ファクトチェックの推進、普及啓発、リテラシーの向上、人材育成、技術の研究開発や実証、デジタル広告に関する課題への対応、国際的な連携強化などの具体的な方策について、2024年（令和6年）夏頃までに一定のとりまとめの公表を予定している。

### ウ　国際連携の推進

　2023年（令和5年）4月に開催されたG7群馬高崎デジタル・技術大臣会合の閣僚宣言では、民間企業や市民団体を含む関係者による偽情報対策に関する既存プラクティス集「Existing Practices against Disinformation（EPaD）」を収集・編集し、IGF京都2023で公表等することが宣言された。この宣言を受け、G7議長国の日本政府として総務省にてEPaDを取りまとめ、

---

*12 「被災者の生活と生業（なりわい）支援のためのパッケージ」（令和6年能登半島地震非常災害対策本部決定）
　　https://www.bousai.go.jp/pdf/240125_shien.pdf
*13 「デジタル空間における情報流通の健全性確保の在り方に関する検討会」の開催（報道資料）
　　https://www.soumu.go.jp/menu_news/s-news/01ryutsu02_02000374.html
　　「インターネット上の偽・誤情報対策に係るマルチステークホルダーによる取組集」の公表（報道資料）
　　https://www.soumu.go.jp/menu_news/s-news/01ryutsu02_02000405.html

IGF京都2023のDay0に開催されたセッション「Sharing "Existing Practices against Disinformation（EPaD）"」（総務省主催）においてEPaDが公表され、プラットフォーム事業者等の民間企業、メディア・ジャーナリスト・ファクトチェック機関、法律家、アカデミア、個人・市民社会や政府等のマルチステークホルダーによる地域や国境を越えた連携・協力の重要性等について議論された。

また、2024年（令和6年）2月に開催された「デジタルエコノミーに関する日米対話（第14回会合）」「日EU・ICT政策対話（第29回）」等の欧米やASEAN等アジア太平洋地域における2国間対話においても、偽・誤情報対策に関する協力を深めていくこと等が議論された。

## ④ 日本社会全体の活性化等に向けたデータ流通社会の実現

### ❶ 防災情報システムの整備

我が国は世界有数の災害大国であり、大規模な自然災害が発生する都度、社会・経済的に大きな損害を被ってきた。今後も南海トラフ地震をはじめとする大規模な自然災害の発生が予測される中で、ICTを効率的に活用し災害に伴う人的・物的損害を軽減していくことが重要である。

#### ア　災害に強い消防防災通信ネットワークの整備

被害状況などに係る情報の収集及び伝達を行うためには、災害時にも通信を確実に確保できる通信ネットワークが必要である。このため、現在、国、消防庁、地方自治体、住民などを結ぶ消防防災通信ネットワークを構成する主要な通信網として、①政府内の情報の収集及び伝達を行う中央防災無線網、②消防庁と都道府県を結ぶ消防防災無線、③都道府県と市町村などを結ぶ都道府県防災行政無線、④市町村と住民などを結ぶ市町村防災行政無線、⑤国と地方自治体又は地方自治体間を結ぶ衛星通信ネットワークなどが構築されている。また、衛星通信ネットワークについては、高性能かつ安価な次世代システムの導入に関する取組などを進めている。

#### イ　災害対策用移動通信機器の配備

総務省では、携帯電話などの通信が遮断した場合でも被災地域における通信が確保できるよう、地方自治体などに、災害対策用移動通信機器を貸し出している（2024年（令和6年）4月現在、簡易無線1,065台、MCA無線179台及び衛星携帯電話106台を全国の総合通信局等に配備）。また、令和6年能登半島地震を受け、衛星携帯電話の台数拡充、衛星インターネット機器や公共安全モバイルシステム等の整備を実施した。これらの機器は、避難所における通信環境構築のほか、初動期における被災情報の収集伝達から応急復旧活動の迅速かつ円滑な遂行までの一連の活動に必要不可欠な情報伝達を補完するものとして活用されている。

#### ウ　災害時の非常用通信手段の確保

災害時などに公衆通信網による電気通信サービスが利用困難となるような状況などに備え、総務省が研究開発したICTユニット（アタッシュケース型）を2016年度（平成28年度）から全国の総合通信局等に配備し、地方自治体などの防災関係機関からの要請に応じて貸し出し、必要な通信手段の確保を支援する体制を整えている（2024年（令和6年）4月現在、25台を全国の総合通信局等に配備）。

### エ　全国瞬時警報システム（Jアラート）の安定的な運用

　消防庁では、弾道ミサイル情報、緊急地震速報、大津波警報など、対処に時間的余裕のない事態に関する情報を、携帯電話などに配信される緊急速報メール、市町村防災行政無線などにより、国から住民まで瞬時に伝達するシステムである「全国瞬時警報システム（Jアラート）」を整備している。Jアラートによる緊急情報を迅速かつ確実に伝達するため、Jアラート関連機器に支障が生じないよう正常な動作の確認の徹底を市町村に対し呼びかけるとともに、Jアラートの情報伝達手段の多重化を推進している。

### オ　Lアラートの活用の推進

　総務省では、地方自治体などが発出する避難指示などの災害関連情報を多数の放送局やインターネット事業者など多様なメディアに対して一斉に送信する共通基盤（Lアラート）の活用を推進している。Lアラートは、全47都道府県での運用が実現するなど全国的な普及が進み、災害情報インフラとして一定の役割を担うに至っている。

　総務省では、Lアラートの更なる普及・利活用の促進のために、Lアラートを介して提供される災害関連情報の地図化に係る実証に取り組んだほか、地方自治体職員などの利用者を対象としたLアラートに関する研修などを行ってきた。さらに、災害情報を迅速・的確に国民に伝えることが高い公共性を有することを踏まえ、政府全体で進められている防災DXの取組に寄与することも念頭に置きつつ、Lアラートの機能拡大等について検討を進めている。

## ❷ 医療分野におけるICT利活用の推進

　我が国は超高齢化社会に突入しており、医療・介護費の増大や医療資源の偏在などの課題に直面している。このため、総務省では、医療・介護・健康データを利活用するための基盤を構築・高度化することにより、医療・健康サービスの向上・効率化を図るべく、主に「遠隔医療の普及」と「PHR[*14]データの活用」を推進している。

　具体的には、国立研究開発法人日本医療研究開発機構（AMED：Japan Agency for Medical Research and Development）による研究事業として、医師の偏在対策の有力な解決策と期待される遠隔医療の普及に向けて、2022年度（令和4年度）から8K内視鏡システムの開発・実証を行うとともに、遠隔手術の実現に必要な通信環境やネットワークの条件について整理を進めている。また、2023年度（令和5年度）からは、医療の高度化や診察内容の精緻化を図るため、各種PHRサービスから医師が求めるPHRデータを取得するために必要なデータ流通基盤を構築するための研究開発を実施している。

　このほか、医療情報を取り扱う情報システム・サービスの複雑化・多様化やランサムウェア攻撃をはじめとする新たな脅威によって被害が出ていることを踏まえ、2023年度（令和5年度）に「医療情報を取り扱う情報システム・サービス提供事業者における安全管理ガイドライン」（総務省・経済産業省）の改定を行ったほか、安全・安心な民間PHRサービスの利活用促進のため、「民間PHR事業者による健診等情報の取扱いに関する基本的指針」（総務省・厚生労働省・経済産業省）の改善に向けた検討等を行っている。

---

*14 Personal Health Recordの略語。一般的には、生涯にわたる個人の保健医療情報（健診（検診）情報、予防接種歴、薬剤情報、検査結果等診療関連情報及び個人が自ら日々測定するバイタル等）である。電子記録として本人等が正確に把握し、自身の健康増進等に活用することが期待される。

### ❸ 教育分野におけるICT利活用の推進

　総務省では、教育分野でのICTの利活用を推進するため、文部科学省と連携し、2017年度（平成29年度）から2019年度（令和元年度）にかけて、教職員が利用する「校務系システム」と児童生徒も利用する「授業・学習系システム」におけるデータを活用し両システムの安全かつ効果的・効率的なデータ連携方法などについて検証する「スマートスクール・プラットフォーム実証事業」を実施したほか、2020年度（令和2年度）は実証成果である「スマートスクール・プラットフォーム技術仕様」をホームページに公開の上、普及・促進するための取組を行った。また、2021年度（令和3年度）から2022年度（令和4年度）にかけて、学校外で事業者が保有するデジタル学習システム間でのデータ連携を可能とする基盤である「デジタル教育プラットフォーム」の実現に向け、必要な技術仕様（参照モデル）の検討を実施した。

　加えて、2023年度（令和5年度）以降、教育データの安全・安心な利活用による個別最適な教育を実現するため、教育分野におけるPDS（Personal Data Store）の活用のあり方等について調査検討を行っている。今後実証も交えながらPDSの技術的・制度的課題について教育分野固有の論点を整理することとしている。

### ❹ キャッシュレス決済の推進

　2019年（令和元年）6月に閣議決定された「成長戦略フォローアップ」で、2025年（令和7年）6月までにキャッシュレス決済比率を倍増し4割程度とすることを目指し、キャッシュレス化推進を図ることとされた。

　キャッシュレス決済手段のうち、コード決済については、サービスが多数併存している現状では、店舗にとっては複数導入するとオペレーションが煩雑になるという課題がある。そのため、関係団体・事業者などによる推進団体として設立された「一般社団法人キャッシュレス推進協議会」（オブザーバー：総務省、経済産業省など）で、2019年（平成31年）3月に「コード決済に関する統一技術仕様ガイドライン」が策定され、同ガイドラインに基づいた統一コードを「JPQR」と呼称することとなった。その後、主に飲食、小売、理美容、タクシーなどJPQRと親和性の高い業界や、住民票などの各種書類発行手数料などのやり取りが発生する地方自治体窓口などへの普及活動を行い、2023年度（令和5年度）末までの累計で約1万5千店舗がJPQRを導入している。また、2023年度（令和5年度）から地方税統一QRコードを活用した地方税の納付が開始されたが、同QRコードにもJPQRの統一規格が利用されている。

### ❺ 安全で信頼性のあるクラウドサービスの導入促進

　ASP・SaaS、PaaS及びIaaSなどのクラウドサービスの普及に伴い、サービスの選択肢が広がる中、利用者がクラウドサービスの比較・評価・選択などに十分な情報を得られる環境の整備が必要となっている。総務省では、こうした観点から、2011年（平成23年）（2022年（令和4年）一部改定）から「クラウドサービスの安全・信頼性に係る情報開示指針」と呼ばれる合計8つの指針を策定・公表しており、2022年（令和4年）にも「AIを用いたクラウドサービスの安全・信頼性に係る情報開示指針（ASP・SaaS編）」を追加するなど、クラウドサービスの多様化に対応して指針の追加・改定を行っている。これを基に、一般社団法人日本クラウド産業協会（ASPIC）では、クラウド事業者が上記指針に即した対応を講じているかを第三者が認定する制度を設けて運用しており、これまでに310サービス以上が認定を受けている。

また、クラウドサービスの一層の普及に向け、業界団体等とも連携しつつ、クラウドサービスの優良事例の周知・広報等に取り組んでいる。

## ⑤ 安全・安心な情報の利用環境の整備

### ❶ 高齢者等のデジタル活用に対する支援向上

総務省では、社会全体のデジタル化が進む中で、デジタルディバイドを解消し、誰もがデジタル化の恩恵を受けられる環境を整備していくため、デジタル活用に不安のある高齢者などを対象として、スマートフォンを利用したオンライン行政手続等に関する助言・相談などについて、講習会形式で支援を行う「デジタル活用支援推進事業」に、2021年度（令和3年度）から取り組んでいる。2023年度（令和5年度）は、携帯電話ショップなどを中心に全国6,000か所以上で講習会を実施した。

### ❷ 幅広い世代を対象としたICT活用のためのリテラシー向上推進

総務省では、幅広い世代でのICTの利用機会の拡大や、インターネット上での偽・誤情報の流通の問題の顕在化といったICTを取り巻く環境の変化に対応するため、2022年（令和4年）11月から「ICT活用のためのリテラシー向上に関する検討会[15]」及び12月から「青少年のICT活用のためのリテラシー向上に関するワーキンググループ」を開催し、これからのデジタル社会において求められるリテラシーの在り方やリテラシー向上施策の推進方策についての検討を進めている。2023年（令和5年）6月には、同検討会や同ワーキンググループにおける検討の結果を踏まえ、「ICT活用のためのリテラシー向上に関するロードマップ」をとりまとめ、公表した。ロードマップでは、短期的又は中長期的に取り組むべき事項の方向性を整理しており、2023年度（令和5年度）は短期的取組として、ICT活用のためのリテラシー向上に必要となる能力の整理や幅広い世代に共通する課題に対応した学習コンテンツの開発を実施した。

### ❸ 青少年のインターネット利用環境の整備

総務省では、こどもたちが安心・安全にインターネットを利用するための取組として、児童・生徒、保護者・教職員等に対する学校等の現場での無料の出前講座である「e-ネットキャラバン」を開催するほか、インターネットに係るトラブル事例の予防法などをまとめた「インターネットトラブル事例集」を作成・公表している。また、フィルタリングを含むペアレンタルコントロール[16]による対応の推進に資する調査研究を実施している。

さらに、安心・安全なインターネット利用に関する啓発を目的としたサイト「上手にネットと付き合おう！～安心・安全なインターネット利用ガイド～[17]」を2021年（令和3年）に開設した。本サイトでは、未就学児・未就学児の保護者、青少年、保護者・教職員、シニアに向けたコンテンツを掲載し、各世代に応じた内容としている。また、「SNS等の誹謗中傷」、「インターネット上の

---

[15] 「ICT活用のためのリテラシー向上に関する検討会」
　　　https://www.soumu.go.jp/main_sosiki/kenkyu/ict_literacy/index.html
[16] 保護者がこどものライフサイクルを見通して、その発達の程度に応じてインターネット利用を適切に管理すること。こどもの情報発信
　　　を契機とするトラブル防止の観点を含むものであり、管理の方法としては、技術的手段（フィルタリング、課金制限機能、時間管理機能等）
　　　と、非技術的手段（親子のルールづくり等）とに分かれる。（こども大綱（令和5年12月22日閣議決定）P50）
[17] 上手にネットと付き合おう！～安心・安全なインターネット利用ガイド～
　　　https://www.soumu.go.jp/use_the_internet_wisely/

第2章

総務省におけるICT政策の取組状況

海賊版対策」、「偽・誤情報」といった「旬」のトピックも特集として掲載し、リテラシー向上に取り組んでいる[*18]。

　また、総務省では、2011年度（平成23年度）に青少年のインターネット・リテラシーを可視化するテストとして「青少年がインターネットを安全に安心して活用するためのリテラシー指標（ILAS：Internet Literacy Assessment indicator for Students）」[*19]を開発した。これは、特にインターネット上の危険・脅威に対応するための能力を測るためのものであり、違法情報リスク、不適切利用リスク、プライバシーリスクといった7つのリスクについてテストを実施している。2012年度（平成24年度）より毎年度、全国の高等学校1年生を対象に青少年のインターネット・リテラシーを測るテストを実施しており、2023年度（令和5年度）には75校、13,108名を対象に行ったところ、全体の正答率は71.4%となった。

### ④ 情報バリアフリーに向けた研究開発への支援

　障害者や高齢者向けの通信・放送役務サービスに関する技術の研究開発を行う企業などに対して必要な資金の一部を助成する「デジタルディバイド解消に向けた技術等研究開発」を行っており、2023年度（令和5年度）は、5者に対して助成を行った。

　また、身体障害者の利便の増進に資する通信・放送身体障害者利用円滑化事業の推進に関する法律（平成5年法律第54号）に基づき、NICTを通じて、身体障害者向けの通信・放送役務サービスの提供や開発を行う企業などに対して必要な資金の一部を「情報バリアフリー通信・放送役務提供・開発推進助成金」として交付しており、2023年度（令和5年度）は、6者に対して助成を行った。

### ⑤ 情報のアクセシビリティの向上

　高齢者・障害者を含む誰もが公的機関のホームページなどを利用しやすくなるよう、公的機関のウェブアクセシビリティ対応を支援するために作成した「みんなの公共サイト運用ガイドライン」の一部改訂を2023年度（令和5年度）に行った。また、同年度に公的機関ホームページのJIS対応状況調査等及び全国5か所での公的機関向け講習会を開催した。また、企業等の情報アクセシビリティ向上のための取組として、情報アクセシビリティ自己評価様式の普及促進を行っている。「情報アクセシビリティ自己評価様式」とは、企業等が自社のICT機器・サービスについて情報アクセシビリティ基準を満たしているかを自己評価した結果を公表し、企業・公的機関や障害当事者がICT機器・サービスを選択する際の参考とするための様式である。この自己評価様式は、米国における情報アクセシビリティ基準適合に関する自己評価の仕組み（VPAT）を参考に、総務省が作成したもので、米国では法律で政府が電子情報機器を調達する際に、アクセシブルな機器調達が義務づけられている。総務省では、様式作成支援窓口の設置やセミナーの開催、情報アクセシビリティ好事例の募集及び作成ガイドブックの更新等により、様式の官民双方における活用を促進するための取組を行っている。

### ⑥ 公共インフラとしての電話リレーサービスの提供

　「電話リレーサービス」とは、手話通訳者などが通訳オペレータとして、聴覚障害者等（聴覚、

---

*18　第II部第2章第2節参照
*19　https://www.soumu.go.jp/use_the_internet_wisely/special/ilas/

言語機能又は音声機能の障害のため、音声言語による意思疎通を図ることに支障がある者）による手話・文字を通訳し、電話をかけることにより、聴覚障害者等と聴覚障害者など以外の方との意思疎通を仲介するサービスである。

　「電話リレーサービス」の適正かつ確実な提供を確保するため、聴覚障害者等による電話の利用の円滑化に関する法律（令和2年法律第53号）が2020年（令和2年）12月に施行され、2021年（令和3年）7月から、電話リレーサービス提供機関の指定を受けた一般財団法人日本財団電話リレーサービスにより、公共インフラとしての電話リレーサービスの提供が開始されている。電話リレーサービスの更なる普及促進を図るため、総務省は関係省庁と連携して周知広報を実施しており、2023年度末（令和5年度末）の利用登録者数は1万5,267人となっている。（**図表Ⅱ-2-6-1**）

**図表Ⅱ-2-6-1**　電話リレーサービスの普及促進イラスト

第2章
総務省におけるICT政策の取組状況

# 第7節 ICT技術政策の動向

## ① 概要

### ❶ これまでの取組

　総務省では、次世代の基幹的な情報通信インフラとして、あらゆる産業や社会活動の基盤となり、国境を越えて活用されていくことが見込まれるBeyond 5Gに向けた取組を中心として、情報通信分野の技術政策を推進している。

　具体的には、2020年（令和2年）6月に総務省が「Beyond 5G推進戦略」を策定して以降、情報通信審議会において「Beyond 5Gに向けた情報通信技術戦略の在り方」に関する審議が進められるとともに、これを踏まえた研究開発基金を設置し、民間事業者等によるBeyond 5Gの研究開発及び国際標準化活動に対する支援を強化してきている。

　また、2021年（令和3年）3月に閣議決定された「第6期科学技術・イノベーション基本計画」における国民の安全と安心を確保する持続可能で強靱な社会等の実現に向け、関係府省が連携・協力して先端分野の研究開発等を推進しており、総務省は、AI、量子、リモートセンシング、宇宙等の分野における取組を進めているところである。

　国立研究開発法人情報通信研究機構（NICT）においては、第5期中長期計画期間（2021年（令和3年）4月～2026年（令和8年）3月）において、重点5分野（電磁波先進技術、革新的ネットワーク、サイバーセキュリティ、ユニバーサルコミュニケーション、フロンティアサイエンス）についての基礎的・基盤的な研究開発等を推進している。

　さらに総務省は、技術イノベーションの創出や、社会実装の担い手の一つであるスタートアップについて、先端的なICTの創出・活用による次世代の産業の育成に向けた支援を行っている。

### ❷ 今後の課題と方向性

　Beyond 5Gについては、従来、我が国の情報通信産業は、国際的に優れた技術を確立しても必ずしも大きな事業・ビジネス成果に繋げることができなかった等の教訓を踏まえ、また、我が国の経済安全保障の確保の観点からも、グローバル市場での競争力発揮が課題であることから、その早期実現に向け、研究開発・国際標準化・社会実装・海外展開について一体的に取り組むことが求められている。

　その他、AI、量子、宇宙等の先端分野の研究開発については、大規模言語モデル（LLM）の開発力強化に向けたデータの整備、大阪・関西万博を見据えた同時通訳の実現、超高信頼な量子通信の実現、高度な宇宙ネットワーク技術の実現など、各種課題に向けた早期の社会実装が課題とされている。

## ② Beyond 5G

　総務省では、2021年（令和3年）9月30日に、「Beyond 5Gに向けた情報通信技術戦略の在り方」について情報通信審議会に諮問し、同審議会の情報通信技術分科会技術戦略委員会において、「Beyond 5G推進コンソーシアム」など産学官の活動、主要な企業、大学、国立研究開発法人な

ど、様々な関係者の取組や知見を共有しながら、研究開発や知財・標準化などの技術戦略について審議を重ね、2022年（令和4年）6月30日に、我が国が注力すべきBeyond 5Gの重点技術分野や、予算の多年度化を可能とする枠組の創設等の提言を含む中間答申が取りまとめられた。

中間答申以降、「国立研究開発法人情報通信研究機構法及び電波法の一部を改正する法律」（令和4年法律第93号）が2022年（令和4年）12月に成立し、これを受けて、2023年（令和5年）3月にNICTに設置された研究開発基金の運用が本格化してきているほか、民間事業者等における取組や、国際的な検討が進んでいる。

## ❶ 革新的情報通信技術（Beyond 5G（6G））基金事業の実施

総務省では、2021年（令和3年）2月にNICTに設置した時限基金の後継として、2022年（令和4年）12月に成立・施行した「国立研究開発法人情報通信研究機構法及び電波法の一部を改正する法律」（令和4年法律第93号）に基づき、2023年（令和5年）3月にNICTに恒久的な基金を造成し、新たに革新的情報通信技術（Beyond 5G（6G））基金事業を実施している。

上記基金事業においては、社会実装・海外展開に向けた戦略とコミットメントをもった研究開発プロジェクトを重点的に支援する「社会実装・海外展開志向型戦略的プログラム」、中長期的な視点で取り組む要素技術の確立や技術シーズの創出のための研究開発を対象とする「要素技術・シーズ創出型プログラム」、電波法第103条の2第4項第3号に規定する技術の研究開発を対象とする「電波有効利用研究開発プログラム」の3つのプログラムを設けている。

特に、本基金事業の主たる対象である「社会実装・海外展開志向型戦略的プログラム」については、情報通信審議会中間答申を踏まえた下記の重点技術分野を中心として、社会実装・海外展開を目指した研究開発を強力に推進し、その開発成果について2025年（令和7年）以降順次の社会実装を目指している。

① 通信インフラの超高速化・超低遅延化・超省電力化等を実現するためのオール光ネットワーク技術
② 陸海空をシームレスにつなぐ通信カバレッジの拡張を実現するための衛星・HAPS等の非地上系ネットワーク（NTN）技術
③ 利用者にとって安全で高信頼な通信環境を確保するためのセキュアな仮想化・統合ネットワーク技術

その実施に当たって、情報通信審議会（情報通信技術分科会技術戦略委員会）に「革新的情報通信技術プロジェクト事業面評価等WG」[*1]を設置しとりまとめた「革新的情報通信技術（Beyond 5G（6G））基金事業に係る事業面からの適切な評価の在り方等について」（2023年（令和5年）3月10日公表）を踏まえ、2023年度（令和5年度）には社会実装・海外展開志向型戦略的プログラム等において17件の主要な研究開発プロジェクトを採択するなど、基金事業の運用が本格化している。

さらに、令和5年度補正予算により本基金を拡充し、新たに、オール光ネットワークの事業者間連携のための共通基盤技術の開発を実施するとともに、戦略的なプロジェクトと一体で取り組むべき国際標準化活動に対する支援を開始することとしている。

---

*1 「革新的情報通信技術プロジェクトWG」より名称変更（2024年（令和6年）2月22日）

## ❷ Beyond 5Gの知財・標準化活動の推進

　Beyond 5Gの国際標準化活動が本格化し、世界各国の主要企業が注力していく見込みである。我が国の開発成果に係る国際標準化活動で成果を得るためには、研究開発プロジェクトにおける自らの投資、事業戦略、経営コミットメント等を含む戦略と覚悟を持ったプロジェクトに対し、その戦略商材の社会実装・海外展開に向けて重要となる国際標準化活動を支援していくことが重要となる。総務省では、令和5年度補正予算により革新的情報通信技術（Beyond 5G（6G））基金事業を拡充し、研究開発に加えて国際標準化活動への支援を行うメニューを新設している。その国際標準化活動支援メニューについては、情報通信審議会 情報通信技術分科会 技術戦略委員会 革新的情報通信技術プロジェクト事業面評価等WGにおいて検討を行い2024年（令和6年）3月にとりまとめた「革新的情報通信技術（Beyond 5G（6G））基金事業による国際標準化活動に対する支援の在り方について」に基づき運用していく予定である。

　また、Beyond 5Gに向けては、産官学が連携・協力した国際標準化・知財活動の戦略的推進を目的とし、そのためには組織・企業の「経営戦略」が重要との理念のもと、2020年（令和2年）12月に「Beyond 5G新経営戦略センター」を設立し、標準化・知財活動等をリードする人材育成、産業連携の推進、意識啓発、情報発信に係る各種活動を展開している。具体的には、次世代の企業経営等の中核を担う若手人材を対象とした組織・企業の枠を超えた研修活動「リーダーズフォーラム」や企業（特に経営・事業部門）向けの意識啓発・情報発信を目的とした「新ビジネス戦略セミナー」を実施するとともに、2023年度（令和5年度）から情報通信・デジタルと多様な分野・産業との架け橋を担う新たな産業連携活動「XG Ignite」を開始している。

　さらに、国際標準化活動を研究開発の初期段階から推進するため、信頼でき、かつ、シナジー効果も期待できる戦略的パートナーである国・地域の研究機関との国際共同研究を実施している。具体的には、2022年度（令和4年度）から、米国、ドイツそれぞれとの間で国際共同研究を実施している。また、「日EUデジタルパートナーシップ（2022年（令和4年）5月）」を踏まえ、日EU間で協議を経た共同研究テーマに基づき、革新的情報通信技術（Beyond 5G（6G））基金事業「要素技術・シーズ創出型プログラム」を活用した共同研究について公募を実施した。

　2020年（令和2年）12月に設立した、産学官で連携しBeyond 5Gを強力かつ積極的に推進する「Beyond 5G推進コンソーシアム」では、活動の一環としてBeyond 5Gの将来の技術動向及び展望に係る検討を実施しており、2021年（令和3年）6月のITU-R SG5 WP5D第38回会合以降、検討結果に基づいた寄与文書を継続的に入力しITU-RにおけるIMT-2030のフレームワーク勧告[*2]の策定に貢献したほか、利用方法や性能目標に関する検討結果をまとめた「Beyond 5Gホワイトペーパー」を2022年（令和4年）3月に作成した。さらに、5G以降のIMTでの利用を念頭とした国際的な新規周波数特定の検討を行うITU-R WRC-27議題1.7に関する議論推進に資するべく、検討対象周波数である7,125MHz-8,400MHz及び14.8GHz-15.35GHzにおける既存無線システムの利用状況調査を実施し、これを踏まえてアップデートした「Beyond 5Gホワイトペーパー3.0版」を2024年（令和6年）3月に公表している。このほか我が国のOpen RANの普及・推進や国内企業の海外進出を目的に、Open RANに関する各種課題に関して議論を行う「Open RAN推進分科会」を2022年（令和4年）3月に設置し、議論結果については「Open

---

*2　勧告ITU-R M.2160-0 "Framework and overall objectives of the future development of IMT for 2030 and beyond" のこと。2030年頃の実現が想定される次世代の携帯電話規格に求められる能力やユースケース等を含む全体像を与えることを目的に、2023年（令和5年）11月開催のITU無線通信総会（RA-23）にて新規承認された勧告。

RAN推進分科会活動報告書」として2023年（令和5年）3月にとりまとめた。さらに、国内外の関係者間の連携強化を目的とする「Beyond 5G国際カンファレンス」を2024年（令和6年）2月に開催している。2024年度（令和6年度）には、同コンソーシアムと第5世代モバイル推進フォーラム（5GMF）を統合することで、次世代移動通信の推進体制を強化し、Beyond 5G技術の社会実装に向けた取組を一層促進させる。

## ❸ Beyond 5Gを取り巻く国内外の動向

### ア　民間事業者等における取組

　NTTが提唱するIOWN構想において、2019年（令和元年）にNTT、インテル、ソニーが設立した業界フォーラム「IOWN Global Forum」の国内外の参加団体数が順調に増加するとともに、日本の通信業界としても、楽天モバイルに加え、2023年（令和5年）3月にはKDDIが参加するなど、オールジャパンとしての取組になりつつある。

　2023年（令和5年）3月には、NTT東西が、超低遅延を実現するオール光ネットワーク「IOWN 1.0」の商用サービスを開始したほか、KDDI及びソフトバンクも、オール光ネットワークを自社コア網に導入したことを発表した。また、低軌道衛星やHAPS等の非地上系ネットワーク（NTN）については、ソフトバンクが、あらゆる通信技術を1つに統合し、ユースケースに合わせて陸・海・空どこでも通信を提供するユビキタスネットワーク構想の実現に向けて、低軌道衛星とともに、「HAPSアライアンス」等を通じたHAPSの活用を推進しているほか、楽天モバイルは、2024年（令和6年）2月、AST SpaceMobile社との衛星と携帯端末の直接通信による国内サービスを2026年（令和8年）内に提供を目指す計画を発表している。

### イ　社会実装に向けた取組

　Beyond 5Gの実現に向けては、様々な民間事業者、団体等において社会実装に向けた取組を進めている。

　IOWN Global Forumでは、IOWN構想の実現と普及に向け、2030年頃の将来を見据えたユースケースだけでなく、2025年頃の実用化・事業化を目標としたユースケースを各業界と連携して検討しており、2025年頃の初期導入事例として、金融業界向けデータセンター接続、放送業界向け遠隔・クラウドメディア制作等を挙げている。今後、商用化に向けて仕様策定や実証を進めていくとしている。

　実際に、東急不動産では、2023年（令和5年）6月にNTT各社とIOWN構想に関連した技術・サービス等を活用した新たなまちづくりに向けた協業に合意し、最初の取組として、2023年（令和5年）12月に「Shibuya Sakura Stage」へIOWN 1.0を導入した。

　また、国際標準化に向けては、NICTや「Beyond 5G 推進コンソーシアム」等を中心に、Beyond 5G に係る国際的なビジョン作りに貢献してきており、2023年（令和5年）11月にはITU-Rにおいて、我が国の提案も反映される形で、6Gを念頭においた「IMT-2030」の能力やユースケース等を含む全体像を示すフレームワーク勧告が承認された。

　さらに、2023年世界無線通信会議（WRC-23）では、HAPS等の非地上系ネットワーク（NTN）を含めたBeyond 5Gの実現に向けた議題において周波数等が確保された。

### ウ　海外展開に向けた取組

　Open RANについては、NTTドコモは、Open RANアーキテクチャをグローバル展開するためのブランドとしてOREXを発足し、2024年（令和6年）2月、これを海外通信事業者の要望に応じて提供するための合弁会社「OREX SAI」を日本電気（NEC）とともに設立することを発表した。また、楽天モバイルは、Open RANの推進と発展・普及を目指し、Open RAN技術の展示や要望に応じた柔軟な技術検証環境の施設を国内外に開設している。これらの取組を背景に、北米、欧州の主要通信事業者においても、我が国企業によるOpen RAN関連商品の採用が進展している（**図表Ⅱ-2-7-1**）。

**図表Ⅱ-2-7-1　海外通信事業者へのOpen RANの展開状況**

**米国Dishが富士通のOpen RANを採用**
- 米国通信事業者Dishは、富士通の商用OpenRANのRU（無線ユニット）の導入を開始（2021年3月）。

 ×

**NECとMavenirが仏OrangeのOpen RAN検証環境を構築**
- NEC及びネットワークソフトウエアを提供するMavenirは、仏通信事業者Orangeの5G検証ネットワークにOpen RANを構築（2022年9月）。

 × MAVENIR NEC

**独1&1が楽天の完全仮想化技術を使った商用サービス開始**
- 独通信事業者1&1は、楽天のOpen RAN技術による完全仮想化モバイルネットワークを構築し、5G商用サービスを開始（2022年12月）。

1&1 × Rakuten NEC

**独ドイツテレコムが富士通のOpen RANを採用**
- ドイツテレコムは、同社初の商用Open RANのパートナーとして富士通・Nokiaを選定（2023年2月）。

T × NOKIA FUJITSU

**NECと英国FreshwaveがロンドンでOpen RANの実証試験**
- 英国DSITは、ロンドン中心部でOpen RAN技術の信頼性と実現可能性を実証するプロジェクトとして、NECと英国通信事業者Freshwaveを選定し約6億円を支援（2023年9月）。

FreshWave × NEC

**米国AT&TがEricsson及び富士通とOpen RANで協業**
- AT&Tは、米国でOpen RAN展開をリードする計画を発表。富士通やEricsson等のサプライヤーと連携し、Open RAN環境を無線ネットワーク全体に拡張予定（2023年12月）。

AT&T × FUJITSU ERICSSON

**富士通・楽天が米国のOpen RAN構築のコンソーシアムに参入**
- 米国NTIAは、Open RANの統合・構築に向けたプロジェクトとして、Dishが主導するコンソーシアム（富士通・Mavenir等）を選定し約76億円を支援。（2024年1月）
- さらに、米国NTIAは、Open RANの互換性・商品化の促進に向けたプロジェクトとして、AT&Tが主導するコンソーシアム（Verison・ドコモ等）を選定し約64億円を支援（2024年2月）。サプライヤーとして富士通・楽天も連携。

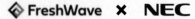

AT&T × verizon docomo FUJITSU Rakuten

**欧州の主要通信事業者によるOpen RANホワイトペーパー**
- ドイツテレコム（独）、Orange(仏)、TIM(伊)、Telefonica(西)、Vodafone(英) は、Open RANの進捗状況についてのホワイトペーパーを公表（2023年2月）。
- 欧州では、2023年以降より多くのOpen RANに係るパイロット試験を計画。2025年までに欧州全域での本格的な商用展開を目指すとしている。

T orange TIM Telefónica vodafone

（出典）各種報道資料より作成

　Beyond 5Gに向けては、NTT各社は、IOWN Global Promotion Officeを設立する等してグローバル展開に取り組んでおり、NTT及びNTTデータグループが米国及び英国においてオール光ネットワークによるデータセンター間接続の実証を実施しているほか、2023年（令和5年）10月、NTTと台湾・中華電信との間で、IOWNによる国際ネットワーク接続の実現に向けた基本合意書を締結した。これに加え、富士通も、2024年（令和6年）2月、中華電信との間で、台湾におけるIOWN構想に基づくオール光ネットワークの構築に向け、共同検討することを発表している。また、光分野においては、我が国企業が特に北米を中心とする世界市場において主要な伝送装置のシェアを伸ばしている。

　また、2023年（令和5年）4月に開催されたG7群馬高崎・デジタル技術大臣会合においては、我が国が目指すBeyond 5Gのビジョンを踏まえた形で無線のみならず有線も含めた次世代ネット

ワークの将来ビジョンを策定し、安全で強靱なデジタルインフラの構築に向けたG7アクションプランの合意を得た。

### ❹ 新たな情報通信技術戦略の策定

　このようなBeyond 5Gに係る動向を踏まえ、Beyond 5Gの研究開発・国際標準化・社会実装・海外展開の取組について、有機的に連携しつつ、より効果的・実効的に推進していくための新たな戦略に向け、2023年（令和5年）11月に、情報通信審議会における検討が再開され、2024年（令和6年）6月に「Beyond 5Gに向けた情報通信技術戦略の在り方」最終答申が取りまとめられた（詳細は政策フォーカス参照）。

## ③ AI技術

　AI技術は、2006年に深層学習（ディープラーニング）が提唱されて以降、第3次AIブームが到来し、画像認識や自然言語処理等の分野で飛躍的な技術革新が進んできた。さらに、2022年には、生成AIと呼ばれる、学習データを基に自動で画像や文章等を生成できるAI[*3]が本格的に流行し始め、世界中で生成AIの開発競争が激化。我が国においても多数の民間企業やアカデミア等において生成AI開発が活発化するとともに、並行して、広範な産業領域における生成AIの活用も進みつつあり、社会全体に大変革をもたらす兆しを見せている。

　総務省では、「AI戦略2022」（令和4年4月統合イノベーション戦略推進会議決定）や「AIに関する暫定的な論点整理」（令和5年5月AI戦略会議）等を踏まえ、AI関連中核センター群に属するNICTと連携し、大規模言語モデルや多言語音声翻訳等の自然言語処理技術や、分散連合型機械学習技術、脳の認知モデル構築や脳の仕組みに倣ったAI技術などに関する研究開発や社会実装に幅広く取り組んでいる。

### ❶ 大規模言語モデル（LLM）の開発力強化・リスク対応力強化

　NICTにおいては、長年に渡るAI技術の研究開発を通して日本最大級の大量の言語データを蓄積してきている。また、2023年（令和5年）7月には、当該言語データから作成した高品質な日本語データを基に大規模言語モデル（LLM）を試作するなど、LLM開発に必要な高品質な学習用言語データの構築に係る知見も有している。これらのNICTの有するデータや知見を活かして我が国のLLMの開発力強化に貢献すべく、NICTにおいて民間企業等におけるLLM開発に必要となる大量・高品質で安全性の高い日本語を中心とする学習用言語データを整備・拡充し、我が国のLLM開発者等にアクセスを提供する取組を進めている。加えて、LLMに起因する様々なリスクに対応するための技術の研究開発にも取り組んでいる。

> **関連データ**　LLM開発から利用までのプロセス及びNICTにおける取組
> URL：https://www.soumu.go.jp/johotsusintokei/whitepaper/ja/r06/html/datashu.html#f00408
> （データ集）

---

*3　2022年には、自動で画像を生成できる「Stable Diffusion」や、自動で文章を生成できる「ChatGPT」などが登場した。

### ❷ 多言語翻訳技術の高度化に関する研究開発

　総務省では、NICTとともに、世界の「言葉の壁」を解消し、グローバルで自由な交流を実現するための多言語翻訳技術の研究開発に取り組んでおり、NICTが開発する多言語翻訳技術では、最新のAI技術を活用することにより、訪日・在留外国人、外交への対応を想定した18言語について実用レベルの翻訳精度を実現している。また、総務省及びNICTでは、多言語翻訳技術の社会実装も推進しており、NICTでは個人旅行者の利用を想定した研究用アプリとして「VoiceTra（ボイストラ）」を提供しているほか、技術移転を通じて30を超える民間サービスが展開[4]され、官公庁のほか防災・交通・医療などの幅広い分野で活用されている。

**関連データ**　多言語翻訳技術
URL：https://www.soumu.go.jp/johotsusintokei/whitepaper/ja/r06/html/datashu.html#f00409
（データ集）

　2025年（令和7年）の大阪・関西万博も見据え、NICTの多言語翻訳技術の更なる高度化のため、総務省は、2020年（令和2年）3月に「グローバルコミュニケーション計画2025」を策定した。総務省では、同計画に基づいて、NICTに世界トップレベルのAI研究開発を実施するための計算機環境を整備するとともに、従来は短文の逐次翻訳にとどまっていた技術を、ビジネスや国際会議における議論の場面にも対応した「同時通訳」が実現できるよう高度化するための研究開発を2020年度（令和2年度）から実施している。

**関連データ**　多言語翻訳技術の更なる高度化に向けた取組
URL：https://www.soumu.go.jp/johotsusintokei/whitepaper/ja/r06/html/datashu.html#f00410
（データ集）

　また、実用レベルの翻訳精度を実現している重点対応言語についても、多言語同時通訳に関する研究開発と合わせて在留外国人への対応等を念頭に更に3言語を追加する予定としている。

## ④　量子技術

### ❶ 量子セキュリティ・ネットワーク政策の動向

　量子技術は、将来の社会・経済を飛躍的・非連続的に発展させる革新技術であるとともに、経済安全保障上も極めて重要な技術であり、米国、欧州、中国などを中心に、諸外国において研究開発投資を大幅に拡充するとともに、研究開発拠点形成や人材育成などの戦略的な取組が展開されている。

　政府全体として、「量子技術イノベーション戦略」（令和2年1月統合イノベーション戦略推進会議決定）、「量子未来社会ビジョン〜量子技術により目指すべき未来社会ビジョンとその実現に向けた戦略〜」（令和4年4月統合イノベーション戦略推進会議決定）及び「量子未来産業創出戦略」（令和5年4月統合イノベーション戦略推進会議決定）並びにこれらの3戦略を強化し補完する方策として取りまとめられた「量子産業の創出・発展に向けた推進方策」（令和6年4月量子技術イノベーション会議が統合イノベーション戦略推進会議に報告）を踏まえ、各技術分野（量子コンピュー

---

[4]　グローバルコミュニケーション開発推進協議会　国立研究開発法人情報通信研究機構（NICT）の多言語翻訳技術を活用した民間企業の製品・サービス事例https://gcp.nict.go.jp/news/products_and_services_GCP.pdf

ター、量子ソフトウェア、量子セキュリティ・ネットワーク、量子計測・センシング／量子マテリアルなど）における研究開発の強化や事業化に向けた活動支援を行うとともに、基礎研究から技術実証、人材育成などに至るまで産学官で一気通貫に取り組む拠点形成などのイノベーション創出に向けた取組を推進することとしている。

### ❷ 量子暗号通信技術等に関する研究開発

　現代暗号の安全性の破綻が懸念されている量子コンピューター時代においては、量子の物理的特性から盗聴を確実に検知可能な量子暗号が必要とされている。総務省では、NICTと連携し、量子暗号通信技術（量子鍵配送技術）等の研究開発を推進するとともに、政府全体の戦略を踏まえ、量子セキュリティ・ネットワークに関する技術分野について、量子技術イノベーション戦略に基づく拠点として「量子セキュリティ拠点」を2021年度（令和3年度）にNICTに整備し、テストベッドの構築・活用などを通じた社会実装の推進、人材育成などに幅広く取り組んでいる。

#### ア　量子暗号通信の長距離化・ネットワーク化の研究開発

　量子暗号通信の社会実装を実現するためには、通信距離の長距離化が大きな課題の一つとなっている。そこで、総務省では、長距離化の課題を克服し、グローバル規模での量子暗号通信網の実現を目指し、2020年度（令和2年度）から、地上系を対象とした量子暗号通信の長距離リンク技術及び中継技術の研究開発に取り組んでいる。また、安全な衛星通信ネットワークの構築に向け、2018年度（平成30年度）から、量子暗号通信を超小型衛星に活用するための研究開発に取り組んでおり、2023年度（令和5年度）には国際宇宙ステーション（ISS）と地上間における暗号鍵共有技術の実証試験を実施している。引き続き、グローバル規模での量子暗号通信網の構築に向けた研究開発を進めていく。

#### イ　量子暗号通信のテストベッド整備と社会実装の推進

　我が国では、NICTが早期より量子暗号通信の要素技術の研究開発に取り組んでおり、量子暗号通信の原理検証を目的として、2010年（平成22年）に量子暗号通信テストベッド「東京QKDネットワーク」を構築し、長期運用を行っている。東京QKDネットワークの長期運用実績に基づき策定された量子暗号通信機器の基本仕様は、2020年（令和2年）に国際標準（ITU-T Y.3800シリーズ）として採用されており、国際的にも高い競争力を有している。

　また、量子暗号通信は、国内重要機関間での情報のやりとりに加え、金融・医療などの商用サービスへの展開も期待されており、早期の実用化が強く求められている。そこで、総務省では、2021年度（令和3年度）から、複数拠点間を接続した構成で経路制御などのネットワーク構成実証を実施可能な量子暗号通信の広域テストベッドの整備を行い、実環境での利用検証を通じた社会実装の加速化に取り組んでいる。

#### ウ　量子インターネット実現に向けた研究開発

　量子状態を維持した長距離通信を安定的に実現する量子インターネットは、セキュアな通信や分散量子コンピューティングなど様々な量子技術の利活用の基盤をなす通信技術として期待されている。そこで、総務省では、2023年度（令和5年度）から量子インターネット実現に向けて、量子状態を維持し、安定した長距離量子通信を実現するための要素技術の研究開発を開始している。

第2章

総務省におけるICT政策の取組状況

**関連データ**　グローバル規模の量子暗号通信網のイメージ
URL：https://www.soumu.go.jp/johotsusintokei/whitepaper/ja/r06/html/datashu.html#f00411
（データ集）

## ⑤　リモートセンシング技術

　NICTでは、線状降水帯やゲリラ豪雨に代表される突発的大気現象の早期捕捉や発達メカニズムの解明への貢献、災害時の被害状況の迅速な把握等を目的として、降雨・水蒸気・風・地表面などの状況を高い時間空間分解能で観測するリモートセンシング技術の研究開発を実施している。

　高速かつ高精度に雨雲の三次元観測が可能な二重偏波フェーズドアレイ気象レーダー（MP-PAWR）の展開及びそのデータ利活用促進に関する研究開発のほか、大気中の水蒸気量を地上デジタル放送波の伝搬遅延を用いて推定する技術や上空の風速が観測可能なウインドプロファイラ技術、水蒸気と風を同時に観測可能なアイセーフ赤外パルスレーザーを用いた地上設置型水蒸気・風ライダー技術などの研究開発等を進めている。

**関連データ**　線状降水帯の水蒸気観測網を展開 －短時間雨量予測の精度向上への挑戦－
URL：https://www.nict.go.jp/press/2022/06/29-1.html

## ⑥　宇宙ICT

　宇宙基本法（平成20年法律第43号）に基づく宇宙基本計画とその工程表に基づき、総務省では、次のような宇宙開発利用に関する研究開発などを推進している。

①　周波数資源を有効に活用し、将来の超広帯域衛星通信システムを実現するための、小型衛星コンステレーション向け電波・光ハイブリッド通信技術や宇宙ネットワーク向け未利用周波数帯活用型無線通信技術の研究開発

②　衛星を用いた量子暗号通信の基盤技術を確立し、衛星ネットワークなどによる量子暗号通信網の実現に向けた研究開発

③　米国提案の国際宇宙探査計画（アルテミス計画）に資する、テラヘルツ波を用いた月面の水エネルギー資源探査技術の研究開発

④　技術試験衛星9号機のための衛星通信システムや10Gbps級の地上・衛星間光データ伝送を可能とする光通信技術の研究開発

⑤　電離圏や磁気圏、太陽活動を観測、分析し、24時間365日の有人運用による宇宙天気予報や、静止気象衛星ひまわりの後継機に搭載予定の宇宙環境モニタリングセンサの開発

⑥　衛星光通信技術の実用化に伴った、更なる高速・大容量・長距離化に資する光増幅器等の基盤技術の研究開発

　また、諸外国が宇宙開発を強力に推進し、各国が顕著な成果を上げている中、我が国の宇宙活動の自立性を維持・強化し、民間企業等が先端技術開発や技術実証、商業化に取り組むことを強力に支援するため、2024年3月に産学官の結節点としての国立研究開発法人宇宙航空研究開発機構

(JAXA) に基金（宇宙戦略基金）を造成した。今後、関係府省（内閣府、文部科学省、経済産業省）と連携しながら、宇宙関連市場の獲得を目指す民間企業等の商業化の加速、産学官の宇宙へのアクセスや利用の拡大、幅広いプレーヤによる最先端技術開発への積極的な参画・戦略的な連携体制の整備・構築を目指す。

## ⑦ ICTスタートアップ支援

「スタートアップ育成5か年計画」（2022年（令和4年）11月新しい資本主義実現会議決定）に基づき、総務省では、先端的なICTの創出・活用による次世代の産業の育成のため、官民の役割分担の下、芽出しの研究開発から事業化までの一気通貫での支援を行う「スタートアップ創出型萌芽的研究開発支援事業」を実施している。

公募を経て選抜された、起業や事業拡大を目指す個人またはスタートアップによる、ICTに関する研究開発に対して、研究開発費を支援するとともに、2023年度（令和5年度）まで10年間実施してきた「異能（inno）vationプログラム」の成果も活用し、全国各地・各分野の支援機関も含めた官民一体となった伴走支援を提供している。

さらに、施策の波及効果を高めるため、民間の有志企業等の協力を得て、「ICTスタートアップリーグ」と称して、民間独自の支援活動・業界活性化のための取組みを推進している。

第2章　総務省におけるICT政策の取組状況

## 社会実装・海外展開を見据えたBeyond 5Gの推進戦略

### 1 Beyond 5G実現に向けた検討の経緯

Beyond 5Gは、次世代の情報通信インフラとして、2030年代のあらゆる産業や社会活動の基盤となることが期待されている。

我が国では、総務省が2020年（令和2年）6月に「Beyond 5G推進戦略」を策定・公表して以降、官民による取組が進展してきたところである。その後、Beyond 5Gをめぐる国際的な開発競争が激化し、研究開発や国際標準化といった戦略の具体化の必要性が高まってきたことから、総務省は、2021年（令和3年）9月30日に、「Beyond 5Gに向けた情報通信技術戦略の在り方」について情報通信審議会に諮問、審議が行われ、2022年（令和4年）6月30日の中間答申では、我が国が注力すべきBeyond 5Gの重点技術分野や、予算の多年度化を可能とする枠組の創設等が提言された。

中間答申以降、同答申等を踏まえた政府や民間事業者による取組が進展するとともに、新たな環境変化や課題等が生じていることを踏まえた検討が再開され、2024年（令和6年）6月に情報通信審議会からの最終答申を受けたところであり、その概要をここに紹介する。

### 2 Beyond 5Gをめぐり新たに考慮すべき環境変化と課題

最終答申では、Beyond 5Gの在り方そのものや、我が国の取組に対して影響を与えうる、中間答申以降に生じた新たな環境変化やそれに伴う課題を、大きく以下の3点に整理している。

#### (1) 情報通信ネットワークの自律性や技術覇権を巡る国際的な動向

2024年（令和6年）1月に発生した令和6年能登半島地震の発災時に生じた通信障害や、ロシアの侵攻を受けたウクライナからの情報発信などの例から分かるように、情報通信ネットワークは、平素からの国民生活や社会経済活動のみならず、災害発生時や有事における情報流通の基盤となるものであり、いわば「通信主権」とも言うべき情報通信ネットワークにおける自律性を確保・維持することは、主権国家として死活的に重要であることが分かる。こうした中、特に5Gインフラ市場において、通信機器の安全性・信頼性の確保の重要性に関する認識が急速に高まり、国際的にも広がりを見せていることに加え、米中間のデカップリング（分断）が進む中、グローバルなサプライチェーンの信頼性が低下し、各国とも経済安全保障を確保するための取組を急速に進めつつある。同時に、新興技術を巡って米中を中心とする主要国間の競争が激化している。

情報通信ネットワークは、以上のような基幹インフラの自律性の確保と、国際的な技術覇権競争の結節点として位置付けられ、5Gの際とは比較にならないほど各国政府が政策的関与を強化してきており、このような状況下で、利害関係の多極化、システム全体の大規模化、技術以外の力学等を背景に、コンセンサスづくりが困難となりつつある。

#### (2) 通信業界をめぐる構造変化

4Gまでは、主にヒトが利用者となることを念頭に、通信事業者や通信ベンダーが、通信可能エリアや通信速度を向上させるための技術開発・標準化し、インフラ整備を進め、その結果が、利便性の向上としてユーザに実感され、通信事業者の収益増加に繋がるという好循環が働いていた。（ワイヤレスの産業化）

5G以降については、モノを繋ぐことで各産業分野における付加価値を創出する、いわば「産業のワイヤレス化」が期待されているものの、4Gのような好循環が生まれるのはこれからという状況であり、世界的にも5Gの収益化が大きな課題とされている。

こうした状況に加え、通信業界では、大手テック企業が、コアネットワーク機能の提供や、海底ケーブルの敷設等を通じて、自ら通信事業者の立場に立ちつつあり、宇宙では、SpaceXをはじめとする新興事業者が、

衛星ネットワークの構築を急速に進め、携帯電話事業者と連携してサービス提供を行う等、伝統的な通信事業者を超えて、存在感を増す一方となっている。

　以上のように、ネットワーク構造と、それを巡るエコシステムやプレイヤーの影響力が急激に変化してきており、通信業界全体が大きな変革の時代を迎えつつある（図表1）。

### (3) AIの爆発的普及

　2022年（令和4年）のChatGPTの登場以降、世界各国で生成AIの開発競争が激化し、急速に普及しつつある。既に生成AIは、一般の利用者とのインターフェースの一部として情報通信ネットワークの端末側に埋め込まれつつあり、今後、生成AIは情報通信ネットワークを通じて相互に通信を行う形態が急速に広がっていくことが想定される。これまで、Beyond 5GにおけるAIの位置付けは、ネットワークの運用効率化のためのツール（AI for Network）や、実空間から吸い上げたビッグデータをサイバー空間上で分析するためのツール（AI for CPS）としての活用が想定されていた。今後は、図表2のようにAIが隅々まで利用された社会を支える基盤（Network for AIs）としての機能を果たしていくことが求められる。また、小規模なAIを分散させ連携させることにより機能させる「AIコンステレーション」といったアイディアが出てきており、そうした機能を実現する上でネットワーク機能の高度化や、データセンターやエッジコンピューティング等の計算資源とネットワークの連携や一体的運用が更に進むことが想定される。さらに、デジタルインフラの消費電力の増大に対応した、ネットワーク自体の低消費電力化や、ネットワークを活用したデータセンター等の電力需要の分散化が社会的要請として高まることが想定される。

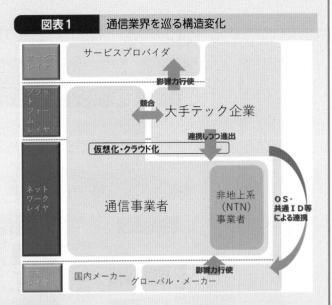

**図表1　通信業界を巡る構造変化**

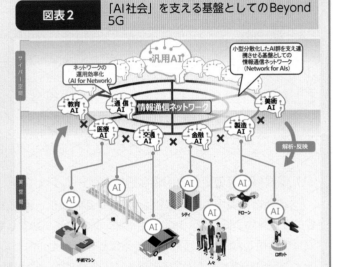

**図表2　「AI社会」を支える基盤としてのBeyond 5G**

### 3　環境変化等を踏まえたBeyond 5Gの全体像

　Beyond 5Gの全体像については、既に中間答申において整理されていたが、2の新たな環境変化、特に、AIが爆発的に普及するとの見込みやNTN提供事業者の存在感の増大等を踏まえて、最終答申では、全体像が図表3のとおり見直されている。

　具体的には、「コンピューティングリソース」が新たに全体像の中で位置付けられ、これを支えるネットワークと一体的に運用されるとされているほか、2で述べた「AI for Network」と「Network for AIs」の双方の概念が全体像に反映され、端末層から、デジタルインフラ層、サービス層に至るまで、あらゆる層においてAIが遍在することが示されている。

第2章

総務省におけるICT政策の取組状況

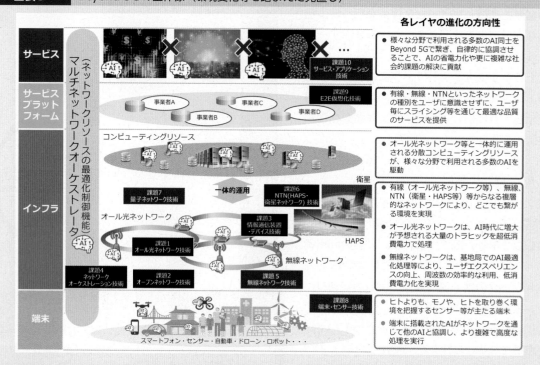

**図表3　Beyond 5Gの全体像（環境変化等を踏まえた見直し）**

### 4　新たな戦略において重視すべき4つの視点

最終答申では、2の新たな環境変化等を踏まえて、今後、Beyond 5G実現に向けた各種取組を進める上で重視すべき視点を次の4点に整理している。

### （1）業界構造等の変化の的確な把握とゲームチェンジ

2の新たな環境変化等で挙げられているように、通信業界の構造やビジネスモデルが大きく変化して流動的となる中、既存のルール・メイキングの秩序が必ずしもこれまでと同様の重要性を持たない、あるいは同様に通用しなくなる可能性があることを踏まえ、こうした状況を的確に把握し、むしろ、これをゲームチェンジの好機として捉えるとともに、伝統的な通信事業者だけでなく、ビッグ・テック、NTN事業者、データセンター事業者等の新たなプレイヤーを意識して、戦略的に取り組むことが必要としている。

### （2）グローバルなエコシステムの形成・拡大

我が国の目指すBeyond 5Gは、非常に幅広い技術要素からなる総合的なシステムとして想定されており、もはや個社や我が国だけで全ての技術・製品・サービスを賄うことは現実的ではないこと等を踏まえ、「グローバル・ファースト」の視点を持ちつつ、より大きなエコシステム（生態系）の形成を意識すること、当初より、研究開発・国際標準化活動・エコシステムづくりを同時並行的に進めること、さらに、市場全体の中で、自身が持つ強みを軸に、一定の存在感を発揮できる立ち位置を確保することを目指すことが必要としている。

### （3）オープン化の推進

5Gにおいて、既に我が国は同志国とも連携しながら、国内外での基地局仕様のオープン化を促進する取組を進めているところ、Beyond 5Gの実現に当たっても、ネットワークの自律性、市場競争的な環境、さらにはネットワークの円滑なマイグレーションを確保する観点から、相互運用性の確保などの、オープン化の推進を重視すべきとしている。

### (4) 社会的要請に対する意識の強化

**2** の新たな環境変化等で挙げられた5Gの現状等を踏まえつつ、Beyond 5Gの実現に向けては、提供側の視点だけでなく、社会的要請の見極めが必要だとし、現時点で明らかな社会的要請として、コスト効率性、環境負荷低減、信頼性・強靭性、接続性、セキュリティ・プライバシーを挙げている。

### 5 具体的な取組の方向性

最終答申では、Beyond 5Gの実現に向けて、ビジョンづくりや要素技術開発といった「初期フェーズ」は終わりつつあり、より社会実装・海外展開を意識するフェーズへと移行してきているとの認識の下、官民の役割分担として、Beyond 5Gの社会実装や海外展開の担い手が民間事業者であることを明確にした上で、これら事業者が一定の覚悟をもって取り組むプロジェクトを、ゲームチェンジを実現するための我が国の「戦略商品」として位置付け、その社会実装や海外展開を、国が全力で支援すべきとしている。

これに加え、総合的な取組の必要性についても強調しており、研究開発、国際標準化、社会実装、海外展開などの各種取組について、有機的に連携させつつ、総合的に取り組む姿勢が不可欠として、具体的には、図表4に挙げた各種取組を一体的に推進していくことが提言されている。

なお、この中でも特に研究開発では、オール光ネットワーク共通基盤技術について、情報通信審議会技術戦略委員会の下のワーキンググループにおいて研究開発の方向性等に関する検討が行われ、2024年（令和6年）5月に取りまとめられた。

ワーキンググループの取りまとめにおいては、開発した技術が早期に利用でき、かつ実際に広く活用され実現することを重視する観点から、通信事業者以外を含む多くの利用者が使いやすい技術開発を行うことや、並行して行うべき普及方策等が「開発の基本的な考え方」として整理された。また、技術開発の具体的な内容として、全体的なアーキテクチャの策定や業界共通的に取り組むべき課題を解決するために必要な技術開発、更には、普及方策として、多くの利用者が開発成果を確認・検証できるテストベッド整備に向けた早期の検討、国際標準化及び国内外でのプロモーション活動に取り組むべきとされている。

---

**図表4**　Beyond 5Gに向けた研究開発・国際標準化・社会実装・海外展開の一体的推進

**●民間企業による戦略的な標準化活動に対する支援**
- ✓ 総務省による国際標準化活動支援も活用し、民間企業において標準化に係る量的・質的な推進力を強化

**●標準化に携わる人的資源の確保**
- ✓ Beyond 5G新経営戦略センターによる、企業・組織の枠を超えた次世代人材育成を推進
- ✓ 標準化に携わる人材のスキルセットや教育プログラムを業界全体で共有

**●情報収集・分析力の強化**
- ✓ 主要国政府の標準化担当者や海外専門家とも連携し、標準化動向を多角的に分析

**●インフラ整備とエコシステム拡大に向けた各種取組**
- ✓ 「デジタル田園都市国家インフラ整備計画」に基づきBeyond 5Gの導入に繋がるデジタル基盤の整備を着実に推進
- ✓ 多様な主体が参画するフィールドトライアル型の研究開発を可能とするテストベッド環境を整備

**●海外市場の開拓・獲得に向けた各種政策支援**
- ✓ 将来的な市場獲得に向け、Beyond 5Gにも繋がる既に商用化された製品（OpenRAN関連製品、光伝送装置等）を今から海外展開して日本企業のフットプリントを拡大
- ✓ JICT等の官民ファンド、JBIC、JICA、JETRO等との連携や、官民連携協議会を活用した情報共有を強化

**■国内の関連制度の整備**
- ✓ 国際動向等を踏まえ国内の周波数割当可能性や技術基準等を検討

**国際標準化関係**　一体的に推進　**社会実装・海外展開関係**

**研究開発関係**

**●民間企業による戦略的な開発に対する継続的な支援**

**●エコシステムの拡大に必要となる共通的な領域における技術開発の推進**
- ✓ 2028年頃を目途に、オール光ネットワークの事業者間連携のための共通基盤技術を確立
- ✓ 経済産業省による光電融合デバイスに関する技術開発と相互に連携

**●基礎的・基盤的な研究力の確保**
- ✓ NICTの第6期中長期計画（2026年4月～）に向けて具体的な検討を今後開始
- ✓ ICT分野の高度研究人材の育成支援で文部科学省・JSTと連携強化するとともに、スタートアップに対する支援の輪を拡大

---

### 6 今後の取組

今後の取組について、総務省は、最終答申を受け、今後、具体的な戦略・行動計画を策定・公表するとともに、関係事業者と我が国の「戦略商品」ごとの計画をクローズドな形で作成・共有して取組を推進すべきとの提言がなされている。

# 第8節　ICT国際戦略の推進

## ① 概要

### ❶ これまでの取組

　総務省では、政府全体のインフラ海外展開戦略である「インフラシステム海外展開戦略2025」（令和2年12月10日経協インフラ戦略会議決定、令和3年6月17日同会議改訂版決定、令和5年6月1日同会議追補版決定）や総務省で策定した「総務省海外展開行動計画2025」（令和4年7月21日総務省策定）に基づき、ICTインフラシステムの海外展開について、案件発掘、案件提案、案件形成などの展開ステージに合わせ、人材育成・メンテナンス・ファイナンスなどを含めたトータルな企業支援を通じて精力的に取り組んできた。

　また、米国をはじめとした二国間での政策対話やG7、G20などの多国間の場を活用し、国際ルール形成に向けたデジタル経済に関する議論や国際的なルール形成に関する議論などに積極的に関与し、国際的な枠組作りに貢献してきた。

　さらに、光海底ケーブルや5Gネットワークなどのデジタルインフラが国民生活や経済活動を支える基幹的なインフラとなるなかで、経済安全保障の観点からも、国際連携などを通じ、それらの安全性・信頼性の確保等に取り組んできた。

### ❷ 今後の課題と方向性

　新型コロナウイルス感染症の世界的流行を契機として社会・経済のデジタル化が加速しており、通信ネットワークの整備・高度化や課題解決に効果的なデジタルソリューションへのニーズが増大している。また、経済安全保障に関する議論が活発化するなかで質の高いインフラの重要性がクローズアップされている。こうした中、二国間、多国間での枠組を活用し、我が国の有する質の高いインフラを海外に展開することは、各国の社会課題のみならず、気候変動等の世界的な課題の解決に寄与し、更にはSDGsの実現に貢献するものである。また、我が国のデジタル技術の普及、開発の土壌の整備により国際競争力を高めてプレゼンスを示していくことは、我が国の経済の発展のためにも重要である。

　このような状況の下、総務省では、我が国のデジタル技術の国際競争力強化及び世界の社会課題解決の推進を目的に、国際協調などを通じて、デジタル分野などの海外展開、国際的な枠組作りなどの活動を行っていくこととしている。特に、海外展開については、「総務省海外展開行動計画2025」の推進の一環として、5G・光海底ケーブルなどのICTインフラシステムに加え、医療・農業分野などにおけるワンストップのICTソリューションの展開に重点をおくこととしており、我が国の技術と経験を活用しながら世界の経済発展と社会課題解決に貢献していくことが必要である。また、デジタル分野における国際的なルール形成を先導していくため、国際会議などの場を活用し、国際的議論に積極的に参画していくことが重要である。

## ② デジタルインフラなどの海外展開

　社会・経済のデジタル化が進む中で通信インフラ・サービスへのニーズが世界的に増大している

ことを踏まえ、総務省では、我が国のデジタル産業の国際競争力強化及びデジタル技術を活用した世界的な課題解決の推進を目的に、デジタルインフラなどの海外展開支援などを推進している。

### ❶ 総務省における海外展開支援ツール

総務省では、我が国の質の高いデジタルインフラなどの海外展開について、基礎調査から実証事業までのそれぞれのフェーズに応じた支援を通じ、各国の事情・課題を踏まえた取組を実施している。

また、2021年（令和3年）2月には、総務省主導で日本のICT海外展開を支援するための官民連携の枠組である「デジタル海外展開プラットフォーム」を設立した（**図表Ⅱ-2-8-1**）。この枠組には、2024年（令和6年）3月末時点、我が国のICT企業などを中心に200を超える会員や関係省庁・機関などが参加し、データベースによる世界各国・地域（71カ国）に関する情報共有、ワークショップの開催、チーム組成や具体的プロジェクトの検討を進めている。

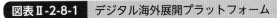

**図表Ⅱ-2-8-1　デジタル海外展開プラットフォーム**

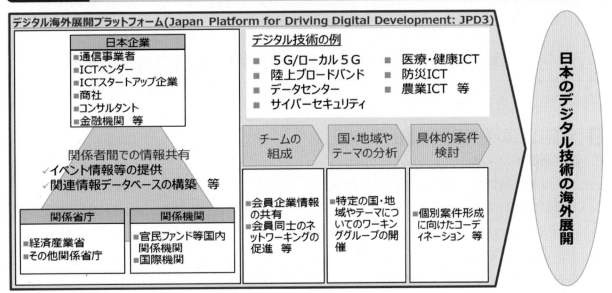

### ❷ 株式会社海外通信・放送・郵便事業支援機構（JICT）

総務省所管の官民ファンドである株式会社海外通信・放送・郵便事業支援機構（JICT）では、海外において通信・放送・郵便事業を行う者やそれを支援する者に対して投資やハンズオンなどの支援（**図表Ⅱ-2-8-2**）を実施しており、2024年（令和6年）3月末時点、累計約1,087億円の出融資について支援決定済みである。

また、近年のICTの発展やニーズ、世界各国の政策動向などを踏まえ、2022年（令和4年）2月にJICTの支援基準を改正し（令和4年総務省告示第34号）、JICTによるハードインフラ整備を伴わない事業（ICTサービス事業）に対する支援やファンドへのLP出資が可能となったことで、大企業のみならず中堅・中小・地方企業に対しても海外展開支援をしやすい体制が整い、2023年度（令和5年度）には3件の新規支援決定を行った。

**図表Ⅱ-2-8-2** 株式会社海外通信・放送・郵便事業支援機構（JICT）を通じた支援

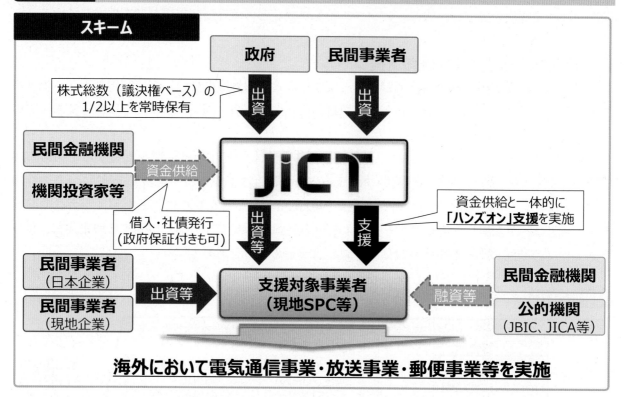

## ❸ 分野ごとの海外展開に向けた取組

### ア　基幹通信インフラ

　モバイル通信網については、2021年（令和3年）、エチオピア政府から、同国の携帯電話事業について我が国企業を含む国際コンソーシアムへライセンスの付与が承認され、2022年（令和4年）10月に商用通信サービスを開始した。これを契機として、同国及びアフリカ地域へのデジタルソリューションの展開を推進する予定である。

　光海底ケーブルについては、JICTを通じて東南アジアを中心とした地域における光海底ケーブル事業（総事業費約400百万米ドルのうち最大78百万米ドルの出資等を支援決定）を支援しているほか、2020年（令和2年）8月にインドのモディ首相から発表されたインド洋における光海底ケーブル敷設計画について、2021年（令和3年）9月から同地域のプロジェクトに我が国企業が参画し、2023年（令和5年）7月に完成している。さらに、通信環境が比較的整っていない太平洋島嶼国の通信環境の改善についても、有志国や関係省庁・機関とも連携し取り組んでいる。また、欧州委員会との間で安全で強靱かつ持続可能なグローバル接続性のための海底ケーブルに関する協力覚書[1]に署名した。

　5Gについては、国際場裡で安心・安全な5Gネットワークの重要性が議論される中で、オープンでセキュアなネットワークを実現する技術として注目される「Open RAN」やそれを活用したシステムの海外展開に取り組んでいる。例えば、ベトナム及びフィリピンにおいては2022年度（令和4年度）に、オーストラリア、インドネシアにおいては2023年度（令和5年度）にOpen RAN展開可能性について調査を実施した。また、英国においては2022年度（令和4年度）に

---

[1]　https://www.soumu.go.jp/menu_news/s-news/01tsushin08_02000155.html

Open RANに関する試験環境整備や、RAN機器におけるO-RANアライアンスが定めるインターフェース仕様への適合性の確認試験等を実施し、またフィリピンにおいては前年度の調査結果も踏まえ、2023年度（令和5年度）にOpen RAN機器の有用性を検証することを目指した実証を行った。

　データセンターについては、2021年（令和3年）3月から、ウズベキスタンにおいて、同国の通信環境の改善に向け、データセンターなどの通信インフラ整備に係るプロジェクトに我が国企業が参画しているほか、JICTを通じてインドにおけるデータセンターの整備・運営事業（2022年（令和4年）10月に最大86百万米ドルの出資等を支援決定）を支援している。

　地上デジタル放送日本方式については、中南米を中心に、日本を含む20か国が同方式を採用しており、2022年（令和4年）10月にはボツワナにおいて、海外での採用国として初めて全土でアナログ放送停波が完了し、コスタリカ（2023年（令和5年）1月）、チリ（2024年（令和6年）4月）においても全土でアナログ放送停波が完了した。今後も引き続きデジタル放送への円滑な移行にかかる支援を実施していく。

### イ　デジタル技術の利活用モデル

　医療分野における利活用については、中南米地域を中心にスマートフォンによる遠隔医療システムを受注するとともに、2020年度（令和2年度）からは東南・南西アジア諸国への高精細映像技術を活用した内視鏡及び医療AIによる診断支援システムの普及展開に向け、現地病院における実証も通じて検討を進めており、2022年度（令和4年度）にはベトナムにおいて調査実証を実施した。

### ウ　放送コンテンツ

　我が国の放送事業者等が、地方自治体等と連携し日本の魅力を発信する放送コンテンツを制作して海外の放送局等を通じて発信する取組や、国際見本市を通じた放送コンテンツの海外展開を継続的に支援してきており、地域産品の販路開拓などの経済波及効果や日本の魅力の浸透など、様々な効果が生まれている。また、令和5年度からは、海外事業者に対して日本の放送コンテンツの情報を発信するオンライン共通基盤の整備等に着手しており、放送コンテンツ関連海外売上高を令和7年度までに1.5倍（対2020年度（令和2年度）比）に増加させることを目標に、引き続き放送コンテンツの海外展開の推進及びそれを通じたソフトパワーの強化を図っていく。

### エ　その他
#### （ア）消防分野

　2018年（平成30年）10月8日にベトナムとの間で「日本国総務省とベトナム社会主義共和国公安省との消防分野における協力覚書」を締結して以来、予防政策や消防用機器等の基準等についての意見交換等を行うことで、日本の消防用機器等の品質の高さをPRしてきた。また、2023年（令和5年）2月には火災予防技術に関する基礎研修を実施したところである。引き続き、ベトナムをはじめ幅広く東南アジア諸国等に対し働き掛けていくことで、日本の規格に適合する消防用機器等の海外展開を推進していく。

## （イ）郵便分野

　東南アジア、欧州、コーカサス地域などの主に新興国・途上国を対象に、郵便サービスの品質向上や郵便業務の最適化に関する課題やニーズを把握し、その解決や実現に資する我が国の知見・経験や技術・システムを提供するアプローチを通じて、官民一体となって日本型郵便インフラシステムの海外展開の取組を推進している。これまで、ベトナム郵便やスロベニア郵便などを対象に、業務効率化のためのコンサルティング契約の締結や区分機などの機材・システムの受注を実現している。近年では、スロバキアやアゼルバイジャンなどの新たな対象国への郵便業務の最適化支援のほか、郵便事業のデジタル・トランスフォーメーション（DX）、郵便事業に関する脱炭素化の推進への支援などの新たな取組を通じて、我が国企業のビジネス機会の拡大を図っている。

## （ウ）行政相談

　行政相談分野では、各国の公的オンブズマンとの連携・協力などが行われており、ベトナム、ウズベキスタン、イラン、タイの4か国とは、行政苦情救済に係る協力の覚書をそれぞれ締結している。これに基づき、例えば、ベトナムから研修生を計約310人受け入れるなどの取組が実施されてきた。

## ③ デジタル経済に関する国際的なルール形成などへの貢献

### ❶ 信頼性のある自由なデータ流通（DFFT）

　DFFT（Data Free Flow with Trust（信頼性のある自由なデータ流通））については、2023年（令和5年）4月に開催されたG7群馬高崎デジタル・技術大臣会合でDFFT具体化のための国際枠組み（Institutional Arrangement for Partnership：IAP）の立ち上げに合意し、5月に開催されたG7サミットでIAPの設立が承認を経て、12月にOECDの下でIAPが設立された。

### ❷ サイバー空間の国際的なルールに関する議論への対応

**ア　サイバー空間の国際ルールづくり**

　総務省では、サイバー空間の国際的なルールづくりに関し、①民主主義を支えるだけでなく、イノベーションの源泉として経済成長のエンジンとなる情報の自由な流通に最大限配慮すること、②サイバーセキュリティを十分に確保するためには、実際にインターネットを利用し、ネットワークを管理している民間企業や学術界、市民社会などあらゆる関係者の参画（マルチステークホルダーの枠組）が不可欠であることの2点を重視していることを踏まえ、デジタルエコノミーに関する日米対話（日米DDE）及び日EU・ICT戦略ワークショップなど二国間対話において関連の議題を取り上げ、同志国との連携を強化することに加えて、2022年（令和4年）4月には、コアメンバー国（日本、米国、オーストラリア、カナダ、EU、英国）及び有志国において、「未来のインターネットに関する宣言」を立ち上げるなど、多国間会合における議論にも積極的に参加している。

**イ　サイバーセキュリティに関する二国間・多国間対話**

　サイバーセキュリティに関する二国間の政府の議論については、日米間で2023年（令和5年）

5月に「第8回日米サイバー対話*2」、日インド間で同年9月に「第5回日インド・サイバー協議*3」、日仏間で同年11月に「第7回日仏サイバー協議*4」が開催され、情勢認識、両国における取組、国際場裡における協力、能力構築支援などについて議論を行うなど、各国との連携強化を進めている。

　サイバーセキュリティに関する多国間の議論については、日ASEANサイバーセキュリティ政策会議などにおいて、各国の取組状況やASEAN地域に対する能力構築支援の状況などに関する意見・情報交換が行われている。また、日米豪印4か国のいわゆるクアッドの取組の下で、サイバーセキュリティに関する協力について合意されており、政府一体となって同志国との連携強化に向けた議論が行われ、2022年（令和4年）5月の首脳会合共同声明にて「日米豪印サイバーセキュリティ・パートナーシップ：共同原則*5」が公表された。

### ❸ ICT分野における貿易自由化の推進

　世界貿易機関（WTO：World Trade Organization）を中心とする多角的自由貿易体制を補完し、二国間の経済連携を推進するとの観点から、我が国は経済連携協定（EPA：Economic Partnership Agreement）や自由貿易協定（FTA：Free Trade Agreement）の締結に積極的に取り組んでいる。

　具体的には、2018年（平成30年）以降、環太平洋パートナーシップに関する包括的及び先進的な協定（CPTPP：Comprehensive and Progressive Agreement for Trans-Pacific Partnership）、日EU経済連携協定（日EU・EPA）、日米デジタル貿易協定、日英包括的経済連携協定（日英EPA）、地域的な包括的経済連携協定（RCEP）について議論し、署名・発効に至ったほか、現在も日中韓FTAなどの交渉を継続して行っている。なお、いずれのEPA交渉においても、電気通信分野については、WTO水準以上の自由化約束を達成すべく、外資規制の撤廃・緩和などの要求を行うほか、相互接続ルールなどの競争促進的な規律の整備に係る交渉や、締結国間での協力に関する協議も行っている。

### ❹ 戦略的国際標準化の推進

　情報通信分野の国際標準化は、規格の共通化を図ることで世界的な市場の創出につながる重要な政策課題であり、国際標準の策定において戦略的にイニシアティブを確保することが、国際競争力強化の観点において極めて重要であることから、国際標準化活動を戦略的に推進している。

　具体的には、デジュール標準*6に加えフォーラム標準*7に関する動向調査、国際標準化人材の育成、標準化活動の重要性について理解を深める取組などを実施している。

### ④ デジタル分野の経済安全保障

　総務省では、5Gなどの通信分野の経済安全保障上の重要性に鑑み、通信をはじめとするデジタル分野において、例えば、2021年（令和3年）4月の日米首脳会談を契機として立ち上げられた

---

*2　https://www.mofa.go.jp/mofaj/press/release/press4_009685.html
*3　https://www.mofa.go.jp/mofaj/press/release/press4_009785.html
*4　https://www.mofa.go.jp/mofaj/press/release/press5_000160.html
*5　https://www.mofa.go.jp/mofaj/files/100347891.pdf
*6　国際電気通信連合（ITU：International Telecommunication Union）などの公的な国際標準化機関によって策定された標準
*7　複数の企業や大学などが集まり、これらの関係者間の合意により策定された標準

「グローバル・デジタル連結性パートナーシップ」（GDCP：Global Digital Connectivity Partnership）や2022年（令和4年）5月の日米豪印（クアッド）首脳会合の機会に署名された「5Gサプライヤ多様化及びOpen RANに関する協力覚書」などを踏まえて、2023年（令和5年）5月の日米豪印首脳会合において、「Open RANセキュリティ報告書」を発表するなど、米国をはじめとした同志国と連携しながら、グローバルなデジタルインフラの安全性・信頼性確保に向けた取組を進めているところである。

また、2022年（令和4年）に成立した経済施策を一体的に講ずることによる安全保障の確保の推進に関する法律により創設された4つの制度のうち、「特定社会基盤役務の安定的な提供の確保」に関する制度においては、2023年（令和5年）11月に政省令[*8]の整備が完了し、同制度による規制の対象として、電気通信事業、放送事業及び郵便事業の各事業において指定基準に該当する事業者を指定した。2024年（令和6年）5月に同制度の運用が開始している。

## ⑤ 多国間の枠組における国際連携

総務省では、G7/G20、APEC、APT、ASEAN、ITU、国際連合、WTO、OECDなどの多国間の枠組で政策協議を行い、情報の自由な流通の促進、安心・安全なサイバー空間の実現、質の高いICTインフラの整備、国連持続可能な開発目標（SDGs）の実現への貢献などのICT分野に関する国際連携の取組を積極的にリードしている。

### ❶ G7・G20

G7の枠組においては、2016年（平成28年）4月のG7香川・高松情報通信大臣会合が発端となり、デジタル経済の発展に向けた政策などについて活発な議論が行われている。また、中国、インドなどを含むG20の枠組でも、デジタル経済に関する議論が継続的に行われるようになっている。具体的には、2019年（令和元年）6月に茨城県つくば市において開催した「G20茨城つくば貿易・デジタル経済大臣会合」では、AIについて、G20ではじめて「人間中心」の考えを踏まえたAI原則に合意し、G20大阪サミットでは首脳レベルでも合意された。また、信頼性のあるデータの自由な流通の促進（DFFT）の理念についても首脳レベルで支持され、2020年（令和2年）G20デジタル経済大臣会合（サウジアラビア）で重要性を再確認された。

2023年（令和5年）には我が国がG7の議長国を務め、同年4月のG7群馬高崎デジタル・技術大臣会合においては、①「越境データ流通及び信頼性あるデータの自由な流通の促進」、②「安全で強靭なデジタルインフラ構築」、③「自由でオープンなインターネットの維持・推進」、④「経済社会のイノベーションと新興技術の推進」、⑤「責任あるAIとAIガバナンスの推進」、⑥「デジタル市場における競争政策」の6テーマに関して議論を行った。その成果として、5つの附属書を含む「G7群馬高崎デジタル・技術閣僚宣言」が採択されるなど、デジタル経済に関するルール作りに向けた国際的議論に貢献した（**図表Ⅱ-2-8-3**）。

また、同年5月に発出された「G7広島首脳コミュニケ」においては、G7群馬高崎デジタル・技術大臣会合の結果も踏まえ、デジタル分野に関し、AIやメタバース等の新興技術に関するグローバルガバナンスの重要性、DFFT具体化の取組の支持、安全で強靭なデジタルインフラの構築及び

---

[*8]　「経済施策を一体的に講ずることによる安全保障の確保の推進に関する法律施行令」及び「総務省関係経済施策を一体的に講ずることによる安全保障の確保の推進に関する法律に基づく特定社会基盤事業者等に関する省令」

デジタル格差への対処の必要性等に合意した。

　2024年（令和6年）には、G7産業・技術・デジタル大臣会合（イタリア）が開催され、①「産業におけるAIと新興技術」、②「安全で強靱なネットワーク、サプライチェーン及び主要な投入要素」、③「デジタル開発－共に成長」、④「公共部門におけるAI」、⑤「広島AIプロセスの成果の前進」、⑥「デジタル政府」の6テーマに関して議論を行い、4つの附属書を含む「G7産業・技術・デジタル閣僚宣言」が採択された。

**図表Ⅱ-2-8-3　G7/G20における情報通信・デジタルの議論の経緯（概要）**

## ❷ 広島AIプロセス

　生成AIの急速な発展と普及が国際社会全体にとって重要な課題となっていることを踏まえ、生成AIに関する国際的なガバナンスについて議論を行うことを目的とした「広島AIプロセス」[*9]を立ち上げることとなった。本プロセスでは、2023年（令和5年）5月以降G7間で集中的な議論を行い、同年9月に「G7広島AIプロセスデジタル・技術閣僚会合」を開催し、中間的な成果をとりまとめた。その後、同年12月に再度G7デジタル・技術閣僚会合を開催し、2023年G7日本議長国下の広島AIプロセスの成果物として、生成AI等の高度なAIシステムへの対処を目的とした初の国際的政策枠組みである「広島AIプロセス包括的政策枠組み」[*10]及びG7の今後の取組について示した「広島AIプロセスを前進させるための作業計画」をとりまとめ、これらの成果について12月に発出されたG7首脳声明で承認された。当該作業計画に基づき、賛同国増加に向けたアウトリーチや、企業等による国際行動規範への支持拡大に取り組み、「広島AIプロセス」を更に推進し

---

＊9　広島AIプロセスウェブサイト：https://www.soumu.go.jp/hiroshimaaiprocess/
＊10　本政策枠組みは「生成AIに関するG7の共通理解に向けたOECDレポート」、「全てのAI関係者向け及び高度なAIシステムを開発する組織向けの広島プロセス国際指針」、「高度なAIシステムを開発する組織向けの広島プロセス国際行動規範」、「プロジェクト・ベースの協力」の4点で構成。

ていくこととしている[*11]。

2024年（令和6年）のG7議長国のイタリアは、「広島AIプロセス」を継続して推進することを表明し、3月に採択された「G7産業・技術・デジタル閣僚宣言」では、開発途上国・新興経済国を含む主要なパートナー国や組織における広島AIプロセスの成果の普及、採択、適用を促進するためのアクションが歓迎された。

2024年（令和6年）5月に開催されたOECD閣僚理事会では、生成AIに関するサイドイベント「安全、安心で信頼できるAIに向けて：包摂的なグローバルAIガバナンスの促進」において、岸田総理大臣から49ヶ国・地域の参加を得て広島AIプロセスの精神に賛同する国々の自発的な枠組みである「広島AIプロセス　フレンズグループ」を立ち上げることを発表した。

### ❸ アジア太平洋経済協力（APEC）

アジア太平洋経済協力（APEC：Asia－Pacific Economic Cooperation）は、アジア・太平洋地域の持続可能な発展を目的とし、域内の主要国・地域が参加する経済協力の枠組みである。電気通信分野に関する議論は、電気通信・情報作業部会（TEL：Telecommunications and Information Working Group）を中心に行われている。

2021年（令和3年）のAPEC首脳会議で「アオテアロア行動計画」が採択されたことに伴い、TELでは、現在、同行動計画の中で経済的推進力の一つとして掲げられている「イノベーションとデジタル化」の分野について実施促進のための検討を進めている。

総務省も、年2回開催されるTELにおける議論への参加、デジタル政府に関するプロジェクトの推進や我が国におけるICT政策の周知などの活動を通じ、TELの運営に積極的に貢献している。

### ❹ アジア・太平洋電気通信共同体（APT）

アジア・太平洋電気通信共同体（APT：Asia-Pacific Telecommunity）は、1979年（昭和54年）に設立されたアジア・太平洋地域における情報通信分野の国際機関で、同地域における電気通信や情報基盤の均衡した発展を目的として、研修やセミナーを通じた人材育成、標準化や無線通信などの地域的政策調整などを行っており、現在、我が国の近藤勝則氏（総務省出身）が事務局長を務めている。

総務省では、APTへの拠出金を通じて、ブロードバンドや無線通信など我が国が強みを有するICT分野で研修生の受け入れ、ICT技術者／研究者交流などの活動を支援している。2023年度（令和5年度）は、9件の研修、1件の国際共同研究及び3件のパイロットプロジェクトの実施を支援した。

### ❺ 東南アジア諸国連合（ASEAN）

東南アジア諸国連合（ASEAN：Association of South‐East Asian Nations）は、東南アジア10か国からなる地域協力機構であり、経済成長、社会・文化的発展の促進、政治・経済的安定の確保、域内諸問題に関する協力を主な目的としており、「ASEANデジタル大臣会合（ADGMIN）」においてデジタル分野における政策が協議されている。

---

[*11]　AI事業者ガイドラインに関する取組については、第Ⅱ部第2章第6節「ICT利活用の推進」も参照。

### ア 「ASEANデジタルマスタープラン2025」における目標達成への貢献

2021年（令和3年）1月に策定された「ASEANデジタルマスタープラン2025」の目標達成に向けて、我が国は日ASEAN間の今後の1年間のICT分野における協力・連携施策に関する「日ASEANデジタルワークプラン」を毎年提案し、ASEAN側から承認を得た上で様々な協力を実施している。例えば、我が国拠出金により設立された日ASEAN情報通信技術（ICT）基金などを活用しASEAN各国と共同プロジェクトを実施しており、2023年度（令和5年度）は、「日ASEAN Open RANシンポジウム」を開催した。

### イ サイバーセキュリティ分野における協力体制の強化

現在、日ASEANサイバーセキュリティ能力構築センター（AJCCBC：ASEAN Japan Cybersecurity Capacity Building Centre）[*12]で、ASEAN各国の政府機関及び重要インフラ事業者のサイバーセキュリティ担当者を対象として、実践的サイバー防御演習（CYDER）をはじめとするサイバーセキュリティ演習などをオンライン形式又は実地形式にて継続的に実施している。2023年（令和5年）からは新たなプロジェクト体制のもと、2027年（令和9年）まで演習コンテンツなどの充実化を図りながら活動が継続される予定となっている。

また、総務省では、ASEAN各国のISP事業者を対象とした日ASEAN情報セキュリティワークショップを定期的に開催するなど、関係者間の情報共有の促進及び連携体制の構築・強化を図っている。2024年（令和6年）3月に会合を実施し、日本およびASEAN各国間のサイバーセキュリティ分野における協力・連携関係の維持・発展を図っている。

### ウ 日ASEAN50周年

2023年（令和5年）は、日本ASEAN友好協力50周年を迎える重要な節目の年であり、日ASEAN関係の更なる強化が求められると同時に、我が国のデジタル技術のASEAN地域への一層の展開を図る好機であった。総務省としても、日ASEANデジタル大臣会合（2023年2月、フィリピン）にて承認された「日ASEANデジタルワークプラン2023」を踏まえ、日本ASEAN友好協力50周年事業として日ASEAN ICT基金の活用等により、「日ASEAN Open RANシンポジウム」を開催するなど、ASEAN地域のデジタル政策の目標と整合的な形で支援を行いながら、日ASEAN関係やASEAN諸国との二国間関係の深化に貢献した。また、2023年（令和5年）12月に東京で開催された日本ASEAN友好協力50周年特別首脳会議では、日ASEAN友好協力に関する共同ビジョン・ステートメントが採択され、ASEAN加盟国におけるOpen RAN等のイノベーションへのアクセスに対する支援などが盛り込まれた。

### ❻ 国際電気通信連合（ITU）

国際電気通信連合（ITU：International Telecommunication Union（本部：スイス（ジュネーブ）。193の国と地域が加盟））は、国際連合（UN）の専門機関の一つで、電気通信の改善と合理的利用のため国際協力を増進し、電気通信業務の能率増進、利用増大と普及のため、技術的手段の発達と能率的運用を促進することを目的とし、次の3部門からなり、周波数の分配、電気通信技術の標準化及び開発途上国における電気通信分野の開発支援などの活動を行っている（**図表Ⅱ-2-**

---

*12 AJCCBC：https://ajccbc.ncsa.or.th/

8-4）。

①　無線通信部門（ITU-R：ITU Radiocommunication Sector）

②　電気通信標準化部門（ITU-T：ITU Telecommunication Standardization Sector）

③　電気通信開発部門（ITU-D：ITU Telecommunication Development Sector）

　2022年（令和4年）9月に全権委員会議において選挙が実施され、我が国の尾上誠蔵氏（元日本電信電話株式会社CSSO：Chief Standardization Strategy Officer）が電気通信標準化局長として選出され、2023年（令和5年）1月に就任している（任期は1期間4年、最大2期まで可能）。

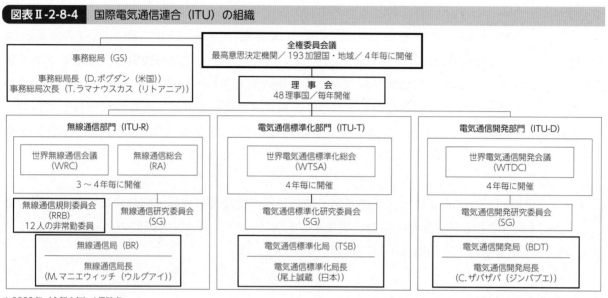

**図表Ⅱ-2-8-4　国際電気通信連合（ITU）の組織**

※2023年（令和6年）4月時点

### ア　ITU-Rにおける取組

　ITU-Rでは、あらゆる無線通信業務による無線周波数の合理的・効率的・経済的かつ公正な利用を確保するため、周波数の使用に関する研究を行い、無線通信に関する標準を策定するなどの活動を行っている。その中でも、各研究委員会（SG：Study Group）から提出される勧告案の承認、次期研究会期における課題や体制などの審議などを目的とする無線通信総会（RA：Radiocommunication Assembly）及び国際的な周波数分配などを規定する無線通信規則の改正を目的とする世界無線通信会議（WRC：World Radiocommunication Conferences）は、3〜4年に一度開催されるITU-R最大級の会合であり、総務省も積極的に議論に貢献してきた。2023年（令和5年）11月にアラブ首長国連邦（ドバイ）にて開催されたRA-23では、2030年頃の実現が想定される次世代の携帯電話システムの規格策定にあたり、求められる能力やユースケース等を含む全体像を与える新規勧告案等が承認された。

### イ　ITU-Tにおける取組

　ITU-Tでは、通信ネットワークの技術、運用方法に関する国際標準や、その策定に必要な技術的な検討を行っている。

　ITU-Tの最高意思決定会合として、4年に一度世界電気通信標準化総会（WTSA：World Telecommunication Standardization Assembly）が開催されており、次回（WTSA-24）は2024年（令和6年）10月15日から同年10月24日までインド（ニューデリー）において開催され

る予定である。WTSAの決議やITU-Tの各研究委員会（SG）の標準化活動等に対し助言を行う役割等を担っている電気通信標準化諮問委員会（TSAG：Telecommunication Standardization Advisory Group）は、2023年度（令和5年度）に2回開催された。2024年（令和6年）1月に開催された今会期第3回会合では、ITU-Tの標準化活動の効率化等に向けて、SG9（ブロードバンドケーブル及びテレビジョン）及びSG16（マルチメディア及び関連デジタル技術）を統合するSG再編案を日本から提出し、WTSA-24におけるSG再編に向けた作業を進めることが承認された。

### ウ　ITU-Dにおける取組

ITU-Dでは、途上国における情報通信分野の開発支援を行っている。

ITU-Dの最高意思決定会議として、4年に一度世界電気通信開発会議（WTDC：World Telecommunication Development Conference）が開催されている。直近では2022年（令和4年）6月にルワンダのキガリでWTDC-22が開催された[*13]。今研究会期（2022年（令和4年）～2025年（令和7年））では、WTDC-22で採択された戦略目標及び行動計画などに基づき、ICT開発支援プロジェクトの実施、ICT人材育成などの活動を推進している。個別プロジェクトとしては、ITUと総務省が協力して、デジタルインフラおよびレジリエンスの強化等を図るため、Connect2Recoverイニシアティブを2022年（令和4年）から継続して実施している[*14]ほか、2023年（令和5年）からは、技術支援や起業支援を行うためのInnovation and Entrepreneurship Allianceや、アジア太平洋においてICTインフラのレジリエンス強化やサイバーセキュリティ人材育成を目的とする各種プロジェクトを支援している。

## ❼ 国際連合

### ア　国連総会第二委員会・経済社会理事会（ECOSOC）

経済と金融を扱っている国連総会第二委員会では、経済社会理事会（ECOSOC：Economic and Social Council）に設置されている「開発のための科学技術委員会」（CSTD：Commission on Science and Technology for Development）を中心に包摂的なデジタル社会に向けたグローバルなデジタル協力の推進、インターネットの公共性などの論点を中心に議論されており、我が国は毎年開催されるCSTD年次会合への参加などを通じ、インターネットガバナンスをはじめとした情報通信分野に関する国際的な議論の推進に貢献している。

### イ　インターネット・ガバナンス・フォーラム（IGF）

インターネット・ガバナンス・フォーラム（IGF：Internet Governance Forum）は、インターネットに関する様々な公共政策課題について、政府、民間、技術・学術コミュニティ、市民社会等のマルチステークホルダーが対等な立場で対話を行うインターネット政策の分野で最も重要な国際会議の1つである。

2023年（令和5年）10月、我が国がホスト国として、国立京都国際会館（京都府京都市）において、第18回会合を開催し、現地参加者は史上最多の6000人以上と多くの参加者が同会合に出席した。オープニングセレモニーでは、岸田総理大臣が開会挨拶として、民主主義社会の基盤とし

---

[*13] COVID-19の世界的な蔓延により当初2021年の開催予定であったが、1年遅らせての開催となった。
[*14] 当初はインターネット接続率の低いアフリカ地域を主な支援対象としていたが、プロジェクトを支援する国も増加し、アジア太平洋島しょ国、中南米、欧州と全世界を支援対象とするプロジェクトに拡大している。

てのインターネットの重要性について強調するとともに、インターネットの恩恵を最大化するために、負の側面への対応を含め、「マルチステークホルダーアプローチの議論」を支持・コミットすることを力強く表明した。

また、オープニングセレモニーに続いて実施したAI特別セッションでは、我が国が議論をリードしている広島AIプロセスについて、広く国際社会に発信した。岸田総理大臣のキーノートスピーチでは、「グローバルサウスを含む国際社会全体が、安心・安全・信頼できる生成AIの恩恵を享受し、更なる経済成長や生活環境の改善を実現できるような国際的なルール作りを牽引」していくことを強調した。また、鈴木総務大臣から、「AI開発者向けの国際的な指針及び行動規範」の議論の状況について紹介したほか、今後も様々な関係者の意見を伺う取組を続ける旨を表明した。本セッションを通じ、G7以外も含めた各国政府、産業界、国際機関、学術界などのマルチステークホルダーのパネリストから、広島AIプロセスへの賛同や期待の声が寄せられた。

その他、総務省として10個のセッションを主催し、多様なテーマについて議論した（各セッションのテーマ：Beyond 5G、HAPS（High Altitude Platform Station）、レジリエンス、セキュリティ、メタバース、AI、偽情報、DFI（Declaration for the Future of the Internet）、O-RAN、WSIS（World Summit on the Information Society））。

さらに、IGF開催期間を通じて会場内に展示会場（「IGF Village」）が併設され、世界から72の企業・団体が出展した。我が国からは電気通信事業者や研究機関等25の企業・団体が遠隔ロボットやマンガ海賊版対策等に関する出展を行い、ブースを訪れた各国からの参加者との交流を通じて国際社会に対し我が国の技術力や取組を積極的に発信した。

## ⑧ 世界貿易機関（WTO）

電気通信分野については、2001年（平成13年）から始まったドーハ・ラウンド交渉の停滞に伴い、1997年（平成9年）に合意した基本電気通信交渉以降の進捗は見られない状況にある。一方、昨今のインターネット上のデータ流通を取り扱う電子商取引分野への注目の高まりを踏まえ、WTOにおける有志国の取組として、2019年（平成31年）より電子商取引交渉が正式に開始され、我が国は、オーストラリア及びシンガポールとともに共同議長国として議論を主導している。

## ⑨ 経済協力開発機構（OECD）

経済協力開発機構（OECD：Organisation for Economic Co-operation and Development）のデジタル政策委員会（DPC：Digital Policy Committee、旧デジタル経済政策委員会（CDEP：Committee on Digital Economy Policy））では、ICT分野について先導的な議論が行われており、総務省は、OECD事務局への人材や財政面の支援を行うほか、DPC議長（2020年（令和2年）1月～）や、各作業部会副議長を総務省から輩出するなど、OECDにおける政策議論に積極的に貢献している。

DPCは、2016年（平成28年）からAIに関する取組を進めており、AIに携わる者が共有すべき原則や政府が取り組むべき事項などを示し、AIに関する初の政府間の合意文書となる「AIに関する理事会勧告」を2019年（令和元年）5月に採択・公表した。その後も、AIに関するオンラインプラットフォーム「AI政策に関するオブザーバトリー（OECD.AI）」の立ち上げ（2020年（令和2年）2月）や、AIガバナンス作業部会（AIGO）の設置（2022年（令和4年）5月）など、積極的な取組を進めている。

2022年（令和4年）12月には、スペイン・グランカナリアでデジタル経済に関する閣僚会合が開催され、DFFTや信頼できるAI、次世代インフラ開発に向けた課題認識や方向性を取りまとめた「信頼性のある、持続可能で、包摂的なデジタルの未来」に関する閣僚宣言を採択した。

2023年（令和5年）3月には、フランス・パリで総務省とOECDの共催で第4回OECDデジタルセキュリティ・グローバルフォーラム（OECD Global Forum on Digital Security for Prosperity）が開催され、IoT製品のデジタルセキュリティ、AIのデジタルセキュリティ及び政策立案者と技術者の交流という3つのテーマを柱に、パネルディスカッションが行われた[*15]。

2024年（令和6年）5月には、フランス・パリでOECD閣僚理事会（Meeting of the OECD Council at Ministerial Level：MCM）が開催され、OECD加盟から60周年を迎える日本が議長国を務めた。MCMでは「広島AIプロセス」の成果も踏まえた議論が行われ、閣僚声明ではOECD加盟国がその成果に賛同し、実践に向けた取組を協力して進める旨が明記されるとともに、「AIに関する理事会勧告」の改定が行われた。

## ❿ GPAI

GPAI（Global Partnership on Artificial Intelligence）は、人間中心の考え方に立ち、「責任あるAI」の開発・利用を実現するため設立された国際的な官民連携組織である。2019年（令和元年）ビアリッツサミット（フランス）においてGPAIの立ち上げが提唱され、2020年（令和2年）5月のG7科学技術大臣会合において立ち上げに関するG7の協力に合意した後、同年6月に創設された。

2022年（令和4年）11月、GPAIサミット2022を日本で開催し、同月から1年間我が国が議長国を務めた。閣僚理事会において、議長国である日本のイニシアティブによりGPAIサミットでは初となる閣僚宣言が採択され、人間中心の価値に基づくAIの利用促進、AIの違法かつ無責任な使用への反対、持続可能で強靱かつ平和な社会への貢献等について各国で合意した。

2023年（令和5年）12月、GPAIサミット2023がインドで開催され、閣僚理事会においてアジア地域初のGPAI専門家支援センターを東京に設置することが承認された。

## ⓫ ICANN

インターネットの利用に必要不可欠なIPアドレスやドメイン名等のインターネット資源については、重複割当ての防止など全世界的な管理・調整を適切に行うことが重要である。現在、これらのインターネット資源の国際的な管理・調整は、1998年（平成10年）に非営利法人として発足したICANN（Internet Corporation for Assigned Names and Numbers）が行っており、IPアドレスの割当てやドメイン名の調整のほか、ルートサーバ・システムの運用・展開のための調整やこれらの業務に関連する方針等の策定を行っている。

総務省は、ICANNの政府諮問委員会（各国政府や国際機関などが参加）の議論に積極的に参加・貢献している。例えば、DNSの不正利用については、ICANNとレジストラの間で締結する契約の条項改定案に係る意見募集に対して意見を提出したほか、インターネット上の不法行為の抑止に向けてICANNにおける継続的な議論の必要性について問題提起している。

---

*15 https://www.oecd.org/digital/global-forum-digital-security/

## ⑥ 二国間関係における国際連携

### ❶ 米国との政策協力

2021年（令和3年）4月16日の日米首脳会談後に発出された「日米競争力・強靱性（コア）パートナーシップ」[16]を踏まえ、安全な連結性及び活力あるデジタル経済を促進するため、同年5月、「グローバル・デジタル連結性パートナーシップ（GDCP）」[17]を立ち上げた（図表Ⅱ-2-8-5）。

総務省は、関係省庁による協力のもと、米国国務省との間で「デジタルエコノミーに関する日米対話（日米DDE）」[18]を2010年から継続的に開催している。GDCPの立上げ以降、日米DDEはGDCPの推進枠組みとして位置付けられている。

第14回日米DDEの官民会合及び政府間会合は、2024年（令和6年）2月6日及び7日に、対面とオンラインのハイブリッドで開催された。同会合では、5G及びBeyond 5G（6G）、AIガバナンス、越境プライバシールール（CBPR）、ガバメントアクセスに係る協力、国際場裡における協力、国際連合における協力等幅広い議題について議論し、会合の成果文書として「第14回デジタルエコノミーに関する日米対話に係る共同声明」を公表[19]した。

2024年（令和6年）4月に行われた日米首脳会談では、その成果として日米首脳共同声明及びファクトシートが公表[20]され、情報通信分野における更なる日米間の連携を確認した。

2024年（令和6年）5月には第8回GDCP専門家レベル作業部会が実施され、日米の第三国連携の更なる推進等について意見交換を行った。

**図表Ⅱ-2-8-5** グローバル・デジタル連結性パートナーシップ（GDCP）

**GDCPのコンセプト**

GDCPは、**日米で協力してグローバルに安全な連結性や活力あるデジタル経済を促進する**ことを目的とし、①**第三国連携**を中心に、②**多国間連携**、③**グローバルを視野に入れた二国間連携（特に5G、Beyond 5G（6G））**を推進していく。

| | |
|---|---|
| **第三国連携** | 第三国向けのICTインフラ展開や人材育成に係る協力等（対象地域はインド太平洋を中心としつつ他の地域を含む） |
| **多国間連携** | ITU、G7/G20、OECD、APEC等のマルチの枠組みにおけるさらなる協力 |
| **二国間連携** | 5G、Beyond5G（6G）に係る研究開発環境への投資等 |

### ❷ 欧州との協力

#### ア　欧州連合（EU）との協力

総務省は、欧州委員会通信ネットワーク・コンテンツ・技術総局との間で、ICT政策に関する情報交換・意見交換の場として「日EU・ICT政策対話」（直近は2024年（令和6年）2月の第29回会合）を、デジタル分野における官民の連携・協力を推進するため「日EU・ICT戦略ワークショップ」（直近は2022年（令和4年）4月の第13回会合）をそれぞれ開催している。

第29回日EU・ICT政策対話では、5G/Beyond 5G（6G）、サイバーセキュリティ、オンラインプラットフォーム、AI、海底ケーブルについて議論を行った。

---

[16] https://www.mofa.go.jp/mofaj/na/na1/us/page1_000951.html
[17] https://www.soumu.go.jp/menu_news/s-news/01tsushin08_02000119.html
[18] 2023年（令和5年）3月6日及び7日に開催された「第13回インターネットエコノミーに関する日米政策協力対話」に係る政府間共同声明において、同会合の名称を「デジタルエコノミーに関する日米対話」と改称することとした。
[19] https://www.soumu.go.jp/menu_news/s-news/01tsushin08_02000172.html
[20] https://www.mofa.go.jp/mofaj/na/na1/us/pageit_000001_00501.html

また、2022年（令和4年）5月、日本とEUの間で、日EUデジタルパートナーシップが立ち上げられた。日本側はデジタル庁、総務省、経済産業省、EU側は欧州委員会通信ネットワーク・コンテンツ・技術総局が中心となり、日EUのデジタル分野における共同の優先事項を扱う。2024年（令和6年）4月に開催した第2回閣僚級会合においては、5G/Beyond 5G（6G）、AI、海底ケーブルなどについて議論を行い、本会合の成果として共同声明[21]を発出した。

### イ　欧州諸国との二国間協力

#### （ア）英国

総務省は、2022年（令和4年）5月に、デジタル庁、経済産業省とともに、デジタル分野における日英間の共同優先事項に取り組むための枠組みに基づく局長級会合として、英国との間で日英デジタルグループを立ち上げ、同年10月に第1回会合を実施した。さらに、ハイレベルで日英協力を加速していくため、同年12月には日英の関係省庁の政務級による会合を実施し、前述の局長級会合の上位に政務級会合を位置付け、日英デジタルパートナーシップとして改めて立ち上げ、重点的に協力する分野について合意した。2024年（令和6年）1月には、第2回政務級会合を開催し、上述の分野での取組の進捗及び今後の方向性を記載した成果文書[22]を発出した。

#### （イ）ドイツ

2023年（令和5年）3月に経済安全保障をテーマとした「日独政府間協議」が東京で開催され、日独首脳及び総務大臣を含む関係閣僚が参加し、通信インフラを含む重要インフラ保護施策の重要性などに言及した共同声明を会合の成果として発表した。

また、2023年（令和5年）4月には、総務省と連邦デジタル・交通省との間で、ICT分野に係る協力覚書[23]に署名し、5Gネットワーク開発と整備におけるオープンでセキュアな通信インフラ構築、Beyond5G/6G等の振興、AIをはじめとしたICT分野における協力を推進していくことで合意した。

こうした取組に加え、総務省は、日独両国間の情報通信分野における政策面での相互理解を深め、両国間の連携・協力を推進するため、連邦デジタル・交通省との間で「日独ICT政策対話」を開催している。

2023年（令和5年）6月には、第7回会合を対面及びオンラインのハイブリッドで開催し、Open RANに係る双方の取組やBeyond 5Gの実現に向けた研究開発の進捗、AI、違法・有害情報（誹謗中傷、偽情報等）対策、スマートシティやメタバース等のICTの利活用について議論を行い、両国間の引き続きの連携を確認したほか、官民会合も設けられ、5G/OpenRAN、AI、Beyond5G/6G等に関する日独双方の産業界の取組について情報交換を行った。

また、連邦経済・気候保護省との間では、2022年度（令和4年度）から共同で5G高度化の研究開発協力が進められている。加えて2023年（令和5年）5月には、連邦教育研究省との間で、Beyond 5G/6Gや将来の通信技術に関する協力に係る協力趣意書[24]に署名した。

---

*21 https://www.soumu.go.jp/menu_news/s-news/01tsushin08_02000175.html
*22 https://www.soumu.go.jp/menu_news/s-news/01tsushin08_02000167.html
*23 https://www.soumu.go.jp/menu_news/s-news/01tsushin08_02000152.html
*24 https://www.soumu.go.jp/menu_news/s-news/01tsushin04_02000145.html

### （ウ）フランス

　総務省は、フランス共和国・経済・財務・産業及びデジタル主権省との間で、ICT分野での重要テーマに関する最新の取組について情報共有を図るため、日仏ICT政策協議を開催しており、直近は2023年（令和5年）11月に第22回会合を開催した。

## ❸　アジア・太平洋諸国との協力

　総務省では、アジア・太平洋諸国の情報通信担当省庁などとの間で、通信インフラ整備やICTの利活用などのICT分野に関する協力を行っている。

### ア　韓国

　2023年（令和5年）12月、総務省と韓国科学技術情報通信部との間で、「日韓ICT政策対話」を開催し、AIやOpen RANをはじめとするICT分野における両国の関心事項について意見交換を行うとともに、今後も定期的に開催することで一致した。

### イ　インド

　2022年（令和4年）5月、総務省とインド通信省との間で、オンラインにより、第7回日印合同作業部会を開催し、5G/Beyond 5G、Open RANなどのICT分野における取組状況を共有するとともに、今後の日印間協力について意見交換を行った。2023年（令和5年）8月には、日印企業も参加するOpen RANに関するサブグループも開催し、具体的な協力に向けた情報交換を実施している。

### ウ　東南アジア諸国

　フィリピンとは、2023年（令和5年）2月にフィリピン情報通信技術省とICT分野の協力に関する覚書に署名し、両国間の情報通信分野（Open RANを含む5Gネットワークの構築支援など）における協力を一層強化していくことに合意した。また、2024年（令和6年）4月の日米比首脳会談において「日比米首脳による共同ビジョンステートメント」が公表され、Open RANに係る協力等をはじめとする情報通信分野における連携強化を確認した。

　インドネシアとは、2023年（令和5年）10月にインドネシア通信情報省との間での情報通信技術分野の協力に関する覚書にOpen RANの構築等を新たな協力分野として追加し、5G、AI、ビッグデータ等についても総務省とインドネシア通信情報省との連携を更に深めていくことで一致した。

　カンボジアとは、2023年（令和5年）12月にカンボジア郵便電気通信省と両国のデジタル分野における今後の協力内容に関する共同議事録を交換し、デジタル経済社会の発展に向けた両国間の協力を一層推進することに合意した。

　マレーシアとは、2023年（令和5年）11月にマレーシア通信デジタル省と情報通信分野の協力に関する協力覚書に署名し、両国間の情報通信分野（5Gセキュリティや将来の先駆的ネットワーク等）における協力を一層強化していくことに合意した。また、当該覚書に基づき2024年（令和6年）3月に「日マレーシア」ICT共同作業部会を開催し、ICT、放送及びサイバーセキュリティ分野における取組状況を共有するとともに、今後の両国間の協力について意見交換を行った。また、作業部会に合わせて、日マレーシアICT連携カンファレンスを開催し、日マレーシアの企業

の取組を両国政府へ紹介する機会を設け、放送やICTに関する最新の取組を共有した。

### エ　オーストラリア

2022年（令和4年）7月の共同声明を受け、「日豪テレコミュニケーション強靱化政策対話」が設置された。日本側は総務省、オーストラリア側は内務省及びインフラ・運輸・地域開発・通信・芸術省が参加する枠組であり、Open RANを含む5G、光海底ケーブル、衛星通信と行った情報通信分野における情報共有や議論を定期的に行うとともに、必要に応じて共同プロジェクトの実施を検討し、「自由で開かれたインド太平洋」（FOIP）の実現に向け、インド太平洋地域のデジタル接続性の確保・向上を目指すこととしている。

本政策対話の第2回会合は2024年（令和6年）4月に開催された。Open RAN、Beyond 5G（6G）、海底ケーブル、サイバーセキュリティ、非常時における事業者間ローミング等、情報通信分野に関する取組について情報共有・意見交換を行い、今後とも両国共通の政策課題について引き続き連携して取り組んでいくことで一致した。

### ❹　中南米諸国との協力

中南米では、2006年（平成18年）にブラジルで日本方式の地上デジタル放送（地デジ）の採用がされた後、14か国で日本方式が採用されており、現在も、各国のアナログ放送の停波に向けた取組を支援するとともに、コスタリカ、エルサルバドル等の国々で日本方式の機能の一つである緊急警報放送システム（EWBS：Emergency Warning Broadcast System）を活用した防災ICTの導入支援を行っている。

また、中南米各国に対して5Gのセミナーを行い、特にオープンでセキュアな5Gネットワーク構築の重要性を説明し、本分野で優れた技術を有する日本企業の中南米への展開支援も行っており2023年度（令和5年度）には、ペルーでOpen RANによる5G環境の実証を行っている。

さらに、各国で我が国の優れたICTを活用し社会課題の解決する取組を後押しするため、直近で、ブラジルでは、IoTデータやAIを活用し、農業生産者の作業を効率化する農業ICTソリューションの実証を実施しており、また、Open RANによるローカル5Gを活用した防災ソリューションなどの実証を実施している。

### ❺　その他地域との協力
#### ア　アフリカ地域との協力

アフリカ諸国とのICT協力は、ボツワナ（2013年（平成25年）採用、2022年（令和4年）10月完全デジタル化）、アンゴラ（2019年（令和元年））における地上デジタル放送日本方式の採用を端緒として進展してきた。2022年（令和4年）8月にはチュニジアで第8回アフリカ開発会議（TICAD8）が開催され、総務省では、公式サイドイベントとしてデジタル・トランスフォーメーション（DX）に関するオンラインセミナー及び日本企業のPRを目的としたオンライン展示会を開催したほか、会合成果として、日本とアフリカのICT分野における協力などを含む「TICAD8チュニス宣言」が採択された。2023年（令和5年）5月にはエジプト通信・情報技術省と情報通信技術・郵便分野における協力覚書、2024年（令和6年）2月にはケニア情報通信・デジタル経済省と情報通信技術分野における協力覚書を締結した。

また、2019年度（令和元年度）以降、通信インフラ（ケニア、セネガル）、農業ICT（エチオ

ピア、ボツワナ）、医療ICT（エジプト、ガーナ、ケニア、コンゴ民主共和国）、遠隔教育（セネガル、ルワンダ）、スマートシティ（エジプト）に関する実証実験などを実施し、アフリカの社会課題解決へ貢献するとともに、日本企業による展開を支援している。

### イ　中東地域との協力

　総務省では、これまで、サウジアラビアとの協力関係を強化しており、「日・サウジ・ビジョン2030」（2017年（平成29年））及びサウジアラビア通信・情報技術省との間で署名したICT協力に関する協力覚書（2019年（令和元年））に基づき、官民ミッションのサウジアラビア派遣（2018年（平成30年）10月）やICT官民ワークショップ（2022年（令和4年）1月）、中東最大規模の技術展示会であるLEAPにおける日本ブースの出展及び現地での官民ワークショップ（2024年（令和6年）3月）の開催など、両国企業間の協力関係構築や、日本企業の技術展開支援を行っている。また、2021年度（令和3年度）にVR技術を活用したICT医療、2022年度（令和4年度）に周産期遠隔医療に関する実証実験を実施した。

　また、イスラエルとの外交樹立70周年を契機として、2023年（令和5年）4月に、イスラエル通信省との間で電気通信技術及び郵便分野における協力覚書を締結した。

# 第9節　郵政行政の推進

## ① 概要

### ❶ これまでの取組

　1871年（明治4年）の郵便創業以来、日本全国で整備されてきた郵便局のネットワークは、2007年（平成19年）10月1日の民営化の直前、全国で2万4千局余りを擁していた。民営化後も、郵便局は、あまねく全国で利用されることを旨として設置されることとされている。

　総務省では、郵便局が提供するユニバーサルサービスの確保、地域における郵便局の拠点性の住民サービスへの活用に取り組んでいる。

### ❷ 今後の課題と方向性

　我が国においては、少子高齢化、都市への人口集中、自然災害の多発、行政手続のオンライン化を含む社会全体のデジタル化など、社会環境は大きく変化している。特に地方においては、生活に必要な役割を担う公的な企業の撤退や、行政サービスを提供する地方自治体の支所等の廃止が進み、地域に残る公的基盤としての郵便局の重要性は増大している。

　このため、日本郵政グループが民間企業として必要な業績を確保しつつ、郵便局ネットワークとユニバーサルサービスが中長期的に維持されていくとともに、郵便局とその提供するサービスが国民・利用者の利便性向上や地域社会への貢献に資することが重要である。

　総務省では、引き続き日本郵政グループの経営の健全性と公正かつ自由な競争を確保し、郵便局が提供するユニバーサルサービスの安定的な確保を図るとともに、約2万4千局の郵便局ネットワークを有効に活用し、デジタル化の進展にも対応しながら、新たな時代に対応した多様かつ柔軟なサービス展開、業務の効率化などを通じ、国民・利用者の利便性向上や地域社会への貢献を推進する必要がある。

## ② 郵政行政の推進

### ❶ 郵政事業のユニバーサルサービスの確保

#### ア　郵便料金の見直し

　郵便物数については、インターネットやSNSの普及、各種請求書等のWeb化の進展、個人間通信の減少等により、2001年度（平成13年度）をピークに毎年減少しており、内国郵便については、2022年度（令和4年度）までの21年間で約45%減少している（**図表Ⅱ-2-9-1**）。こうした郵便物数の減少や燃料費等物価の高騰の影響もあり、2022年度（令和4年度）の日本郵便の郵便事業の営業損益は211億円の赤字となり、民営化以降初めての赤字となった。日本郵便においては、これまでも郵便の利用拡大の取組や業務効率化に取り組んできており、今後も更なる取組の推進を図るものの、引き続き郵便物数の大きな減少などが見込まれ、郵便事業の営業損益の見通しは非常に厳しいものとなっている。

　こうした状況を踏まえ、郵便事業の安定的な提供を継続するため、総務省において、第一種郵便物のうち、25g以下の定形郵便物の料金の上限を定める郵便法施行規則（平成15年総務省令第5

号）の改正に必要な手続を行った。今後、日本郵便において十分な周知対応等を行った上で、郵便料金の改定が行われる見込みである。

**図表Ⅱ-2-9-1**　郵便物数の推移

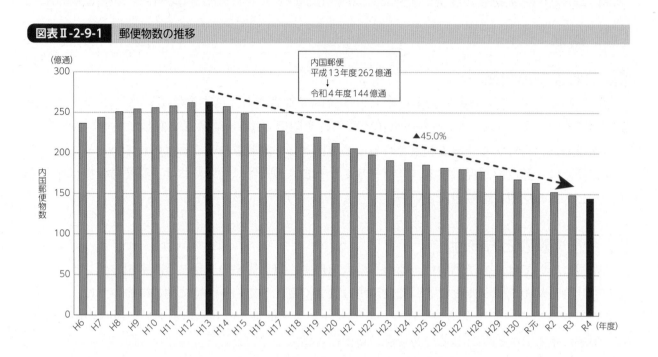

### イ　郵便局ネットワークの維持の支援のための交付金・拠出金制度

　2018年（平成30年）6月に、郵政事業のユニバーサルサービスの提供を安定的に確保するため、郵便局ネットワークの維持の支援のための交付金・拠出金制度が創設され、2019年（平成31年）4月から制度運用が開始された。独立行政法人郵便貯金簡易生命保険管理・郵便局ネットワーク支援機構（以下「郵政管理・支援機構」という。）が、交付金の交付、拠出金の徴収等を実施しており、2024年度（令和6年度）の日本郵便への交付金の額は約3,030億円であり、拠出金の額はゆうちょ銀行が約2,467億円、かんぽ生命が約563億円となっている。

### ② 郵便局の地域貢献

#### ア　デジタル社会における郵便局の地域貢献の在り方

　我が国では、少子高齢化と人口減少が進み、さらに、新型コロナウイルス感染症の流行に伴い、地域社会の疲弊が一層進行しており、全国津々浦々に存在する郵便局が果たす地域貢献への期待がますます高まっている。こうした中、郵便局が、地理的・時間的な制約の克服を可能とするデジタル化のメリットと、地域拠点としての有用性を活かして果たすべき地域貢献の在り方を見極めていくことが重要である。このことから、総務省では2022年（令和4年）10月、情報通信審議会に対して、デジタル社会における郵便局の地域貢献の在り方について諮問を行い、同審議会郵政政策部会において審議が開始された。同部会では、①地方自治体をはじめとする地域の公的基盤と郵便局の連携の在り方、②郵便局のDX・データ活用を通じた地域貢献の在り方、③郵便局の地域貢献における郵便差出箱（郵便ポスト）の役割などについて審議を行っており、各論点等について議論を行ったうえで、2024年（令和6年）5月には、郵便局の地域貢献の在り方について、一次答申案を取りまとめ、2024年（令和6年）5月3日から6月6日までパブリックコメントを実施した。同答申案においては、郵便局のさらなる地域貢献の実現に向けた方策として、「地域の『コミュニ

ティ・ハブ』としての郵便局の実現」、「郵便局が保有するデータの活用」が示された。特に、自立的な地域経済の維持が困難化する地域において、自治体支所や金融機関など物理的な拠点の縮小や住民による公的サービスの利用そのものも困難化しつつあることから、自治体等の各種団体・企業が提供してきた公的サービス等の一部を郵便局において提供する「コミュニティ・ハブ」の実現と普及を図ることが望ましいとされ、また、集約された多様な機能やデジタル技術も活用し、民間企業・団体との新たな連携による地域経済社会の活性化の推進拠点となることへの期待が示された。併せて、「コミュニティ・ハブ」の実現に向けた郵便局の役割や、関係者の費用負担についての考え方が示されており、総務省、日本郵政グループにおいて「コミュニティ・ハブ」実現に向けた検討などが求められている。

## イ　行政サービスの窓口としての活用推進

　郵便局では、住民票の写しなどの公的証明書の交付事務などの様々な自治体窓口事務が取り扱われているが、前述のとおり、行政サービスを提供する地方自治体の支所等の廃止が進み、地域に残る公的基盤としての郵便局の重要性は増大している。こうした中、2023年（令和5年）6月には地方公共団体の特定の事務の郵便局における取扱いに関する法律（平成13年法律第120号）の改正により、郵便局が地方公共団体から受託できる事務について、マイナンバーカードの交付申請の受付等の事務が新たに追加されるなど、郵便局の公的な役割は拡大している。

　総務省では、令和3年度補正予算により、住民票など証明書発行手続がデジタル化され、地方自治体を介さず、郵便局だけで完結して証明書を発行することが可能で、低コストで導入可能な「郵便局型マイナンバーカード利用端末」（郵便局型キオスク端末）の開発実証を実施した（**図表Ⅱ-2-9-2**）。この端末を含む証明書自動交付サービス端末について、令和4年度第2次補正予算「証明書交付サービス端末整備費補助金」により、コンビニがない市町村を中心として郵便局等への導入を支援した結果、20地方自治体、36郵便局において導入されることとなった（郵便局型キオスク端末については、15地方自治体、28郵便局）。

　また、マイナンバーカードを利活用した住民サービス向上のための取組として、地方自治体が郵便局などにおける証明書の自動交付サービスを導入する経費について、2023年度（令和5年度）より特別交付税措置（措置率0.7）を講じている。

---

**図表Ⅱ-2-9-2**　郵便局型キオスク端末

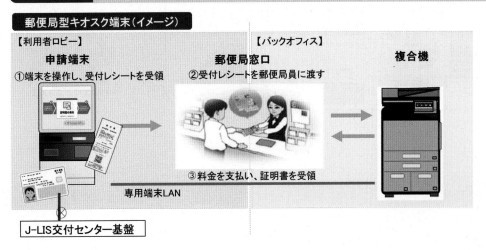

**郵便局型キオスク端末（イメージ）**

【利用者ロビー】
申請端末
①端末を操作し、受付レシートを受領

【バックオフィス】
郵便局窓口
②受付レシートを郵便局員に渡す

複合機

③料金を支払い、証明書を受領

専用端末LAN

J-LIS交付センター基盤

第2章
総務省におけるICT政策の取組状況

### ウ　郵便局と地域の公的基盤との連携

　総務省では、2019年度（令和元年度）から2021年度（令和3年度）まで「郵便局活性化推進事業（郵便局×地方自治体等×ICT）」として、郵便局の強みを生かしつつ、地域の諸課題解決や利用者利便の向上を推進するための実証を行い、モデル事業として全国に普及展開してきた。2022年（令和4年）1月には、実証を通じて開発された「スマートスピーカーを活用した郵便局のみまもりサービス」が日本郵便による地方自治体向けのサービスとして開始された。同サービスについては、2024年（令和6年）5月1日までに延べ18の地方自治体から受託している。

　また、総務省は、2022年度（令和4年度）から、「郵便局等の公的地域基盤連携推進事業」（図表Ⅱ-2-9-3）として、あまねく全国に拠点が存在する郵便局と地方自治体等の地域の公的基盤とが連携し、デジタルの力を活かし地域課題の解決を推進するための実証を行っている。2023年度（令和5年度）は、日本郵便が保有・取得するデータの地域社会における活用（新潟県長岡市）、厚生労働省の制度改正を踏まえた、全国で初の郵便局におけるオンライン診療の実施（石川県七尾市）、近年多発する災害対応に資するため、災害時における郵便局が有する被災者に関する情報の提供（静岡県熱海市）、デジタル技術を活用した郵便局みまもりサービスの防災活用（高知県梼原町）に関する実証事業を実施し、実装・横展開に向けての課題等を把握した（**図表Ⅱ-2-9-4**）[1]。2024年度（令和6年度）は、これらの実証事業で得られた課題や知見等を踏まえ、その成果を全国へ普及展開するとともに、郵便配達車両を活用したスマート水道検針や、郵便局を「コミュニティ・ハブ」とした地域に必要なサービスの提供等の実証事業を実施する予定であり、引き続き、郵便局と地域の公的基盤との連携による地域の課題解決のモデルケースを創出していく予定である。

---

**図表Ⅱ-2-9-3**　郵便局等の公的地域基盤連携推進事業

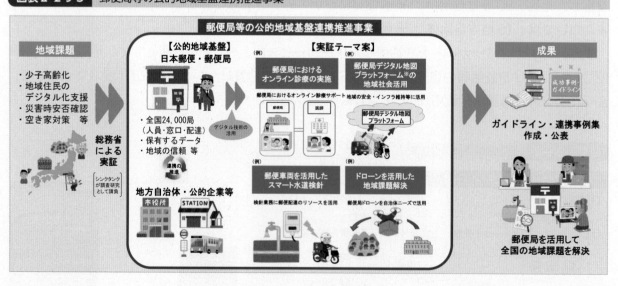

---

＊1　郵便局等の公的地域基盤連携推進事業：https://www.soumu.go.jp/yusei/kasseika.html

**図表Ⅱ-2-9-4** 地域実証の様子

郵便局におけるオンライン診療の実施（石川県七尾市）　デジタル技術を活用した郵便局みまもりサービスの防災活用（高知県梼原町）

### ③ 郵便局で取得・保有するデータの活用

　総務省では、信書の秘密、郵便物に関して知り得た他人の秘密及び個人情報の適切な取扱いを確保しつつ、郵便局が保有・取得するデータの有効活用を促進しており、2022年（令和4年）12月から、日本郵政・日本郵便における取組や、総務省における施策の実施に際して有識者等から助言を得ることを目的として「郵便局データ活用アドバイザリーボード」を開催している。郵便局データの活用の具体的な取組としては、2024年（令和6年）1月の令和6年能登半島地震に際し、総務省が石川県、日本郵便、関係省庁と密に連携した結果、日本郵便において、県公表の安否不明者リストと、日本郵便が有する居住者データを照合し、安否不明者リストの精度を向上させたほか、被災者に行政情報を適切に届けるため、転居届に係る情報を活用し、発災後に被災地域より転出された方あてに県のお知らせを発送している。このほか、2023年（令和5年）6月から、弁護士会が、弁護士法に基づき、住民票を異動せず転出し所在の把握が困難となっている訴え等の相手方の転居届に係る新住所の情報を日本郵便に照会した場合（弁護士会がDV・ストーカー・児童虐待との関連が窺われないと判断した事案に限る）、日本郵便は、当該相手方の転居届に係る新住所の情報を当該弁護士会に提供している。今後とも、公的機関等のニーズを踏まえつつ、郵便局データの活用に向けて取り組んでいく。

### ④ かんぽ生命・ゆうちょ銀行の新たな取組に係る対応

　総務省及び金融庁は、かんぽ生命に対しては、2023年（令和5年）5月に「投資子会社の保有」について郵政民営化法に基づく認可を行った。また、かんぽ生命からは、2023年（令和5年）10月に「保険料の払込みを一時払とする等の普通終身保険の引受け」について、郵政民営化法に基づく届出[*2]があった。この普通終身保険は、2024年（令和6年）1月から、かんぽ生命及び全国の郵便局において取り扱われている。

　ゆうちょ銀行は、地域で成長意欲のある事業者に対し、資本性資金を供給することにより、事業者の成長を中長期的な目線で支援し、地域経済の活性化に資する新しい法人ビジネス（Σビジネス）を推進している。総務省及び金融庁は、2024年（令和6年）2月に、ゆうちょ銀行から、当

---

*2　2021年（令和3年）6月、日本郵政がかんぽ生命株式の2分の1以上を処分したことから、かんぽ生命の新規業務は認可制から届出制へ移行。

該ビジネスにおけるプライベート・エクイティ投資運用・管理業務の本格化の推進を目的とする、投資運用業を行う子会社及びその傘下の投資専門会社の保有について、郵政民営化法に基づく認可申請を受け、2024年（令和6年）5月に認可を行った。

### ❺ 郵政民営化前に預け入れられた定期性の郵便貯金の払戻しに係る郵政管理・支援機構における運用の見直し

郵政民営化前に預け入れられた定期性の郵便貯金を承継した郵政管理・支援機構では、同機構が管理し、権利消滅の扱いとなった貯金[*3]に関する払戻し請求への対応として、一定の基準の下、催告後に払戻しの請求がなかったことに真にやむを得ない事情があったと判断される場合には、払戻しに応じる運用を実施している。

この運用は10年以上にわたるところ、総務省は、同機構に対し、2023年（令和5年）9月に、預金者に一層寄り添う観点から、事情の確認を請求者にとってより負担の少ない形で行うよう留意することなどを含め、運用の見直しを検討するよう要請を行った[*4]。

その後、同機構は、2023年（令和5年）12月20日に、運用の基準の見直しについて公表し、2024年（令和6年）1月より、新基準の運用を開始した。新基準では、真にやむを得ない事情の確認について、原則として証明書の提出を求める方法を見直し、請求書の記載内容に基づき確認するなどの対応が取られている（**図表Ⅱ-2-9-5**）。

**図表Ⅱ-2-9-5　郵政管理・支援機構における運用の見直しのポイント**

| | 見直し前 | 見直し後 |
|---|---|---|
| 払戻しの対象 | 真にやむを得ない事情があったと判断される場合を5つ列挙（※）<br><br>※ 催告を受けても、災害や事故、疾病等の事情で払戻しの請求ができない場合など | **3つの事項に大括り**<br>（いずれかに真にやむを得ない事情があったと判断されれば対象）<br>①貯金の存在を認識していなかったこと<br>②催告書の存在又は内容を認識していなかったこと<br>③払戻しの請求をしなかったこと<br>その他、「親族の看病・介護があったこと」等を新たに基準上で例示 |
| 事情の確認方法 | 事実確認のできる証明書が必要 | **請求書の記載内容に基づき確認**<br>「制度を知らなかった」などの記載のみの場合でも、<br>**ご事情について追加的な確認を行う** |

## ③ 国際分野における郵政行政の推進

### ❶ 万国郵便連合（UPU）への対応

国連の専門機関の一つである万国郵便連合（UPU）では、世界の郵便ネットワーク・サービス

---

[*3] なおその効力を有するものとされる旧郵便貯金法（昭和22年法律第144号）の規定により、満期日から更に20年を経過し、催告を行った後、2か月が経っても払戻しの請求がない場合には、預金者の権利は消滅するとされている。

[*4] 郵政民営化前に預け入れられた定期性の郵便貯金の払戻しに係る運用の見直しについての要請：https://www.soumu.go.jp/menu_news/s-news/01ryutsu16_02000066.html

の発展を実現し、国際郵便に係る利便性の一層の向上を図ることによって文化、社会及び経済の分野における国際協力に寄与することを目的として1874年（明治7年）に設立され、2024年（令和6年）に150周年を迎える。近年では、新型コロナウイルスのパンデミック後も国際郵便物の取扱総量が回復していない厳しい状況の中、越境電子商取引の拡大に対応した適切な国際郵便の枠組の策定を担う機関として、国際物流の発展に大きな役割を果たすことがより期待されている。

このような中、2022年（令和4年）1月から、我が国の目時政彦氏がUPUの事務局長（任期：1期4年間、最大で2期まで可能）を務めており、UPUにおける様々な取組を牽引していくことが期待されている。

総務省としても、目時事務局長のリーダーシップを積極的に支え、UPUへの更なる貢献を図る観点から、UPUとの間の協力覚書に基づき、災害に強い郵便ネットワーク構築の取組や、郵便ネットワークの経済的、社会的活用等への取組支援、環境への負荷の少ない郵便ネットワーク構築を通じた気候変動対応の取組など、UPU加盟国における協力プロジェクトの実施を支援している。2023年（令和5年）6月にこの協力覚書を更新し、外部機関との連携強化等、実施プロジェクトの拡充を行った。

また、協力プロジェクトの一つとして、2023年（令和5年）10月には、UPUが設置する緊急連帯基金（ESF：Emergency Solidarity Fund[5]）への拠出を通じて、地震による影響を受けたモロッコの郵便分野への支援も行った。このような支援を通じて、我が国として、世界の郵便ネットワーク・サービスの一層の発展に貢献するとともに、UPUにおける国際郵便に関する公正で開かれたルールの策定にも積極的に貢献している。

2023年（令和5年）10月にはサウジアラビアのリヤドにおいて第4回臨時大会議が開催され、目時事務局長のリーダーシップのもと、より多様な郵便関係者（民間事業者等）の郵便セクターへの関与・連携の拡大等についての議論がなされるとともに、年次予算の上限額の引き上げが実現された。日本はこれらの審議に積極的に参加し合意形成に貢献したほか、第一委員会の議長として同委員会の議論を取りまとめ、その結果を大会議の本会議において報告するなど、大会議の運営にも大きく貢献した。

さらに、UPUは世界税関機構（WCO）とも緊密な関係を構築しており、2023年（令和5年）6月には、UPUとWCOの共催によるWCO-UPUグローバルカンファレンスが東京で開催された。越境電子商取引の拡大を踏まえ、国際郵便の適正かつ円滑な流通を確保するため、通関電子データ（EAD（Electronic Advanced Data）：郵便物の発送前に郵便事業体経由で相手国の税関当局に送信する郵便物に関するデータ）等のデータやデジタル技術を活用した水際検査の高度化など、郵便と税関の連携強化のあり方について、各国の郵便事業体や税関当局等の間で議論が行われた。総務省は、UPUに対する任意拠出金を通じて各国における郵便と税関の連携を促進するためのプロジェクトが実施される旨を表明するとともに、議論の成果である「共同宣言（東京宣言）」の取りまとめに貢献した。

## ❷ 日本型郵便インフラの海外展開支援

総務省では、政府の「インフラシステム海外展開戦略2025[6]」（令和4年6月追補版）及び「総

---

*5　災害等により被害を受けた加盟国に対する緊急援助を行うためのUPUの基金。
*6　インフラシステム海外展開戦略2025（令和4年6月追補版）：https://www.kantei.go.jp/jp/singi/keikyou/dai54/infra.pdf

務省海外展開行動計画2025[7]」（令和4年7月策定）の一環として、日本型郵便インフラシステムの海外展開を推進している。この取組は、新興国・途上国を対象に、我が国の郵便に関連する優れた技術・システムや業務ノウハウを提供し、相手国の郵便サービスの品質向上や郵便業務の最適化を支援するものである。これまで、主にアジアを中心に取り組んできたが、近年では欧州・コーカサス地域にも新規開拓を進めている。区分局で利用される機材などの周辺ビジネスの獲得を図りつつ、相手国の郵便事業全般に係るニーズや課題の把握に努め、更に近年では、eコマースやデジタル変革、グリーン化などの新たなビジネスの可能性も探ることで、関連の分野において技術・知見を有する我が国企業の参入を促している。

　2023年度（令和5年度）には、ベトナム郵便におけるデジタル・トランスフォーメーション（DX）推進に向けた実証実験、脱炭素化を目的としたインドネシア郵便における集配用電気自動車導入に向けた実証実験、アゼルバイジャン郵便における新区分局の業務最適化に向けた調査研究を実施した。引き続き各国との協力事業を深掘りしていくとともに、新たな協力対象国の発掘に向けて、郵便関連の国際会議等への積極的な参加を通じた諸外国の郵便事業体との関係構築や、諸外国の郵便事情に関する基礎調査等を実施していくことで、日本型郵便インフラシステムの海外展開を推進していく。

### ❸ 郵政グローバル戦略タスクフォース

　近年の郵政事業を巡っては、主要国の政府や郵政事業体は、ユニバーサルサービスの安定的な提供等の共通課題に取り組んでいる一方、デジタル変革、グリーン化、持続可能性や経済安全保障等といった新たな課題への対応も必要となっている。また、多様な事業主体がUPU等の場も戦略的・能動的に活用し、郵便・物流・金融分野において、パンデミック後の新たな事業展開を模索している。

　このような状況の下、我が国でも、利用者の利益となるサービス提供を推進するとともに、日本が強みを有する郵便インフラシステムの戦略的海外展開へ向けて内外関係者の連携強化の在り方等について検討するため、2023年（令和5年）12月より「郵政グローバル戦略タスクフォース」を開催しており、本年夏を目途に、日本型郵便インフラシステムの海外展開やUPUを通じた国際協力の推進等の国際的な施策、また日本郵便の郵便事業のユニバーサルサービス維持やDX推進、地域貢献の強化等の国内施策の両方に関して、当面の戦略と具体的政策をとりまとめる予定である。

### ④　信書便事業の動向

　民間事業者による信書の送達に関する法律（平成14年法律第99号）により、民間事業者も信書の送達事業を行うことが可能となった。郵便のユニバーサルサービスの提供確保に支障がない範囲の役務のみを提供する特定信書便事業については、596者（2023年度（令和5年度）末時点）が参入しており、顧客のニーズに応えて、一定のルートを巡回して各地点で信書便物を順次引き受け配達する巡回集配サービスや、比較的近い距離や限定された区域内を配達する急送サービス、お祝いやお悔やみなどのメッセージを装飾が施された台紙などと一緒に配達する電報類似サービスなどが提供されている。

---

[7]　総務省海外展開行動計画2025（令和4年7月策定）：https://www.soumu.go.jp/main_content/000842643.pdf

　総務省では、信書便事業の趣旨や制度内容に関する理解を促進し、信書を適切に送っていただくため、信書の定義や信書便制度などについての周知を行っている。

資料編

# データ

## データ1　日本の産業別雇用者数の推移

（単位：万人）

| | 2000年 | 2001年 | 2002年 | 2003年 | 2004年 | 2005年 | 2006年 | 2007年 | 2008年 | 2009年 | 2010年 | 2011年 | 2012年 | 2013年 | 2014年 | 2015年 | 2016年 | 2017年 | 2018年 | 2019年 | 2020年 | 2021年 | 2022年 |
|---|---|---|---|---|---|---|---|---|---|---|---|---|---|---|---|---|---|---|---|---|---|---|---|
| 商業 | 1,371 | 1,336 | 1,248 | 1,199 | 1,189 | 1,174 | 1,166 | 1,169 | 1,152 | 1,141 | 1,149 | 1,150 | 1,124 | 1,148 | 1,114 | 1,100 | 1,192 | 1,202 | 1,214 | 1,210 | 1,205 | 1,201 | 1,179 |
| 不動産 | 70 | 63 | 62 | 61 | 59 | 59 | 62 | 86 | 83 | 81 | 82 | 86 | 86 | 88 | 90 | 96 | 97 | 101 | 101 | 108 | 108 | 107 | 107 |
| 医療・福祉 | 452 | 471 | 495 | 509 | 551 | 582 | 585 | 588 | 595 | 603 | 617 | 628 | 669 | 717 | 734 | 769 | 762 | 766 | 787 | 802 | 818 | 830 | 851 |
| 建設 | 646 | 619 | 603 | 589 | 574 | 560 | 573 | 590 | 593 | 594 | 591 | 613 | 590 | 566 | 530 | 498 | 608 | 612 | 619 | 620 | 609 | 590 | 593 |
| 対事業所サービス | 487 | 500 | 515 | 554 | 572 | 587 | 575 | 567 | 572 | 568 | 587 | 616 | 624 | 656 | 681 | 711 | 663 | 679 | 721 | 727 | 736 | 766 | 766 |
| 輸送機械 | 98 | 96 | 97 | 97 | 99 | 100 | 104 | 110 | 108 | 99 | 99 | 99 | 99 | 103 | 102 | 108 | 111 | 113 | 115 | 112 | 107 | 107 | 106 |
| 対個人サービス | 861 | 863 | 871 | 874 | 886 | 881 | 916 | 906 | 912 | 876 | 857 | 849 | 886 | 800 | 812 | 861 | 769 | 790 | 818 | 841 | 836 | 829 | 854 |
| 情報通信産業 | 486 | 462 | 431 | 426 | 429 | 428 | 432 | 431 | 431 | 424 | 415 | 410 | 407 | 420 | 415 | 415 | 419 | 418 | 421 | 426 | 430 | 436 | 449 |
| 全産業 | 7,119 | 7,062 | 6,937 | 6,867 | 6,819 | 6,795 | 6,855 | 6,881 | 6,843 | 6,724 | 6,691 | 6,659 | 6,695 | 6,774 | 6,746 | 6,857 | 6,968 | 7,059 | 7,209 | 7,298 | 7,271 | 7,284 | 7,314 |

## データ2　日本の情報通信産業の部門別名目国内生産額の推移

（単位：10億円）

| | 2000年 | 2001年 | 2002年 | 2003年 | 2004年 | 2005年 | 2006年 | 2007年 | 2008年 | 2009年 | 2010年 | 2011年 | 2012年 | 2013年 | 2014年 | 2015年 | 2016年 | 2017年 | 2018年 | 2019年 | 2020年 | 2021年 | 2022年 |
|---|---|---|---|---|---|---|---|---|---|---|---|---|---|---|---|---|---|---|---|---|---|---|---|
| 1. 通信業 | 16,700 | 16,878 | 16,906 | 17,172 | 16,309 | 14,685 | 15,430 | 16,169 | 15,990 | 16,063 | 15,686 | 15,722 | 15,036 | 15,295 | 15,505 | 16,354 | 17,480 | 17,844 | 18,082 | 18,028 | 18,788 | 19,439 | 18,578 |
| 　固定電気通信 | 10,659 | 10,689 | 10,735 | 10,635 | 9,306 | 7,038 | 7,241 | 7,765 | 7,740 | 7,853 | 7,423 | 7,014 | 6,320 | 6,424 | 6,707 | 7,312 | 8,209 | 8,338 | 8,161 | 7,942 | 8,099 | 9,433 | 9,006 |
| 　移動電気通信 | 5,788 | 5,940 | 5,884 | 6,256 | 6,716 | 7,350 | 7,868 | 8,062 | 7,892 | 7,837 | 7,876 | 8,301 | 8,288 | 8,415 | 8,328 | 8,544 | 8,762 | 8,999 | 9,393 | 9,262 | 9,891 | 9,424 | 9,010 |
| 　電気通信に付帯するサービス | 253 | 249 | 287 | 281 | 288 | 297 | 321 | 341 | 357 | 373 | 388 | 407 | 428 | 456 | 471 | 497 | 508 | 508 | 527 | 824 | 798 | 582 | 561 |
| 2. 放送業 | 3,306 | 3,392 | 3,419 | 3,495 | 3,614 | 3,678 | 3,788 | 3,937 | 3,877 | 3,837 | 3,799 | 3,561 | 3,664 | 4,320 | 4,618 | 4,724 | 4,790 | 4,763 | 4,847 | 4,741 | 4,497 | 4,720 | 4,752 |
| 　公共放送 | 699 | 703 | 705 | 706 | 700 | 669 | 667 | 674 | 659 | 657 | 666 | 682 | 677 | 683 | 712 | 743 | 759 | 775 | 796 | 801 | 783 | 769 | 760 |
| 　民間放送 | 2,269 | 2,336 | 2,329 | 2,373 | 2,478 | 2,544 | 2,616 | 2,682 | 2,607 | 2,544 | 2,432 | 2,178 | 2,125 | 2,386 | 2,665 | 2,544 | 2,632 | 2,613 | 2,607 | 2,498 | 2,274 | 2,515 | 2,580 |
| 　有線放送 | 338 | 353 | 385 | 416 | 437 | 466 | 506 | 581 | 611 | 653 | 701 | 701 | 861 | 1,052 | 1,241 | 1,437 | 1,400 | 1,375 | 1,444 | 1,442 | 1,440 | 1,437 | 1,412 |
| 3. 情報サービス業 | 13,606 | 15,319 | 16,012 | 16,269 | 16,921 | 17,403 | 18,066 | 18,467 | 18,907 | 18,061 | 17,415 | 16,845 | 17,003 | 17,498 | 18,084 | 18,500 | 18,802 | 19,444 | 19,811 | 20,572 | 20,912 | 21,659 | 22,507 |
| 　ソフトウェア | 8,954 | 10,053 | 10,150 | 9,956 | 10,012 | 10,028 | 10,696 | 10,917 | 11,174 | 10,444 | 9,940 | 9,640 | 9,875 | 10,259 | 10,691 | 11,130 | 11,281 | 11,856 | 12,134 | 12,679 | 13,084 | 13,369 | 13,926 |
| 　情報処理・提供サービス | 4,653 | 5,266 | 5,862 | 6,313 | 6,909 | 7,375 | 7,370 | 7,550 | 7,733 | 7,617 | 7,475 | 7,205 | 7,129 | 7,239 | 7,394 | 7,370 | 7,521 | 7,588 | 7,677 | 7,892 | 7,828 | 8,290 | 8,581 |
| 4. インターネット附随サービス業 | 0 | 0 | 0 | 0 | 0 | 1,216 | 1,229 | 1,348 | 1,472 | 1,452 | 1,633 | 1,904 | 2,015 | 2,421 | 2,847 | 3,551 | 3,834 | 3,953 | 4,078 | 4,164 | 4,757 | 5,570 | 5,721 |
| 　インターネット附随サービス | 0 | 0 | 0 | 0 | 0 | 1,216 | 1,229 | 1,348 | 1,472 | 1,452 | 1,633 | 1,904 | 2,015 | 2,421 | 2,847 | 3,551 | 3,834 | 3,953 | 4,078 | 4,164 | 4,757 | 5,570 | 5,721 |
| 5. 映像・音声・文字情報制作業 | 7,699 | 7,669 | 7,563 | 7,524 | 7,677 | 7,752 | 7,566 | 7,396 | 7,152 | 6,837 | 6,540 | 6,182 | 6,549 | 6,650 | 6,901 | 6,845 | 6,924 | 6,906 | 6,756 | 6,306 | 6,217 | 6,404 | 6,081 |
| 　映像・音声・文字情報制作（除.ニュース供給） | 1,988 | 2,029 | 1,980 | 2,044 | 2,158 | 2,181 | 2,207 | 2,228 | 2,234 | 2,244 | 2,279 | 2,251 | 2,617 | 2,712 | 2,923 | 3,009 | 3,191 | 3,367 | 3,386 | 3,012 | 3,086 | 3,309 | 3,197 |
| 　新聞 | 2,555 | 2,527 | 2,432 | 2,397 | 2,391 | 2,251 | 2,228 | 2,151 | 1,979 | 1,810 | 1,657 | 1,494 | 1,597 | 1,703 | 1,780 | 1,867 | 1,840 | 1,791 | 1,738 | 1,717 | 1,583 | 1,528 | 1,414 |
| 　出版 | 2,336 | 2,338 | 2,429 | 2,434 | 2,565 | 2,604 | 2,518 | 2,450 | 2,325 | 2,149 | 1,971 | 1,797 | 1,763 | 1,778 | 1,830 | 1,864 | 1,778 | 1,618 | 1,491 | 1,413 | 1,399 | 1,381 | 1,291 |
| 　ニュース供給 | 820 | 775 | 723 | 649 | 563 | 580 | 590 | 601 | 615 | 633 | 633 | 640 | 572 | 459 | 369 | 104 | 115 | 130 | 141 | 163 | 150 | 185 | 179 |
| 6. 情報通信関連製造業 | 40,154 | 34,392 | 30,951 | 32,098 | 32,182 | 30,564 | 31,853 | 32,185 | 30,572 | 23,017 | 25,900 | 22,230 | 18,226 | 17,661 | 19,176 | 20,430 | 19,019 | 20,458 | 21,268 | 20,476 | 20,155 | 22,298 | 22,669 |
| 　通信ケーブル製造 | 365 | 452 | 389 | 372 | 259 | 237 | 299 | 296 | 293 | 263 | 309 | 259 | 256 | 247 | 242 | 241 | 216 | 220 | 250 | 244 | 287 | 355 | 423 |
| 　有線通信機械器具製造 | 2,616 | 1,786 | 1,367 | 1,149 | 1,083 | 968 | 941 | 889 | 928 | 684 | 670 | 607 | 651 | 633 | 550 | 549 | 495 | 490 | 567 | 565 | 593 | 570 | 389 |
| 　無線通信機械器具製造 | 3,214 | 2,906 | 2,529 | 3,098 | 2,901 | 2,786 | 2,909 | 3,028 | 2,716 | 2,016 | 2,104 | 1,939 | 1,768 | 1,634 | 1,601 | 1,649 | 1,551 | 1,533 | 1,571 | 1,612 | 1,523 | 1,532 | 1,600 |
| 　その他の電気通信機器製造 | 426 | 439 | 339 | 379 | 432 | 393 | 430 | 496 | 539 | 530 | 533 | 469 | 483 | 460 | 477 | 408 | 441 | 443 | 460 | 475 | 449 | 464 | 382 |
| 　ラジオ・テレビ受信機・ビデオ機器製造 | 2,835 | 2,632 | 2,785 | 3,031 | 3,009 | 2,644 | 2,779 | 2,850 | 2,718 | 2,403 | 2,817 | 1,725 | 874 | 650 | 607 | 596 | 469 | 455 | 399 | 363 | 321 | 323 | 211 |
| 　電気音響機械器具製造 | 1,901 | 1,644 | 1,602 | 1,636 | 1,435 | 1,186 | 1,225 | 961 | 736 | 545 | 522 | 417 | 206 | 218 | 282 | 337 | 264 | 238 | 227 | 208 | 152 | 196 | 116 |
| 　電子計算機・同付属装置製造 | 7,453 | 6,734 | 5,206 | 4,560 | 4,250 | 3,681 | 3,535 | 3,775 | 3,327 | 2,462 | 2,498 | 2,183 | 1,857 | 1,733 | 1,849 | 1,919 | 1,694 | 1,802 | 1,960 | 2,055 | 1,865 | 1,798 | 1,628 |
| 　半導体素子製造 | 1,211 | 1,000 | 957 | 1,100 | 1,124 | 1,065 | 1,064 | 1,144 | 1,402 | 1,119 | 1,229 | 1,091 | 906 | 921 | 990 | 826 | 751 | 770 | 771 | 742 | 750 | 880 | 914 |
| 　集積回路製造 | 5,045 | 4,012 | 3,576 | 3,982 | 4,184 | 4,177 | 4,381 | 4,447 | 3,820 | 3,006 | 3,531 | 3,232 | 2,701 | 2,780 | 3,139 | 3,584 | 3,482 | 3,686 | 4,010 | 4,183 | 4,080 | 4,960 | 5,581 |
| 　液晶パネル製造 | 1,487 | 1,299 | 1,019 | 1,423 | 1,600 | 1,583 | 1,673 | 1,724 | 1,856 | 1,280 | 1,591 | 1,506 | 1,115 | 1,045 | 1,796 | 2,190 | 1,599 | 1,705 | 1,349 | 1,223 | 1,041 | 1,087 | 938 |
| 　フラットパネル・電子管製造 | 504 | 435 | 435 | 441 | 389 | 307 | 403 | 395 | 382 | 331 | 275 | 224 | 117 | 103 | 69 | 73 | 73 | 81 | 102 | 100 | 96 | 107 | 80 |
| 　その他の電子部品製造 | 10,416 | 8,756 | 8,684 | 9,098 | 9,565 | 9,569 | 10,582 | 10,487 | 9,992 | 6,963 | 8,417 | 7,271 | 6,068 | 6,029 | 6,387 | 6,863 | 6,762 | 7,834 | 8,360 | 7,497 | 7,765 | 8,689 | 8,833 |
| 　事務用機械器具製造 | 2,425 | 2,093 | 1,889 | 1,643 | 1,764 | 1,777 | 1,447 | 1,516 | 1,706 | 1,280 | 1,281 | 1,193 | 1,098 | 1,075 | 1,045 | 1,045 | 1,059 | 996 | 1,011 | 953 | 912 | 995 | 1,322 |
| 　情報記録物製造 | 255 | 203 | 174 | 187 | 188 | 192 | 184 | 176 | 158 | 134 | 123 | 113 | 126 | 133 | 141 | 152 | 163 | 205 | 246 | 257 | 322 | 344 | 252 |
| 7. 情報通信関連サービス業 | 21,797 | 21,700 | 20,704 | 20,056 | 20,295 | 20,393 | 19,857 | 19,637 | 17,982 | 15,425 | 15,036 | 14,143 | 14,513 | 14,541 | 15,199 | 15,527 | 15,492 | 15,176 | 15,182 | 15,596 | 13,758 | 14,280 | 14,065 |
| 　情報通信機器賃貸業 | 4,863 | 4,840 | 4,799 | 4,250 | 4,365 | 4,263 | 3,994 | 3,849 | 3,153 | 2,505 | 2,354 | 2,279 | 2,450 | 2,579 | 2,749 | 2,837 | 2,737 | 2,756 | 2,829 | 3,218 | 3,071 | 2,736 | 2,588 |
| 　広告業 | 9,133 | 9,101 | 8,471 | 8,526 | 8,782 | 9,083 | 8,869 | 8,768 | 8,005 | 6,444 | 6,262 | 6,078 | 6,474 | 6,405 | 6,978 | 7,213 | 7,440 | 7,459 | 7,436 | 7,386 | 6,406 | 6,949 | 6,917 |
| 　印刷・製版・製本業 | 7,134 | 7,017 | 6,728 | 6,541 | 6,384 | 6,296 | 6,238 | 6,277 | 6,087 | 5,715 | 5,642 | 5,113 | 4,930 | 4,925 | 4,898 | 4,972 | 4,794 | 4,444 | 4,402 | 4,409 | 4,067 | 4,312 | 4,043 |
| 　映画・劇場等 | 666 | 742 | 706 | 738 | 765 | 752 | 757 | 744 | 738 | 762 | 777 | 673 | 659 | 633 | 574 | 505 | 521 | 517 | 516 | 582 | 215 | 284 | 517 |
| 8. 情報通信関連建設業 | 1,445 | 1,412 | 913 | 574 | 443 | 312 | 246 | 402 | 377 | 287 | 250 | 224 | 234 | 264 | 211 | 172 | 194 | 179 | 179 | 168 | 189 | 389 | 301 |
| 　電気通信施設建設業 | 1,445 | 1,412 | 913 | 574 | 443 | 312 | 246 | 402 | 377 | 287 | 250 | 224 | 234 | 264 | 211 | 172 | 194 | 179 | 179 | 168 | 189 | 389 | 301 |
| 9. 研究 | 15,673 | 15,938 | 15,965 | 15,858 | 16,274 | 16,572 | 17,092 | 17,783 | 17,551 | 16,074 | 15,331 | 15,419 | 15,595 | 16,277 | 18,033 | 18,660 | 17,797 | 18,112 | 19,083 | 19,233 | 19,035 | 19,375 | 20,194 |
| 　研究 | 15,673 | 15,938 | 15,965 | 15,858 | 16,274 | 16,572 | 17,092 | 17,783 | 17,551 | 16,074 | 15,331 | 15,419 | 15,595 | 16,277 | 18,033 | 18,660 | 17,797 | 18,112 | 19,083 | 19,233 | 19,035 | 19,375 | 20,194 |
| 情報通信産業合計 | 120,381 | 116,700 | 112,435 | 113,047 | 113,717 | 112,575 | 115,128 | 117,322 | 113,878 | 101,052 | 101,590 | 96,230 | 92,835 | 94,929 | 100,574 | 104,765 | 104,332 | 106,835 | 109,287 | 109,283 | 108,310 | 114,133 | 114,868 |

## データ3　日本の情報通信産業の部門別実質国内生産額の推移

（単位：2015 年価格、10 億円）

| | 2000年 | 2001年 | 2002年 | 2003年 | 2004年 | 2005年 | 2006年 | 2007年 | 2008年 | 2009年 | 2010年 | 2011年 | 2012年 | 2013年 | 2014年 | 2015年 | 2016年 | 2017年 | 2018年 | 2019年 | 2020年 | 2021年 | 2022年 |
|---|---|---|---|---|---|---|---|---|---|---|---|---|---|---|---|---|---|---|---|---|---|---|---|
| 1. 通信業 | 11,960 | 12,965 | 13,690 | 14,124 | 13,358 | 11,642 | 12,674 | 13,682 | 13,863 | 14,344 | 14,689 | 14,972 | 14,217 | 14,381 | 14,108 | 16,354 | 17,873 | 18,404 | 18,597 | 19,004 | 19,813 | 20,562 | 20,071 |
| 固定電気通信 | 8,701 | 9,485 | 10,102 | 10,245 | 9,160 | 7,045 | 7,270 | 7,813 | 7,821 | 7,957 | 7,534 | 7,133 | 6,384 | 6,442 | 6,492 | 7,312 | 8,293 | 8,499 | 8,348 | 8,227 | 8,313 | 9,733 | 9,500 |
| 移動電気通信 | 3,045 | 3,264 | 3,332 | 3,622 | 3,928 | 4,312 | 5,095 | 5,539 | 5,695 | 6,026 | 6,775 | 7,435 | 7,404 | 7,477 | 7,145 | 8,544 | 9,064 | 9,386 | 9,712 | 9,922 | 10,674 | 10,225 | 9,981 |
| 電気通信に付帯するサービス | 215 | 216 | 256 | 258 | 270 | 285 | 309 | 330 | 347 | 361 | 381 | 404 | 429 | 461 | 471 | 497 | 515 | 518 | 537 | 855 | 827 | 604 | 590 |
| 2. 放送業 | 3,376 | 3,436 | 3,621 | 3,717 | 3,747 | 3,793 | 3,874 | 4,020 | 4,015 | 4,163 | 4,097 | 3,785 | 3,831 | 4,487 | 4,703 | 4,724 | 4,723 | 4,699 | 4,820 | 4,723 | 4,699 | 4,679 | 4,625 |
| 公共放送 | 670 | 674 | 676 | 676 | 670 | 640 | 639 | 645 | 631 | 629 | 637 | 653 | 649 | 666 | 731 | 743 | 759 | 775 | 796 | 801 | 788 | 791 | 782 |
| 民間放送 | 2,356 | 2,401 | 2,551 | 2,615 | 2,628 | 2,669 | 2,709 | 2,769 | 2,747 | 2,854 | 2,730 | 2,403 | 2,289 | 2,736 | 2,715 | 2,544 | 2,566 | 2,550 | 2,579 | 2,496 | 2,517 | 2,499 | 2,478 |
| 有線放送 | 350 | 361 | 394 | 427 | 449 | 484 | 527 | 605 | 636 | 680 | 729 | 729 | 892 | 1,085 | 1,256 | 1,437 | 1,399 | 1,375 | 1,444 | 1,425 | 1,393 | 1,390 | 1,365 |
| 3. 情報サービス業 | 12,661 | 14,517 | 15,440 | 16,173 | 16,898 | 17,474 | 18,009 | 18,329 | 18,682 | 18,185 | 17,607 | 17,152 | 17,331 | 17,933 | 18,103 | 18,500 | 18,670 | 19,177 | 19,379 | 19,918 | 19,827 | 20,518 | 21,407 |
| ソフトウェア | 8,324 | 9,549 | 9,824 | 10,031 | 10,135 | 10,216 | 10,762 | 10,880 | 10,996 | 10,574 | 10,150 | 9,934 | 10,243 | 10,704 | 10,810 | 11,130 | 11,117 | 11,554 | 11,689 | 12,070 | 12,188 | 12,411 | 13,004 |
| 情報処理・提供サービス | 4,337 | 4,968 | 5,616 | 6,142 | 6,763 | 7,257 | 7,247 | 7,450 | 7,686 | 7,611 | 7,456 | 7,218 | 7,088 | 7,230 | 7,293 | 7,370 | 7,553 | 7,623 | 7,690 | 7,848 | 7,639 | 8,107 | 8,403 |
| 4. インターネット附随サービス業 | 0 | 0 | 0 | 0 | 0 | 1,144 | 1,185 | 1,336 | 1,473 | 1,363 | 1,607 | 1,919 | 1,975 | 2,387 | 2,863 | 3,551 | 3,643 | 3,804 | 4,058 | 4,069 | 4,745 | 5,453 | 5,554 |
| インターネット附随サービス | 0 | 0 | 0 | 0 | 0 | 1,144 | 1,185 | 1,336 | 1,473 | 1,363 | 1,607 | 1,919 | 1,975 | 2,387 | 2,863 | 3,551 | 3,643 | 3,804 | 4,058 | 4,069 | 4,745 | 5,453 | 5,554 |
| 5. 映像・音声・文字情報制作業 | 9,433 | 9,311 | 9,090 | 9,000 | 9,121 | 9,127 | 8,786 | 8,460 | 8,068 | 7,576 | 7,169 | 6,703 | 7,146 | 7,191 | 7,228 | 6,845 | 6,979 | 6,926 | 6,717 | 6,109 | 5,920 | 6,013 | 5,635 |
| 映像･音声･文字情報制作（除､ニュース供給） | 3,322 | 3,270 | 3,096 | 3,108 | 3,188 | 3,133 | 3,019 | 2,905 | 2,792 | 2,675 | 2,627 | 2,509 | 2,882 | 2,949 | 3,085 | 3,009 | 3,269 | 3,419 | 3,411 | 2,956 | 2,980 | 3,167 | 3,027 |
| 新聞 | 2,691 | 2,661 | 2,561 | 2,525 | 2,518 | 2,513 | 2,369 | 2,225 | 2,070 | 1,887 | 1,713 | 1,540 | 1,693 | 1,811 | 1,834 | 1,867 | 1,845 | 1,798 | 1,721 | 1,648 | 1,502 | 1,415 | 1,293 |
| 出版 | 2,560 | 2,557 | 2,651 | 2,654 | 2,789 | 2,827 | 2,725 | 2,641 | 2,492 | 2,276 | 2,075 | 1,879 | 1,895 | 1,918 | 1,913 | 1,864 | 1,750 | 1,579 | 1,446 | 1,345 | 1,294 | 1,254 | 1,145 |
| ニュース供給 | 860 | 824 | 781 | 713 | 627 | 655 | 672 | 690 | 714 | 738 | 753 | 775 | 676 | 513 | 396 | 104 | 115 | 129 | 139 | 160 | 144 | 177 | 170 |
| 6. 情報通信関連製造業 | 19,723 | 17,843 | 17,461 | 19,153 | 20,031 | 20,143 | 22,408 | 23,562 | 23,574 | 18,578 | 22,095 | 20,115 | 17,443 | 17,260 | 18,929 | 20,430 | 19,563 | 20,706 | 21,502 | 21,552 | 21,055 | 23,041 | 22,497 |
| 通信ケーブル製造 | 296 | 359 | 303 | 304 | 219 | 202 | 247 | 249 | 254 | 240 | 296 | 269 | 274 | 246 | 230 | 241 | 232 | 223 | 247 | 239 | 275 | 315 | 346 |
| 有線通信機械器具製造 | 1,930 | 1,420 | 1,144 | 1,005 | 965 | 873 | 866 | 834 | 875 | 647 | 665 | 623 | 665 | 640 | 549 | 549 | 495 | 490 | 562 | 548 | 567 | 555 | 359 |
| 無線通信機械器具製造 | 1,487 | 1,264 | 1,209 | 1,531 | 1,464 | 1,494 | 1,724 | 1,980 | 1,923 | 1,478 | 1,641 | 1,633 | 1,667 | 1,576 | 1,576 | 1,649 | 1,730 | 1,657 | 1,671 | 1,736 | 1,634 | 1,681 | 1,602 |
| その他の電気通信機器製造 | 439 | 457 | 353 | 394 | 430 | 383 | 421 | 489 | 535 | 527 | 533 | 469 | 484 | 462 | 472 | 408 | 442 | 445 | 449 | 478 | 446 | 460 | 379 |
| ラジオ・テレビ受信機・ビデオ機器製造 | 327 | 340 | 430 | 586 | 692 | 712 | 846 | 1,020 | 1,185 | 1,234 | 1,683 | 1,287 | 753 | 635 | 576 | 596 | 464 | 460 | 410 | 377 | 337 | 335 | 217 |
| 電気音響機械器具製造 | 1,383 | 1,251 | 1,294 | 1,405 | 1,271 | 1,102 | 1,171 | 926 | 736 | 556 | 545 | 433 | 213 | 229 | 289 | 337 | 265 | 241 | 230 | 210 | 152 | 196 | 114 |
| 電子計算機・同付属装置製造 | 2,305 | 2,423 | 2,198 | 2,227 | 2,281 | 2,140 | 2,158 | 2,499 | 2,373 | 1,940 | 2,075 | 1,948 | 1,808 | 1,756 | 1,855 | 1,919 | 1,713 | 1,833 | 1,995 | 2,185 | 2,023 | 1,979 | 1,711 |
| 半導体素子製造 | 705 | 598 | 591 | 711 | 750 | 749 | 793 | 881 | 1,114 | 937 | 1,085 | 1,016 | 856 | 916 | 976 | 826 | 748 | 772 | 772 | 742 | 738 | 869 | 895 |
| 集積回路製造 | 2,083 | 1,952 | 1,908 | 2,203 | 2,399 | 2,454 | 2,761 | 3,006 | 2,719 | 2,249 | 2,807 | 2,689 | 2,462 | 2,500 | 3,036 | 3,584 | 3,591 | 3,450 | 3,968 | 4,684 | 4,622 | 5,641 | 5,772 |
| 液晶パネル製造 | 303 | 408 | 339 | 532 | 624 | 824 | 1,250 | 1,227 | 1,354 | 1,048 | 1,412 | 1,358 | 1,061 | 1,007 | 1,765 | 2,190 | 1,681 | 1,796 | 1,428 | 1,299 | 1,107 | 1,150 | 1,036 |
| フラットパネル・電子管製造 | 214 | 190 | 201 | 214 | 195 | 159 | 248 | 252 | 311 | 242 | 204 | 289 | 146 | 117 | 74 | 73 | 75 | 84 | 103 | 99 | 94 | 103 | 76 |
| その他の電子部品製造 | 6,155 | 5,393 | 5,883 | 6,580 | 7,168 | 7,424 | 8,500 | 8,691 | 8,507 | 6,124 | 7,735 | 6,787 | 5,794 | 5,919 | 6,305 | 6,863 | 6,925 | 8,062 | 8,430 | 7,419 | 7,566 | 8,315 | 8,360 |
| 事務用機械器具製造 | 1,861 | 1,604 | 1,450 | 1,288 | 1,399 | 1,448 | 1,248 | 1,349 | 1,538 | 1,222 | 1,291 | 1,201 | 1,131 | 1,120 | 1,083 | 1,045 | 1,040 | 986 | 991 | 1,279 | 1,178 | 1,107 | 1,387 |
| 情報記録物製造 | 236 | 186 | 159 | 171 | 174 | 180 | 175 | 159 | 150 | 133 | 122 | 113 | 130 | 137 | 143 | 152 | 163 | 205 | 246 | 255 | 316 | 337 | 243 |
| 7. 情報通信関連サービス業 | 17,039 | 17,295 | 16,853 | 16,950 | 17,522 | 18,084 | 17,951 | 18,038 | 17,034 | 15,276 | 15,383 | 14,664 | 15,313 | 15,584 | 15,849 | 15,527 | 15,425 | 15,029 | 14,936 | 15,213 | 13,674 | 13,781 | 13,082 |
| 情報通信機器賃貸業 | 1,535 | 1,822 | 2,007 | 2,073 | 2,433 | 2,718 | 2,715 | 2,790 | 2,517 | 2,167 | 2,231 | 2,297 | 2,648 | 2,826 | 2,883 | 2,837 | 2,824 | 2,827 | 2,888 | 3,301 | 3,155 | 2,864 | 2,516 |
| 広告業 | 8,370 | 8,335 | 7,954 | 8,063 | 8,305 | 8,591 | 8,448 | 8,384 | 7,835 | 6,699 | 6,656 | 6,505 | 6,948 | 7,038 | 7,437 | 7,213 | 7,327 | 7,294 | 7,201 | 7,074 | 6,482 | 6,625 | 6,414 |
| 印刷・製版・製本業 | 6,490 | 6,414 | 6,196 | 6,082 | 6,022 | 6,021 | 6,028 | 6,118 | 5,946 | 5,645 | 5,713 | 5,181 | 5,048 | 5,076 | 4,942 | 4,972 | 4,757 | 4,397 | 4,337 | 4,265 | 3,827 | 4,021 | 3,665 |
| 映画・劇場等 | 644 | 725 | 696 | 732 | 762 | 754 | 760 | 747 | 737 | 766 | 783 | 681 | 669 | 644 | 587 | 505 | 517 | 511 | 510 | 573 | 209 | 271 | 487 |
| 8. 情報通信関連建設業 | 1,614 | 1,595 | 1,043 | 654 | 495 | 337 | 255 | 404 | 372 | 287 | 249 | 231 | 244 | 270 | 209 | 172 | 193 | 176 | 173 | 158 | 176 | 351 | 257 |
| 電気通信施設建設業 | 1,614 | 1,595 | 1,043 | 654 | 495 | 337 | 255 | 404 | 372 | 287 | 249 | 231 | 244 | 270 | 209 | 172 | 193 | 176 | 173 | 158 | 176 | 351 | 257 |
| 9. 研究 | 14,804 | 15,109 | 15,252 | 15,273 | 15,759 | 16,123 | 16,726 | 17,468 | 17,377 | 15,911 | 15,408 | 15,703 | 15,986 | 16,801 | 18,655 | 18,660 | 17,823 | 18,043 | 18,838 | 18,893 | 18,698 | 19,069 | 19,380 |
| 研究 | 14,804 | 15,109 | 15,252 | 15,273 | 15,759 | 16,123 | 16,726 | 17,468 | 17,377 | 15,911 | 15,408 | 15,703 | 15,986 | 16,801 | 18,655 | 18,660 | 17,823 | 18,043 | 18,838 | 18,893 | 18,698 | 19,069 | 19,380 |
| 情報通信産業合計 | 90,611 | 92,071 | 92,451 | 95,043 | 96,931 | 97,866 | 101,867 | 105,300 | 104,457 | 95,684 | 98,304 | 95,244 | 93,485 | 96,296 | 100,645 | 104,765 | 104,893 | 106,964 | 109,021 | 109,639 | 108,607 | 113,467 | 112,507 |

## データ4　日本の情報通信産業の部門別名目 GDP の推移

（単位：10 億円）

| | 2000年 | 2001年 | 2002年 | 2003年 | 2004年 | 2005年 | 2006年 | 2007年 | 2008年 | 2009年 | 2010年 | 2011年 | 2012年 | 2013年 | 2014年 | 2015年 | 2016年 | 2017年 | 2018年 | 2019年 | 2020年 | 2021年 | 2022年 |
|---|---|---|---|---|---|---|---|---|---|---|---|---|---|---|---|---|---|---|---|---|---|---|---|
| 1. 通信業 | 9,485 | 9,502 | 9,454 | 9,560 | 8,942 | 8,204 | 8,548 | 8,893 | 8,726 | 8,696 | 8,421 | 8,374 | 8,000 | 8,128 | 8,231 | 8,675 | 9,263 | 9,439 | 9,541 | 9,558 | 10,013 | 10,257 | 9,954 |
| 固定電気通信 | 6,014 | 5,990 | 5,992 | 5,941 | 5,115 | 4,080 | 4,138 | 4,373 | 4,294 | 4,291 | 3,995 | 3,716 | 3,361 | 3,429 | 3,592 | 3,931 | 4,430 | 4,516 | 4,438 | 4,257 | 4,363 | 5,002 | 4,809 |
| 移動電気通信 | 3,300 | 3,346 | 3,274 | 3,438 | 3,644 | 3,938 | 4,216 | 4,320 | 4,228 | 4,199 | 4,220 | 4,448 | 4,417 | 4,460 | 4,391 | 4,480 | 4,565 | 4,657 | 4,830 | 4,878 | 5,227 | 4,951 | 4,844 |
| 電気通信に付帯するサービス | 171 | 166 | 188 | 181 | 183 | 185 | 194 | 201 | 204 | 206 | 207 | 210 | 222 | 239 | 248 | 264 | 268 | 266 | 273 | 422 | 424 | 303 | 301 |
| 2. 放送業 | 1,428 | 1,486 | 1,523 | 1,580 | 1,654 | 1,703 | 1,719 | 1,758 | 1,701 | 1,660 | 1,623 | 1,508 | 1,550 | 1,776 | 1,877 | 1,908 | 1,919 | 1,903 | 1,940 | 1,877 | 1,831 | 1,842 | 1,870 |
| 公共放送 | 351 | 358 | 363 | 368 | 369 | 357 | 356 | 360 | 352 | 351 | 356 | 365 | 351 | 342 | 345 | 347 | 357 | 367 | 380 | 363 | 374 | 350 | 348 |
| 民間放送 | 868 | 907 | 918 | 950 | 1,009 | 1,052 | 1,047 | 1,040 | 976 | 915 | 850 | 732 | 710 | 856 | 876 | 829 | 856 | 849 | 846 | 789 | 722 | 776 | 814 |
| 有線放送 | 209 | 221 | 242 | 262 | 276 | 294 | 315 | 358 | 372 | 393 | 417 | 412 | 489 | 577 | 657 | 732 | 706 | 687 | 714 | 725 | 735 | 715 | 707 |
| 3. 情報サービス業 | 8,416 | 9,439 | 9,847 | 9,989 | 10,374 | 10,654 | 11,075 | 11,342 | 11,634 | 11,127 | 10,740 | 10,405 | 10,313 | 10,420 | 10,571 | 10,630 | 10,764 | 11,120 | 11,300 | 11,795 | 12,015 | 12,514 | 13,116 |
| ソフトウェア | 5,479 | 6,134 | 6,175 | 6,039 | 6,056 | 6,047 | 6,521 | 6,727 | 6,958 | 6,572 | 6,321 | 6,193 | 6,309 | 6,519 | 6,755 | 6,994 | 7,055 | 7,379 | 7,516 | 7,964 | 8,166 | 8,474 | 8,851 |
| 情報処理・提供サービス | 2,938 | 3,305 | 3,672 | 3,950 | 4,318 | 4,607 | 4,554 | 4,615 | 4,675 | 4,554 | 4,419 | 4,212 | 4,005 | 3,901 | 3,816 | 3,636 | 3,709 | 3,741 | 3,784 | 3,831 | 3,849 | 4,039 | 4,265 |
| 4. インターネット附随サービス業 | 0 | 0 | 0 | 0 | 0 | 560 | 535 | 552 | 566 | 521 | 545 | 588 | 592 | 676 | 752 | 886 | 962 | 998 | 1,036 | 1,078 | 1,221 | 1,346 | 1,428 |
| インターネット附随サービス | 0 | 0 | 0 | 0 | 0 | 560 | 535 | 552 | 566 | 521 | 545 | 588 | 592 | 676 | 752 | 886 | 962 | 998 | 1,036 | 1,078 | 1,221 | 1,346 | 1,428 |
| 5. 映像・音声・文字情報制作業 | 3,411 | 3,404 | 3,352 | 3,339 | 3,403 | 3,445 | 3,291 | 3,145 | 2,974 | 2,781 | 2,597 | 2,393 | 2,569 | 2,641 | 2,776 | 2,774 | 2,822 | 2,828 | 2,780 | 2,551 | 2,549 | 2,510 | 2,500 |
| 映像･音声･文字情報制作（除､ニュース供給） | 935 | 968 | 957 | 1,001 | 1,071 | 1,097 | 1,065 | 1,031 | 988 | 948 | 916 | 860 | 1,004 | 1,045 | 1,130 | 1,169 | 1,238 | 1,305 | 1,311 | 1,126 | 1,218 | 1,222 | 1,254 |
| 新聞 | 1,187 | 1,169 | 1,121 | 1,100 | 1,093 | 1,086 | 993 | 904 | 817 | 722 | 637 | 554 | 617 | 684 | 743 | 809 | 804 | 788 | 771 | 767 | 694 | 659 | 621 |
| 出版 | 867 | 864 | 894 | 893 | 937 | 948 | 916 | 891 | 845 | 781 | 716 | 652 | 655 | 677 | 713 | 743 | 722 | 669 | 628 | 576 | 561 | 537 | 534 |
| ニュース供給 | 422 | 403 | 380 | 345 | 302 | 315 | 317 | 319 | 324 | 330 | 327 | 328 | 293 | 235 | 189 | 54 | 58 | 65 | 71 | 82 | 77 | 91 | 91 |
| 6. 情報通信関連製造業 | 16,500 | 13,448 | 11,790 | 11,840 | 11,382 | 10,309 | 10,776 | 10,873 | 10,372 | 7,804 | 8,786 | 7,593 | 6,350 | 6,185 | 6,740 | 7,226 | 6,703 | 7,163 | 7,406 | 7,172 | 7,140 | 7,762 | 7,837 |
| 通信ケーブル製造 | 154 | 175 | 137 | 118 | 73 | 59 | 82 | 88 | 95 | 92 | 115 | 103 | 99 | 92 | 86 | 83 | 72 | 71 | 78 | 77 | 92 | 112 | 123 |
| 有線通信機械器具製造 | 913 | 637 | 498 | 427 | 410 | 374 | 361 | 337 | 349 | 255 | 248 | 222 | 233 | 220 | 187 | 181 | 162 | 160 | 184 | 192 | 198 | 177 | 120 |
| 無線通信機械器具製造 | 1,039 | 922 | 802 | 970 | 895 | 859 | 904 | 937 | 869 | 653 | 696 | 652 | 613 | 574 | 569 | 581 | 542 | 531 | 538 | 564 | 547 | 523 | 533 |
| その他の電気通信機器製造 | 189 | 196 | 152 | 170 | 195 | 178 | 191 | 217 | 232 | 224 | 221 | 191 | 200 | 193 | 204 | 177 | 191 | 192 | 193 | 199 | 194 | 192 | 153 |
| ラジオ・テレビ受信機・ビデオ機器製造 | 971 | 879 | 899 | 948 | 900 | 760 | 810 | 847 | 825 | 729 | 855 | 557 | 313 | 235 | 223 | 223 | 175 | 172 | 152 | 141 | 126 | 118 | 77 |
| 電気音響機械器具製造 | 556 | 478 | 463 | 470 | 409 | 336 | 357 | 288 | 226 | 172 | 169 | 139 | 67 | 71 | 90 | 106 | 83 | 75 | 71 | 67 | 48 | 60 | 35 |
| 電子計算機・同付属装置製造 | 1,736 | 1,610 | 1,282 | 1,147 | 1,084 | 950 | 905 | 969 | 869 | 647 | 652 | 574 | 515 | 479 | 522 | 556 | 492 | 525 | 574 | 619 | 536 | 500 | 449 |
| 半導体素子製造 | 609 | 501 | 478 | 547 | 557 | 525 | 488 | 485 | 547 | 398 | 395 | 313 | 273 | 290 | 325 | 282 | 253 | 256 | 252 | 252 | 257 | 285 | 287 |
| 集積回路製造 | 3,225 | 2,377 | 1,951 | 1,987 | 1,892 | 1,694 | 1,793 | 1,837 | 1,592 | 1,264 | 1,498 | 1,383 | 1,139 | 1,154 | 1,283 | 1,442 | 1,411 | 1,503 | 1,647 | 1,726 | 1,626 | 1,858 | 2,235 |
| 液晶パネル製造 | 609 | 509 | 382 | 508 | 544 | 510 | 528 | 533 | 561 | 379 | 460 | 425 | 334 | 330 | 598 | 767 | 557 | 591 | 465 | 420 | 363 | 382 | 278 |
| フラットパネル・電子管製造 | 198 | 162 | 152 | 145 | 119 | 87 | 114 | 112 | 108 | 93 | 77 | 63 | 37 | 36 | 27 | 31 | 31 | 34 | 43 | 43 | 42 | 46 | 32 |
| その他の電子部品製造 | 5,494 | 4,322 | 3,992 | 3,871 | 3,744 | 3,417 | 3,753 | 3,694 | 3,496 | 2,419 | 2,904 | 2,491 | 2,083 | 2,073 | 2,200 | 2,368 | 2,297 | 2,619 | 2,750 | 2,437 | 2,643 | 3,034 | 2,955 |
| 事務用機械器具製造 | 699 | 595 | 530 | 455 | 482 | 479 | 411 | 453 | 536 | 421 | 440 | 428 | 388 | 375 | 360 | 355 | 359 | 337 | 341 | 313 | 310 | 319 | 446 |
| 情報記録物製造 | 106 | 85 | 73 | 78 | 79 | 80 | 78 | 75 | 68 | 59 | 54 | 50 | 57 | 62 | 67 | 74 | 79 | 98 | 117 | 122 | 158 | 157 | 114 |
| 7. 情報通信関連サービス業 | 10,795 | 10,680 | 10,205 | 9,688 | 9,723 | 9,634 | 9,188 | 8,908 | 7,954 | 6,756 | 6,451 | 5,917 | 6,066 | 6,143 | 6,394 | 6,554 | 6,474 | 6,317 | 6,343 | 6,694 | 5,966 | 5,896 | 5,745 |
| 情報通信機器賃貸業 | 3,610 | 3,540 | 3,457 | 3,015 | 3,050 | 2,931 | 2,729 | 2,613 | 2,126 | 1,678 | 1,567 | 1,507 | 1,614 | 1,692 | 1,797 | 1,847 | 1,780 | 1,790 | 1,835 | 2,080 | 2,014 | 1,777 | 1,664 |
| 広告業 | 3,139 | 3,083 | 2,827 | 2,803 | 2,843 | 2,896 | 2,747 | 2,635 | 2,333 | 1,820 | 1,711 | 1,606 | 1,716 | 1,704 | 1,864 | 1,934 | 1,992 | 1,993 | 1,984 | 2,050 | 1,743 | 1,788 | 1,826 |
| 印刷・製版・製本業 | 3,713 | 3,685 | 3,566 | 3,498 | 3,444 | 3,427 | 3,321 | 3,268 | 3,096 | 2,839 | 2,737 | 2,419 | 2,385 | 2,436 | 2,475 | 2,567 | 2,490 | 2,323 | 2,316 | 2,331 | 2,129 | 2,219 | 2,049 |
| 映画・劇場等 | 333 | 372 | 355 | 372 | 386 | 380 | 391 | 393 | 398 | 419 | 436 | 385 | 350 | 311 | 258 | 206 | 212 | 210 | 208 | 234 | 79 | 111 | 206 |
| 8. 情報通信関連建設業 | 727 | 694 | 438 | 268 | 202 | 138 | 113 | 190 | 184 | 144 | 129 | 119 | 126 | 145 | 118 | 98 | 110 | 101 | 101 | 95 | 106 | 211 | 168 |
| 電気通信施設建設業 | 727 | 694 | 438 | 268 | 202 | 138 | 113 | 190 | 184 | 144 | 129 | 119 | 126 | 145 | 118 | 98 | 110 | 101 | 101 | 95 | 106 | 211 | 168 |
| 9. 研究 | 11,295 | 11,221 | 10,974 | 10,636 | 10,644 | 10,563 | 10,975 | 11,502 | 11,435 | 10,549 | 10,134 | 10,264 | 10,115 | 10,279 | 11,079 | 11,146 | 10,588 | 10,733 | 11,263 | 11,440 | 11,390 | 11,598 | 12,123 |
| 研究 | 11,295 | 11,221 | 10,974 | 10,636 | 10,644 | 10,563 | 10,975 | 11,502 | 11,435 | 10,549 | 10,134 | 10,264 | 10,115 | 10,279 | 11,079 | 11,146 | 10,588 | 10,733 | 11,263 | 11,440 | 11,390 | 11,598 | 12,123 |
| 情報通信産業合計 | 62,058 | 59,872 | 57,582 | 56,902 | 56,324 | 55,210 | 56,219 | 57,164 | 55,545 | 50,038 | 49,426 | 47,161 | 45,683 | 46,393 | 48,539 | 49,896 | 49,605 | 50,602 | 51,710 | 52,261 | 52,233 | 53,935 | 54,742 |

## データ5　日本の情報通信産業の部門別実質GDPの推移

（単位：2015年価格、10億円）

| | 2000年 | 2001年 | 2002年 | 2003年 | 2004年 | 2005年 | 2006年 | 2007年 | 2008年 | 2009年 | 2010年 | 2011年 | 2012年 | 2013年 | 2014年 | 2015年 | 2016年 | 2017年 | 2018年 | 2019年 | 2020年 | 2021年 | 2022年 |
|---|---|---|---|---|---|---|---|---|---|---|---|---|---|---|---|---|---|---|---|---|---|---|---|
| 1. 通信業 | 5,267 | 5,790 | 6,190 | 6,405 | 5,913 | 5,150 | 5,617 | 6,218 | 6,454 | 6,838 | 7,140 | 7,486 | 7,208 | 7,404 | 7,377 | 8,675 | 9,556 | 9,912 | 10,083 | 10,548 | 11,082 | 11,446 | 11,589 |
| 固定電気通信 | 4,423 | 4,904 | 5,274 | 5,432 | 4,875 | 4,030 | 4,092 | 4,326 | 4,259 | 4,260 | 3,964 | 3,688 | 3,333 | 3,397 | 3,456 | 3,931 | 4,515 | 4,685 | 4,659 | 4,591 | 4,640 | 5,390 | 5,448 |
| 移動電気通信 | 705 | 748 | 755 | 811 | 870 | 944 | 1,340 | 1,701 | 1,999 | 2,381 | 2,975 | 3,592 | 3,653 | 3,767 | 3,673 | 4,480 | 4,768 | 4,952 | 5,140 | 5,504 | 5,986 | 5,727 | 5,805 |
| 電気通信に付帯するサービス | 138 | 138 | 162 | 161 | 168 | 175 | 185 | 191 | 196 | 197 | 201 | 207 | 222 | 241 | 248 | 264 | 273 | 274 | 284 | 454 | 456 | 330 | 336 |
| 2. 放送業 | 1,131 | 1,194 | 1,304 | 1,391 | 1,455 | 1,525 | 1,562 | 1,632 | 1,634 | 1,694 | 1,682 | 1,571 | 1,594 | 1,828 | 1,906 | 1,908 | 1,899 | 1,884 | 1,933 | 1,910 | 2,081 | 1,905 | 1,896 |
| 公共放送 | 301 | 306 | 310 | 314 | 315 | 304 | 304 | 309 | 303 | 303 | 307 | 316 | 311 | 317 | 345 | 347 | 359 | 371 | 385 | 372 | 392 | 389 | 393 |
| 民間放送 | 614 | 665 | 749 | 812 | 861 | 920 | 934 | 955 | 948 | 986 | 944 | 830 | 779 | 918 | 898 | 829 | 832 | 823 | 828 | 819 | 992 | 827 | 808 |
| 有線放送 | 216 | 223 | 245 | 265 | 279 | 301 | 324 | 368 | 383 | 406 | 430 | 425 | 504 | 593 | 663 | 732 | 708 | 691 | 720 | 719 | 697 | 689 | 694 |
| 3. 情報サービス業 | 7,735 | 8,829 | 9,376 | 9,808 | 10,235 | 10,571 | 10,907 | 11,115 | 11,340 | 11,045 | 10,702 | 10,439 | 10,401 | 10,610 | 10,550 | 10,630 | 10,682 | 10,958 | 11,044 | 11,417 | 11,314 | 11,836 | 12,687 |
| ソフトウェア | 5,010 | 5,747 | 5,911 | 6,035 | 6,097 | 6,145 | 6,540 | 6,678 | 6,818 | 6,622 | 6,419 | 6,344 | 6,515 | 6,781 | 6,820 | 6,994 | 6,928 | 7,141 | 7,164 | 7,502 | 7,477 | 7,764 | 8,303 |
| 情報処理・提供サービス | 2,725 | 3,082 | 3,465 | 3,773 | 4,138 | 4,426 | 4,367 | 4,437 | 4,522 | 4,423 | 4,282 | 4,095 | 3,886 | 3,830 | 3,730 | 3,636 | 3,754 | 3,818 | 3,880 | 3,915 | 3,837 | 4,072 | 4,384 |
| 4. インターネット附随サービス業 | 0 | 0 | 0 | 0 | 0 | 483 | 477 | 511 | 534 | 467 | 518 | 580 | 571 | 658 | 752 | 886 | 916 | 964 | 1,037 | 1,029 | 1,276 | 1,338 | 1,426 |
| インターネット附随サービス | 0 | 0 | 0 | 0 | 0 | 483 | 477 | 511 | 534 | 467 | 518 | 580 | 571 | 658 | 752 | 886 | 916 | 964 | 1,037 | 1,029 | 1,276 | 1,338 | 1,426 |
| 5. 映像・音声・文字情報制作業 | 5,158 | 5,036 | 4,841 | 4,742 | 4,744 | 4,688 | 4,355 | 4,042 | 3,718 | 3,369 | 3,072 | 2,763 | 2,933 | 2,935 | 2,946 | 2,774 | 2,851 | 2,853 | 2,790 | 2,478 | 2,392 | 2,299 | 2,319 |
| 映像・音声・文字情報制作（除、ニュース供給） | 2,178 | 2,122 | 1,989 | 1,976 | 2,005 | 1,950 | 1,777 | 1,612 | 1,455 | 1,304 | 1,192 | 1,054 | 1,188 | 1,192 | 1,223 | 1,169 | 1,280 | 1,350 | 1,358 | 1,106 | 1,157 | 1,160 | 1,185 |
| 新聞 | 1,328 | 1,298 | 1,234 | 1,202 | 1,184 | 1,166 | 1,063 | 963 | 863 | 758 | 661 | 570 | 653 | 728 | 766 | 809 | 806 | 793 | 765 | 742 | 658 | 593 | 582 |
| 出版 | 1,159 | 1,139 | 1,162 | 1,144 | 1,183 | 1,179 | 1,114 | 1,059 | 979 | 876 | 782 | 693 | 713 | 736 | 748 | 743 | 706 | 645 | 598 | 549 | 504 | 460 | 466 |
| ニュース供給 | 494 | 477 | 456 | 420 | 373 | 393 | 400 | 408 | 420 | 431 | 436 | 446 | 378 | 279 | 209 | 54 | 58 | 65 | 70 | 81 | 73 | 86 | 86 |
| 6. 情報通信関連製造業 | -2,522 | -2,697 | -1,688 | -1,376 | -281 | 1,167 | 1,920 | 2,703 | 3,741 | 3,511 | 5,071 | 5,768 | 5,419 | 5,600 | 6,411 | 7,226 | 6,953 | 7,345 | 7,634 | 8,065 | 7,810 | 8,840 | 8,961 |
| 通信ケーブル製造 | 27 | 30 | 23 | 21 | 14 | 11 | 27 | 41 | 56 | 67 | 99 | 105 | 104 | 90 | 82 | 83 | 77 | 72 | 77 | 73 | 78 | 82 | 97 |
| 有線通信機械器具製造 | 520 | 406 | 346 | 321 | 325 | 308 | 311 | 304 | 324 | 243 | 254 | 241 | 248 | 230 | 189 | 181 | 161 | 157 | 177 | 172 | 171 | 179 | 116 |
| 無線通信機械器具製造 | -640 | -751 | -542 | -645 | -510 | -205 | -104 | -65 | 142 | 192 | 298 | 365 | 441 | 471 | 525 | 581 | 626 | 613 | 632 | 671 | 645 | 708 | 624 |
| その他の電気通信機器製造 | 237 | 240 | 180 | 196 | 207 | 179 | 194 | 222 | 239 | 232 | 231 | 200 | 207 | 199 | 204 | 177 | 192 | 194 | 196 | 202 | 193 | 198 | 168 |
| ラジオ・テレビ受信機・ビデオ機器製造 | -1,167 | -1,043 | -1,112 | -1,228 | -1,165 | -894 | -932 | -903 | -746 | -542 | -359 | 125 | 181 | 179 | 187 | 223 | 176 | 179 | 163 | 152 | 139 | 138 | 96 |
| 電気音響機械器具製造 | 203 | 218 | 261 | 322 | 326 | 313 | 348 | 286 | 237 | 186 | 189 | 156 | 74 | 77 | 94 | 106 | 83 | 76 | 73 | 67 | 47 | 63 | 39 |
| 電子計算機・同付属装置製造 | -1,738 | -1,823 | -1,253 | -997 | -579 | -117 | -48 | 62 | 162 | 196 | 287 | 362 | 398 | 411 | 483 | 556 | 502 | 542 | 594 | 705 | 649 | 676 | 587 |
| 半導体素子製造 | 149 | 138 | 148 | 192 | 217 | 231 | 240 | 262 | 324 | 267 | 303 | 278 | 249 | 281 | 317 | 282 | 250 | 252 | 246 | 236 | 228 | 266 | 292 |
| 集積回路製造 | -533 | -409 | -312 | -258 | -170 | -61 | 92 | 275 | 407 | 468 | 747 | 872 | 846 | 908 | 1,162 | 1,442 | 1,454 | 1,405 | 1,625 | 2,174 | 2,049 | 2,529 | 2,712 |
| 液晶パネル製造 | -483 | -537 | -353 | -409 | -308 | -180 | -179 | -84 | 10 | 86 | 222 | 316 | 278 | 293 | 566 | 767 | 611 | 677 | 558 | 504 | 436 | 470 | 455 |
| フラットパネル・電子管製造 | -63 | -55 | -57 | -59 | -53 | -42 | -36 | -7 | 28 | 50 | 67 | 128 | 64 | 51 | 32 | 31 | 32 | 36 | 44 | 43 | 40 | 44 | 34 |
| その他の電子部品製造 | 442 | 459 | 609 | 837 | 1,074 | 1,284 | 1,670 | 1,913 | 2,073 | 1,636 | 2,249 | 2,134 | 1,866 | 1,952 | 2,128 | 2,368 | 2,363 | 2,719 | 2,810 | 2,326 | 2,427 | 2,897 | 3,050 |
| 事務用機械器具製造 | 434 | 360 | 313 | 267 | 278 | 275 | 274 | 335 | 427 | 375 | 434 | 439 | 406 | 395 | 375 | 355 | 348 | 324 | 320 | 617 | 556 | 435 | 571 |
| 情報記録物製造 | 89 | 69 | 58 | 62 | 63 | 65 | 65 | 61 | 59 | 54 | 51 | 49 | 58 | 63 | 68 | 74 | 79 | 99 | 119 | 123 | 152 | 155 | 119 |
| 7. 情報通信関連サービス業 | 5,883 | 6,019 | 5,933 | 6,045 | 6,386 | 6,722 | 6,773 | 6,905 | 6,623 | 6,056 | 6,211 | 5,981 | 6,305 | 6,500 | 6,604 | 6,554 | 6,456 | 6,246 | 6,216 | 6,540 | 5,885 | 5,717 | 5,388 |
| 情報通信機器賃貸業 | 650 | 746 | 813 | 889 | 1,139 | 1,362 | 1,426 | 1,521 | 1,448 | 1,284 | 1,398 | 1,501 | 1,725 | 1,840 | 1,876 | 1,847 | 1,848 | 1,859 | 1,908 | 2,181 | 2,123 | 1,934 | 1,639 |
| 広告業 | 1,989 | 1,977 | 1,884 | 1,907 | 1,961 | 2,026 | 2,026 | 2,044 | 1,942 | 1,687 | 1,703 | 1,691 | 1,820 | 1,858 | 1,979 | 1,934 | 1,924 | 1,876 | 1,813 | 1,827 | 1,694 | 1,624 | 1,610 |
| 印刷・製版・製本業 | 2,985 | 2,998 | 2,944 | 2,935 | 2,952 | 2,997 | 2,969 | 2,982 | 2,867 | 2,693 | 2,696 | 2,418 | 2,418 | 2,495 | 2,490 | 2,567 | 2,474 | 2,303 | 2,289 | 2,296 | 1,992 | 2,054 | 1,937 |
| 映画・劇場等 | 259 | 298 | 292 | 314 | 334 | 337 | 352 | 358 | 365 | 392 | 414 | 370 | 341 | 307 | 260 | 206 | 211 | 208 | 207 | 236 | 77 | 106 | 202 |
| 8. 情報通信関連建設業 | 884 | 851 | 542 | 330 | 243 | 160 | 124 | 199 | 187 | 147 | 129 | 122 | 131 | 148 | 117 | 98 | 109 | 99 | 96 | 87 | 97 | 187 | 143 |
| 電気通信施設建設業 | 884 | 851 | 542 | 330 | 243 | 160 | 124 | 199 | 187 | 147 | 129 | 122 | 131 | 148 | 117 | 98 | 109 | 99 | 96 | 87 | 97 | 187 | 143 |
| 9. 研究 | 10,342 | 10,274 | 10,087 | 9,816 | 9,835 | 9,762 | 10,273 | 10,881 | 10,976 | 10,190 | 10,001 | 10,330 | 10,274 | 10,544 | 11,425 | 11,146 | 10,620 | 10,725 | 11,171 | 11,311 | 11,266 | 11,667 | 12,122 |
| 研究 | 10,342 | 10,274 | 10,087 | 9,816 | 9,835 | 9,762 | 10,273 | 10,881 | 10,976 | 10,190 | 10,001 | 10,330 | 10,274 | 10,544 | 11,425 | 11,146 | 10,620 | 10,725 | 11,171 | 11,311 | 11,266 | 11,667 | 12,122 |
| 情報通信産業合計 | 33,878 | 35,295 | 36,585 | 37,162 | 38,530 | 40,227 | 42,008 | 44,208 | 45,206 | 43,315 | 44,526 | 45,040 | 44,836 | 46,226 | 48,087 | 49,896 | 50,042 | 50,986 | 52,005 | 53,385 | 53,206 | 55,235 | 56,531 |

## データ6　日本の情報通信産業の部門別雇用者数の推移

（単位：千人）

| | 2000年 | 2001年 | 2002年 | 2003年 | 2004年 | 2005年 | 2006年 | 2007年 | 2008年 | 2009年 | 2010年 | 2011年 | 2012年 | 2013年 | 2014年 | 2015年 | 2016年 | 2017年 | 2018年 | 2019年 | 2020年 | 2021年 | 2022年 |
|---|---|---|---|---|---|---|---|---|---|---|---|---|---|---|---|---|---|---|---|---|---|---|---|
| 1. 通信業 | 421 | 375 | 338 | 313 | 285 | 255 | 269 | 268 | 287 | 271 | 265 | 249 | 220 | 209 | 194 | 151 | 148 | 150 | 150 | 170 | 194 | 205 | 223 |
| 固定電気通信 | 235 | 213 | 185 | 179 | 168 | 156 | 161 | 153 | 157 | 135 | 122 | 101 | 92 | 99 | 91 | 66 | 59 | 56 | 52 | 68 | 79 | 82 | 83 |
| 移動電気通信 | 143 | 128 | 117 | 105 | 91 | 76 | 83 | 89 | 101 | 107 | 112 | 116 | 95 | 74 | 65 | 45 | 55 | 59 | 63 | 67 | 80 | 88 | 105 |
| 電気通信に付帯するサービス | 43 | 34 | 36 | 29 | 26 | 24 | 25 | 27 | 28 | 29 | 31 | 32 | 34 | 36 | 38 | 39 | 34 | 34 | 35 | 36 | 35 | 35 | 35 |
| 2. 放送業 | 66 | 67 | 72 | 70 | 70 | 73 | 73 | 72 | 70 | 69 | 67 | 66 | 68 | 73 | 72 | 69 | 69 | 67 | 66 | 71 | 73 | 70 | 69 |
| 公共放送 | 14 | 14 | 14 | 14 | 14 | 15 | 14 | 14 | 14 | 14 | 14 | 14 | 14 | 14 | 13 | 13 | 13 | 13 | 13 | 14 | 14 | 13 | 13 |
| 民間放送 | 32 | 33 | 37 | 37 | 38 | 37 | 37 | 36 | 34 | 33 | 32 | 32 | 34 | 35 | 34 | 33 | 33 | 32 | 32 | 32 | 32 | 31 | 31 |
| 有線放送 | 19 | 20 | 22 | 19 | 18 | 21 | 22 | 22 | 22 | 22 | 21 | 19 | 21 | 24 | 24 | 23 | 23 | 22 | 20 | 25 | 28 | 25 | 24 |
| 3. 情報サービス業 | 977 | 981 | 981 | 969 | 1,029 | 1,011 | 1,050 | 1,001 | 1,072 | 1,135 | 1,081 | 1,080 | 1,076 | 1,146 | 1,131 | 1,120 | 1,142 | 1,131 | 1,129 | 1,151 | 1,174 | 1,178 | 1,215 |
| ソフトウェア | 644 | 667 | 652 | 637 | 668 | 646 | 668 | 646 | 718 | 780 | 741 | 740 | 744 | 815 | 806 | 799 | 821 | 805 | 801 | 822 | 844 | 847 | 868 |
| 情報処理・提供サービス | 333 | 314 | 329 | 332 | 361 | 365 | 381 | 355 | 354 | 356 | 341 | 340 | 333 | 330 | 325 | 321 | 322 | 326 | 328 | 329 | 330 | 331 | 346 |
| 4. インターネット附随サービス業 | 0 | 0 | 0 | 0 | 0 | 62 | 61 | 61 | 64 | 66 | 68 | 72 | 83 | 103 | 108 | 118 | 124 | 129 | 138 | 151 | 178 | 238 | 270 |
| インターネット附随サービス | 0 | 0 | 0 | 0 | 0 | 62 | 61 | 61 | 64 | 66 | 68 | 72 | 83 | 103 | 108 | 118 | 124 | 129 | 138 | 151 | 178 | 238 | 270 |
| 5. 映像・音声・文字情報制作業 | 322 | 327 | 336 | 342 | 364 | 367 | 351 | 339 | 319 | 293 | 278 | 260 | 277 | 287 | 290 | 287 | 295 | 293 | 287 | 258 | 254 | 257 | 246 |
| 映像・音声・文字情報制作（除、ニュース供給） | 139 | 140 | 143 | 145 | 161 | 163 | 156 | 149 | 140 | 127 | 126 | 120 | 135 | 141 | 145 | 140 | 154 | 160 | 160 | 139 | 140 | 147 | 141 |
| 新聞 | 75 | 77 | 78 | 77 | 78 | 77 | 75 | 71 | 67 | 63 | 57 | 53 | 53 | 53 | 52 | 53 | 53 | 52 | 52 | 48 | 47 | 45 | 44 |
| 出版 | 80 | 87 | 94 | 101 | 108 | 110 | 108 | 106 | 100 | 91 | 82 | 74 | 77 | 80 | 81 | 82 | 78 | 70 | 64 | 60 | 57 | 55 | 50 |
| ニュース供給 | 28 | 23 | 22 | 19 | 17 | 16 | 13 | 13 | 13 | 13 | 13 | 13 | 12 | 12 | 12 | 12 | 12 | 12 | 11 | 11 | 10 | 10 | 10 |
| 6. 情報通信関連製造業 | 1,156 | 988 | 920 | 914 | 875 | 820 | 851 | 886 | 845 | 786 | 797 | 793 | 730 | 722 | 693 | 682 | 692 | 702 | 714 | 711 | 711 | 695 | 699 |
| 通信ケーブル製造 | 7 | 6 | 6 | 5 | 4 | 4 | 4 | 4 | 5 | 5 | 5 | 4 | 5 | 5 | 4 | 4 | 5 | 5 | 4 | 4 | 5 | 5 | 5 |
| 有線通信機械器具製造 | 47 | 36 | 26 | 22 | 18 | 18 | 18 | 21 | 20 | 21 | 21 | 21 | 21 | 19 | 18 | 16 | 16 | 15 | 15 | 15 | 12 | 12 | 11 |
| 無線通信機械器具製造 | 65 | 66 | 64 | 62 | 57 | 50 | 58 | 64 | 56 | 52 | 58 | 56 | 51 | 47 | 50 | 42 | 41 | 42 | 44 | 41 | 39 | 38 | 37 |
| その他の電気通信機器製造 | 14 | 21 | 13 | 13 | 13 | 13 | 14 | 17 | 17 | 20 | 22 | 22 | 22 | 21 | 20 | 18 | 19 | 20 | 17 | 19 | 16 | 18 | 18 |
| ラジオ・テレビ受信機・ビデオ機器製造 | 74 | 51 | 67 | 78 | 66 | 51 | 54 | 51 | 47 | 44 | 45 | 45 | 38 | 31 | 26 | 23 | 20 | 22 | 22 | 22 | 19 | 17 | 17 |
| 電気音響機械器具製造 | 61 | 45 | 42 | 37 | 36 | 32 | 31 | 32 | 26 | 24 | 23 | 22 | 15 | 14 | 14 | 13 | 11 | 10 | 10 | 9 | 8 | 11 | 11 |
| 電子計算機・同付属装置製造 | 133 | 113 | 83 | 76 | 72 | 61 | 66 | 78 | 76 | 74 | 74 | 74 | 64 | 62 | 53 | 48 | 45 | 44 | 42 | 41 | 40 | 37 | 37 |
| 半導体素子製造 | 89 | 58 | 57 | 50 | 46 | 44 | 48 | 53 | 37 | 36 | 37 | 39 | 34 | 35 | 22 | 28 | 24 | 24 | 23 | 24 | 33 | 25 | 25 |
| 集積回路製造 | 125 | 108 | 114 | 125 | 120 | 112 | 108 | 104 | 104 | 98 | 100 | 96 | 90 | 89 | 79 | 69 | 70 | 69 | 79 | 86 | 85 | 83 | 82 |
| 液晶パネル製造 | 41 | 37 | 30 | 27 | 26 | 26 | 27 | 30 | 30 | 29 | 30 | 29 | 25 | 26 | 24 | 22 | 22 | 23 | 23 | 23 | 22 | 22 | 22 |
| フラットパネル・電子管製造 | 12 | 10 | 9 | 9 | 8 | 8 | 7 | 7 | 9 | 7 | 5 | 5 | 3 | 3 | 2 | 2 | 2 | 2 | 2 | 2 | 2 | 1 | 1 |
| その他の電子部品製造 | 414 | 372 | 352 | 360 | 369 | 365 | 374 | 374 | 359 | 322 | 318 | 322 | 303 | 318 | 330 | 356 | 375 | 386 | 393 | 388 | 394 | 390 | 397 |
| 事務用機械器具製造 | 66 | 57 | 50 | 42 | 34 | 29 | 35 | 47 | 56 | 51 | 55 | 56 | 53 | 51 | 47 | 38 | 38 | 36 | 35 | 34 | 34 | 33 | 32 |
| 情報記録物製造 | 8 | 8 | 7 | 7 | 7 | 7 | 6 | 5 | 4 | 4 | 3 | 2 | 3 | 3 | 4 | 4 | 4 | 4 | 3 | 3 | 4 | 3 | 3 |
| 7. 情報通信関連サービス業 | 855 | 895 | 760 | 767 | 784 | 822 | 800 | 804 | 784 | 740 | 711 | 698 | 695 | 701 | 684 | 681 | 687 | 678 | 677 | 683 | 644 | 646 | 672 |
| 情報通信機器賃貸業 | 74 | 75 | 81 | 88 | 94 | 102 | 104 | 111 | 102 | 96 | 101 | 110 | 109 | 109 | 109 | 111 | 115 | 110 | 112 | 112 | 112 | 112 | 122 |
| 広告業 | 246 | 249 | 246 | 225 | 217 | 224 | 213 | 207 | 204 | 180 | 153 | 138 | 151 | 164 | 175 | 188 | 191 | 191 | 193 | 198 | 200 | 191 | 189 |
| 印刷・製版・製本業 | 513 | 546 | 409 | 430 | 448 | 472 | 460 | 462 | 455 | 442 | 436 | 429 | 413 | 403 | 375 | 359 | 357 | 352 | 348 | 346 | 322 | 330 | 338 |
| 映画・劇場等 | 22 | 25 | 24 | 24 | 24 | 24 | 24 | 23 | 22 | 22 | 21 | 21 | 23 | 25 | 24 | 24 | 25 | 24 | 24 | 27 | 10 | 13 | 23 |
| 8. 情報通信関連建設業 | 123 | 98 | 74 | 59 | 45 | 29 | 22 | 33 | 30 | 34 | 30 | 27 | 26 | 25 | 24 | 22 | 27 | 27 | 28 | 28 | 27 | 26 | 26 |
| 電気通信施設建設業 | 123 | 98 | 74 | 59 | 45 | 29 | 22 | 33 | 30 | 34 | 30 | 27 | 26 | 25 | 24 | 22 | 27 | 27 | 28 | 28 | 27 | 26 | 26 |
| 9. 研究 | 943 | 895 | 829 | 829 | 838 | 840 | 847 | 847 | 844 | 848 | 848 | 850 | 890 | 929 | 954 | 1,016 | 1,001 | 1,003 | 1,024 | 1,036 | 1,040 | 1,040 | 1,066 |
| 研究 | 943 | 895 | 829 | 829 | 838 | 840 | 847 | 847 | 844 | 848 | 848 | 850 | 890 | 929 | 954 | 1,016 | 1,001 | 1,003 | 1,024 | 1,036 | 1,040 | 1,040 | 1,066 |
| 情報通信産業合計 | 4,862 | 4,625 | 4,311 | 4,263 | 4,289 | 4,278 | 4,325 | 4,311 | 4,315 | 4,243 | 4,145 | 4,095 | 4,067 | 4,196 | 4,150 | 4,146 | 4,186 | 4,180 | 4,212 | 4,258 | 4,296 | 4,355 | 4,485 |

付注1　デジタルテクノロジーの高度化とその活用に関する調査研究
一般国民向けアンケート
　本アンケートでは、日本、米国、ドイツ、英国及び中国の一般国民を対象に、AI、メタバース、ロボット、完全自動運転車を中心としたデジタルテクノロジーの利用経験、利用意向、イメージ等について調査した。

| 項　　　　　目 | 概要 |
|---|---|
| 調　査　方　法 | インターネットアンケート調査 |
| 調　査　時　期 | 2024年1月−2月 |
| 対　象　地　域 | 日本、米国、ドイツ、英国及び中国 |
| 対象の選定方法 | アンケート調査会社が保有するモニターから、年代別（20代、30代、40代、50代、60代以上）及び性別（男女）に抽出を行った。 |
| 有 効 回 答 数 | 年齢（20、30、40、50、60代以上）、性別（男女）で各100件ずつ、各国で合計1,000件のサンプル回収を行った。<br>各国における回収数は下記の通りである。 |
| 主 な 調 査 項 目 | ①基本属性（性別、年代、職業、居住地域特性、世帯年収）<br>②生成AI、メタバース、デジタルツイン、NFT、スマートスピーカー及び完全自動運転について、用語に対する理解度、サービス等の利用経験、利用しない理由<br>③生成AIへの考え、生成AIが世の中に流通することへの考え、暮らしや娯楽において生成AI・AIを利用することへの考え、仕事をする上で生成AIがどのような存在になるか、生成AIに対するイメージ、AI・生成AIの開発や振興等国の施策の推進について<br>④暮らしや娯楽においてメタバースを利用することへの考え、仕事においてメタバースを利用することへの考え、メタバースに対するイメージ<br>⑤家でのロボットの使用有無、家庭用ロボットの導入への考え、暮らしにおいてロボットが普及することへの考え<br>⑥自動車の運転の有無、完全自動運転への考え、完全自動運転が普及することへの考え |
| 留 意 事 項 | ・アンケート調査会社の登録モニターを対象とした。国や性別・年代によっては、モニターの登録者数が少ないなどの要因によって、対象者の特性や回答に偏りが生じている可能性がある。 |

〈日本〉

| 年代 | 男性 | 女性 |
|---|---|---|
| 20-29 | 103 | 103 |
| 30-39 | 103 | 103 |
| 40-49 | 103 | 103 |
| 50-59 | 103 | 103 |
| 60- | 103 | 103 |
| 合計 | 515 | 515 |
| | 1,030 | |

〈米国、ドイツ、英国、中国〉

| 年代 | 男性 | 女性 |
|---|---|---|
| 20-29 | 52 | 52 |
| 30-39 | 52 | 52 |
| 40-49 | 52 | 52 |
| 50-59 | 52 | 52 |
| 60- | 52 | 52 |
| 合計 | 260 | 260 |
| | 520 | |

付注 2　国内外における最新の情報通信技術の研究開発及びデジタル活用の動向に関する調査研究
(1) 国内外におけるデジタル活用の動向等の調査
ア　一般国民向けアンケート

　本アンケートでは、日本、米国、ドイツ及び中国の一般国民を対象に、働き方、民間サービス、公的サービスにおけるデジタル利活用の状況について調査した。

| 項　　　　　目 | 概要 | | | | | |
|---|---|---|---|---|---|---|
| 抽　出　方　法 | インターネットアンケート調査 | | | | | |
| 調　査　期　間 | 2023 年 12 月 – 2024 年 1 月 | | | | | |
| 対　　　　　象 | アンケート調査会社が保有するモニターから、年齢が偏らないように抽出 | | | | | |
| 本調査有効回答数 | | 20 歳代 | 30 歳代 | 40 歳代 | 50 歳代 | 60 歳代 | 合計 |
| | 日本 | 206 | 206 | 206 | 206 | 206 | 1030 |
| | 米国 | 104 | 104 | 104 | 104 | 104 | 520 |
| | ドイツ | 104 | 104 | 104 | 104 | 104 | 520 |
| | 中国 | 104 | 104 | 104 | 104 | 104 | 520 |
| | 合計 | 518 | 518 | 518 | 518 | 518 | 2590 |
| | ※本アンケートでは 20 歳代未満及び 70 歳代以上は対象外とした | | | | | |
| 主 な 調 査 項 目 | ●基本的属性（年代）<br>●テレワークなどの働く上でのデジタルサービスの利用状況<br>●仮想空間上の体験型エンターテインメントサービスの利用状況<br>●電子行政サービスの利用状況<br>●各種サービスのデジタル化に対する期待 / 懸念<br>●デジタル活用におけるリテラシー・考え方 | | | | | |

イ　企業向けアンケート

　本アンケートでは、日本、米国、ドイツ及び中国の企業を対象に、技術・データ、組織、人材の観点でデジタル利活用の状況について調査した。

| 項　　　　　目 | 概要 | | |
|---|---|---|---|
| 抽　出　方　法 | インターネットアンケート調査 | | |
| 調　査　期　間 | 2024 年 1 月 – 2024 年 2 月 | | |
| 対　　　　　象 | アンケート調査会社が保有する各国の本籍を保有する従業員 10 名以上の企業に勤めるモニターの中から抽出 | | |
| 本調査有効回答数 | | 大企業 | 中小企業 | 合計 |
| | 日本 | 361 | 154 | 515 |
| | 米国 | 233 | 76 | 309 |
| | ドイツ | 213 | 96 | 309 |
| | 中国 | 286 | 23 | 309 |
| | 合計 | 1093 | 349 | 1442 |
| | ※企業規模は中小企業庁の「中小企業の定義」および、昨年度の委託調査結果を踏まえ、「製造業」、「建設業」、「電気・ガス・熱供給・水道業」、「金融業・保険業」、「不動産業・物品賃貸業」、「運輸業・郵便業」、「情報通信業」は従業員数が 300 人以上の企業を「大企業」、同 300 人未満の企業を「中小企業」として分類した。「卸売業・小売業」、「サービス業・その他」は、従業員数が 100 人以上の企業を「大企業」、同 100 人未満の企業を「中小企業」として分類した。 | | |
| 主 な 調 査 項 目 | ●基本的属性（業種、従業員数）<br>●デジタル化に取り組む上で活用するデータ・技術<br>●デジタル化に取り組んだ効果<br>●デジタル化推進に向けた組織的な取組<br>●デジタル人材の不足状況と確保に向けた取組<br>●デジタル化を進めていく上での課題 | | |

(2) 令和 6 年能登半島地震時におけるデジタル活用動向等に関する調査
一般国民向けアンケート

　本アンケートでは、(被災地に限らない) 一般国民を対象に、令和 6 年能登半島地震時におけるメディア利活用動向等について調査した。

| 項　　　　　目 | 概要 | | | | | |
|---|---|---|---|---|---|---|
| 抽　出　方　法 | インターネットアンケート調査 | | | | | |
| 調　査　期　間 | 2024 年 3 月 | | | | | |
| 対　　　　　象 | アンケート調査会社が保有するモニターから、年齢が偏らないように抽出 | | | | | |
| 本調査有効回答数 | | 20 歳代 | 30 歳代 | 40 歳代 | 50 歳代 | 60 歳代 | 合計 |
| | 日本 | 412 | 412 | 412 | 412 | 412 | 2060 |
| | ※本アンケートでは 20 歳代未満及び 70 歳代以上は対象外とした | | | | | |
| 主 な 調 査 項 目 | ●基本的属性（年代）<br>●安否確認の実施有無・手段<br>●発災後の情報収集手段として活用したメディア<br>●震災関連情報の SNS における収集・拡散<br>●真偽不確かな情報との接触状況 | | | | | |

# 参考文献

## 第Ⅰ部

### 第1章

内閣府 , 復旧・復興支援本部（第 2 回）（2024 年 2 月 16 日）、（第 3 回）（2024 年 3 月 1 日）配布資料

NTT 西日本 「令和 6 年能登半島地震の影響により被災・避難されたお客さまへの支援とご案内について」

映像新聞 「石川県の民放、NHK 能登半島地震で中継局が被災」（2024 年 1 月 22 日）

日刊電波新聞 「能登半島地震 近畿など各総通局が CATV 局を支援」（2024 年 2 月 15 日）

NHK 放送文化研究所 NHK 文研ブログ 「能登半島地震 地域メディアの状況は？〜石川県・七尾市「ラジオななお」〜【研究員の視点】#527」（2024 年 2 月 22 日）

総務省 活力ある地域社会の実現に向けた情報通信基盤と利活用の在り方に関する懇談会 地域におけるデジタル技術の利活用を支えるデジタル基盤の利用環境の在り方ワーキング・グループ 資料

NTT ドコモ、KDDI 「令和 6 年能登半島地震に伴う「船上基地局」運用の実施について」（2024 年 1 月 6 日）

ソフトバンク 「被災地に早く "安心" を届けたい」。担当者が見た能登の現状と通信ネットワーク早期復旧への道（2024 年 1 月 12 日）

ITmedia Mobile 「4 キャリアが能登半島地震のエリア復旧状況を説明 "本格復旧" を困難にしている要因とは」（2024 年 1 月 19 日）

財務省 「令和 6 年能登半島地震に係る被災者の生活と生業支援のためのパッケージに基づく予備費使用について」

### 第2章

デジタル庁 河野デジタル大臣記者会見要旨（2024 年 1 月 26 日）

アクセルグローブ 「令和 6 年能登半島地震特設ページ」

QPS 研究所 「令和 6 年能登半島地震エリアに関する衛星画像提供について」

国立研究開発法人防災科学技術研究所「令和 6 年能登半島地震に関する防災クロスビュー」

国土地理院 「だいち 2 号」観測データの解析による令和 6 年能登半島地震に伴う地殻変動（2024 年 1 月 19 日更新）

東京都 「東京都デジタルツイン 3D ビューアによる能登半島地震の被害状況の可視化について」（2024 年 2 月 2 日）

国立研究開発法人防災科学技術研究所 「令和 5 年度 第 4 回 災害レジリエンス共創研究会「令和 6 年能登半島地震」報告会」（2024 年 3 月 5 日）

総務省 「熊本地震における ICT 利活用状況に関する調査」（2017 年 3 月）

ブルーイノベーション、Liberaware、ACSL、エアロネクスト、NEXT DELIVERY「令和 6 年能登半島地震におけるドローン関連 5 社の初期災害時支援活動について」

### 第3章

『BIZ DRIVE』亀田健司 ,「第三次人工知能ブームはなぜ起きたのか（第 1 回）（2018 年 2 月 28 日）、（第 3 回）（2018 年 4 月 16 日）

SEQUOIA,「Generative AI's Act Two」（2023 年 9 月 20 日）

国立研究開発法人科学振興機構 研究開発戦略センター ,「人工知能研究の新潮流 2」（2023 年 7 月）

塩崎潤一「生成 AI で変わる未来の風景」,『野村総合研究所』（2023 年 12 月）

総務省「ICT の進化が雇用と働き方に及ぼす影響に関する調査研究 報告書」（2016 年 3 月）

NIKKEI Tech Foresight,「基盤モデルはマルチモーダルに、ロボと融合 24 年展望」『株式会社日本経済新聞社』（2024 年 1 月 24 日）

進藤 智則 ,「編集長が展望する 2024 年ロボットは大規模言語モデルで変わるのか -2024 年のロボットと AI-」,『日経クロステック』（2024 年 1 月 19 日）

NEC,「自動運転など自動車で活用される AI 技術の事例と今後の課題」

自動運転 LAB,「自動運転と AI（2023 年最新版）」（2023 年 7 月 7 日）

### 第4章

Statista 提供データ

産業技術総合研究所プレスリリース「産総研の計算資源 ABCI を用いて世界トップレベルの生成 AI の開発を開始−産総研・東京工業大学・LLM-jp（国立情報学研究所主宰）が協力−」（2023 年 10 月 17 日）

国立研究開発法人情報通信研究機構 ,「日本語に特化した大規模言語モデル（生成 AI）を試作〜日本語の Web データのみで学習した 400 億パラメータの生成系大規模言語モデルを開発〜」（2023 年 7 月 4 日）

サイバーエージェント ,「サイバーエージェント、最大 68 億パラメータの日本語 LLM（大規模言語モデル）を一般公開─オープンなデータで学習した商用利用可能なモデルを提供─」（2023 年 5 月 17 日）

サイバーエージェント ,「独自の日本語 LLM（大規模言語モデル）のバージョン 2 を一般公開─32,000 トークン対応の商用利用可能なチャットモデルを提供─」（2023 年 11 月 2 日）

NTT,「NTT 独自の大規模言語モデル「tsuzumi」を用いた商用サービスを 2024 年 3 月提供開始」（2023 年 11 月 1 日）

読売新聞オンライン「生成 AI で岸田首相の偽動画、SNS で拡散…ロゴを悪用された日テレ「到底許すことはできない」」（2023 年 11 月 4 日）

日本経済新聞オンライン版「能登半島地震の偽映像、SNS で拡散 送金募集も」（2024 年 1 月 2 日）

日本経済新聞オンライン版「欧州 5G 基地局破壊、影の犯人は「コロナ拡散」のデマ」（2020 年 4 月 25 日）

世界経済フォーラム「混乱、偽情報、分裂の時代を乗り切るために」（2024 年 1 月 15 日）

「米・AI 動画識別の仕組み開発で各社合意 バイデン大統領が発表 「対策を進める」」,『NHK ニュース』（2023 年 7 月 22 日号）

総務省 ,「デジタル空間における情報流通の健全性確保の在り方に関する検討会」

文化審議会著作権分科会法制度小委員会「AI と著作権に関する考え方について」（2024 年 3 月 15 日）

外務省 ,「広島 AI プロセスに関する G7 首脳声明」

総務省 ,「AI ネットワーク社会推進会議 報告書 2017 の公表」

総務省 ,「AI ネットワーク社会推進会議 報告書 2019 の公表」

内閣府 統合イノベーション戦略推進会議決定,「人間中心の AI 社会原則」

経済産業省 ,「AI 原則実践のためのガバナンス・ガイドライン ver. 1.1」

内閣府 AI 戦略会議「AI に関する暫定的な論点整理」

総務省「Web3 時代に向けたメタバース等の利活用に関する研究会 報告書」

総務省「安心・安全なメタバースの実現に関する研究会」

### 第5章

総務省（2024）「デジタルテクノロジーの高度化とその活用に関する調査研究」

文部科学省 ,「「教師不足」に関する実態調査」（2023 年 1 月）

### 第6章

東京工業大学「スーパーコンピュータ「富岳」政策対応枠における大規模言語モデル分散並列学習手法の開発について」（2023 年 5 月 22 日）

## 第Ⅱ部

### 第1章

Statista 提供データ
総務省（2024）「令和5年度 ICTの経済分析に関する調査」
総務省「情報通信産業連関表」（各年度版）
総務省「令和5年科学技術研究調査」
総務省「科学技術研究調査」各年度版
国立研究開発法人科学技術振興機構研究開発戦略センター「研究開発の俯瞰報告書（2023年）」
文部科学省科学技術・学術政策研究所「科学技術指標2023」
日本電信電話株式会社（2023）「IOWN Technology Report2023」
総務省「2023年情報通信業基本調査」
総務省「情報通信統計データベース」
総務省「令和4年度末ブロードバンド基盤整備率調査」
OECD Broadband statistics
総務省（2024）「我が国のインターネットにおけるトラヒックの集計結果（2023年11月分）」
総務省「電気通信サービスの契約数及びシェアに関する四半期データの公表（令和5年度第3四半期（12月末））」
総務省「令和5年度電気通信サービスに係る内外価格差調査」
総務省「通信量からみた我が国の音声通信利用状況（令和4年度）」
総務省「電気通信サービスの事故発生状況（令和4年度）」
総務省「消費者保護ルール実施状況のモニタリング定期会合」資料
総務省「民間放送事業者の収支状況」及びNHK「財務諸表」各年度版
電通「日本の広告費」
総務省「民間放送事業者の収支状況」各年度版
総務省「ケーブルテレビの現状」
一般社団法人電子情報技術産業協会資料、日本ケーブルラボ資料、NHK資料及び総務省資料「衛星放送の現状」「ケーブルテレビの現状」
総務省「放送停止事故の発生状況（令和4年度）」
総務省情報通信政策研究所「メディア・ソフトの制作及び流通の実態に関する調査」
電通グループ「世界の広告費成長率予測（2023～2026）」
電通「日本の広告費」
総務省「放送コンテンツの海外展開に関する現状分析」（各年度）
Omdia 提供データ
経済産業省「生産動態統計調査機械統計編」
株式会社矢野経済研究所「世界の携帯電話契約サービス数・スマートフォン出荷台数調査（2023年）」（2024年3月27日発表）
株式会社矢野経済研究所「XR（VR/AR/MR）対応HMD・スマートグラス市場に関する調査（2023年）」（2023年7月5日発表）
CIAJ「通信機器中期需要予測［2023年度～2028年度］」
JEITA「民生用電子機器国内出荷統計」
UNCTAD「UNCTAD STAT」
Wright Investors' Service, Inc "Corporate Information"
GEM Partners「動画配信（VOD）市場5年間予測（2024-2028年）レポート」
一般社団法人日本レコード協会「日本のレコード産業2024」
全国出版協会・出版科学研究所（2024）「出版月報」
一般社団法人オルタナティブデータ推進協議会「オルタナティブデータFACTBOOK」（概要版）
株式会社矢野経済研究所「メタバースの国内市場動向調査（2023年）」（2023年8月30日発表）
IDC Japan, 2023年7月「国内データセンターサービス市場予測、2023年～2027年」（JPJ49897923）
Synergy "Cloud Market Gets its Mojo Back; AI Helps Push Q4 Increase in Cloud Spending to New Highs"
IDC「国内市場におけるエッジコンピューティングへの投資は、2024年に1兆6千億円と予測～国内エッジインフラ市場予測を発表～」（2024年3月22日）
総務省「通信利用動向調査」
IDC Worldwide Edge Spending Guide - Forecast 2024 | Feb (V1 2024)
IDC「国内市場におけるエッジコンピューティングへの投資は、2024年に1兆6千億円と予測～国内エッジインフラ市場予測を発表～」（2024年3月22日）
デロイト トーマツ ミック経済研究所「エッジAIコンピューティング市場の実態と将来展望2023年度版【第3版】
IDC「2024年 国内AIシステム市場予測を発表」（2024年4月25日）
Stanford University「Artificial Intelligence Index Report 2024」
Canalys 推計
IDC Japan, 2023年8月「国内情報セキュリティ製品市場シェア、2022年：セキュリティプラットフォームの進展」（JPJ49213223）
国立研究開発法人情報通信研究機構「NICTER観測レポート2023」
警察庁・総務省・経済産業省「不正アクセス行為の発生状況及びアクセス制御機能に関する技術の研究開発の状況」
総務省（2024）「国内外における最新の情報通信技術の研究開発及びデジタル活用の動向に関する調査研究」
総務省「家計調査」（総世帯）
総務省情報通信政策研究所「令和5年度情報通信メディアの利用時間と情報行動に関する調査」
総務省「令和5年度 テレワークセキュリティに係る実態調査結果」
UN e-Government Surveys
早稲田大学電子政府・自治体研究所「世界デジタル政府ランキング」
総務省「自治体DX・情報化推進概要～令和5年度地方公共団体における行政情報化の推進状況調査の取りまとめ結果～」
総務省「マイナンバーカード交付状況について」
デジタル庁「マイナンバーカードの普及に関するダッシュボード」
総務省「自治体におけるAI・RPA活用促進」
総務省「地方公共団体におけるテレワーク取組状況の調査」
日本郵政グループ「令和6年3月期決算資料」
日本郵政グループ「ディスクロージャー誌」
日本郵政（株）「決算の概要」
日本郵便㈱「郵便事業の収支の状況」
日本郵便「郵便局局数情報＜オープンデータ＞」
日本郵便「引受郵便物等物数」各年度版
ゆうちょ銀行有価証券報告書
かんぽ生命有価証券報告書

### 第2章

「仮想化技術等の進展に伴うネットワークの多様化・複雑化に対応した電気通信設備に係る技術的条件」に関する情報通信審議会からの一部答申（2022年（令和4年）9月16日）
電気通信事業法施行規則等の一部改正に関する意見募集の結果及び情報通信行政・郵政行政審議会からの答申（2023年（令和5年）1月20日）
「仮想化技術等の進展に伴うネットワークの多様化・複雑化に対応した電気通信設備に係る技術的条件」に関する情報通信審議会からの一部答申（2023年（令和5年）2月24日）
総務省（2022）「デジタル時代における放送の将来像と制度の在り方に関する取りまとめ」
総務省（2023）「デジタル時代における放送の将来像と制度の在り方に関する取りまとめ（第2次）」
総務省（2023）「公共放送ワーキンググループ取りまとめ」
総務省（2024）「公共放送ワーキンググループ取りまとめ（第2次）」
内閣サイバーセキュリティセンター，「サイバーセキュリティ戦略」（2021）
内閣サイバーセキュリティセンター，サイバーセキュリティ戦略本部（2022）「重要インフラのサイバーセキュリティに係る行動計画」
デジタル庁（2022）「トラストを確保したDX推進サブワーキンググループ」報告書
総務省（2024）「eシールに係る検討会 最終取りまとめ」

## 令和6年版情報通信白書

令和6年7月31日　発行　　　　　　　定価は表紙に表示してあります。

編　集　　　総　務　省
〒100-8926
東京都千代田区霞が関2-1-2
電話（代表）03（5253）5111
（情報通信白書担当）
03（5253）5720
URL　https://www.soumu.go.jp/

発　行　　　日経印刷株式会社
〒102-0072
東京都千代田区飯田橋2-15-5
TEL 03（6758）1011

発　売　　　全国官報販売協同組合
〒100-0013
東京都千代田区霞が関1-4-1
TEL 03（5512）7400

落丁・乱丁本はお取り替えします。

ISBN978-4-86579-418-2

# 謝　辞

　本白書は、総務省情報流通行政局情報通信政策課情報通信経済室（矢部慎也、前田奏、辻本佑香、佐藤大介、中村亮平、福永京香）が原案作成に当たりました。そのための各調査及び情報収集等に当たっては、株式会社 NTT データ経営研究所、株式会社情報通信総合研究所等、各企業の研究員の皆様にご尽力いただきました。

　その際、工藤早苗合同会社 ms プランナーズ代表、IT ジャーナリスト佐々木俊尚氏、篠﨑彰彦九州大学大学院経済学研究院教授、庄司昌彦武蔵大学教授、高橋利枝早稲田大学文学学術院教授、中村伊知哉 iU（情報経営イノベーション専門職大学）学長から、白書の編集方針等について、多くの御指導・御助言をいただきました。このほか、本白書の執筆に際しては、多くの方々から貴重なご指導・ご教示を賜りました。

　また、出版に当たっては、日経印刷株式会社の編集者の皆様に、原稿を辛抱強く入念に校正していただきました。

　ご協力いただいた皆様に、この場を借りて改めて御礼申し上げます。